1835 1985

150 JAHRE DEUTSCHE EISENBAHNEN

Offizieller Jubiläumsband der Deutschen Bundesbahn 150 Jahre Deutsche Eisenbahnen

Toni Liebl
Wolfgang Stoffels
Eberhard Krummheuer
Rudolf Eiermann
Walter Ruscheweyh
Dietrich Henkel
Siegfried Klippel
Dietmar Lübke
Bernhard Stein

ELV EISENBAHN-LEHRBUCH VERLAGSGESELLSCHAFT

2. Auflage 1985

Gesamtherstellung: Kösel, Kempten
Printed in W.-Germany

ISBN 3-923967-03-9 (Standard-Ausgabe)
ISBN 3-923967-04-7 (Luxus-Ausgabe)

Heute schon wissen und sehen wir,
daß diese scheinbar äußerliche Erfindung
ganz so tief eingreift
und den Charakter unserer Welt verändert
wie einst die Erfindung der Buchdruckerkunst.

Heinrich Laube über die Eisenbahnen (1847)

Inhalt:

I. Historischer Teil

II. Der Weg in die Gegenwart 1936 bis 1985

III. Die Zukunft der Bahn

I. Historischer Teil

von Toni Liebl

Anfänge in England

Industrielle Revolution und moderne Eisenbahn, beide untrennbar miteinander verbunden, haben ihren Ursprung in England. Mehrere Faktoren trafen zusammen und bewirkten, daß die Insel spätestens seit dem letzten Drittel des 18. Jahrhunderts zur führenden Industriemacht, zur »Werkstatt der Welt« wurde und eine Entwicklung einleitete, die dann der europäische Kontinent mit beträchtlicher zeitlicher Verzögerung vollzog.

Schon früh hatte in England ein selbstbewußtes Bürgertum zusammen mit Grund und Kapital besitzenden Schichten die feudale Wirtschafts- und Gesellschaftsordnung überwunden. Eine liberale Wirtschaftsverfassung, freier Wettbewerb, ausreichende Kapitalkraft, ein vom Calvinismus beeinflußtes Arbeitsethos und schließlich ein ausgeprägtes Profitstreben sind die Grundpfeiler des kapitalistischen Systems. Adam Smith hat dafür in seiner berühmten »Untersuchung über Natur und Ursachen des Volkswohlstands« (1776) die theoretische Grundlage geliefert. Begünstigend kamen noch die kolonialen Rohstoffquellen, reiche Bodenschätze von Kohle und Eisen im eigenen Lande und die geographische Lage hinzu. Kein Landstrich liegt mehr als 120 km vom Meer oder einem schiffbaren Wasserweg entfernt, Flüsse und Kanäle bildeten ein leistungsfähiges Netz für den Massentransport.

Durch die arbeitsteilige Produktion waren die einzelnen Wirtschaftssektoren eng miteinander verknüpft, technologische Erneuerungen bedingten sich gegenseitig. Grundlegende Innovationen im 18. Jahrhundert revolutionierten das Textilgewerbe, den Kohlenbergbau und die Eisenindustrie. Symbol der neuen Technik wurde die Dampfmaschine, die den Menschen von Muskel- und Naturkraft unabhängig machte. In einer Weiterentwicklung des Prinzips von Denis Papin und der Dampfmaschine von Thomas Newcomen ließ James Watt 1784 die doppeltwirkende Niederdruckdampfmaschine mit Drehbewegung patentieren. Damit war eine universal einsetzbare Kraftmaschine geschaffen, die zahlreiche Möglichkeiten eröffnete. Nun konnte das Wasser aus den Schächten der Bergwerke gepumpt werden, mit Transmissionen wurden Spindeln und Webstühle in Gang gesetzt, Hammer- und Eisenwerke bewegt. Vor allem aber bedurfte der durch die enorme Kohlennachfrage intensivierte Bergbau eines zeitgemäßen und leistungskräftigen Transportmittels.

Das war die Geburtsstunde der Eisenbahn. So ist es auch kein Zufall, daß viele Ingenieure und Techniker der frühen Eisenbahnen, beginnend mit George Stephenson, aus dem großen Kohlenrevier Tyneside stammten.

Mit dem Eisenbahnbau kam die industrielle Revolution erst richtig ins Rollen, der Bedarf an Kohle und Eisen verdreifachte sich zwischen 1830 und 1850. Eisenbahnen bildeten für ein halbes Jahrhundert den wichtigsten Absatzmarkt der englischen Schwerindustrie, Linien erschlossen bald die wichtigsten Produktionsstätten.

Die Geschichte der Dampfmaschine als Fortbewegungs- und Transportmittel beginnt 1769 mit dem monströsen und ungelenken Straßendampfwagen des französischen Artillerieleutnants Joseph Cugnot. Ein dampfgetriebenes Straßenfahrzeug in kleineren Dimensionen fertigte 1784 William Murdock an, ein Schüler von James Watt. Die erste auf Schienen fahrende Dampfmaschine der Welt war die einzylindrige Lokomotive mit großem Schwungrad von Richard Trevithick (1771–1833), die am 21. Februar 1804 fünf Wagen mit einer Gesamtlast von 25 t über 16 km in knapp vier Stunden zog. Die falsche Annahme, der Reibungsfaktor zwischen Rad und Schiene sei zu gering, um größere Lasten ohne weitere Vorrichtungen zu bewegen, führte zur zweizylindrigen Zahnradlokomotive von John Blenkinsop (1811), obwohl Trevithick schon 1808 in London bei der öffentlichen Vorführung seiner Lokomotive »Catch me who can« die Richtigkeit der Adhäsionstheorie bewiesen hatte. Die legendäre »Puffing Billy« von William Hedley war seit 1813 in der Kohlengrube von Wylam fast fünfzig Jahre im Einsatz.

Der entscheidende Schritt in der Entwicklung der Eisenbahn vom Stadium der Experimente hin zum öffentlichen und zuverlässigen Verkehrsmittel gelang dann George Stephenson (1781–1848). Als Maschinenmeister der Kohlengruben von Killingworth stellte er 1814 mit der »Mylord«, in der Euphorie des preußisch-englischen Sieges bei Waterloo dann in »Blücher« umgetauft, seine erste Lokomotive her. In der Folgezeit verbesserte der äußerst vielseitige Ingenieur, der auch in allen technischen und organisatorischen Bereichen des Bahnbaus Pionierarbeit leistete, seine Lokomotiven beständig weiter. Zusammen mit seinem Sohn Robert und anderen gründete er 1823 in Newcastle die später so berühmte Lokomotivfabrik Robert Stephenson & Company. Wir finden ihn als Projektleiter der am 27. September 1825 eröffneten Linie von der Grubenstadt Darlington zum Hafen Stockton, der ersten öffentlichen Eisenbahnlinie der Welt für Güter- und

Personentransport. Stephensons »Rocket« ließ im Oktober 1829 bei den »Rainhill Trials«, wo die leistungs- und gebrauchsfähigste Lokomotive für die Strecke Liverpool-Manchester ermittelt wurde, alle Konkurrenten mit einer Höchstgeschwindigkeit von etwa 45 km/h weit hinter sich. Die ca. 50 km lange Liverpool & Manchester Railway kann als Prototyp einer modernen Eisenbahnanlage bezeichnet werden. Sie war zweigleisig angelegt und kreuzungsfrei ausgebaut, hatte eine gestreckte Führung auf möglichst kurzem Wege und wies nur geringe Steigungen auf. Mit ihrer Eröffnung am 15. September 1830 beginnt endgültig das Zeitalter der Eisenbahn.

Das angesichts der zentnerschweren Lokomotiven schwierige Problem der Haltbarkeit der Schienen, an dem Trevithick scheiterte, war 1820 durch das von John Berkinshaw entwikkelte Walzverfahren für Schmiedeeisen weitgehend behoben. Die so hergestellten Schienen waren wesentlich länger und hielten der Beanspruchung viel besser stand als ihre gußeisernen Vorgänger, die trotz Verstärkung zwischen den ca. 1 m entfernten Auflagepunkten mit fischbauchartigen Bogenrippen häufig brachen. In der Formgebung hatte sich die Profilschiene gegenüber der Plattenschiene durchgesetzt, am üblichsten war das einfache doppel-T-förmige Profil. Mittels Schienenstühlen, sog. Chairs, wurden die Schienen in querliegenden Holzschwellen verankert, die wiederum in wasserdurchlässigen Kies oder Sand, später in Schotter gebettet waren. Von der Befestigung der Schienen auf Steinwürfeln, wie noch bei der Nürnberg-Fürther Eisenbahn, kam man bald ab, weil sie leicht verrutschten oder sich ins Erdreich senkten und so zur Ursache mancher Entgleisung wurden. In Anlehnung an den Radabstand der englischen Postkutschen setzte Stephenson für seine Lokomotiven die Spurweite von 4 engl. Fuß 8½ Zoll, d. i. 1,435 m, fest, ein Maß, das in aller Welt als Normalspur Berücksichtigung fand. Dies schon deshalb, weil Stephenson viele Pionierbahnen mit Lokomotiven belieferte.

Als Bote der neuen Zeit trat die Eisenbahn ihren Siegeszug auch am europäischen Kontinent und in den Vereinigten Staaten an. Einen Übergangscharakter hatte noch die von 1825 bis 1832 erbaute Pferdeeisenbahn Linz–Budweis, deren erster Abschnitt von Budweis nach Kerschbaum (64 km) im September 1828 eröffnet worden war. Erste öffentliche mit Dampfkraft betriebene Linie und zugleich die erste Staatseisenbahn Europas war die im Mai 1835 in Betrieb genommene Strecke Brüssel–Mecheln (20 km). In den Vereinigten Staaten begann der Eisenbahnbau im großen Stil am 28. Dezember 1829 mit der Eröffnung der 24 km langen Teilstrecke Baltimore–Ellicots Mills der Baltimore- and Ohio-Bahn. Das Bautempo war im Land der unbegrenzten Möglichkeiten noch rasanter als in Europa, 1840 umfaßte das Eisenbahnnetz bereits 4534 km, rund die Hälfte mehr als in Europa (2925 km).

Frühe Entwicklung in Deutschland

Deutsche Eisenbahnpioniere

Viel rückständiger als in England war zu Beginn des 19. Jahrhunderts die politische und gesellschaftliche Situation in Deutschland. Vier Fünftel der Bevölkerung lebte noch auf dem Lande, angesichts der feudalen Produktions- und Herrschaftsverhältnisse in vielfältige Abhängigkeiten, bis hin zur Leibeigenschaft, eingebunden. In den Städten hatte noch das mittelalterliche Zunftsystem Gültigkeit. Über allem lag lähmend die deutsche Kleinstaaterei, mit den vielen Zollschranken und den uneinheitlichen Münz-, Maß- und Gewichtssystemen hemmte sie die wirtschaftliche Entwicklung. Der Deutsche Bund von 1815 umfaßte 39 Bundesstaaten, die alle auf ihren Souveränitätsrechten beharrten und meist absolutistisch regiert den Bürgern keine politische Mitsprache zubilligten.

Bild 1: »Wenn der Name von Friedrich List genannt wird, bekommen die Deutschen ein schlechtes Gewissen.« (Theodor Heuss)

Das ist grob skizziert der Hintergrund, vor dem sich eine kleine Zahl von weitblickenden höheren Beamten, Ingenieuren, Professoren und Unternehmern für den Bau von Eisenbahnen stark machte. Gegen viele Vorurteile propagierten sie in Wort und Schrift das neue Verkehrsmittel, informierten sich z. T. in England vom Stand der Technik und beteiligten sich selbst an der praktischen Umsetzung ihrer Ideen. Mit ihrer Tatkraft haben sie nicht nur den Bau von Eisenbahnen und damit die Industrialisierung initiiert, über die so geschaffenen Impulse kam es in Deutschland auch zu Ansätzen der nationalen Einigung, ohne daß diese auf friedlichem Wege erreicht wurde.

Niemand hat diesen Zusammenhang klarer erkannt und vehementer vertreten als der in seiner Heimat lange Zeit politisch verfolgte und mißachtete *Friedrich List (1789–1846)*. Sein ganzes Trachten und Bemühen galt der wirtschaftlichen und nationalen Einheit Deutschlands und der Errichtung eines Eisenbahnnetzes, dessen Vorteile er in der 1841 erschienenen Schrift »Das deutsche Eisenbahnsystem« wie folgt zusammenfaßte:

»Das deutsche Eisenbahnsystem wirkt indessen nicht bloß durch Förderung der materiellen Nationalinteressen, es wirkt auch durch Stärkung aller geistigen und politischen Kräfte auf die Vervollkommnung der deutschen Nationalzustände:

- Als *Nationalverteidigungsinstrument*; denn es erleichtert die Zusammenziehung, Verteilung und Direktion der Nationalstreitkräfte;
- als *Kulturbeförderungsmittel*; denn es beschleunigt und erleichtert die Distribution aller Literaturprodukte und aller Erzeugnisse der Künste und Wissenschaften; es bringt Talente, Kenntnisse und Geschicklichkeit jeder Art in Wechselwirkung; es vermehrt die Bildungs- und Belehrungsmittel aller Individuen, von jedem Stand und Alter;
- als *Assekuranzanstalt* gegen Teuerung und Hungersnot und gegen übermäßige Fluktuation in den Preisen der ersten Lebensbedürfnisse;
- als *Gesundheitsanstalt*; denn es vernichtet die Entfernungen zwischen dem Leidenden und dem Heilmittel;
- als *Vermittler des gemütlichen Verkehrs*; denn es verbindet

den Freund mit dem Freund, den Verwandten mit dem Verwandten;
- als *Stärkungsmittel des Nationalgeistes*; denn es vernichtet die Übel der Kleinstädterei und des provinziellen Eigendünkels und Vorurteils;
- als ein *fester Gürtel* um die Lenden der deutschen Nation, der ihre Glieder zu einem streitbaren und kraftvollen Körper verbindet;
- als das *Nervensystem* des Gemeingeistes wie der gesetzlichen Ordnung; denn es verleiht in gleichem Maße Kraft der öffentlichen Ordnung wie Staatsgewalt.

In allen diesen Beziehungen ist das Eisenbahnsystem für keine Nation von so großer Bedeutung wie für die deutsche.

Durch ihre geographische Lage von allen Seiten fremden Angriffen bloßgestellt und von der Natur nur kärglich mit Kommunikationsmitteln ausgestattet, bedarf keine so sehr künstlicher Mittel, um ihre Verteidigungskräfte zu konzentrieren und sie mit Schnelligkeit von einem Grenzpunkt nach dem anderen zu werfen.

Ohne Zentralpunkt für Wissenschaft, Kunst, Literatur und Bildung ist erleichterter und schneller Kommunikationsmittel die Kultur nirgends so bedürftig wie in Deutschland, werden die letzteren in dieser Beziehung nirgends so großen Nutzen stiften. Durch frühere Zerrissenheit fast aller Attribute der Nationalität entkleidet, bedarf keine Nation so sehr inniger Verbindung ihrer Glieder.

Durch diese Verbindungsmittel gelangt Deutschland in den Besitz jener unermeßlichen Vorteile, welche anderen Nationen aus ihren großen Nationalhauptstädten erwachsen, ohne die damit verbundenen großen Übelstände. Dadurch wird Deutschland der Vorteile des Zentralisationssystems teilhaftig, ohne der Segnungen des Föderativsystems verlustig zu werden.«

1789 in Reutlingen geboren, erhielt Friedrich List bereits mit 28 Jahren den Lehrstuhl für Staatswissenschaften an der Universität Tübingen und wurde zwei Jahre später in die Zweite Kammer des Württembergischen Landtags gewählt. Er hatte sich inzwischen schon als Führer der Liberalen einen Namen gemacht und benützte beide Ämter, um öffentlich gegen den Mißbrauch der Staatsbürokratie und gegen den obrigkeitlichen Ständestaat einzutreten. In diesem Sinne gründete er im April 1819 auf der Frankfurter Frühjahrsmesse den »Allgemeinen deutschen Handels- und Gewerbeverein«, der sogleich in einer Petition an den ebenfalls in Frankfurt versammelten Bundestag des Deutschen Bundes die Aufhebung der unzähligen Zollgrenzen forderte, vierzehn Jahre vor der Gründung des Deutschen Zollvereins. Lists Engagement erregte bei seinem Landesherrn und den herrschenden Kreisen Württembergs Mißfallen. Wegen »Verleumdung der bestehenden Staatsordnung und dringenden Verdachtes eines begangenen Staatsverbrechens« wurde er unter Anklage gestellt und zu einer zehnmonatigen Festungshaft verurteilt, ebenso aus dem Landtag ausgeschlossen. List floh nach Straßburg, wagte sich nach drei Jahren wieder zurück und wurde dann entgegen seinen Erwartungen auf dem Hohenasperg eingesperrt. Eine Begnadigung erfolgte unter der Bedingung, auf das Bürgerrecht zu verzichten und das Land zu verlassen. Fünf Jahre verbrachte er im amerikanischen Exil, lebte in Reading, einem Kohlen- und Eisenrevier in Pennsylvanien, wo er ein reiches Kohlen- und Eisenrevier entdeckte, für dessen Erschließung er eine Eisenbahn zum nächstgelegenen Kanalhafen baute. Trotz geschäftlicher Erfolge zog es ihn wieder zurück, er »träumte«, wie er in einem Brief schrieb, »von einem deutschen Eisenbahnsystem«. Vor politischer Verfolgung durch den Status eines amerikanischen Konsuls geschützt, kehrte er nach Deutschland zurück und ließ sich 1833 in Leipzig nieder, wo er an führender Stelle das Projekt einer Eisenbahnlinie von Leipzig nach Dresden initiierte. In seiner bekannten Abhandlung »Über ein sächsisches Eisenbahnsystem als Grundlage eines allgemeinen deutschen Eisenbahnsystems« konzipierte er ein Eisenbahnnetz, wie es später im wesentlichen auch gebaut wurde. Eine offizielle Anerkennung blieb ihm jedoch, wie auch später bei anderen Unternehmungen, versagt. Mit einem »Ehrengeschenk« von 2000 Talern, die kaum seine Unkosten deckten, wurde er abgefunden. List arbeitete in der Folgezeit noch unermüdlich für seine Ideen. Zermürbt von den Widerständen, in finanziellen Schwierigkeiten und gesundheitlich angeschlagen nahm er sich am 30. November 1846 in Kufstein das Leben. Theodor Heuss urteilte: »Wenn der Name von Friedrich List genannt wird, bekommen die Deutschen ein schlechtes Gewissen. Sie spüren, die Tragödie, die mit ihm verbunden ist, war *so* nur auf deutschem Boden möglich; sie ist eine ewige Anklage.«

Das erste deutsche Eisenbahnpatent erhielt 1815 der Münchner Oberstbergrat *Joseph Ritter von Baader (1763–1835)* in Form eines 25jährigen Privilegs für den Bau von Eisenbahnen. Der Doktor der Medizin und spätere Professor für Mechanik und Maschinenwesen sammelte ab 1786 in England praktische Erfahrungen mit der Dampfmaschine und lernte dort auch die mit Pferden betriebenen Montan- und Industriebahnen kennen. Sie wollte er in verbesserter Form für Gewerbe und Handel in Bayern nutzbar machen. Dieser Idee widmete er sein ganzes Denken und Schaffen, sie schlug sich auch in seinen zahlreichen Publikationen nieder. 1807 schlug er vor, Rhein und Donau durch eine »Straße mit Eisenbahnen« zu verbinden, 1814 propagierte er den Bau einer »Schienen-Pferdebahn« zwischen Nürnberg und Fürth. Von ihm konstruierte Fuhrwerkswagen waren mit einem doppelten Radsatz versehen, zwei außen befindliche große Räder für den Verkehr auf Landstraßen, vier kleinere Räder für die Spurhaltung auf Eisenschienen. In einem »System der fortschaffenden Mechanik« sollten durch einen komplizierten Mechanismus, z. T. auch mit Hilfe stationärer Dampfmaschinen, Steigungen überwunden werden. Seine öffentlichen Demonstrationen fanden Aufmerksamkeit, vergeblich machte er gegen die »Canalo-manie« Front und versuchte König Ludwig I. den Donau-Main-Kanal auszureden. Die Idee der Pferdebahn, auf die er zeitlebens fixiert blieb, wurde dann aber von den Dampfeisenbahnen buchstäblich überrollt. Wenige Tage vor der Eröffnung der ersten deutschen Eisenbahn verschied er, in der Öffentlichkeit fast schon vergessen.

Carl Anton Henschel (1780–1861) entwarf bereits 1803 eine Lokomotive, für die er in verbesserter Form 1816 ein Patent erhielt. 1822 machte sich der Kurhessische Bergrat für eine Pferdebahn von Frankfurt am Main nach Bremen stark und gründete dann 1837 in Kassel eine Eisengießerei, aus der dann die bekannte Lokomotivfabrik Henschel & Sohn hervorging. Der Name Henschel steht für eine Reihe von Fabrikanten, wie August Borsig in Berlin, Joseph Anton von Maffei in München und Emil Kessler in Karlsruhe, die als Pioniere des nationalen Lokomotivbaus dem deutschen Eisenbahnwesen wichtige Impulse gaben.

Nicht vergessen werden dürfen die westfälischen Industriellen *Friedrich Harkort (1793–1880)* und *Gustav Harkort (1795–1875)*. Letzterer war Mitbegründer und Vorsitzender des Direktoriums der Leipzig-Dresdener Eisenbahngesellschaft. Sein bedeutenderer Bruder Friedrich hatte 1819 auf Burg Wetter an der Ruhr eine »Mechanische Werkstatt« errichtet, wo mit Unterstützung englischer Ingenieure und Arbeiter ein Jahr später die ersten Dampfmaschinen produziert wurden. 1826 gliederte er ein modernes Puddel- und Walzwerk an, wodurch die Verbindung eines Eisenhüttenwerks und einer Maschinenfabrik geschaffen war. In der Tradition des Freiherrn vom Stein wirkte Harkort insbesondere als industrieller Erzieher im Sinne des Liberalismus und propagierte den nationalen Verfassungsstaat, die Volksbildung und nicht zuletzt den Bau von Eisenbahnen. Im März 1825, vor der Eröffnung der ersten englischen Eisenbahnlinie, schloß er einen Artikel in der westfälischen Zeitschrift »Hermann« emphatisch: »Möge auch im Vaterlande bald die Zeit kommen, wo der Triumphwagen des Gewerbefleißes mit rauchenden Kolossen bespannt ist und dem Gemeinsinne die Wege bahnet!« In der Folgezeit forderte der Publizist und Abgeordnete des westfälischen Provinziallandtags den Eisenbahnbau in den preußischen Westprovinzen.

Lange Zeit vor der Verwirklichung setzte er sich für die Bergisch-Märkische Eisenbahn und eine Verbindung zwischen Köln und Minden, d. h. Rhein und Weser, ein. Mit dem Hinweis, daß durch die Eisenbahnen ein weit schnellerer Truppentransport zum Rhein möglich sei, machte er auch früh auf den militärischen Aspekt des Eisenbahnbaus aufmerksam, der bei vielen Linien keine unwesentliche Rolle spielen sollte.

Starke Impulse bekam der Eisenbahnbau im Rheinland und in Westfalen durch die Bankiers *David Hansemann (1790–1864)* aus Aachen und *Ludolf Camphausen (1803–1890)* aus Köln. Beide gründeten konkurrierende Gesellschaften einer Linie von Köln zur belgischen Grenze, die sich dann 1837 auf Geheiß der Regierung zur »Rheinischen Eisenbahngesellschaft« vereinten. *Friedrich von Motz (1775–1830),* ab 1825 preußischer Finanzminister, trieb in gleicher Weise den Eisenbahnbau und die Beseitigung der Zollgrenzen voran. Als Vorstufe zum Deutschen Zollverein schloß er 1828 einen Zollvertrag zwischen Preußen und Hessen-Darmstadt und befürwortete eine Eisenbahn von Minden nach Lippstadt, wodurch Weser und Lippe verbunden und der Handelsverkehr zwischen Bremen und Süddeutschland durch preußisches Gebiet geleitet worden wäre.

Karl Friedrich Nebenius (1785–1857), Schöpfer der fortschrittlichen badischen Verfassung von 1818, unterstützte in seinen verschiedenen Staatsämtern den staatlichen Eisenbahnbau. In einer Denkschrift aus dem Jahre 1837 heißt es: »Kaum für zweifelhaft kann man es halten, daß, wenn der Staat bei der Verwaltung der Eisenbahn ein Opfer bringen wollte, er in den mittelbaren Folgen, die sich an die Erleichterung und die größere Lebhaftigkeit des Verkehrs knüpfen, leicht eine reichliche Entschädigung finden wird.« Das badische Eisenbahngesetz von 1838 setzte den Bau einer Staatseisenbahn von Mannheim über Heidelberg, Karlsruhe, Offenburg und Freiburg bis zur Schweizer Grenze fest. Die Teilstrecke Mannheim–Heidelberg wurde am 12. September 1840 eröffnet.

Der Bau der ersten deutschen Staatsbahn im Herzogtum Braunschweig ging wesentlich auf die Initiative von *Philipp von Amsberg (1788–1871)* zurück. Seit seiner Denkschrift von 1824, die zunächst kaum offizielle Beachtung fand, bemühte sich der Leiter des Landstraßenwesens um eine Verbindung auf »Eisenstraßen« zwischen Braunschweig, Hannover und den Hansestädten Hamburg und Bremen.

Seine Pläne scheiterten an der deutschen Kleinstaaterei, so nahm Amsberg das Projekt der Eisenbahnlinie Braunschweig–Harzburg in Angriff. Der erste Abschnitt Braunschweig–Wolfenbüttel wurde am 1. Dezember 1838, die ganze Strecke in einer Länge von 46 km am 31. Oktober 1841 eröffnet. Bei seiner Pensionierung 1870 hinterließ der inzwischen zum Generaldirektor des Eisenbahnwesens avancierte Amsberg ein Streckennetz von 270 km, das die zersplitterten Landesteile des kleinen Herzogtums erschloß und den preußisch-sächsischen Raum mit den Eisenbahnen im rheinisch-westfälischen Gebiet verband.
Bleibt noch die Leistung der Techniker und Ingenieure zu würdigen, die unter schwierigen Bedingungen den Bau der ersten Bahnen organisierten und leiteten. Mit ihrem Wirken haben sie die Abhängigkeit vom Ausland, insbesonders von England, relativ rasch beseitigt. Exemplarisch ist hierfür *Paul Camille von Denis (1795–1872)*. Geboren in Frankreich, trat er nach dem Studium an der Ecole Polytechnique in Paris 1816 in den bayerischen Staatsdienst ein. Als Bezirksingenieur in Zweibrücken unterstützte er die liberale Opposition gegen die repressive bayerische Politik. Im Rahmen der nach dem Hambacher Fest von 1832 einsetzenden politischen Säuberung des Rheinkreises sollte er nach Rosenheim versetzt werden, entzog sich dieser Anordnung aber durch einen zweijährigen unbezahlten Studienurlaub, in dem er sich in Amerika, England und Belgien mit den Fortschritten im Straßen-, Kanal- und Eisenbahnbau bekannt machte. Zurückgekehrt leitete der nunmehrige Münchner Bezirksingenieur den Bau der Nürnberg–Fürther Eisenbahn (1835), übernahm die Vorarbeiten für die Linie München–Augsburg (1837), um dann die technische Verantwortung bei dem Bau der Taunusbahn Frankfurt–Wiesbaden (1838–40) und der Pfälzischen Ludwigsbahn Ludwigshafen–Bexbach (1845–1849) zu tragen. Trotz dieser gutbezahlten Engagements blieb er bis 1850 im Staatsdienst, war dann Betriebsdirektor der Pfälzischen Ludwigsbahn und der ebenfalls privaten Bayerischen Ostbahn, für die er weitere Bahnbauten durchführte. Am Ende seines Lebens konnte er auf rund 1000 km Eisenbahnstrecken zurückblicken, die er geplant, im Baustadium überwacht und in Betrieb gesetzt hatte. Eine fürwahr erstaunliche Leistung!

Die Ouvertüre: Nürnberg–Fürth

Nach langjährigen theoretischen Auseinandersetzungen begann am 7. Dezember 1835 mit der Eröffnung der »kgl. privilegierten Ludwigsbahn« zwischen Nürnberg und Fürth auch in Deutschland das Eisenbahnzeitalter. Mehrere günstige Faktoren trafen bei diesem Projekt zusammen.
Eine erst zu Beginn des 19. Jahrhunderts errichtete Chaussee zwischen beiden Städten hatte das dichteste überörtliche Verkehrsaufkommen in Bayern. Nürnberg zählte 1830 rund 40000, Fürth 14000 Einwohner. Die enge wirtschaftliche Verflechtung bedingte eine hohe Frequenz. Das ebene Terrain ersparte außergewöhnliche und zeitraubende Erdarbeiten und ermöglichte eine rasche Nivellierung der Strecke, die in geringer Entfernung parallel zur Straße lief. Insbesondere aber erforderte die kurze Distanz von nur 6 km eine geringe Bauzeit, ebenso hielt sich das benötigte Kapital in Grenzen.
All diese Punkte sollen die Leistungen der Gründer nicht schmälern, hatten sie doch bei diesem Pionierprojekt besondere Schwierigkeiten zu überwinden. Immerhin war die Linie schon seit 20 Jahren im Gespräch, angefangen mit Baaders Vorschlag einer Pferdebahn von 1814, den ergebnislosen Diskussionen in der bayerischen Kammer der Abgeordneten 1819 und 1822 bis zu einer Initiative des jungen Monarchen Ludwig I. im Jahre 1826, der in der Folgezeit aber die Eisenbahn gegenüber dem von ihm favorisierten Kanalbau vernachlässigte.
Am Anfang der konkreten Planung stand ein in der Neujahrsausgabe 1833 der »Allgemeinen Handelszeitung« vom Herausgeber Erhard Friedrich Leuchs verfaßter »Aufruf zur Gründung einer Eisenbahn von Nürnberg nach Fürth«. Ausführlich und überzeugend legte er die Vorteile der Eisenbahn im allgemeinen dar, dann die günstigen Voraussetzungen für die gewünschte Linie:

> »In ganz Bayern, vielleicht selbst in ganz Deutschland ist kein Punkt, wo eine Eisenbahn leichter und mit größeren Vorteilen für die Unternehmer ausgeführt werden könnte. . . . Eilen wir, uns in Süddeutschland den Ruhm der ersten Eisenbahn zu sichern.«

Der Appell fand ein lebhaftes Echo, den Ideen folgten Taten. *Georg Zacharias Platner (1781–1862)*, als Großhändler zeitweilig Inhaber der Tabakfirma Lotzbeck, Nürnberger Handelsvorstand und Mitglied der Kammer der Abgeordneten, ein vielseitiger Unternehmer und großzügiger Stifter für wohltätige Einrichtungen, lud bereits am 12. Januar 1833 in sein Haus zu einem Initiativgespräch. Neben dem Fürther Bürgermeister Franz Joseph v. Bäumen und dem Nürnberger Marktvorsteher Johannes Merkel war auch *Johannes Scharrer (1785–1844)* anwesend, Nürnberger Hopfenhändler und Direktor der Polytechnischen Schule. Platner wie Scharrer gelten zu Recht als die zentralen Gründer der Ludwigsbahn.

Wenn in der Vergangenheit die Literatur die Rolle Scharrers einseitig in den Vordergrund stellte und Platners Verdienste zurücksetzte, so erkennt man heute, daß Platners Initiativkraft von großer Bedeutung für das Unternehmen war. Als Direktor und Kassier der Gesellschaft war Platner für alle Belange verantwortlich, sein Handelshaus übernahm die Ausgabe der Aktien, er selbst zeichnete bei der Gründungsversammlung die noch nicht abgesetzten Papiere. Scharrer, anfangs stellvertretender Direktor, leitete von 1836 bis zu seinem Tode das Unternehmen.

Erste Maßnahme der Gründer, die ein Beispiel für die gründliche und weitsichtige Planung ist, war die an 40 Tagen bis April 1833 durchgeführte Verkehrszählung zwischen Nürnberg und Fürth. Der dabei ermittelte tägliche Durchschnitt von 1184 Personen zu Fuß, 494 Personen in Kutschen und 108 Fuhrwagen bestätigte die Erwartungen. Er bildete auch die Grundlage für die in der Einladung zum Zeichnen der Aktien vom 14. Mai 1833 prognostizierte Rendite von 12,5% des zunächst auf 132000 Gulden festgesetzten Aktienkapitals, ein Kapitalertrag, der weit über dem damalig üblichen Durchschnitt von etwa 4% lag.

Am 18. November 1833, als sich im Nürnberger Rathaus erstmals die Aktionäre versammelten, war die Subskription fast abgeschlossen. 119 Aktionäre kamen aus Nürnberg, 35

Bild 2: Johannes Scharrer leitete erst als stellvertretender Direktor, sodann von 1836 bis zu seinem Tode 1844 die königlich privilegierte Ludwigs-Eisenbahn-Gesellschaft.

AKTIE
der Königl. privilegirten
Ludwigs-Eisenbahn-Gesellschaft
in Nürnberg
zu
Ein Hundert Gulden im 24 Fl. Fufs

Nr. 11. Fl. 100.

Das unterzeichnete — nach §. 25. der Statuten vom 18. November 1833 zur Emission der Aktien und Einziehung deren Betrags speziell bevollmächtigte — Direktorium der Königl. privilegirten Ludwigs-Eisenbahn-Gesellschaft bekennt hiemit: für diese Aktie die Summe von 100 Fl., mit Worten

Ein Hundert Gulden im 24 Fl. Fufs

als ein unaufkündbares, unverzinsliches Kapital baar empfangen zu haben, und sichert jedem rechtlichen Inhaber derselben die verfassungsmäfsigen Rechte eines Gesellschaftsmitglieds, insonderheit den Bezug der Jahres-Dividende, nach Maafsgabe der Gesellschaftsbeschlüsse, gegen Empfang der auf die nächsten 32 Jahre beigefügten betreffenden Anweisungen, innerhalb eines Jahres nach dem jedesmaligen Anfalle, zu.

Nürnberg und Fürth, den 31. Juli 1835.

Das Direktorium der K. priv. Ludwigs-Eisenbahn-Gesellschaft

Platner. Scharrer. Mainberger.

Schroll.

Neu ausgefertigt Nürnberg, den 31. Juli 1869.

Das Direktorium der Ludwigs-Eisenbahn-Gesellschaft

Ungültig

Herabgesetzt ... Reichsmark

Kapitalsberichtigung auf RM Vierhundertfünfundsechzig Reichsmark

Bild 3: Die erste Eisenbahn in Deutschland als moderne Kapitalgesellschaft: Inhaberaktie Nr. 11. Eine für damalige Zeiten hochrentierliche Kapitalanlage und Aktie mit gewaltigem Kurspotential.

aus Fürth und 53 von auswärts. Auch wenn bei dieser Bahn mehr als bei späteren Linien ein pionierhafter Patriotismus im Vordergrund stand, erhofften sich viele Aktionäre Spekulationsgewinne, bzw. eine hohe Dividende. Franz Alexander Fabri, mit einer gezeichneten Summe von 12500 Gulden »Hauptaktionär«, schrieb so an Platner: »Auch ich bin nicht leichtsinnig in dieses Unternehmen eingegangen, ich wußte aus älteren Notizen, daß keine Spekulationen in unseren Zeiten bessere Zinsen abgeworfen haben, als die auf Eisenbahnen in England und Amerika.« Der tatsächliche Ertrag sollte die kühnsten Erwartungen noch weit übertreffen.

Bei den Gründern hatte man anfangs auf eine Unterstützung durch die königlich-bayerische Regierung gehofft, sah sich darin aber bald getäuscht. Der bayerische Staat, der an der wenig später gegründeten Aktiengesellschaft zum Bau des Donau-Main-Kanals als Hauptaktionär beteiligt war, erwarb ganze zwei Aktien, um, wie es hieß, »hierdurch die lebhafte Teilnahme der Staatsregierung an dem wichtigen Unternehmen zu bewähren«. Das konnte den Unternehmern nur als Ironie erscheinen, war doch eine Aktie auf 100 Gulden festgesetzt worden, um auch dem Mittelstand Gelegenheit zur Beteiligung zu geben. Bei der Generalversammlung berechtigten erst fünf Aktien zu einer Stimme.

Wichtig für das Unternehmen war jedoch, daß König Ludwig I. einem Gesuch Platners vom 28. Mai 1833 entsprach, die »projektierte Straße« als »Ludwigsbahn« bezeichnen zu dürfen. Dadurch hatte das Unternehmen wenigstens nach außen eine halboffizielle Bezeichnung, waren den noch zahlreichen Gegnern des Projekts weitgehend die Waffen aus der Hand genommen. Von vielen, die bisher von dem Verkehr auf der Landstraße lebten und nun um ihre Existenz bangten, wie Gastwirten, Sattlern und Schmieden und überhaupt dem ganzen Speditionsgewerbe, wurde der Eisenbahnbau noch heftig bekämpft.

Andere Bedenken galten der Sicherheit des völlig neuartigen Unternehmens. Ein in diesem Zusammenhang oft zitierter Beleg ist ein angebliches Gutachten bayerischer Ärzte. Danach sollte im Interesse der öffentlichen Gesundheit das Fahren auf der Eisenbahn verboten sein; bei den Passagieren würden die raschen Bewegungen eine geistige Unruhe, »delirium furiosum« genannt, hervorrufen. Die Zuschauer müßten durch eine auf beiden Seiten des Bahndamms errichtete Schranke vor dem Anblick der rasenden Lokomotive geschützt werden. Das Gutachten wurde freilich nie erstellt, schon 1935 suchten die bayerischen Archive vergeblich nach seinem Ursprung und kamen zu dem Ergebnis, es sei »in das Reich der Fabel« zu verweisen. Dennoch scheint es unausrottbar zu sein, in vielen neueren Textsammlungen publiziert wird es auch zum 150jährigen Jubiläum der ersten deutschen Eisenbahn wieder auftauchen.

Das kgl. Privileg, d. h. die Konzession, stammte vom 19. Februar 1834. Es galt für 30 Jahre und enthielt neben der

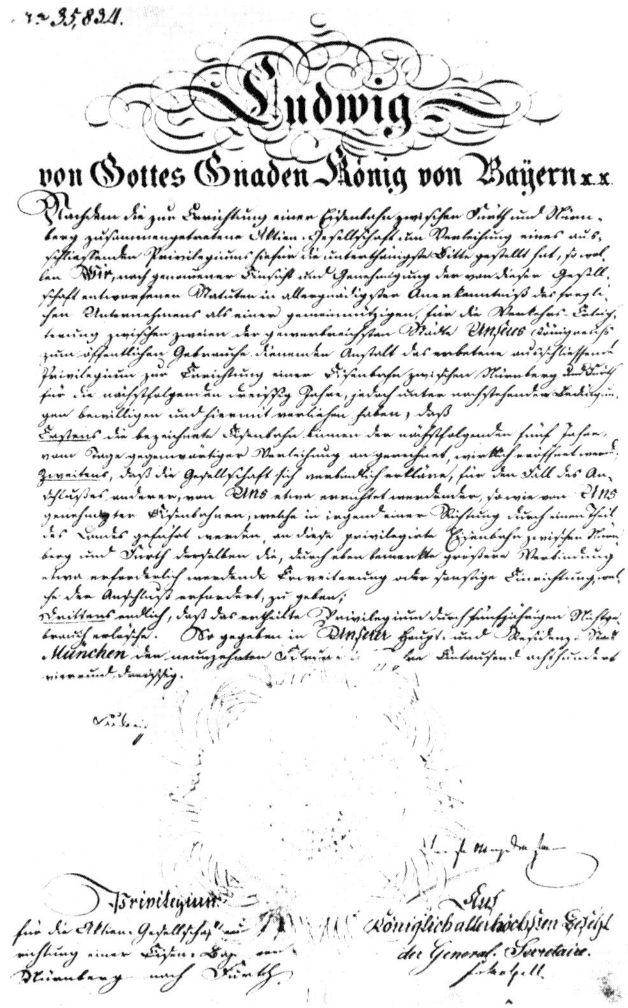
19.2.1834.

Ludwig

von Gottes Gnaden König von Bayern x.x.

Bild 4: Königliches Privilegium vom 19. Februar 1834.

Auflage, daß die Bahn innerhalb von fünf Jahren eröffnet werde, die Verpflichtung, bei einem späteren Eisenbahnbau für die Voraussetzungen eines Anschlusses zu sorgen.

Für die Planung und die Leitung der Bauarbeiten wollte die Gesellschaft ursprünglich einen Engländer verpflichten, was aber an den enormen Kosten scheiterte. Der von Robert Stephenson empfohlene Techniker forderte ein Jahresgehalt von rund 7200 Gulden, dazu wären 2400 Gulden für den Dolmetscher und weitere Spesen gekommen. Auf Vermittlung von Platner konnte dann schließlich – ein Glücksfall für die Gesellschaft – Paul Denis gewonnen werden. Von seinem Amt als Münchner Bezirksingenieur beurlaubt, erarbeitete Denis in drei Monaten die gesamte Bauplanung und den Kostenvoranschlag. Die Strecke wies nur an den beiden Endpunkten einige Krümmungen auf und verlief sonst gerade, auch war sie weitgehend eben.

Komplizierter und zeitraubender als erwartet gestaltete sich der Grunderwerb. Es dauerte immerhin ein Jahr, bis alle benötigten Grundstücke im Besitz der Gesellschaft waren. So konnte mit den Erdarbeiten erst im Frühjahr 1835 begonnen werden. An die hundert Taglöhner und einige Akkordarbeiter errichteten auf dem festen Sandboden einen bis zu 60 cm hohen Damm und ließen darin Stein-, z. T. auch Holzquader ein, die etwa 35 cm aus dem Boden ragten. Auf ihnen wurden die Schienen befestigt.

Die 3000 Zentner Schienen lieferte die Firma Remy & Co in Rasselstein bei Neuwied, sie hatte 1824 als erste in Deutschland das Puddelverfahren eingeführt. Selbst das fortschrittlichste deutsche Eisenwerk hatte Probleme, die verhältnismäßig geringe Menge zu produzieren, was ein Schlaglicht auf den technischen Stand in Deutschland zu Beginn der Industrialisierung wirft. In Nürnberg mußten die nach einem umständlichen Transport auf Schiffen und Fuhrwerken z. T. verbogen angekommenen Schienen erst geradegerichtet werden, wodurch zusätzliche Kosten entstanden. Die gußeisernen Schienenstühle, Nägel und Schließen kamen von bayerischen Eisenwerken.

Bild 5: Kam aus England, um den »Adler« zu fahren: William Wilson.

Hauptattraktion des ganzen Unternehmens war natürlich die auf den Namen »Adler« getaufte Lokomotive, Nr. 118 der Produktion von Robert Stephenson & Co in Newcastle. Der »Adler«, vom Lokomotivtyp her ein »Patentee« mit der Achsfolge 1A1, war über sieben Meter lang, hatte drei Achsen, sechs Räder, zwei Zylinder und entwickelte 40 PS. Für den Transport zerlegten ihn die Hersteller und verpackten die etwa 100 Einzelteile mit einem Gesamtgewicht von 177 Zentner in 19 Kisten. Die so heiß ersehnte Ladung traf nach einer mehrwöchigen Odyssee über Rotterdam und Köln endlich am 26. Oktober 1835 in Nürnberg ein. Viele Zwischenfälle beim Transport auf dem Wasser und der Straße verdeutlichen die begrenzte Kapazität der vorindustriellen Verkehrsmittel. Für den »Adler«, der bis 1857 im Dienst war und dann als Alteisen verkauft wurde, stellte Stephenson 850 Pfund Sterling in Rechnung, mit Tender kostete er 13930 Gulden, davon entfielen über zehn Prozent auf den Transport.

Zusammen mit der Lokomotive kam der englische Mechaniker William Wilson nach Nürnberg. Er leitete den Zusammenbau und wurde zunächst zur Bedienung und Wartung der Maschine für acht Monate verpflichtet, blieb aber dann bis zu seinem Tode 1862 in Nürnberg, wo er sich auch verheiratete. Das anfängliche Jahresgehalt des »Dampfwagenführers« betrug 1500 Gulden und lag 300 Gulden über dem Einkommen des Direktors.

Am 7. Dezember 1835 war es dann endlich so weit, die erste deutsche Eisenbahn wurde feierlich eröffnet. Um 8 Uhr versammelten sich die Aktionäre und Ehrengäste. Höchster staatlicher Repräsentant war der Regierungspräsident von Stichaner, das Königshaus wie die bayerische Regierung glänzten durch Abwesenheit. Erst am 17. August 1836 gab Ludwig I. der Gesellschaft die Ehre seines Besuches.

Nach der Festansprache des Nürnberger Bürgermeisters Jakob Friedrich Binder, Hochrufen auf den König, der Bayerischen Nationalhymne und der Enthüllung eines Gedenksteins setzte sich unter Kanonendonner und Musik der neun Wagen umfassende Festzug mit ca. 200 Personen in Bewegung. Auf der offenen Plattform der Lokomotive stand viel beachtet und bewundert im schwarzen Frack, mit Zylinder und weißen Handschuhen William Wilson, hinter ihm als Heizer der Nürnberger Johann Georg Hieronymus. Die gespannte Atmosphäre und die Reaktion der zahlreichen Zuschauer hielt der Korrespondent des »Stuttgarter Morgenblattes« fest:

> »Der Wagenlenker ließ die Kraft des Dampfes nach und nach in Wirksamkeit treten. Aus dem Schlot fuhren nun die Dampfwolken in gewaltigen Stößen, die sich mit dem schnaubenden Ausatmen eines riesenhaften antediluvianischen Stieres vergleichen lassen. Die Wagen waren dicht aneinander gekettet und fingen an, sich langsam zu bewegen; bald aber wiederholten sich die Ausatmungen des Schlotes immer schneller, und die Wagen rollten dahin,

daß sie in wenigen Augenblicken den Augen der Nachschauenden entschwunden waren. ... Es war eine unermeßliche Menschenmenge vorhanden, und sie jauchzte und jubelte zum Teil den Vorüberfahrenden zu; in der Tat, es gewährt der Anblick des vorüberdrängenden Wagenzuges fast ein größeres Vergnügen, als das Selbstfahren. Wenigstens drängt sich uns das Gefühl der gewaltigen, wundersam wirkenden Kraft bei jenem Augenblick weit mehr auf; es imponiert, wenn man den Wagenzug mit seinen 200 Personen wie von selbst, wenn auch nicht pfeilgeschwind, doch gegen alle bisherige Erfahrung schnell, unaufhaltsam heran, vorüber in die Ferne dringen sieht.«

Nach neun Minuten erreichte der Eröffnungszug Fürth, was einer Geschwindigkeit von 40 km/h entspricht. Beim regulären Betrieb dauerte eine Fahrt mit der Lokomotive 15, mit Pferden 25 Minuten und war damit immer noch zehn Minuten schneller als die Eilpost. In der ersten Zeit fuhren die Lokomotiven täglich nur viermal, die restlichen im Stundentakt von den Endpunkten abfahrenden Züge wurden von Pferden gezogen.

Bild 6: Nach Kanonendonner und Musik setzte sich am 7. Dezember 1835 der Festzug in Bewegung und traf nach neun Minuten in Fürth ein.

Bild 7: Die Einkünfte ließen das Unternehmen Ludwigseisenbahn zum grandiosen Erfolg werden.

Fahrt. *Wagen Nr.* 7

EINTRITTSKARTE

zur

Eröffnung der Königl. priv. Ludwigs-Eisenbahn

am 7. December 1835.

Die Abfahrt nach Fürth findet Punct 9 Uhr statt. Man beliebe sich aber eine halbe Stunde früher auf der errichteten Tribune im Verwaltungs-Locale einzufinden.

Das Directorium

der

Ludwigs-Eisenbahn-Gesellschaft.

Die von Nürnberger und Fürther Handwerkern hergestellten Wagen waren in drei Klassen unterteilt, wobei auf die Fahrgestelle von den Postkutschen übernommene Aufbauten gesetzt wurden. Ganz im Freien saßen die Passagiere der dritten Klasse, die zweite Klasse hatte ein Dach, aber unverglaste Fenster. Die drei Wagen der ersten Klasse wiesen einen vergleichsweise luxuriösen Standard auf: Glasfenster, vergoldete Türgriffe, alle Beschläge aus Messing, der Innenraum mit blauem Tuch ausgeschlagen. Als Fahrpreise waren sechs, neun und zwölf Kreuzer für die einzelnen Klassen festgesetzt.

Der finanzielle Erfolg zeichnete sich schon nach wenigen Tagen ab, die Zeitungen in ganz Deutschland berichteten über die wöchentliche Frequenz der Linie. Die Aktie von 100 Gulden, am Eröffnungstag noch mit 80 Gulden gehandelt, stieg innerhalb weniger Tage auf den doppelten Nennwert und erreichte 1837 fast 500 Punkte.

Im Durchschnitt lagen die Dividenden der Gesellschaft von 1836 bis 1888 bei 17%, keine andere deutsche Linie konnte eine so hohe Rentabilität vorweisen. Von überragender Bedeutung war dabei der Personenverkehr, angesichts der kurzen Strecke wäre das zweimalige Umladen von Frachtgütern unrentabel gewesen und erfolgte anfangs nur in Ausnahmen. Der erste offizielle Gütertransport auf deutschen Eisenbahnen waren so am 11. Juli 1836 zwei Fäßchen Bier der Nürnberger Brauerei Lederer, eine wahrhaft »bayerische« Ladung und des Anlasses würdig.

Der glänzende Erfolg der Ludwigsbahn kam allen im Entstehen bzw. noch in der Planung befindlichen deutschen Linien zugute und unterstützte die allgemeine Aufbruchstimmung in Deutschland.

Weitere Premieren

Für Leipzig–Dresden (115 km), die erste deutsche Fernstrecke, war die Konzession am 6. Mai 1835 erteilt worden. Wenig später wurde an einem einzigen Tag das gesamte Kapital der Aktiengesellschaft in Höhe von 1,5 Millionen Talern gezeichnet, auch die 1837 erfolgte Aufstockung des Aktienkapitals auf 4,5 Millionen Taler ging ohne Probleme vor sich. Es zeigte sich, daß Friedrich List durch vielfältige Information der Öffentlichkeit, Eingaben an die Regierung und die Ständeversammlung sowie der Vorlage eines Kostenvoranschlags mit Rentabilitätsberechnung einen vorbildlichen Weg gewiesen hatte, der dann auch von anderen Gesellschaften bei der Vorbereitung von Eisenbahnprojekten beschritten wurde.

Positiv beeinflußt wurde das Unternehmen zweifellos durch die Tatsache, daß im Handels- und Messezentrum Leipzig viele kapitalkräftige Bürger das Unternehmen unterstützten und allein schon die Verbindung mit Dresden, der Hauptstadt des Königreichs Sachsen, eine Rentabilität in Aussicht stellte. Das von der Regierung des wirtschaftlich am weitesten entwickelten deutschen Staates speziell für diese Linie erlassene Enteignungsgesetz erleichterte den Grunderwerb, für alle frühen Eisenbahnlinien eine heikle und zeitraubende Angelegenheit.

Der unter der Leitung von *Karl Theodor Kunz (1791–1863)* durchgeführte Streckenbau stellte die Techniker vor völlig neuartige Aufgaben. Bei Oberau wurde der erste deutsche Eisenbahntunnel in einer Länge von 512 m gebaut. Er verkürzte die Strecke um fast sieben km und verminderte die

Bild 8: Das Königshaus kam erst später: Fahrt König Ludwigs I. von Bayern am 17. August 1836

Bild 9: Der erste deutsche Eisenbahntunnel bei Oberau (Leipzig–Dresden) im Bau 1838.

Steigung um 38 m. Nur dadurch waren die enormen Kosten zu rechtfertigen. Freiberger Knappen aus dem nahen Erzgebirge täuften nach Bergmannsart vier senkrechte Schächte bis zur Tunnelsohle ab. Von dort aus wurde jeweils nach beiden Richtungen ein Stollen vorangetrieben, so daß mit zeitweilig bis zu 700 Arbeitern und Bergleuten an acht Stellen gleichzeitig gearbeitet werden konnte. Zur Entlüftung mußte ein gesonderter Stollen angelegt werden. Wegen der Brüchigkeit des Gesteins wurde der gesamte Tunnel ausgemauert. Nach drei Jahren war das von den Zeitgenossen als Wunderwerk der Technik bestaunte Bauwerk fertig, es verschlang 350000 Taler. Bei Riesa wurde über die Elbe die erste größere deutsche Eisenbahnbrücke errichtet. Sie bestand aus gemauerten Pfeilern und einer Holzkonstruktion mit einer lichten Weite von 28,3 m.

Zur Befestigung der aus England bezogenen Breitfußschienen – sie hatte der Amerikaner Robert L. Stevens um 1830 entwickelt – verwandte man auf dem größten Teil der Strecke erstmals in Deutschland hölzerne Querschwellen. Um das rasche Faulen des Holzes zu verhindern, wurden die Schwellen mit Steinkohlenteeröl getränkt. Das technische Problem der Schienenstöße, die zunächst noch großen Lärm und eine holprige Fahrt verursachten, konnte anfangs noch nicht befriedigend gelöst werden. Zunächst legte man die Enden der aneinanderstoßenden Schienen auf gewalzte Platten. Beim Bau der badischen Eisenbahnen kam man dann darauf, die beiden Schienen mit Laschen zu verbinden. Der »ruhende Stoß« lag dabei immer noch auf der Schwelle. Jahrzehnte später übernahm man auch in Deutschland den seit 1850 in England üblichen »schwebenden Stoß«, der zwischen den Schwellen liegt. So sehr sich auch in der Folgezeit Einzelheiten geändert haben, so behielt die von Karl Theodor Kunz für die Linie Leipzig–Dresden entworfene Konzeption des Oberbaus ihre Gültigkeit.

In engem Zusammenhang mit der Linie steht der Bau der ersten betriebsfähigen Lokomotive auf dem europäischen Kontinent. Weil die Lieferfristen bei Robert Stephenson & Co zu lang waren, bestellte die Gesellschaft zunächst sechs Lokomotiven bei verschiedenen ausländischen Fabriken, wobei sie möglichst bald von den teueren und umständlichen Importen unabhängig werden wollte: »Wir hoffen, daß unsere Maschinenwerkstätten mit allen Kräften streben werden, künftig Lokomotiven zu bauen.« *Johann Andreas Schubert (1808–1870),* Professor am Polytechnikum Dresden, nahm diese Aufforderung an. In der Aktien-Maschinenbaufabrik Übigau bei Dresden leitete er den Bau der »Saxonia«, die bereits 1839 in Betrieb genommen wurde. Die B1-Lokomotive, mit zwei gekuppelten Treibachsen, einer Laufachse unter dem Führerstand und einem korbähnlichen Funkenfänger am Ende des Schornsteins, hatte viele Ähnlichkeiten mit dem englischen Vorbild, dem von der Firma P. Rothwell & Co gelieferten »Komet«, und war bis 1856 im Dienst der Gesellschaft. Der Maschinenfabrik Übigau war kein so langes Leben beschieden, nach der Herstellung der zweiten Lokomotive »Phönix« wurde die Produktion wegen mangelnden Erfolgs und Absatzes eingestellt, ein Beispiel für die Schwierigkeiten bei der Entwicklung einer nationalen Maschinenbauindustrie.

Für die Fabrikation der Wagen errichtete die Gesellschaft schließlich 1837 auf dem Bahnhof in Leipzig den ersten

deutschen Wagenbaubetrieb unter der Leitung des Engländers Thomas Wordsell, wobei im anfänglich manufakturellen Stadium in erster Linie die hölzernen Aufbauten auf die von England bezogenen Fahrgestelle montiert wurden.
Nachdem im März 1836 mit dem Bahnbau begonnen worden war, konnte rechtzeitig zur Leipziger Frühjahrsmesse, am 24. April 1837, die ca. 9 km lange Teilstrecke Leipzig–Althen eröffnet werden. Rund zwei Jahre später, am 7. April 1839, wurde die ganze Strecke in Betrieb gesetzt. Der Bericht im »Leipziger Tageblatt« hob besonders die erwähnten Kunstbauten hervor:

> »Unmittelbar hinter Riesa erreichten die Züge die herrliche Elbbrücke mit ihren elf Pfeilern. Der Eindruck, den dieses treffliche Bauwerk, so wie der bald folgende Viadukt bei Röderau mit seinen 64 Pfeilern machte, ging in laute Ausbrüche der Freude über. . . . Nach einem halben Stündchen stiegen zu beiden Seiten Felsenmassen empor, und die Züge befanden sich vor dem mit Fichtenreis gezierten Eingange des Tunnels bei Oberau. Wer vermag hier genügend den Eindruck zu beschreiben, den dieser großartige Bau mit seiner unterirdischen, 870 Ellen langen, durch eine unzählbare Menge Lämpchen erleuchteten Galerie auf die Reisenden machte. Die hohen Gewölbe hallten von dem alten Gruße: Glück auf! wider, mit dem die an den beiden Seiten aufgestellten Bergleute, welche Lichter trugen, begrüßt wurden und grüßten. Gleich nachdem dieser Riesenbau verlassen worden war, zeigten sich links auf den mit vielen Zuschauern besetzten Höhen, die durch die Anlegung des Tunnels hervorgerufenen Häuser mit der Restauration.«

Bis 1840 wurden im Gebiet des Deutschen Zollvereins annähernd 500 km Bahnlinien gebaut und in Betrieb gesetzt. Preußen machte den Anfang mit der am 29. Oktober 1839 eröffneten »Hofstrecke« Berlin–Potsdam. Sie blieb ohne größere Bedeutung und wurde 1848 durch die Verlängerung nach Magdeburg in das entstehende Eisenbahnnetz eingegliedert.
In den Westprovinzen Preußens begann das Eisenbahnzeitalter mit der Linie Düsseldorf–Elberfeld, die bis Erkrath am 20. Dezember 1838, auf der ganzen Strecke erst 1841 eröffnet wurde. Angesichts des recht unterschiedlichen Höhenniveaus im »Bergischen Land« ergaben sich besondere technische Probleme, die bemerkenswert gelöst wurden. Auf Anraten von Robert Stephenson errichtete man hinter Erkrath, wo die Strecke auf 2,4 km eine Steigung von 1:30 aufwies, eine ebenso lange Steilrampe und installierte auf ihrem Scheitelpunkt zwei stehende Dampfmaschinen, die mit einem dicken Hanf-, später Drahtseil, die Züge emporzogen. Das war nicht ungefährlich, zumal anfangs öfter ein Seil riß. Schließlich ging man dazu über, daß immer zwei Züge gleichzeitig zur Rampe kamen und der bergabfahrende den anderen mit Hilfe einer Seilkonstruktion zog. Die kleine Linie wurde 1848 durch die Eröffnung der Bergisch-Märkischen Bahn bis Dortmund verlängert.
Auf die erste deutsche Staatsbahn, Braunschweig–Wolfenbüttel (eröffnet am 1. Dezember 1838), Teilstrecke der Linie Braunschweig–Harzburg, wurde oben schon im Zusammenhang mit Philipp von Amsberg hingewiesen.
Auch im Großherzogtum Baden waren von Beginn an Staatsbahnen gebaut worden, zuerst Mannheim–Heidelberg (12. September 1840). Verhängnisvoll erwies sich, daß man in Baden abweichend von allen anderen deutschen Ländern die Breitspur von 1,6 m einführte und sich von dem Entschluß zunächst nicht abbringen ließ. 1843 wurde im Staatsvertrag zwischen Baden, Hessen und der Freien Reichsstadt Frankfurt zum Bau der Main-Neckar-Bahn (Frankfurt–Heidelberg) zwar schon die Normalspur von 1,435 m vereinbart. Aber erst 1854 zog man in Baden die Konsequenzen und rüstete innerhalb eines Jahres 63 Lokomotiven, über 1100 Wagen, 79 km einfaches und 203 km doppeltes Gleis, sowie 33 Bahnhofsanlagen von der Breit- auf die Normalspur um.
1840 wurden noch folgende Privatbahnen dem Verkehr übergeben: Taunusbahn Frankfurt–Wiesbaden (19. Mai), Magdeburg–Halle–Leipzig (18. August) und schließlich als zweite bayerische Linie München–Augsburg (4. Oktober).
Die frühe Phase des Eisenbahnbaus spiegelt deutlich die nationale Zersplitterung Deutschlands wider. In den Nachbarstaaten wurden weniger Partner gesehen als vielmehr Rivalen um die für das eigene Land günstigsten Routen. Die Linienführung war von lokalen und oft sehr egoistischen Interessen bestimmt, ein Eisenbahnnetz, wie es Friedrich List entworfen hatte, erst in groben Ansätzen zu erkennen.

Der große Impuls

Politischer Anspruch und Spekulationsgeschäft

Als »Leichenwagen des Absolutismus und Feudalismus« bezeichnete Friedrich Harkort die Eisenbahn. Und in der Tat vollzieht sich die erste Phase des Eisenbahnbaus vor dem Hintergrund des in den einzelnen deutschen Staaten unterschiedlich ablaufenden Übergangs vom feudal-absolutistischen Agrarstaat zum bürgerlich-liberalen Industriestaat. Der tiefgreifende Umbruch in Staat und Gesellschaft wird auf dem Sektor der Wirtschaft begleitet von der Durchsetzung des kapitalistischen Liberalismus, der den Merkantilismus ablöste. Gefördert wurde diese Entwicklung sehr wesentlich durch den vom Bürgertum initiierten und zunächst hauptsächlich finanzierten Eisenbahnbau.

Die Errichtung von Eisenbahnlinien als wichtige Maßnahme der Infrastruktur wäre eigentlich Verpflichtung und Aufgabe des Staates gewesen. Die Landesherren und der vom Grundbesitz lebende Adel hatten jedoch zumeist schon eine individuelle Abneigung gegen den demokratischen Charakter des neuen Verkehrsmittels, wie etwa König Ernst August von Hannover: »Ich will keine Eisenbahn in meinem Lande, ich will nicht, daß jeder Schuster und Schneider so rasch reisen kann wie ich.« Reisen galt auch noch zu Beginn des 19. Jahrhunderts als Privileg des Adels, ein Umstand, der das Unverständnis des preußischen Königs Friedrich Wilhelm III. für die Bedeutung der Eisenbahn erklärt: »Kann mir keine große Glückseligkeit vorstellen, ob man einige Stunden früher in Potsdam ankommt oder nicht.«

Viel entscheidender aber war, daß im Vormärz der staatliche Eisenbahnbau mit der brisanten Verfassungsfrage in engem Zusammenhang stand. Eine Finanzierung aus laufenden Mitteln erwies sich angesichts der chronischen Verschuldung der Staatskassen in den meisten Ländern als unmöglich. Die Aufnahme von Anleihen ließ sich aber nur mit Zustimmung der ungeliebten Volksvertretungen erreichen, was eine Einschränkung des immer noch absoluten Machtanspruchs der Monarchen und eine Anerkennung des bürgerlichen Begehrens nach politischer Mitsprache bedeutet hätte. In Preußen etwa verbot das Staatsschulden-Gesetz von 1820 die Aufnahme neuer Anleihen ohne ständische Zustimmung, und König Friedrich Wilhelm III. löste lange sein Versprechen, eine reichsständische Versammlung einzuberufen, nicht ein. So wurde der Bau und Betrieb von Eisenbahnen privaten Unternehmern überlassen. Im Vorfeld der Revolution verweigerte dann 1847 der erste Vereinigte Landtag aus politischen Gründen eine Staatsanleihe für die von der Regierung gewünschte Ostbahn, die trotz staatlicher Zinsgarantie keinen Privatunternehmer gefunden hatte.

Neben den bereits erwähnten Linien im Großherzogtum Braunschweig und Großherzogtum Baden wurden im ersten Jahrzehnt noch Staatsbahnen gebaut im Königreich Hannover (Teilstrecke Hannover–Lehrte, eröffnet am 22. Oktober 1843) und schließlich im Königreich Württemberg (Teilstrecke Cannstatt–Untertürkheim, 22. Oktober 1845).

Im übrigen dominierten die Aktiengesellschaften. Hier fanden sich Bankiers, Fabrikanten, Händler und Großunternehmer zusammen. Ihnen ging es nicht nur um den unmittelbaren Profit in Form von Dividenden. Die Rentabilität einer Linie erfüllt sich für sie auch dadurch, daß die ansässigen Handelsbetriebe, Manufakturen und entstehenden Fabriken, die ihnen gehörten, oder an denen sie beteiligt waren, durch den Anschluß an das neue Transportsystem bessere Produktions- und Absatzbedingungen bekamen und die Gefahr der Umgehung ihrer Städte vermieden werden konnte.

Die Mobilität des Geldes und dessen Konzentration in der Hand einiger Bankiers und Unternehmer verursachte bei vielen Regierungen ein starkes Mißtrauen gegenüber der neuen Unternehmungsform der Aktiengesellschaft, die sich in Deutschland erst mit dem Eisenbahnbau durchsetzte. Man befürchtete, aus diesen schwer zu kontrollierenden Assoziationen des Kapitals könne Macht und Einfluß des Besitzbürgertums zu einer Art Nebenregiment im Staate erwachsen.

Hauptsächlicher Kritikpunkt waren jedoch die mit den Eisenbahnaktien verbundenen Spekulationsgewinne. Die ersten Eisenbahngesellschaften hatten wenig Schwierigkeiten, das nötige Kapital zu bekommen, wegen Überzeichnung mußten die Subskriptionen z. T. sogar nachträglich reduziert werden. Die Zeitungen jener Zeit sind voll von Berichten über die »Spekulationswut« und Anzeigen zur Gründung neuer Eisenbahngesellschaften. Die Spekulation, die sich bisher auf den Handel mit Staatspapieren beschränkt hatte, wandte sich rasch den Eisenbahnaktien zu. Die Berliner Börse erfaßte ein »Spekulationstaumel«, sie verdrängte die bisher führende Frankfurter Börse, die zunächst beim traditionellen Geschäft mit den Staatspapieren geblieben war. Der Handel mit Eisenbahnaktien erfolgte mit mehr oder minder großem Agio.

Begünstigend wirkte sich dabei aus, daß es nur den Eisenbahnaktiengesellschaften gestattet war, leicht zu veräußernde Inhaberaktien auszugeben, während die übrigen Gesellschaften in der Regel Namensaktien führten. In der Öffentlichkeit wurden die z. T. beträchtlichen Spekulationsgewinne als unmoralisch angeprangert, weil man annahm, die Spekulanten bereicherten sich auf Kosten der Allgemeinheit, entzögen dem Gewerbe und Handel Kapital und hätten im übrigen nicht in erster Linie das jeweilige Eisenbahnprojekt, sondern nur den eigenen Gewinn im Auge. Die Regierungen bemühten sich vergeblich, dieser zwangsläufigen Erscheinung der sich unter kapitalistischen Gesetzmäßigkeiten vollziehenden Industrialisierung Einhalt zu gebieten. So blieb auch der Bittruf, in den der anonyme Verfasser einer zeitgenössischen Flugschrift verfiel, ohne Gehör:

> »Der Himmel hat unser schönes Vaterland vor jener verheerenden Seuche, der Cholera, verschont, möge er uns auch vor dieser neuen noch schrecklicheren Seuche des Aktien-Wuchers bewahren!«

Das Industriezeitalter beginnt

Nicht zu Unrecht wird das 19. Jahrhundert zuweilen als das »Jahrhundert der Eisenbahn« bezeichnet, war doch der Eisenbahnbau in mehrfacher Hinsicht die zentrale Triebkraft des Industrialisierungsprozesses in Deutschland. Als Führungssektor initiierte er den signifikanten Durchbruch des Wirtschaftswachstums und schuf zusammen mit dem fast gleichzeitig gegründeten Deutschen Zollverein ein einheitliches Wirtschaftsgebiet. Dies war eine unabdingbare Voraussetzung für die Einführung großbetrieblicher kapitalintensiver und technisch fortgeschrittener Produktionsverfahren. Erst die Eisenbahnen ermöglichten zusammen mit der Dampfschiffahrt den schnellen und billigen Massentransport über weite Strecken. Die dadurch entstandene Verbundwirtschaft von Kohlenbergbau und der Eisen schaffenden Industrie machte so beispielsweise das Ruhrgebiet zu einem der größten Industriezentren der Welt.
In der vielfältigen Nachfrage des Eisenbahnbaus nach Lokomotiven, Waggons, Schienen und diversen anderen Produkten hat die deutsche Eisen- und Maschinenbauindustrie ihren Ausgangspunkt. Das Wachstumstempo des Eisenbahnbaus im Gebiet des Deutschen Zollvereins war in den vierziger Jahren des 19. Jahrhunderts größer als in jedem anderen Land des europäischen Kontinents. Es befand sich in auffälliger Übereinstimmung mit den Perioden der wirtschaftlichen Entwicklung. Mit den ersten Linien begann die Frühzeit der Industrialisierung, von der Mitte des 19. Jahrhunderts ab setzte sie voll ein, um sich nach der Reichsgründung bis zum Ausbruch des Ersten Weltkrieges weiter zu verstärken. Dem entsprach der Ausbau des Streckennetzes in Deutschland. Waren Ende 1840 erst 549 km in Betrieb, so vergrößterte sich das Streckennetz in den nächsten Dezennien kontinuierlich auf 6044 km (1850), 11633 km (1860), 19575 km (1870), 33838 km (1880), 42869 km (1890), 51391 km (1900) und schließlich 61148 km (1910).
Die deutsche Industrie machte ab 1850 den anfangs schier übermächtigen englischen Fabriken Konkurrenz und begann trotz des gewaltigen Eigenbedarfs bald selbst für das Ausland zu produzieren.

Lokomotivfabriken

Nirgends zeigte sich beim frühen Eisenbahnbau die Abhängigkeit vom Ausland drastischer als in der kostspieligen und umständlichen Beschaffung der Lokomotiven. Von den insgesamt 178 Lokomotiven, die Anfang 1843 auf deutschen Linien in Betrieb waren, stammten gerade 20 von deutschen Herstellern (davon acht Borsig-Lokomotiven), 112 kamen aus England (davon 56 Stephenson & Co, 55 Sharp & Roberts), 36 aus Nordamerika und zehn aus Belgien.
Der Aufbau einer nationalen Lokomotivindustrie war so eine absolute Notwendigkeit und ging in Deutschland sehr schnell vonstatten.
Dies auch deshalb, weil die einzelnen deutschen Staaten den Eisenbahnbau selbständig in Angriff nahmen und sich in Hinblick auf die Lokomotiven nicht in neue Abhängigkeiten begeben wollten. In diesem Fall ein Vorteil des deutschen Partikularismus, der sonst viele Verzögerungen mit sich brachte. Namhafte Lokomotivfabriken entstanden so in Baden, Bayern, Hannover, Preußen, Sachsen, Thüringen und Württemberg.
Die ersten beiden bedeutenden Fabriken wurden 1837 in Berlin und München eröffnet. Ihre Geschichte verdeutlicht die rasante Entwicklung des Lokomotivbaus, gibt Zeugnis von dem großen Konkurrenzkampf und zeigt am Beispiel der Gründer zwei höchst unterschiedliche Industriekarrieren.
August Borsig (1804–1854), in Breslau als Sohn eines Zimmerpoliers geboren, erlernte zunächst den Beruf des Vaters. Nach Berlin übergesiedelt besuchte er die von Beuth gegründete staatliche »Technische Schule« und war dann Praktikant, später Betriebsleiter der Eisengießerei und Maschinenfabrik Egells. Außerhalb Berlins, vor dem Oranienburger Tor, machte er sich 1837 mit einer zunächst sehr bescheidenen Eisengießerei und Maschinenbau-Anstalt selbständig. Das Unternehmen litt anfangs an der geringen Eigenkapitalausstattung, 8500 Taler Eigenkapital standen 59000 Taler Fremdkapital gegenüber. Borsig übernahm die verschiedensten Aufträge, von Schrauben und Schienenstühlen für die Berlin-Potsdamer Eisenbahn, über Drehbänke und Werkzeugmaschinen bis hin zu eisernen Spiegel- und Bilderrahmen. Der dynamischen Unternehmerpersönlichkeit gelang es

sehr rasch, das handwerklich-manufakturelle Stadium zu überwinden. 1840 begann Borsig mit seinen Mitarbeitern eine Lokomotive nach eigenen Plänen zu bauen. Die 2A1-Lokomotive mit der Fabriknummer 1, auf den Namen des Firmengründers getauft, mußte sich erst in einer Demonstrationsfahrt gegenüber der englischen Konkurrenz behaupten, bevor sie im Sommer 1841 von der Berlin-Anhalter Bahngesellschaft gekauft wurde. Nun expandierte das Werk sehr rasch.
Es folgte 1847 der Bau einer neuen Fabrik in Berlin-Moabit, Borsig beschäftigte nun schon 1200 Arbeiter. Der selbst in der technischen Weiterentwicklung des Lokomotivbaus rastlos tätige Firmengründer vergaß über allem Erfolg nicht seine soziale Verantwortung. Lange vor den erst viel später üblichen Einkaufsgenossenschaften, Kranken- und Invalidenkassen unterstützte er seine Stammarbeiter in vielfacher Weise. In seinem Todesjahr 1854 wurde die 500. Lokomotive fertiggestellt, vier Jahre später bereits die tausendste. Der Zahlenvergleich führt sehr eindrucksvoll das enorme Wachstum des Werkes und des Eisenbahnsektors überhaupt vor Augen. Um 1875 galt die inzwischen von Albert Borsig geführte Fabrik neben Baldwin in den USA als die größte Lokomotivfabrik der Welt.
War August Borsig in erster Linie Techniker, so verkörperte *Joseph Anton von Maffei (1790–1870)* den Typ des Kaufmanns und Unternehmers, der in der deutschen Industrialisierung sehr oft in Erscheinung trat. Aus einem alten und vermögenden Veroneser Handelsgeschlecht stammend, das im 18. Jahrhundert nach München übersiedelt war, wo der Vater eine Tabakfabrik gründete, baute er das Erbe zielstrebig aus und beschränkte sich dabei nicht auf einen Wirtschaftszweig. Er betrieb eine Papiermühle, besaß landwirtschaftliche Güter in der Umgebung Münchens, gründete 1841 zusammen mit anderen den Gasthof »Zum Bayerischen Hof«

Bild 10: Der Lokomotivbau nahm eine rasante Entwicklung: Die erste Werkstätte August Borsigs am Oranienburger Tor im Jahre 1837.

Bild 11: Erfolgreiche Fertigungsprogramme: Blick in die mechanische Werkstätte der Maschinenbau-Anstalt von Maffei in Hirschau bei München im Jahre 1849.

und wurde dann in den fünfziger Jahren Hauptaktionär der oberpfälzischen »Eisenwerk-Gesellschaft Maximilianshütte«. Bei der Gründung der »Bayerischen Hypotheken- und Wechselbank« zeichnete er Aktien im Nennwert von 250000 Gulden, für die damalige Zeit ein enormes Vermögen. Bekannt wurde er aber vor allem als Gründer der Lokomotivfabrik, aus der die heutige Weltfirma Krauss-Maffei AG hervorging.
1837 zum Vorsitzenden des Direktoriums der München-Augsburger Eisenbahngesellschaft gewählt, erwarb er im gleichen Jahr am Nordostende des Englischen Gartens einen mit Wasserkraft betriebenen Dampfhammer. Er verband die Leitung der Eisenbahngesellschaft geschickt mit seinen eigenen Interessen. Alsbald bestellte er den von Robert Stephenson zusammen mit zwei Lokomotiven nach München geschickten englischen Ingenieur Joseph Hall zum technischen Leiter seines Werkes. Hall führte in der Folge dem Betrieb weitere englische Fachkräfte zu und leitete den Bau der ersten Lokomotive »Der Münchner«. Auf der 1841 fertiggestellten 1A1-Maschine, deren Entwicklung 200000 Gulden kostete, blieb Maffei trotz seiner guten Beziehungen fast sitzen. Die den staatlichen Eisenbahnbau vorbereitende Königlich Bayerische Eisenbahnbau-Kommission machte Mängel in der Expansion geltend, fand in einem Gutachten die Lokomotive gar »selbst geschenkt zu teuer« und lehnte den Kauf ab. Für Maffei, der 1843 einen Auftrag zum Bau von acht Lokomotiven für die staatliche bayerische Süd-Nord-Bahn bekam, stand neben finanziellen Erwägungen vor allem das Prestige seines Werkes auf dem Spiel. Nach endlosen Verhandlungen und einer Intervention des Königs wurde schließlich 1845 »Der Münchner« für 24000 Gulden angekauft. In einem Dankesschreiben rechnete Maffei dem Monarchen vor, daß seit dem Baubeginn vor sechs Jahren

seine durchschnittlich 230 Arbeiter allein an der Biersteuer in der Fabrik – drei Maß je Mann und Tag zugrundegelegt – dem Staat tausend Gulden mehr entrichteten, als dieser für die ganze Lokomotive zu zahlen bereit war.
Die Güte der Maffei-Lokomotiven wurde spätestens 1851 deutlich, als die »Bavaria« den Semmering-Wettbewerb gewann. Maffei hatte am Markt Fuß gefaßt. Er belieferte neben der Bayerischen auch die Württembergische Staatsbahn, die Pfälzische Ludwigsbahn, später auch die private Bayerische Ostbahn, bei der er selbst Hauptaktionär war.
Die tausendste Lokomotive verließ 1874 das Werk. Es hatte 1872 rund 3500 Beschäftigte, überstand aber wie viele andere nicht die Weltwirtschaftskrise und mußte 1931 mit der 1866 gegründeten Lokomotivfabrik Krauss fusionieren.
Emil Kessler (1813–1867) erwarb 1867 in Karlsruhe zusammen mit dem Mechaniker Theodor Martiensen eine kleine Werkstätte, die sich angesichts des bevorstehenden staatlichen Eisenbahnbaus rasch vergrößerte. Schon 1841 konnte mit der »Badenia« (Achsfolge 1A1) die erste Lokomotive an die Badische Staatsbahn geliefert werden. Die Maschinenfabrik Emil Kessler geriet wegen Kreditkündigungen in finanzielle Schwierigkeiten, wurde 1848 in eine Aktiengesellschaft umgewandelt, die dann der Liquidation verfiel und 1851 in staatlichen Besitz überging. Immerhin war sie zu diesem Zeitpunkt mit 156 produzierten Lokomotiven die zweitgrößte deutsche Fabrik, hinter Borsig (334) und weit vor Maffei (53). Die nun staatliche Maschinenbau-Gesellschaft Karlsruhe hatte ein sehr breites und erfolgreiches Fertigungsprogramm, der Lokomotivbau wurde 1928 von Krupp weitergeführt.
Emil Kessler übernahm nach seinem Ausscheiden aus dem Karlsruher Werk die Leitung der Maschinenfabrik Esslingen. Sie entwickelte sich zu einer bedeutenden Fabrikationsstelle technischer Pionierleistungen, wie z. B. der Engerth-Lokomotiven, der Dampfspeicher-, Kranlokomotiven und vielem anderen mehr. Der Lokomotivbau endete 1961 mit der Eingliederung der Anlagen in die Daimler-Benz AG.
Carl Anton Henschel war, wie bereits dargestellt, ein Eisenbahntechniker der ersten Stunde. Das von ihm in Kassel gegründete Werk fabrizierte 1848 die erste Lokomotive, auf den Namen »Drache« (Achsfolge 2'B) getauft, für die hessische Kurfürst-Friedrich-Wilhelm-Nordbahn. Das war einer der seltenen Fälle, in denen von Anfang an auf Bestellung geliefert wurde und der Marktanteil nicht erst gegen in- und ausländische Konkurrenz erkämpft werden mußte. Als Kassel 1866 an Preußen fiel, erlebte die Fabrik im Zuge des vom preußischen Staat forcierten Eisenbahnbaus einen starken Aufschwung. Unter Leitung von Sophie Henschel, der Schwiegertochter des Firmengründers, verließ 1899 die fünftausendste Lokomotive das Werk. Nach einer wechselvollen Geschichte der Fabrik, die auch die beiden Weltkriege überstand, gehört sie seit 1976 zur Thyssen-Gruppe und steht mit weit über 30000 Lokomotiven an der Spitze aller deutschen Lokomotivfabriken.
Von den bedeutenden frühen Werken ist noch die durch Georg Egestorff 1835 in Linden bei Hannover gegründete Maschinenfabrik zu nennen. Die erste Lokomotive »Ernst August« (Achsfolge 1A1) nahm 1846 die Hannoversche Staatsbahn ab. Vorübergehend im Besitz des Eisenbahnkö-

Bild 12: Die hundertste Lokomotive verläßt die Maschinenfabrik Egestorff in Linden bei Hannover für die Hannoversche Staatsbahn. Im Hintergrund der Hannoversche Bahnhof.

nigs Strousberg, wurde das Werk 1870 in eine Aktiengesellschaft umgewandelt, die weltbekannte Hanomag. Das vielfältige Produktionsprogramm bezog sich ebenso auf die Verbundlokomotive wie auf Kleinbahn- und Baulokomotiven. Eine große Rolle spielte der Export, die Fabriknummer 10000 ging 1922 an die bulgarische Staatsbahn (F-Tenderlokomotive). Der Lokomotivbau fiel schließlich 1930 der Weltwirtschaftskrise zum Opfer und ging auf Henschel und Sohn in Kassel über.

Markante Lokomotivtypen

Neben Merkmalen der Bauart ist bei Dampflokomotiven die Achsanordnung das wichtigste Unterscheidungskennzeichen. Nach den üblichen Abkürzungen bezeichnen die großen Buchstaben A–F in der Buchstabenfolge des Alphabets die Anzahl der angetriebenen Achsen, worunter sowohl die durch die Bewegung der Kolben im Zylinder angetriebenen Treibachsen als auch die gekuppelten Achsen gerechnet werden, auf die durch besondere Gestänge die Treibkraft übertragen wird. Die Zahl der Laufachsen bzw. Schleppachsen, d. h. der nur tragenden und nicht angetriebenen Achsen, wird in arabischen Ziffern zu den Buchstaben gestellt, je nachdem, ob sie sich vor oder hinter den Kuppelachsen befinden. Gezählt wird vom Schornstein aus nach hinten zum Tender. Ein Apostroph hinter der Ziffer drückt aus, daß die Laufachsen gegenüber dem festen Rahmen beweglich angeordnet sind, um einen besseren Bogenlauf der Lokomotive zu ermöglichen.
Der »Adler«, mit der Achsfolge 1A1 zu der von Stephenson entwickelten und ständig weiterverbesserten Patentee-Klasse gehörig, hatte bereits im Aufbau Konstruktionselemente, die mit diversen Abwandlungen auch bei allen späteren Dampflokomotiven zu finden sind: Stehkessel mit Feuerbüchse und Rost, auf dem das Feuer brennt, um im wassergefüllten Stehkessel Dampf zu erzeugen. Der im Langkessel entwikkelte Dampf wird im Dampfdom entnommen und über eine Steuerung den Zylindern zugeleitet, die mit der Bewegung ihrer Kolben über die Treib- und Kuppelstangen die Räder in Gang bringen.
Wesentliche Verbesserungen der Dampfmaschine betrafen die Konstruktion des Kessels, die beidseitige Einwirkung des Dampfes auf den Kolben, die Steuerung des Dampfdrucks und die Expansion.
Zur Leistungssteigerung kam Stephenson 1842 auf den Langrohrkessel, der gegenüber den bisherigen 1,8 bis 2,5 m langen Kesseln eine Rohrlänge von 3,5 bis 3,8 m aufwies. Schwierigkeiten ergaben sich nun dadurch, daß mit der Verlängerung des Achsstandes die Lokomotiven nicht mehr auf die beim frühen Eisenbahnbetrieb besonders wichtigen Drehscheiben paßten. Stephenson legte deshalb die drei Achsen näher zusammen und ließ die Feuerbüchse hinten überhängen, was wiederum der Laufeigenschaft abträglich war. Auch Borsig baute 1A1-Langrohrkessel-Maschinen, jedoch mit waagrechten Außenzylindern und der innen liegenden Borsig-Steuerung.
Bei allen 1A1-Lokomotiven störten die regelmäßigen Nickbewegungen, die dadurch entstanden, daß das Hauptgewicht der besseren Zugkraft wegen auf der mittleren Treibachse lag. Stephenson versuchte dieses Manko zu beseitigen, indem er die Treibachse nach hinten verlegte. Aus der 1A1 wurde so eine 2A-Lokomotive. Die Zylinder lagen zwischen den vorderen Laufachsen, hinten hing jedoch wegen der Belastung der Treibachse die Feuerbüchse noch weiter über. Nach der Entgleisung des preußischen Hofzuges bei Gütersloh im Jahre 1851 wurde in Preußen die Verwendung von Lokomotiven mit überhängenden Feuerbüchsen vor Personenzügen verboten.
2A-Lokomotiven kamen schon 1839 von der Firma Norris in Philadelphia nach Deutschland und wurden wegen ihrer Kurvenfreudigkeit geschätzt, sie hatten die ersten Drehgestelle. Kennzeichnend für die Norris-Lokomotiven waren der halbkugelförmige Feuerbüchsdeckel und die beiden außen liegenden und schräg angeordneten Zylinder.
Für die Verbindung der größeren Städte auf überwiegend flachem Terrain reichte die Zugkraft einer Treibachse aus, wir finden deshalb anfänglich in vielen deutschen Ländern Lokomotiven mit den Achsanordnungen 1A1, 2A, vereinzelt auch 2A1. Im gebirgigen Württemberg gab es von Anfang an nur gekuppelte Maschinen, die erste 2B-Lokomotive der Württembergischen Staatsbahn kam 1845 von Norris.
Um eine größere Geschwindigkeit zu erzielen, entwarf der Engländer Crampton eine 2A-Lokomotive, deren herausragendes Merkmal das ganz am hinteren Ende placierte übergroße Treibrad mit einem Durchmesser von 1,830 bis 1,234 m war. Schon bei Probefahrten entwickelte sie 120 km/h. Für die pfälzische Eisenbahn baute Maffei 1853 mit der »Pfalz« einen solchen Flachlandrenner, es folgte vom gleichen Typ die »Phoenix«. Auch bei der doppelt gekuppelten 2B2-Schnellzuglokomotive von Maffei aus dem Jahre 1906, die 150 km/h erreichte, beeindrucken noch die gewaltigen Treibräder (2,2 m).
Die verbesserten B1-Lokomotiven, wegen der gegenläufigen Bewegung der Treib- und Kuppelstangen auch »Scherenmaschinen« genannt, fanden im Güter- und Personenzugdienst Verwendung, ebenso wurden sie als Tenderloks eingesetzt.
Da beim Güterzugverkehr wegen des hohen Zuggewichts eine verstärkte Reibung nötig war, wurden dafür dreifach gekuppelte C-Lokomotiven eingesetzt. Der Tender diente als Stütze, um den Überhang der Feuerbüchse aufzufangen. Eine solche Stütztenderlokomotive hatte schon Engerth 1851 beim Semmering-Wettbewerb vorgestellt.

Bild 13: Im Jahre 1906 erreichte diese Maffeische Schnellzuglokomotive 150 Stundenkilometer.

Ein noch größeres Reibungsgewicht erbrachten die D-Lokomotiven, um 1900 die am meisten verbreiteten Gütermaschinen.
Inzwischen hatte das Prinzip der Verbundlokomotive einen großen Fortschritt gebracht. Es erwies sich als ökonomischer, den aus dem meist kleineren Hochdruckzylinder strömenden, noch arbeitsfähigen Dampf, nicht in die freie Luft abzublasen, sondern zur weiteren Expansion in einen zweiten, größeren Niederdruckzylinder zu leiten. Die erste deutsche Verbundlokomotive wurde 1880 für die zu Preußen gehörende Hessische Staatsbahn gebaut, die Ersparnis betrug 15%. Seit 1895 sind für Schnell- und Durchgangsgüterzüge ausschließlich Verbundlokomotiven in Betrieb.
Eine weitere Verbesserung der Wirtschaftlichkeit brachte ab 1890 dann die Heißdampflokomotive, bei der durch einen speziellen Überhitzer der Naßdampf vom kondensierenden Wasser befreit wurde. Die Idee war schon länger bekannt, eine praktikable Konstruktion fand sich angesichts der Dichtungs- und Schmierprobleme erst spät.
Heißdampf-Verbundlokomotiven wurden nun bevorzugt als Schnellzuglokomotiven eingesetzt. Einen ihrer prächtigsten Vertreter hatte dieser Typ in der 2C1 Heißdampf-Vierzylinder-Verbundlokomotive, der »Pacific«, die ab 1907 in Baden lief. Ebenso imposant war die 1908 bei Maffei gebaute Schnellzuglokomotive S 3/6. Die S 2/6 von Maffei erreichte 1907 auf der Strecke München–Augsburg mit 154,5 km/h einen Geschwindigkeitsrekord für Dampflokomotiven.
Bei den zweiteiligen Mallet-Lokomotiven, benannt nach dem Schweizer Erfinder Anatole Mallet, war eine Gruppe von Treibsätzen fest im Rahmen, die zweite in einem Dampfdrehgestell angeordnet. Wegen ihrer Kurvengängigkeit wurden sie auch in Deutschland gebaut und blieben die meist gefahrenen Gelenklokomotiven.
In Preußen, wo man wegen der Reviernähe – das Ruhrgebiet, Oberschlesien, und die Saar waren Zentren des Kohlebergbaus – nicht so sparsam mit den Energiereserven umgehen mußte, wollte man von der doch komplizierten Mehrzylinder-Baureihe nichts wissen und stellte sich auf die parallel geschalteten Zylinder mit einfacher Dampfdehnung um. Aus den »Zwillingslokomotiven« entstanden der »Drilling« und »Vierling« mit drei bzw. vier Zylindern. Dabei waren zwei Zylinder außen, die anderen mitsamt dem Gestänge innen zwischen den Rädern angeordnet.

Waggonbau

Im unmittelbaren Zusammenhang mit den ersten Eisenbahnlinien entstanden auch Wagenbauanstalten. Sie sind gewissermaßen die Vorläufer der späteren Waggonfabriken. Die Bauweise blieb bis in die 50er Jahre des 19. Jahrhunderts gleich einfach. Auf ein schmiedeeisernes Untergestell mit Achsen, Rädern und Federn wurden die an den Postkutschen orientierten hölzernen Aufbauten gesetzt und den Wagenklassen entsprechend ausgestattet. Die noch bei der Nürnberg–Fürther Linie praktizierte dezentrale Produktion war für größere Linien nicht geeignet. Anläßlich der Strecke Leipzig–Dresden entstand auf dem Leipziger Bahnhof der erste deutsche Wagenbaubetrieb. Ein Jahr später gründete der belgische Techniker Pierre Pauwels in Aachen mit dem ansässigen Kaufmann Jacob Talbot die Firma Pauwels & Talbot, Vorläuferin der Fabrik Gustav Talbot & Co. Johann Friedrich Klett begann 1838 seine in Nürnberg angesiedelte Maschinenbauwerkstätte mit zwölf Arbeitern. Die Firma Klett & Co., auf sie geht die MAN zurück, expandierte stark im Eisenbahnboom nach 1850 und hatte 1860 schon über 1600 Beschäftigte. Der nunmehrige Inhaber Theodor Cramer-Klett steigerte den Absatz dadurch, daß er Privatbahngesellschaften mitgründete bzw. die Ausführung kleinerer Linien gar auf eigene Rechnung übernahm.
Die Firma Rathgeber in München begann mit der Produktion 1852 und verlegte sich auf die Herstellung von Spezialwaggons. Zwischen 1850 und 1870 gab es in Deutschland insgesamt etwa zehn Waggonfabriken. 1877 schlossen sich 18 deutsche Waggonfabriken zum »Deutschen Wagenbau-Verein« zusammen, um die nach der Rezession von 1873 entstandene Überkapazität gemeinsam zu bewältigen.
Die älteren Wagen liefen auf nur zwei Achsen. Das steigende Verkehrsaufkommen führte zu immer längeren Wagen, so daß sich bald die Notwendigkeit einer dritten Achse ergab. Diese mittlere Achse war wegen der besseren Kurvenläufigkeit seitlich verschiebbar angeordnet. Ab 1886 wurden im Bereich des Vereins Deutscher Eisenbahnverwaltungen für Schnellzüge nur noch dreiachsige Wagen mit »freien Vereinsachsen« zugelassen. Eine Vereinheitlichung brachten auch die 1850 herausgegebenen »Grundzüge für die Gestaltung der Eisenbahnen Deutschlands«. Die verschiedenen Kupplungen und die in sehr unterschiedlichen Positionen angebrachten Puffer erschwerten vorher den Verkehr über die Ländergrenzen hinaus.
Holz blieb bei den Aufbauten lange Zeit das bestimmende Material, 1912 stellten die Preußischen Staatsbahnen den ersten D-Zug-Wagen in Ganzstahlbauweise in Betrieb. Die hölzernen Wagen verschwanden erst Mitte der zwanziger Jahre aus dem Fertigungsprogramm der Waggonbauindustrie. Der letzte hölzerne Personenwagen wurde bei der Deutschen Bundesbahn jedoch erst 1963 ausgemustert.
Die Anwendung der Schweißtechnik im Waggonbau verdrängte später die bei den Aufbauten vorher üblichen Nietverbindungen. Der Trend ging unter Verwendung von Leichtstahl bzw. Aluminium zum Leichtbau und damit zur kostengünstigsten Beförderung.
Von dieser Entwicklung profitierte insbesondere der Güterverkehr. Die ursprünglichen aus den Kohlenkarren der Grubenbahnen entwickelten Güterwagen hatten um 1840 bei der möglichen Zuladung von 3 bis 4 t ein Eigengewicht von etwa 5,5 t, also ein sehr ungünstiges Verhältnis zwischen »toter Last« und »Nutzlast«. In den nächsten Jahrzehnten erhöhte sich das Ladegewicht bis auf 15 t. Viele technische Verbesserungen, wie eiserne Wagenkästen, Gestelle aus Walzstahlprofil, stählerne Radsätze, Verstärkung der Federn und nicht zuletzt der ab 1851 bei Krupp hergestellte nahtlose Radreifen machten dies möglich.
Aus den sehr schlichten und verschiedenartigsten Frachtwagen der Frühzeit, die z. T. als halbhohe Kastenwagen nur mit Segeltuchbahnen abgedeckt waren, bildeten sich ab der Jahrhundertmitte Grundformen heraus. Es waren dies gedeckte Wagen für Konsumgüter, Zollgüter und Truppentransporte, offene Wagen für Massengüter, zweigeschossige Viehverschlagwagen und schließlich Drehschemelwagen für Langhölzer. Mit der Ausweitung des Güterverkehrs bot die Bahn auch vermehrt Sonderwagen an, wie z. B. Kessel-, Kipp-, Trichter- und Kühlwagen. Schwertransporte wurden in Flachwagen befördert. Berühmt war der 1890 von der Firma Krupp in Essen für die eigenen Langrohrgeschütze fabrizierte 16achsige Geschützrohrwagen, der auch dann im 1. Weltkrieg eingesetzt wurde.

Die Eisenbahnarbeiter – Existenz am Rande

In älteren Gesamtdarstellungen werden über den vielen technischen, wirtschaftlichen und politischen Fakten diejenigen, welche die Linien im eigentlichen Wortsinne »gebaut« haben, oft übersehen. Erst die Sozialgeschichte der letzten Jahre hat sich vermehrt den Arbeits- und Lebensbedingungen der unteren Gesellschaftsschichten zugewandt.
Der arbeitsintensive und eine hohe körperliche Anstrengung erfordernde Eisenbahnbau bot im 19. Jahrhundert vielen durch den raschen wirtschaftlichen und gesellschaftlichen Wandel in ihrer Existenz bedrohten Menschen eine vorübergehende Beschäftigung. Es waren dies freigesetzte Taglöhner, Dienstboten, Landarbeiter, wie auch nicht mehr konkurrenzfähige Handwerker und Kleinbauern. In Schlesien, Sachsen und Westfalen verdingten sich viele der Massenarmut anheimgefallene Spinner und Weber beim Eisenbahnbau. Sie blieben zuerst in ihren Dörfern wohnen und nahmen z. T.

auch weite Entfernungen zur Baustelle in Kauf. Aus den umliegenden Dörfern wurden auch Frauen als fleißige und billige Arbeitskräfte beschäftigt, sie verdienten bei gleicher Arbeit grundsätzlich weniger als die Männer.
Von diesen, nur gelegentlich beim Bahnbau tätigen Arbeitskräften, unterschieden sich die im Verlauf des 19. Jahrhunderts immer zahlreicher werdenden Saison- und Wanderarbeiter. Aus ihrem traditionellen Familien- und Gemeindeverband herausgerissen, zogen sie jahrelang von Strecke zu Strecke und gingen zeitlich befristete Arbeitsverhältnisse ein. Wegen ihrer Geschicklichkeit waren insbesondere die schlesischen Wanderarbeiter geschätzt.
Das Bautempo läßt sich auch an der Zahl der Eisenbahnarbeiter ablesen. Sie wuchs von 30000 (1841) auf rund 217000 (1859), um 1875 im Zusammenhang mit dem Gründerboom den Höhepunkt von 541000 zu erreichen.

Bild 14: Wie eine Bahn entsteht: Eisenbahnarbeiter am Parsberger Einschnitt zwischen Nürnberg und Regensburg am 23. August 1871.

Die Tätigkeiten der Eisenbahnarbeiter waren äußerst mühselig und kräftezehrend. Einzelne Arbeitsschritte wurden erst im Verlauf des Jahrhunderts mit Maschinen durchgeführt, anfangs überwog die Handarbeit. Beim Unterbau galt es zunächst, mit einfachsten Geräten wie Pickeln, Hacken und Schaufeln die Erdformationen auf der geplanten Trasse abzulösen. Das Untergraben von Böschungen zur schnelleren Erdgewinnung war offiziell verboten, aber unter dem Diktat der Zeit dennoch praktiziert, führte es öfter zu Erdeinstürzen, bei denen Arbeiter zuweilen schwer verletzt wurden. Auch Felssprengungen verursachten manches Unglück. Für Durchstiche, Dämme und Viadukte mußten mit Schubkarren, Trollwägen und Fuhrwerken gewaltige Erdmassen über weite Strecken bewegt werden. Der Bahndamm wurde schichtenweise aufgeschüttet und sorgfältig eingestampft, damit er sich gleichmäßig setzte. Zum Oberbau gehörte die Schaffung des Schienenbetts, das Legen der hölzernen Querschwellen und die Befestigung der Schienen.
Ein Arbeiter der Köln–Mindener Eisenbahn klagte über die großen Strapazen: »Wenn uns nicht geholfen wird, so sind wir sämtlich Krüppel geworden, noch ehe die Eisenbahn fertig ist.« Bei dieser Linie waren Karren mit einem Gewicht von mehr als fünf Zentnern über längere Steigungen zu schieben und Lasten bis zu eineinhalb Zentnern auf den Schultern zu tragen. Nur gesunde und kräftige Männer hielten diesen Belastungen stand, wie ein zeitgenössischer Bericht vermerkt: »Mancher fiel ... vor Anstrengung um; mancher mußte entlassen werden, weil er Blut gespien und sein Körper die außerordentlich saure und anstrengende Arbeit nicht leisten konnte.«
Verschärfend wirkte sich noch das vorherrschende Akkordlohnsystem aus, in dem ein besonders schnelles Arbeitstempo angeschlagen wurde. Private Gesellschaften wie staatliche Eisenbahnverwaltungen vergaben ganze Streckenabschnitte an Bauunternehmer, diese wiederum an Schachtmeister. Letztere standen einer Gruppe von 100 bis 200 Arbeitern vor, schlossen für diese die Verträge ab und übernahmen Beaufsichtigung, Kontrolle und Auszahlung der Arbeiter.
Um möglichst viel zu verdienen, arbeiteten die einzelnen Schachte, von kurzen Ruhe- und Essenspausen unterbrochen, buchstäblich den ganzen Tag. Sie kamen so im Sommer täglich bis auf 14 Arbeitsstunden. Die Lohnhöhe richtete sich weniger nach der Schwere der Arbeit, sondern in erster Linie nach dem regionalen Lohnniveau und der Lage auf dem Arbeitsmarkt. Bei einem Überangebot von Arbeitskräften, wie es in der Frühzeit der Industrialisierung oft der Fall war, wurde der Lohn gedrückt. Der tägliche Verdienst reichte gerade hin, die elementaren Lebensbedürfnisse zu decken. An eine Rücklage oder gar die Versorgung der fernen Familie, wie dies ursprünglich Sozialreformer gehofft hatten, war nicht zu denken.
Die Arbeiter hausten in höchst primitiven Baracken und wurden von der Polizei als »fremde Elemente« und vermeintliches Sicherheitsrisiko auch außerhalb der Arbeit streng beaufsichtigt. Rechtlich und materiell ungesichert blieben sie in Krankheitsfällen oder in Zeiten, in denen wegen des schlechten Wetters der Bahnbau ruhte, weitgehend auf sich selbst verwiesen. Sie hatten auch an den von der Arbeiterbewegung im 19. Jahrhundert erreichten Verbesserungen der Lebens- und Arbeitsverhältnisse kaum Anteil, weil sich die Assoziation der Saison- und Wanderarbeiter wegen der hohen Fluktuation und räumlichen Mobilität nicht verwirklichen ließ. Im 1887 gegründeten »Verband der Eisenbahner Deutschlands« war neben den Angestellten nur die stationäre Arbeiterschaft vertreten.

Ein Netz wird geknüpft

Schiene und Recht

So sehr auch bis weit in die zweite Hälfte des 19. Jahrhunderts die Privatbahnen eine wichtige Rolle spielten, so hatten doch in den einzelnen deutschen Ländern die Regierungen von Anfang an einen bestimmenden Einfluß auf den Eisenbahnbau. Über die Konzession der Aktiengesellschaften und die Genehmigung der Baupläne verschafften sie sich von vornherein ein Mitspracherecht über Modalitäten und Ausführung der Bauvorhaben. Der Grundkonflikt bestand darin, daß dem Privatkapital staatliche Hilfen, wie Zinsgarantie und Zollnachlaß, zu gering waren, während es andererseits über staatliche Bevormundung und Reglementierung klagte.

Zunächst einmal bedurften die Gesellschaften einer Rechtsgrundlage, um im Streitfalle mit den Grundbesitzern das erforderliche Terrain auch zwangsweise zu erwerben. Bei der Nürnberg–Fürther Linie fehlte ein solches Gesetz, entsprechend lange dauerte der Grunderwerb. Vorbildlich für die Frühzeit war das in Sachsen zum Bau der Eisenbahn Leipzig–Dresden am 3. Juli 1835 erlassene Expropriationsgesetz, das in Paragraph 1 unmißverständlich festsetzte: »Jeder, dessen Grundeigentum, es bestehe in Grund und Boden oder zugleich in Gebäuden, von der Richtung der . . . von Leipzig nach Dresden anzulegenden und nach Befinden bis zur Grenze zu verlängernden Eisenbahn betroffen wird, ist, so viel dazu erfordert wird, an die Unternehmer gegen vollständige Entschädigung abzutreten verpflichtet.« Besonders wehrten sich viele Vertreter des Adels gegen solche Gesetze, weil damit der Grundbesitz, immer nach Garant von Herrschaft und Macht, zumindest theoretisch in seiner Absolutheit angetastet wurde. Nach und nach wurde in allen deutschen Ländern die Gesetzgebung den Notwendigkeiten des Bahnbaus angepaßt. Ausführungsbestimmungen regelten jeweils, auf welche Weise der Wert der Grundstücke ermittelt wurde.

Um nicht in jedem Fall mit den Eisenbahngesellschaften alle rechtlichen und organisatorischen Fragen neu aushandeln zu müssen und andererseits den Unternehmern Richtlinien für zukünftige Projekte an die Hand zu geben, erließen die einzelnen deutschen Länder alsbald Eisenbahngesetze, die Ausdruck der jeweiligen Verkehrspolitik sind.

Ganz im Zeichen des privaten Eisenbahnbaus standen die »Fundamentalbestimmungen für sämtliche Eisenbahnstatuten in Bayern« vom 28. September 1836. Sie waren allgemein gehalten und räumten den Privatbahnen weitgehende Rechte zu. Obligatorisch waren, wie in allen deutschen Ländern, die Genehmigungspflicht der Tarife und gewisse technische Standardisierungen, wie etwa die Normalspur. Insbesondere die Haftpflicht war liberal geregelt. Es hieß in Artikel 19 sehr vage: »Für rechtsbegründete, aus Anlaß des Unternehmens entstandene Entschädigungsansprüche haftet die Gesellschaft.« Die Beweispflicht lag also bei den Klägern, nicht bei den Gesellschaften. Gegen schärfere Bestimmungen hatten sich die Unternehmer mit dem Argument erfolgreich gewehrt, diese würden nur »mutwillige, exorbitante und zahllose Ansprüche und Prozesse hervorrufen«. Schon nach wenigen Jahren waren die Fundamentalbestimmungen weitgehend hinfällig, weil der Staat selbst den Eisenbahnbau übernahm und mit dem Eisenbahndotationsgesetz von 1843 dazu die finanzielle Grundlage schuf.

Auf alle Eisenbahngesetze einzugehen, würde zu weit führen. Am bedeutendsten war das preußische Eisenbahngesetz vom 3. November 1838, weil es in seinen Grundprinzipien lange Zeit Gültigkeit hatte und die Verhältnisse umfassend regelte. Es setzte den Unternehmern sehr enge Grenzen und ließ an der Dominanz der Regierung keinen Zweifel. Viel drastischer als vergleichsweise in Bayern sicherte sich der preußische Staat in praktisch allen Fragen die Entscheidungskompetenz. Das ging bis zu der – freilich nie realisierten – Möglichkeit des »Mitbetriebs«, wonach auf der entsprechenden Strecke auch anderen Unternehmern gegen eine Vergütung der Fahrbetrieb zugestanden werden sollte. In Paragraph 42 behielt sich der Staat das Recht vor, die Linien nach 30 Jahren aufzukaufen, der Staatsbahngedanke hatte also schon früh Platz gegriffen. Ähnliche Bestimmungen gab es übrigens in Sachsen und Württemberg, während die Konzessionen in den übrigen Ländern auf Zeit, in Bayern und Hessen auf 99 Jahre erteilt wurden. Im abschließenden Paragraphen 49 hieß es gar, daß die Bestimmungen jederzeit geändert werden könnten. Trotz aller Kritik, in die auch später der Verein Deutscher Eisenbahn-Verwaltungen einstimmte, hielt die preußische Regierung an ihrem Gesetz fest.

Weitreichende Folgen hatte die in Paragraph 25 festgelegte Gefährdungshaftung.

> »Die Gesellschaft ist zum Ersatz verpflichtet für allen Schaden, welcher bei der Beförderung auf der Bahn, an den auf derselben beförderten Personen und Gütern, oder auch an anderen Personen und deren Sachen, entsteht und

sie kann sich von dieser Verpflichtung nur durch den Beweis befreien, daß der Schaden entweder durch die eigene Schuld des Beschädigten, oder durch einen unabwendbaren äußeren Zufall bewirkt worden ist. Der gefährlichen Natur der Unternehmung selbst ist als ein solcher, von dem Schadensersatz befreiender, Zufall nicht zu betrachten.«

1871 in ein entsprechendes Reichsgesetz umgewandelt, hat die gesetzliche Haftpflicht bis heute Gültigkeit. Der Eisenbahn, als dem weitaus sichersten Transportmittel, sind in dieser Hinsicht größere Verpflichtungen auferlegt als anderen Verkehrsträgern.

Ein wunder Punkt, der zu manchen Turbulenzen führte, war schließlich noch das Verhältnis der Privatbahnen zur Post. Sie warf in allen Ländern hohe Gewinne ab, die einen festen Bestandteil der Etats bildeten. Zwangsläufig mußte die Post auf den Personentransport verzichten. Die dem Postzwang unterworfenen Briefe, Geldsendungen und Pakete hatten die Bahnen kostenlos zu befördern, darüber hinaus zumeist an den Dividenden der Gesellschaften orientierte Entschädigungen zu zahlen. Ebenso waren die Fahrpläne mit den Bedürfnissen der Post abzustimmen.

Linienführung

In der zweiten Hälfte des 19. Jahrhunderts begannen die Eisenbahnen die Ländergrenzen zu überwinden. Schon 1851 konnte man von Berlin nach München fahren, wenn auch die Reisenden noch 48 Stunden unterwegs waren und in Hof übernachten mußten. Es bildete sich ein immer dichter werdendes Streckennetz, das alle größeren Städte verband, die wichtigsten Industriegebiete erschloß und 1870 nahezu 20000 km umfaßte. Für die wirtschaftliche Entwicklung der einzelnen Gebiete und Städte hing sehr viel davon ab, inwieweit sie in das Streckennetz eingebunden waren. Binnenwanderung und Eisenbahn standen in engem Zusammenhang. Die Großstädte wurden durch die Eisenbahnen versorgt und bedurften ihrer, um die produzierten Güter auch auf entfernteren Märkten absetzen zu können und konkurrenzfähig zu bleiben bzw. zu werden. Die Eisenbahnen wurden so zu Lebensadern der gesellschaftlichen, sozialen und wirtschaftlichen Entwicklung.

Früh spielten bei Planungen auch strategische Gesichtspunkte eine sehr wichtige Rolle. Politische Konstellationen spiegelten sich im Eisenbahnnetz wider. Bei Aufmarschplanungen für künftige Waffengänge hatten Eisenbahnlinien, die als Massentransportmittel Soldaten und Kriegsgerät schnell zur Front befördern konnten, große Bedeutung. Zum 25jährigen Bestehen des 1. preußischen Eisenbahnbataillons faßte 1896 Generalfeldmarschall von Schlieffen, Chef des preußischen Generalstabs, die diesbezüglichen Erfahrungen zusammen: »Die Eisenbahnen sind zu einem Kriegsmittel geworden, ohne das die großen Armeen der Gegenwart weder aufgestellt, noch zusammengebracht, noch vorwärtsgeführt, noch erhalten werden können.«

Die preußische Hauptstadt Berlin entwickelte sich bald zum Zentralpunkt des Eisenbahnverkehrs. Linien wurden zur Nordsee (Hamburg), Ostsee (Wismar, Rostock), nach Schlesien und Stettin geschaffen. 1852 baute Preußen eine vom selbständigen Königreich Hannover unabhängige Strecke über Halle, Erfurt und Kassel an den Rhein. Eine zweite Ost-West-Verbindung folgte über Kreiensen, Holzminden, Altenbeken, auch sie umging Hannover. Die Saarbrückener Bahn, als erste preußische Staatsbahn 1852 eröffnet, band die Steinkohlengruben bei Neunkirchen und Saarbrücken an das Rheinland an. Zugleich schuf sie die erste deutsch-französische Grenzverbindung, indem sie die private Ludwigsbahn der bayerischen Pfalz bis zur Grenze weiterführte, wo inzwischen auch die französische Ostbahn angelangt war.

Der Rhein, Grenzfluß zum Erbfeind Frankreich, war ein Schwerpunkt preußischer Überlegungen, am Beginn des Krieges 1870/71 existierten vier leistungsfähige durchgehende Eisenbahnverbindungen von Berlin zum Rhein. Die preußische Ostbahn, 1851 mit der Strecke Kreuz–Bromberg begonnen und in der Folge über Königsberg bis zur russischen Grenze bei Eydtkuhnen geführt, sollte zunächst die strukturschwachen und abgelegenen Gebiete fördern und Arbeitsplätze schaffen, natürlich war sie auch von militärischem Interesse.

Auch außerhalb Preußens schritt der Eisenbahnbau schnell voran, insbesondere in Sachsen, Thüringen und im Ruhrgebiet. Städte wie Dortmund, Bochum, Duisburg erfuhren

Bild 15: Im Volksmund »Die Kanonenbahn« genannt: Die kürzeste Verbindung von Mitteldeutschland zum Rhein wurde in den Jahren 1876–1878 unter der Bezeichnung »Berlin-Coblenzer Eisenbahn« gebaut.

Bild 16: Sichtbarer Ausdruck der raschen Industrialisierung des Ruhrgebiets durch die deutschen Eisenbahnen: Bahnhof der Bergisch-Märkischen- und Cöln-Mindener Eisenbahn zu Dortmund um 1850.

einen großen Wachstumsimpuls. 1859 war eine Strecke den ganzen Rhein entlang von Emmerich bis Basel abgeschlossen, Nord-Süd-Linien wurden auch in Baden, Württemberg und Bayern gebaut. Von Frankfurt am Main ging eine Linie über Mainfranken nach Nürnberg, die privaten bayerischen Ostbahnen erreichten 1858 Landshut, ein Jahr später Regensburg. Im Osten und Südosten Bayerns kamen die Schienen bis zu den Grenzpunkten Eger, Furth im Wald, Passau, Salzburg und Kufstein. Heidelberg war über Würzburg mit Bamberg verbunden und über Heilbronn, Crailsheim und Stuttgart mit dem ganzen süddeutschen Raum. Von Ulm und Stuttgart kommende Linien trafen sich im Allgäu bei Kempten und führten nach Lindau zum Bodensee. In Mitteldeutschland gab es Strecken von Kassel und Eisenach über Bebra nach Frankfurt am Main, von Eisenach eine Linie über Coburg und Bamberg nach Nürnberg.

Relikte der deutschen Kleinstaaterei ergaben z. T. wenig sinnvolle Streckenführungen. Um württembergisches Gebiet zu umgehen, wich etwa Bayern bei der Linie Kempten–Lindau von der naheliegenden Trasse über Isny bzw. Wangen ab und wählte den viel ungünstigeren Weg über Immenstadt. Die wegen der Naturschönheiten und den zahlreichen Tunneln bekannte Schwarzwaldbahn Offenburg–Singen hätte mit einem Teilstück über Württemberg ebenfalls kürzer und billiger gebaut werden können.

Der Dualismus im Deutschen Bund zwischen Preußen und Österreich zeigte sich auch im Eisenbahnnetz. Am Vorabend des Krieges von 1866 gab es mit Oderberg nur einen einzigen Grenzübergang zwischen beiden Großmächten, während Bayern und Sachsen zum verbündeten Österreich mehrere Eisenbahnverbindungen hatten.

Reichsgründung und die Folgen

»Mir ist nicht bange, daß Deutschland nicht eins werde; unsere guten Chausseen und künftigen Eisenbahnen werden schon das Ihrige dazu tun.« Der oft zitierte Ausspruch von Goethe aus dem Jahr 1828 sollte sich nicht erfüllen, der deutsche Nationalstaat wurde nicht durch Handel, Zollverein und Eisenbahnen geschaffen, er war im wesentlichen das Ergebnis preußischer Machtpolitik. Die strategischen Planungen Preußens zahlten sich spätestens 1870, zu Beginn des deutsch-französischen Krieges aus, als der Aufmarsch an der französischen Grenze sehr rasch erfolgte. Innerhalb kürzester Zeit wurden mit Eisenbahnen in über 1300 Transporten rund 550000 Soldaten und 160000 Pferde an die französische Grenze gebracht. Dies zählte um so mehr, weil die französischen Militärs ihre Eisenbahnen vergleichsweise schlecht ausnützten.

Nach gewonnenem Krieg und Proklamation des Deutschen Kaiserreiches am 18. 1. 1871 in Versailles hatte Bismarck die Zielsetzung, alle Eisenbahnen in das Eigentum des Reiches zu überführen. Widerstände zeigten sich in den einzelnen Ländern, allen voran in Bayern, wo man besonders auf den verbliebenen Reservatrechten beharrte. Aber auch viele rentable Privatbahnen stellten sich gegen Bismarcks Plan. So blieb es in der Reichsverfassung von 1871 bei dem programmatisch gefaßten Artikel 42, der schon im Norddeutschen Bund gegolten hatte:

> »Die Bundesregierungen verpflichten sich, die deutschen Eisenbahnen im Interesse des allgemeinen Verkehrs wie ein einheitliches Netz zu verwalten und zu diesem Behuf

auch die neu herzustellenden Bahnen nach einheitlichen Normen anlegen und ausrüsten zu lassen.«

Ebenso sollten die Bahnen den Anforderungen des Reiches zum Zwecke der Landesverteidigung entsprechen. Zwar wurde 1873 das Reichseisenbahnamt zur Wahrnehmung der Rechte des Reiches errichtet, die Diskussion über ein Reichseisenbahngesetz, das die Pflichten der Beteiligten genau festgelegt hätte, blieb jedoch ohne nennenswerte Ergebnisse. Immerhin brachten das Bahnpolizei-Reglement und die Signalordnung für die Eisenbahnen Deutschlands von 1875 gewisse Vereinheitlichungen im Fahrbetrieb.

Inzwischen hatte mit dem Gründerboom von 1871 ein in Deutschland bisher beispielloser wirtschaftlicher Aufschwung eingesetzt. Ein Teil der französischen Reparationszahlungen von insgesamt fünf Goldmilliarden floß direkt in den Kapitalmarkt und verstärkte die in grandiosem Ausmaß erfolgende Gründung von Banken und Aktiengesellschaften. 1871–1873 wurden in Deutschland 843 Aktiengesellschaften gegründet, allein der sächsische Landtag bewilligte 1872/73 50 neue Konzessionen für Eisenbahngesellschaften. Die Eisenbahnen wurden in noch größerem Umfang als in der Frühzeit zum Objekt von unseriösen Spekulationen. Privatgesellschaften führten untereinander einen teilweise ruinösen Wettbewerb. Die im Ruhrgebiet, in Lothringen und Oberschlesien aus dem Boden geschossenen Industrien bedurften der Transportleistungen der Eisenbahnen, der Güterverkehr gewann nun enorm an Bedeutung. Im Gründerjahr von 1873 brachen viele schwindelhafte Unternehmungen, die nur auf dem Papier bestanden, zusammen. Es folgte eine schwere wirtschaftliche Depression, Aufträge der Industrie gingen zurück, Eisenbahnbauten konnten nicht mehr im bisherigen Umfang finanziert werden. Als eine der ersten mußte die Berliner Nordeisenbahn-Gesellschaft ihre Zahlungsunfähigkeit offenbaren, anderen Gesellschaften erging es ebenso.

Symbolfigur dieser Zeit war der »Eisenbahnkönig« Bethel Henry Strousberg (1823–1884). Der Aufbau seines Imperiums begann schon Jahre vor der Reichsgründung, es brach 1871 zusammen, noch ehe die eigentliche Gründerzeit einsetzte. Strousberg, in Ostpreußen als Sohn verarmter Juden geboren, begann seinen Aufstieg 1861, als sich ein Konsortium englischer Finanziers um die Konzession der Tilsit-Insterburger Eisenbahn bewarb. Als deren Bevollmächtigter führte Strousberg den Bau durch und kreierte dabei das Unternehmensprinzip des »General-Enterprise«, das ihm die geschickte Manipulation von Gesetz und Kapital ermöglichte. Nach dem Gesetz durften die Gesellschaften ihre Aktien nicht unter dem Nennwert veräußern. Der Generalunternehmer Strousberg übernahm nun von den Eisenbahngesellschaften jeweils sämtliche Aktien zum Nennwert und verpflichtete sich, die Linien komplett fertigzustellen und das erforderliche Kapital zu beschaffen. Damit hatte er beim Aktienverkauf freie Hand, konnte die Papiere auch unter Nennwert veräußern. Verlustrisiko und Gewinnchancen für die noch gar nicht gebauten Eisenbahnen lagen so ganz bei Strousberg.

Im Streben nach wirtschaftlicher Selbständigkeit errichtete er einen Konzern, in dem er selbst Lokomotiven, Waggons, Schienen und anderes Material für seine Eisenbahnen herstellte. Zum Imperium gehörten die Lokomotivfabrik Egestorff in Linden bei Hannover, Bergwerke im Siegerland, Westfalen, Schlesien, Stahl- und Walzwerke in Dortmund und Neustadt. August Thyssen und Hugo Stinnes haben später auf ähnliche Weise Industrieimperien geschaffen. Strousberg baute die Ostpreußische Südbahn, die Rechte Oder-Ufer-Bahn, die Märkisch-Posener Bahn, die Linien Halle–Sorau und Hannover–Altenbeken, insgesamt weit über 1000 km. Sein Imperium brach zusammen, als der Bau der rumänischen Eisenbahnen nicht vorankam und am 1. Januar 1871 Zinsen für Obligationen in Höhe von fünf Millionen Mark nicht bezahlt wurden. Deutsche Banken bewahrten zwar das rumänische Eisenbahnunternehmen vor der Pleite, Strousberg mußte aber nach und nach seinen gesamten Besitz verkaufen und starb als armer Mann.

Die schlechten Erfahrungen mit dem privaten Eisenbahnbau und insbesondere Bismarcks Plan einer Reichseisenbahn führten in verschiedenen deutschen Ländern zu einer breiten Verstaatlichungswelle. Der bayerische Staat erwarb 1875 das 772 km umfassende Netz der Ostbahn. Nur noch Vizinalbahnen, d. h. Neben- und Anschlußstrecken, überließ man örtlichen Unternehmern, auch hier lag der Betrieb in der Hand des Staates. In Sachsen begann der umfassende Rückkauf von Staatsbahnen 1876 mit der Linie Leipzig–Dresden.

Preußen stand bei der Verstaatlichung nicht hintenan, wenn sich auch die Unternehmer lange Zeit dagegen sträubten. Erst 1879 gab der Landtag seine Zustimmung, eine Bahn nach der anderen wurde jetzt vom Staat übernommen. Das Netz der Privatlinien schrumpfte von rund 10000 km (1880) auf 1650 km (1885). Die Hessische Ludwigsbahn mit Sitz in Mainz, mit 700 km Strecke in Preußen, Hessen, Baden und Bayern die größte und bedeutendste Privateisenbahn, wurde 1896 gemeinsam von Preußen und Hessen erworben, zugleich die Preußisch-Hessischen Staatseisenbahnen gegründet.

Neben- und Kleinbahnen

Wehmut erfaßt den Eisenbahnfreund, wenn von Neben-, Klein- und Schmalspurbahnen die Rede ist. Verbindet sich mit ihnen doch in besonderem Maße die Eisenbahnromantik, sind sie Symbole einer vergangenen Zeit, in der nicht im heutigen Ausmaß Hast und Eile den Lebensrhythmus der Menschen bestimmt haben. Jeder kennt in seiner näheren oder weiteren Umgebung mindestens eine solche liebenswerte

Kleinbahn, zu bestimmten Anlässen finden noch heute »Fahrten in die Vergangenheit« statt.
Die Anlage der Hauptstrecken war spätestens 1880 beendet, das »flache Land« lag jedoch abseits der großen Verkehrsströme. Hier lockten keine Renditen, das niedere Verkehrsaufkommen schreckte auch staatliche Eisenbahnverwaltungen ab. Dennoch war die Erschließung der Provinz eine Notwendigkeit. Um bei diesen Linien Bau- und Betriebskosten möglichst gering zu halten, verlangte der Staat zumeist ein finanzielles Entgegenkommen der Interessenten, ebenso wurden die für die Hauptbahnen sehr strengen technischen Vorschriften gelockert. 1878 war die »Bahnordnung für deutsche Eisenbahnen untergeordneter Bedeutung« erlassen worden, darunter verstand man zunächst alle Bahnen »zweiter Ordnung«, wie die von Land zu Land unterschiedlich genannten Sekundär-, Lokal- oder Vizinalbahnen.

Bild 17: Abseits der großen Verkehrsströme: Triebwagen der Kleinbahn Flensburg–Kappeln auf der Fahrt durch den Glücksburger Wald.

Eine Gruppe »dritter Ordnung« bildeten die Klein- oder Tertiärbahnen, das waren ausschließlich Schmalspurbahnen für den lokalen Verkehr, bis hin zu den Straßenbahnen. Alle diese Bahnen sollten nicht schneller als 25 km/h, bei Mitbenutzung von Straßen 15 km/h fahren, damit, wie es in einer Verordnung hieß, »in jedem Moment der Zug so rasch wie das Pferdefuhrwerk selbst zum Stehen gebracht werden kann«. Bei der Schmalspur, die insbesondere dort Anwendung fand, wo ein bergiges Gelände beim Trassenbau Schwierigkeiten bereitete, waren 75 cm bzw. 100 cm die Norm. Aber es gab auch zahllose Abweichungen. Signalanlagen und Wegekreuzungen waren bei Kleinbahnen relativ einfach konstruiert, an Kreuzungs- und Überholgleisen wurde gespart. Der bei Hauptbahnen verbotene kombinierte Verkehr von Passagieren und Fracht in einem Zug war die Regel.
Nebenbahnen erfüllten eine wichtige wirtschaftliche Funktion, indem sie die Städte mit landwirtschaftlichen Produkten versorgten. Von 1880 bis 1910 entstanden in Deutschland nahezu 22 000 km Nebenbahnen, während im gleichen Zeitraum nur noch 4000 km Hauptbahnen gebaut wurden.
Der Vollständigkeit halber sei noch auf die Schmalspurbahnen verwiesen, die um die Jahrhundertwende in den deutschen Kolonien Deutsch-Ostafrika, Deutsch-Südwestafrika, Togo und Kamerun errichtet wurden. In »Hauptbahnen« bzw. »Nebenbahnen« unterschieden, erreichten sie eine Länge von ca. 4500 km.

Sicherheit auf der Schiene

Genauso wichtig, wie die Eisenbahnen zum Fahren zu bringen, war es natürlich auch, sie gegebenenfalls anhalten zu können. Die Schwierigkeit beim Bremsen eines Zuges besteht darin, daß die Zahl der Räder einer Lokomotive und deren Achsdruck im Vergleich zum Gewicht des ganzen Zuges, d. h. der zu bremsenden Masse, äußerst gering ist. Es ist daher notwendig, eine möglichst große Zahl von Achsen abzubremsen. Das Problem, wie möglichst alle Wagen eines Zuges gleichmäßig, zur gleichen Zeit und von einer Stelle aus gebremst werden konnten, wurde lange Zeit nicht gelöst.
Legende sind die Bremser, die auf Bänken saßen, später in Bremserhäuschen hoch oben auf den Bremswagen, das war jeder zweite oder dritte Wagen eines Zuges, mit Blickkontakt zur Lokomotive. Bei Wind und Wetter, Kälte und Schnee versahen sie ihren Dienst, hatten auf die Pfeif- und Winksignale zu achten. Sie betätigten zunächst eine einfache, von Kutschen und Pferdefuhrwerken übernommene Hebelbremse, bei der Holzklötze gegen die Lauffläche der Räder gepreßt wurden, später die verbesserte Spindelbremse. Dieses System hing vom Reaktionsvermögen der Bremser ab. Die unterschiedlichen Reaktionen führten bei längeren Zügen zwangsläufig zu einem uneinheitlichen Bremsvorgang, zu Stößen, unter Umständen gar zum Zerreißen der Kupplungen.
Die durchgehende Seilbremse nach dem System Heberlein, bei der ein über die Dächer des Zuges gespanntes Seil die Bremsung auslöste, war zu sehr der Witterung ausgesetzt und stellte nur ein Provisorium gegenüber der 1875 vom Amerikaner Westinghouse erfundenen Druckluftbremse dar. Hier hielt ein Überdruck von 5 atü im Hauptluftbehälter die Bremse gelöst. Sie begann zu wirken, wenn der Lokomotivführer mit Hilfe des Führerbremsventils den Druck verminderte. Jedoch konnte sie nicht stufenweise gelöst werden. Dies ermöglichte erst die Zweikammerbremse mit zwei Luftbehältern unter jedem Wagen, wie die Knorr-Bremse. In Deutschland kam auf Haupt- und starken Gefällstrecken auch noch die Zusatzbremse des Franzosen Henry zur Anwendung.

Weichen und Signale mußten in ihren Funktionen dem rasch ansteigenden Verkehrsbetrieb gewachsen sein. Es bildeten sich bald spezielle Rangier- und Sicherheitssysteme heraus. Hölzerne Drehscheiben, in der Frühzeit häufig auch am Gleisende in Kopfbahnhöfen zu finden, erlaubten es, wenn sie nebeneinander lagen, Lokomotive wie Wagen einzeln quer über die Gleise zu bewegen und auf ein anderes Gleis zu leiten. Schleppweichen ermöglichten in der Frühzeit den Übergang auf ein anderes Gleis. Dabei wurde an der Verzweigungsstelle das gesamte Gleis verschwenkt und an den durchgehenden bzw. abzweigenden Strang angeschlossen. Ein irrtümliches Befahren des unterbrochenen Gleises endete so zwangsläufig mit der Entgleisung.
1853 kam, erstmals bei der Hannoverschen Staatseisenbahn, das Prinzip der Zungenweiche auf, es ist auch heute noch gebräuchlich. Zugespitzte, bewegliche »Zungenschienen« legen sich so an die äußeren »Backenschienen« an, daß die Spurkränze der Räder geradeaus laufen oder auf das abzweigende Gleis geleitet werden.
Auf der Strecke bildete sich das Blocksystem heraus. Die gesamte Strecke ist in Blöcke unterteilt, solange sich ein Zug innerhalb eines Blocks befindet, ist dieser für alle anderen gesperrt. Das heute übliche elektrische Blocksystem wurde von Siemens & Halske entwickelt. In den vorher üblichen mechanischen Stellwerken wurden Weichen und Signale mit Drahtzügen bewegt. Noch 1935 hatte die Deutsche Reichsbahn 18000 Stellwerke mit 300000 Hebeln und mehr als 100000 ortsfesten Signalen.
Wegen des Fehlens von telegraphischen und optischen Signalen traten in der allerersten Zeit Bahnwärter mit verschiedenfarbigen Fahnen und Lichtern, sowie Hornsignalen in Aktion, um dem Lokomotivpersonal Informationen zu übermitteln. Eine Dienstvorschrift aus dem Jahre 1844 zeigt die Unzulänglichkeit der Mittel: »Sollte einem Bahnwärter das Signalhorn eingefroren und die Laterne ausgelöscht sein, und es kommt bei Nacht oder trübem Nebelwetter ein Signal, so hat er dasselbe so eilig, wie nur immer möglich, seinem Nachbarwärter mitzuteilen.« Korb- und Ballonsignale waren als optische Telegraphen schon ein Fortschritt. Bei der Leipzig–Dresdener Eisenbahn zeigte der ganz nach oben gezogene Ballon das Herannahen des Zuges an. Der Ballon auf halber Höhe wies den Lokomotivführer an, langsam zu fahren. Durch schnelles Aufziehen und Herunterlassen des Ballons wurde der Haltebefehl gegeben. Die vielen Eisenbahnverwaltungen hatten alle ihr eigenes Signalsystem, eine Vereinheitlichung in Deutschland brachte die schon erwähnte Signalordnung von 1875. Bahntelegraph und später das Telephon verbesserten entscheidend die Kommunikation auf der Schiene und damit die Sicherheit.

Bild 18: Den rasch ansteigenden Verkehrsbetrieb am Klostertor in Hamburg hielt der Maler Zeno Diemer fest.

Die neue Zeit

Mobilität und Klassengesellschaft

Noch zu Beginn des 19. Jahrhunderts war der weitaus größte Teil der Bevölkerung seßhaft, beschränkte sich die Umwelterfahrung der meisten Menschen auf den Wohnort und dessen unmittelbare Umgebung. Die Verkehrsverhältnisse hatten sich seit über 2000 Jahren nicht wesentlich verbessert, weil der animalischen Energie, auf der der Landverkehr beruhte, enge Grenzen gesetzt sind. Die Verkehrsumwälzungen des 19. Jahrhunderts durch Lokomotive und Dampfschiff sind denn auch viel gewaltiger als alles spätere auf diesem Sektor, wie Flugzeug und Auto, die nur einen knapp 100 Jahre alten Zustand änderten. Mit dem Bau von Eisenbahnen wird der Horizont der Bevölkerung erweitert, werden bisher für die Menschen unverrückbare räumliche und zeitliche Grenzen überwunden, wird der Grundstein für eine lokale Mobilität, auch für den Massentourismus, gelegt. Entsprechend groß ist auch die Begeisterung für das neue Verkehrsmittel. Heinrich Heine, der in seinem Pariser Exil den Bau der ersten französischen Eisenbahnen erlebte, schrieb 1843: »So muß unsern Vätern zumut gewesen sein, als Amerika entdeckt wurde, als die Erfindung des Pulvers sich durch ihre ersten Schüsse ankündigte, als die Buchdruckerei die ersten Aushängebogen des göttlichen Wortes in die Welt schickte. Die Eisenbahnen sind wieder ein solch providencielles Ereignis, das der Menschheit einen neuen Umschwung gibt, das die Farbe und Gestalt des Lebens verändert; es beginnt ein neuer Abschnitt in der Weltgeschichte, und unsre Generation darf sich rühmen, daß sie dabei gewesen. Welche Veränderungen müssen jetzt eintreten in unsrer Anschauungsweise und in unsern Vorstellungen! Sogar die Elementarbegriffe von Zeit und Raum sind schwankend geworden. Durch die Eisenbahnen wird der Raum getötet, und es bleibt uns nur noch die Zeit übrig. ... Mir ist als kämen die Berge und Wälder aller Länder auf Paris angerückt. Ich rieche schon den Duft der deutschen Linden; vor meiner Türe brandet die Nordsee.«

Die Eisenbahn ist insofern ein demokratisches Verkehrsmittel, als das Reisen, bisher Privileg des Adels und der Reichen, nun für fast jedermann möglich war, sich ebenso auch alle Passagiere ohne Ansehen der Person und des Standes dem Fahrplan und der Fahrordnung unterwerfen mußten.

Andererseits spiegelte sich die Struktur der überkommenen Ständegesellschaft in der Anlage und Ausstattung der Eisenbahnwagen wider, entstand eine »Klassengesellschaft« im kleinen. Anfangs waren teilweise auch die Wartesäle nach Klassen unterteilt. Die Wagen der ersten Klasse hatten in der Frühzeit bequeme Polstersitze. Glasfenster gewährten den geschützten Blick ins Freie, das Abteil war mit Tuch ausgeschlagen. In der zweiten Klasse gab es einfachere und schmalere Polstersitze, lederne Wettermäntel ersetzten Glasfenster. In der dritten Klasse saß man auf harten Holzbänken, vielfach ohne Dach. Vereinzelt gab es auch noch eine vierte Klasse mit Stehplätzen unter freiem Himmel. Die Personenbeförderung in offenen Wagen wurde bei den meisten Linien bald eingestellt. Funkenflug, Rauch und Ruß war selbst den einfachen Leuten nicht zuzumuten. So beschwerte sich 1840 ein Passagier nach der Fahrt in der offenen vierten Klasse bei der Eisenbahngesellschaft: »Die Gesellschaft ist wohl befugt, durch elegantere Ausstattung der Wägen etc. die Preise ihrer Wagenplätze zu normieren; allein sie ist keineswegs befugt, durch ihre Sparsamkeits-Manipulation das Eigentum und die Gesundheit der Reisenden in der vierten Klasse zu gefährden. Einsender schreibt dieses mit einem verbundenen, von den sprühenden Funken der Lokomotive verletzten Auge, und keine Gesellschaft der Welt mit allen Millionen ist im Stande, auch dem ärmsten Taglöhner sein Augenlicht zu bezahlen.« In Preußen wurde die vierte Klasse erst 1928 aufgehoben.

Ganz anders war die Wagenaufteilung in den USA, wo die Kajüten der Flußdampfer Pate gestanden hatten. Diese »Interkommunikationswagen« waren vorne und hinten zugänglich, auf beiden Seiten des breiten Mittelgangs standen längs und quer zur Fahrtrichtung Tische und Bänke. Wenn man so will, entsprach dies eher dem amerikanischen Bewußtsein, das unter Weißen keine Standesunterschiede kannte. Der von Edmund Heusinger von Waldegg 1870 konzipierte Wagen verband das deutsche mit dem amerikanischen System. Von dem Laufgang auf der einen Seite konnte man die nach wie vor separaten Abteile betreten. Das Prinzip des modernen D-Zug-Wagens war geschaffen, in dem man dann später vom ersten bis zum letzten Wagen durchgehen konnte. Der erste deutsche Schnellzug mit D-Zug-Wagen fuhr 1892 von Berlin nach Köln.

Heizung, Belüftung, Toiletten fehlten bis in die Jahrhundertmitte bei fast allen Wagen, erst nach und nach wurde der heutzutage selbstverständliche Standard geschaffen. Mit den Namen des Amerikaners Pullman und des Belgiers Nagelmacker ist die Entwicklung der z. T. sehr luxuriösen Schlaf- und Speisewagen verbunden. Die ersten deutschen Schlafwa-

Bild 19: Eleganz vergangener Zeiten: Ein Blick in einen Speisewagen der Internationalen Eisenbahn-Schlafwagen-Gesellschaft München–Regensburg–Berlin mit Ansicht der Walhalla, dem Tempel deutschen Ruhmes.

gen, 1872 von Berlin und Köln nach Ostende eingesetzt, kamen von Nagelmacker. Speisewagen gab es in Deutschland seit 1880, 1898 wurde die Deutsche Speisewagen-Gesellschaft gegründet.
Symbol für den Luxus einer vergangenen Epoche ist der zur Legende gewordene Orient-Expreß (London–Paris–München–Wien–Budapest–Belgrad–Istanbul). Er trat am 4. Oktober 1883 von Paris aus seine vielbeachtete offizielle Eröffnungsfahrt an. Maßstäbe für eine neue Ära luxuriösen Reisens setzte 1928 der FFD-Zug »Rheingold«, der, von einer S 3/6 Lokomotive gezogen, für die 914 km lange Strecke Hoek von Holland–Luzern 13½ Stunden benötigte. Das ergab für die damaligen Verhältnisse und die kurvenreiche Mittelrheinstrecke die beachtliche Reisegeschwindigkeit von 70 km/h. Die Ausstattung war von namhaften deutschen Innenarchitekten entworfen worden und in Form und Farbe verschieden gehalten. In den Großraumabteilen nach amerikanischer Art standen den Passagieren der ersten Klasse bewegliche Clubsessel mit hohen Lehnen zur Verfügung, gab es Saalräume für Raucher und Nichtraucher, war aller Komfort geboten, wie fließendes kaltes und warmes Wasser und Entlüftung durch elektrisch angetriebene Ventilatoren. Das Essen wurde am Sitzplatz eingenommen.
Eine eigene Kategorie bildeten schließlich die Salon- und Galawagen für die Repräsentanten der Gesellschaft. Sie verbanden die prunkvolle aristokratische Selbstdarstellung mit den Errungenschaften des technischen Fortschritts. Den Anfang machte bereits 1840 der Herzog von Braunschweig mit einem Galawagen. Könige, wie Ludwig II. von Bayern, besaßen ganze Hofzüge mit Salon-, Küchen- und Aussichtswagen.

Der Bahnhof

»Paläste der modernen Industrie«, »Tempel der Technologie«, »Kathedralen der modernen Zeit« sind nur einige der vielen Synonyme, mit denen die Bahnhofsanlagen im 19. Jahrhundert von zeitgenössischen Betrachtern bedacht wurden. Bahnhöfe sind der Brennpunkt der Eisenbahnbetriebe, sie sind die Stelle, in der Statik in Dynamik übergeht. Auf Bahnhöfen kam die Gesellschaft erstmals mit der Eisenbahn in Berührung.
Die großen Bahnhöfe des 19. Jahrhunderts sind aus zwei fundamentalen Elementen erbaut: der die Gleise überspannenden gewaltigen Halle und dem Gebäude für die Reisenden. War erstere geradezu Ausdruck und Symbol der fortschreitenden Technik, so zeigt sich bei den Bahnhofsgebäuden häufig eine nach rückwärts gewandte Architektur. Sie nahmen vielfach die Gestalt von griechischen Tempeln, römischen Thermen, romanischen Basiliken oder gotischen Kathedralen an. So verfügte etwa König Ludwig I. von Bayern 1841, den Nürnberger Bahnhof »im Stile des Mittelalters«, den Münchner im »antik-römischen Baustile« auszuführen. Der Braunschweiger Bahnhof von 1838, der erste Staatsbahnhof Europas, war eine gotische Torarchitektur, wegweisend war das große und zentrale Tor. In der zweiten Hälfte des Jahrhunderts entstanden gewaltige Hallen und

Bild 20: Vestibül des Bahnhofsgebäudes in Stuttgart um 1865.

Bild 21: Neuerbautes Empfangsgebäude des Stuttgarter Hauptbahnhofs.

Bild 22: Der Bahnhof als Hauptumschlagplatz von Menschen und Gütern: Ansicht des Bergisch-Märkischen Bahnhofs Dortmund mit Gleisanlagen und Güterverkehr um 1890. Dahinter Zechenanlagen.

Bild 23: Das Verkehrsnetz wird dichter: Bahnhof Friedrichstraße in Berlin.

Riesenkuppeln, Bahnhöfe wurden zu Manifestationen des wohlhabenden und selbstbewußten Bürgertums. Wir finden sie in Frankfurt am Main, Dresden und Hamburg. Solche Kolossalbauten reichten bis zum Beginn des 20. Jahrhunderts, wo dann auch an die Stelle der Repräsentation sachliche Gebäude traten. Beispiel hierfür ist der 1924 fertiggestellte neue Hauptbahnhof in Stuttgart.

Der Bahnhof wurde zu einem der wichigsten Punkte der modernen Stadt, er hat die Stadtgestaltung und Stadtentwicklung nachhaltig beeinflußt. Der Stadtkern verlagert sich auf den Bahnhof zu, das Bahnhofsviertel wird Hauptumschlagplatz für Güter und Menschen.

Vor dem Bestehen eines geschlossenen Systems von Eisenbahnlinien herrschten die Kopfbahnhöfe vor, die nach den Seiten hin erweiterungsfähig waren. Hier zeigte sich auch sinnfällig und konkret die Vorstellung von Anfang und Ende einer Strecke. Innerhalb der großen Bahnhöfe, wie in München oder Stuttgart, drehten die Lokomotiven auf einer Drehscheibe vor der Empfangshalle. Ankunfts- und Abfahrtssteige waren noch streng voneinander getrennt. Die späteren Durchgangsbahnhöfe erforderten ein sicheres System für das Passieren der Gleise, sie setzten sich angesichts des immer dichter werdenden Verkehrsnetzes durch.

Elektrifizierung der Eisenbahn

Am 31. Mai 1879 führte *Werner von Siemens (1816–1897)* auf der Berliner Gewerbeausstellung eine Lokomotive vor, die »ohne Kohle und Wasser« drei kleine Wagen mit 18 Fahrgästen über einen 300 m langen Rundkurs zog. Die Geburtsstunde der elektrischen Bahn! Nach dem von Siemens entwickelten dynamoelektrischen Prinzip wurde der in einem Generator erzeugte Strom durch eine »dritte Schiene«, ein zwischen den Schienen hochkant installiertes Flacheisen, zur Lokomotive geleitet. Sie übernahm den Strom mit einem Drahtbesen, wodurch der Elektromotor in der Lokomotive betrieben wurde. Die Rückleitung des Stromes erfolgte über Schienen und Räder. Die Lokomotive erreichte 2,2 kW, was etwa 3 PS entspricht. Die Vorteile der neuen Erfindung lagen auf der Hand: die elektrische Lokomotive sparte sich mit Kohle und Wasser auch sehr viel tote Last, sie entnahm nur den tatsächlich benötigten Strom, während das Feuer unter dem Dampfkessel zwangsläufig auch vor und nach dem Fahrdienst einer Lokomotive brennen mußte. Schließlich bedeutete, wie sich bald herausstellte, die elektrische Traktion eine weitaus höhere Geschwindigkeit und eine größere Zugkraft.

Die von Siemens vorgeführte Lokomotive wurde von manchen noch als Spielerei abgetan, die Anwendung der Elektrizität warf viele Einzelprobleme auf, wie die Frage Gleichstrom oder Wechselstrom. Um 1900 kamen noch die Bedenken dazu, bei Kriegen oder sozialen Unruhen könnte ein elektrisches Zugsystem leicht außer Kraft gesetzt werden. Genauere Erfahrungen sammelte die Firma Siemens & Halske zu Beginn der 80er Jahre bei Straßenbahnen in Berlin, vor dem 1. Weltkrieg wurden noch die Hamburger Stadtbahn (1906/08) und die Mittenwaldbahn (1913) elektrifiziert. 1903 erreichte ein elektrischer Triebwagen auf der Strecke Marienfelde–Zossen 210 km/h – ein absoluter Geschwindigkeitsrekord, der die Überlegenheit der neuen Energie vor Augen führte. Es war nur noch eine Frage der Zeit, bis sie die Dampfkraft ablöste.

Bild 24: Ohne Kohle und Wasser: Nachbau der ersten elektrischen Bahn aus dem Jahr 1879.

Bild 25: Ein Geschwindigkeitsrekord wurde 1903 mit diesem elektrischen Drehstrom-Triebwagen auf der Strecke zwischen Marienfelde und Zossen gefahren.

Bild 26: Eindrucksvolles Zeugnis für die Überlegenheit der neuen Energie: Eröffnung der ersten elektrischen Fernbahn Deutschlands auf der Strecke Dessau–Bitterfeld im Jahre 1911.

Bild 27: Schnellzugverkehr mit elektrischer Lokomotive ES 1 auf der Strecke Dessau–Bitterfeld 1912.

Auf dem Weg zur Deutschen Reichsbahn

Die Friedensjahre vor dem 1. Weltkrieg waren für die deutschen Eisenbahnen auch in wirtschaftlichem Sinne »goldene« Jahre. Sie erreichten, von keinem Konkurrenten des Landverkehrs bedrängt, in dem Jahrfünft 1885–1890 ihr betriebswirtschaftliches Optimum. Im Jahre 1900 erwirtschaftete die preußische Staatsbahn immerhin 6,8% ihres Anlagekapitals, Württemberg als Schlußlicht der Staatsbahnen noch rund 2,9%.

Eine noch bedeutendere Rolle als 1870/71 spielten die Eisenbahnen im 1. Weltkrieg. Zwar fehlte angesichts der separatistischen Eisenbahnpolitik einzelner Länder eine zentrale Organisation des deutschen Eisenbahnwesens, dieses Handikap machte sich jedoch zunächst nicht bemerkbar. Erst als sich im Winter 1916/17 Koordinationsschwierigkeiten ergaben, errichtete die Oberste Heeresleitung die sogenannte Kriegsbetriebsleitung, das war die erste einheitliche Betriebsführung aller Eisenbahnen im Deutschen Reich. Was in vierzig Friedensjahren unmöglich schien, wurde unter dem Vorzeichen des Krieges durchgesetzt.

Mit Kriegsbeginn im August 1914 war der zivile Verkehr weitgehend stillgelegt, der Eisenbahnbetrieb ganz auf militärische Zwecke abgestellt worden.

Der generalstabsmäßig geplante Aufmarsch deutscher Truppen wurde im August 1914 wie vorgesehen vollzogen. Auf 13 voneinander unabhängigen zweigleisigen Strecken fuhren die Truppenzüge an die westliche Grenze, täglich bis zu 600 Aufmarschtransporte. Ähnlich gut organisiert war der Aufmarsch im Osten. Insgesamt wurden in 11000 Transporten 3000000 Soldaten, 800000 Pferde und die dazu gehörenden Waffen an die Front befördert. Auf die Wagen in übermütiger Kriegsbegeisterung geschriebene Parolen wie »Ausflug nach Paris« oder »Auf Wiedersehen auf dem Boulevard«, um nur zwei harmlose zu zitieren, waren Ausdruck des allgemeinen Militarismus. Die Euphorie legte sich schnell, im Herbst 1914 wurde aus dem Bewegungskrieg der lähmende Stellungskrieg, der Hunderttausenden einen qualvollen Tod brachte, Deutschland die Niederlage auf der ganzen Linie. Daran konnte auch das »Hindenburg-Programm« von 1916 nichts ändern, in dessen Rahmen die in Deutschland verbliebenen Eisenbahnen für Kriegszwecke ausgeplündert wurden.

Nach dem Versailler Vertrag hatte Deutschland von den noch verbliebenen Anlagen an die Siegermächte mehr als 8000 Lokomotiven, über 13000 Personen- und 280000 Güterwagen abzuliefern. Mit den Gebietsabtretungen waren Streckenverluste von 8064 km verbunden. Selbstverständlich wurden auch die ehemals deutschen Eisenbahndirektionen Danzig, Bromberg, Posen, Kattowitz und Straßburg aufgelöst.

Die Waffenstillstandsverhandlungen wie die Unterzeichnung des Waffenstillstands durch den deutschen Staatssekretär Matthias Erzberger am 11. November 1918 spielten sich übrigens in einem ehemaligen französischen Speisewagen ab. Er stand im Wald, von Compiègne, auf Gleisen der französischen Eisenbahnartillerie. Der Speisewagen 2419 D machte insofern Geschichte, als in ihm Hitler am 22. Juni 1940 die französische Kapitulation entgegennahm. Der symbolträchtige Wagen wurde dann, nachdem ihn Hitler am Brandenburger Tor aufstellen hatte lassen und er 1944 evakuiert worden war, vor dem Anrücken der Amerikaner von deutschen Soldaten in die Luft gesprengt. Eine Nachbildung steht heute in der Gedenkstätte von Compiègne. Auch andere Wagen gewannen historische Bedeutung. Es sei daran erinnert, daß im April 1917 Lenin von seinem Schweizer Exil in einem plombierten Zug mit amtlicher Genehmigung quer durch Deutschland nach Stockholm fuhr, um dann die russische Oktoberrevolution zu organisieren. Als Wilhelm II. am Morgen des 10. November 1918 mit einem Salonwagen von Spa aus in das holländische Exil fuhr, war dies das Ende des Deutschen Kaiserreiches.

Der verlorene Krieg hatte auch im Eisenbahnwesen seine tiefen Spuren hinterlassen. Die Betriebseinrichtungen waren in einem äußerst desolaten Zustand. Dies galt nicht nur für Deutschland, wie die Zeitung des Vereins Deutscher Eisenbahnverwaltungen im Januar 1920 resümierte, wirkte sich freilich bei den Verlierern noch verheerender aus: »Von einzelnen von dem Krieg völlig unberührt gebliebenen Gebieten abgesehen, zeigt sich in allen Eisenbahnländern, mögen sie zu der Gruppe der Sieger oder zu den Mittelmächten gehören, im Eisenbahnwesen ein ungeahnt trübes Bild. Während des Krieges haben die Eisenbahnen aller in den Weltstreit einbezogenen Gebiete ... eine derartige Anspannung erfahren, daß die Folgen nicht ausbleiben konnten. Jetzt erst zeigt es sich, wie aus den Betriebsmitteln, den Bahnanlagen, dem Personal, überall das Äußerste herausgeholt worden ist. ... Naturgemäß sind die Wirkungen des Weltkrieges für diejenigen Länder besonders verhängnisvoll geworden, die im Kampfe unterlegen sind. Auf deren Kosten haben die Sieger wenigstens die Möglichkeit, einen Teil ihrer Verluste wieder auszugleichen, und von dieser Macht hat die Entente in rücksichtslosester Weise Gebrauch gemacht. In den Waffenstillstands- und Friedensverträgen hat sie den Mittelmächten derartige Abgaben an Rohstoffen und Betriebsmitteln aufgezwungen und durch Entreißung wichtiger Produktionsgebiete ihre Hilfsquellen derartig geschwächt, daß man an der Möglichkeit ihres Wiederaufbaues verzweifeln könnte. Jedenfalls wird es dazu langer Jahre rastloser, mühseliger Tätigkeit bedürfen.«

Einen negativen Einfluß auf die Wirtschaftlichkeit der deutschen Eisenbahnen hatte zudem die Personalinflation. Alle aus dem Krieg heimkehrenden Eisenbahner, auch Kriegsversehrte, mußten wieder angestellt werden, auch wenn ihre Stelle längst anderweitig besetzt war. Dieser Aufblähung des Personals um mehr als die Hälfte stand die Reduktion des Verkehrsaufkommens auf 43% der Vorkriegszeit gegenüber.

Alle ungünstigen Faktoren zusammengenommen bewirkten, daß die Ausgaben fast doppelt so hoch waren wie die Einnahmen und der Eisenbahnhaushalt der Länder 1919 ein Defizit von 4,95 Milliarden Goldmark aufwies, das bis 1920 noch auf ca. 8 Milliarden anstieg. 1913 hatten die Länderbahnen noch 1 Milliarde Gewinn erwirtschaftet.

Unter diesen Umständen ließ der Widerstand der Länder gegen die Übernahme der Eisenbahn durch das Reich erheblich nach, allenfalls Bayern sträubte sich aus politischen Gründen gegen diese Entwicklung. Andere Länder sahen den Verkauf ihrer Bahnen an das Reich durchaus als wünschenswert an.

Schon im Artikel 89 der Weimarer Verfassung von 1919 hatte es geheißen, es sei »Aufgabe des Reiches, die dem allgemeinen Verkehr dienenden Eisenbahnen in sein Eigentum zu übernehmen und als einheitliche Verkehrsanstalt zu verwalten«. Weiter hieß es im gleichen Artikel: »Die Rechte der Länder, Privateisenbahnen zu erwerben, sind auf Verlangen dem Reiche zu übertragen.« Als Termin für die Übergabe aller Länderbahnen an das Reich war in Artikel 171 der 1. April 1921 festgesetzt.

Die Verhandlungen mit den Ländern führte das Reichsverkehrsministerium, an der Spitze der Verkehrsminister Johannes Bell.

Wegen der immer schlechter werdenden Finanzsituation baten die Länder um eine Vorverlegung der Frist um ein Jahr, der entsprechende Staatsvertrag trat so am 1. April 1920 in Kraft. Damit gingen folgende Staatsbahnnetze der Länder auf das Reich über:

Preußen:	34443 km
Bayern:	8526 km
Sachsen:	3370 km
Württemberg:	2156 km
Baden:	1899 km
Hessen:	1301 km
Mecklenburg-Schwerin:	1177 km
Oldenburg:	681 km.

Bild 28: Die ersten Schnellzuglokomotiven, die nach dem Einheitsprogramm der Deutschen Reichsbahn entstanden, waren die Zweizylinder-Maschinen der Baureihe 01 im Jahre 1925.

Bild 29: Als leichtere Variante der Baureihe 01 entstand 1930 die Einheitslokomotive Baureihe 03.

Das Reich sollte nach dem Vertrag an die Länder ca. 39 Milliarden Mark Entschädigung bezahlen, tatsächlich wurde mangels Masse keine einzige Mark entrichtet. Des weiteren verpflichtete sich das Reich, bei der künftigen Verkehrsplanung die Rechte der Länder zu wahren und das Personal in den Reichsdienst zu übernehmen.

Mit der »Verreichlichung« der Bahn waren die vielen Probleme mitnichten beseitigt. Die neue Reichsbahn befand sich angesichts der durch die finanzielle Misere, den hohen Reparationsleistungen und der instabilen politischen Lage bestimmten Krisenjahre der jungen Republik bis 1923 in einer äußerst schwierigen Situation.

Hinter den Kulissen machte sich 1921 die Großindustrie, allen voran der Konzernherr Hugo Stinnes, für die Privatisierung der Reichsbahn stark. Vorgeschobenes Argument war die angeblich unwirtschaftlich arbeitende Staatsverwaltung, tatsächlich ging es der Industrie um den bei einer rein gewinnorientierten Geschäftsführung zu erwartenden Profit. Der Reichsverband der Deutschen Industrie machte eine für die Reparationszahlungen dringend benötigte Kredithilfe in Höhe von einer Milliarde Goldmark vom Verkauf der Reichsbahn abhängig, was die Regierung jedoch ablehnte.

Im Zusammenhang mit den Reparationszahlungen und der am 16. November 1923 durch die Einführung der Rentenmark erfolgten Stabilisierung der Währung wurde die Eisenbahn vom Reichshaushalt abgetrennt und durch die Verordnung vom 12. Februar 1924 das Unternehmen »Deutsche Reichsbahn« gegründet. Ein noch nicht verabschiedetes Gesetz sah die schon lange geforderte Trennung von Leitung und Aufsicht des Unternehmens vor. Die Eisenbahn hatte sich selbst zu finanzieren und konnte sich nicht mehr auf Zuschüsse aus der Reichskasse verlassen.

Die geplante Umorganisation wurde dann dadurch hinfällig, daß die Reichsbahn im Rahmen des von dem amerikanischen Finanziers Charles Dawes ausgearbeiteten Plans als Reparationsobjekt herhalten mußte. Als Sicherheit für ihre Forderungen machten die Alliierten insbesondere die Deutsche Reichsbahn haftbar. Eine Kommission legte den Kapitalwert der Bahnen auf 26 Milliarden Goldmark fest. Die Belastung des Unternehmens mit einer hypothekarisch gesicherten Schuldverschreibung in Höhe von 11 Milliarden Goldmark sollte vom dritten Reparationsjahr an (1. September 1926) aus den Betriebsüberschüssen mit 25% verzinst werden und außerdem vom vierten Reparationsjahr mit 1% zu tilgen sein. Daraus ergab sich bis 1964 eine jährliche Belastung von 660 Millionen Mark.

Organisatorische Folge war am 30. August 1924 die neu gegründete »Deutsche Reichsbahngesellschaft«, der das Betriebsrecht über die Eisenbahn übertragen wurde und in deren Verwaltungsrat vier ausländische Mitglieder und ein Kontrollkommissar saßen. Die deutsche Eisenbahn war so gewissermaßen verpfändet, bis im Abkommen von Lausanne 1932 die Zahlungsverpflichtung aufgehoben wurde.

Unmittelbarer als diese finanzielle Last drückte die Reichsbahn der Verlust an rollendem Material, in allererster Linie fehlten überall die requirierten Lokomotiven. In der jungen Reichsbahngesellschaft wurde lange überlegt, ob man nicht einfach bewährte Länderbahn-Lokomotiven neu auflegen sollte, doch dann fielen die Würfel für einen Neubeginn – für moderne Lok-Generationen mit möglichst vielen standardisierten, übereinstimmenden Bauteilen, die bei der Beschaffung wie im Betrieb und in der Instandhaltung die wirtschaftlichere Lösung versprachen als eine Zukunft mit der nicht mehr ganz neuen Typen-Vielfalt aus der Länderbahnen-Zeit: Diese Entscheidung war die Geburtsstunde der »Einheitslokomotiven« der Reichsbahn. Zunächst wurden Bauteile vom Achslager bis zum Zylinder, vom Kolben bis zur Kesselausrüstung für verschiedene geplante Einheits-Baureihen entwickelt. Als erste Maschine entstand dann schon 1925 die Reihe 01, die noch Jahrzehnte später der Inbegriff der Schnellzuglokomotive sein sollte. Für leichtere Zugförderungsaufgaben folgte die weitgehend identische Reihe 03, und in der zweiten Hälfte der 20er Jahre schlossen sich auch die ersten Prototypen für den Personen- sowie den Güterverkehr an. Eine einzige Serie aus der Zeit vor dem Ersten Weltkrieg erlebte doch noch eine »Wiedergeburt« – die preußische P 10, bewährtes Zugpferd mit Einsatzmöglichkeiten vom leichten Schnellzug- bis zum Personenverkehr und selbst im Güterverkehr. Als Baureihe 39 mußte sie einspringen, bis die jüngeren »Schwestern« fertiggestellt waren – eine Übergangslösung, die dauern sollte, da die Reichsbahngesellschaft unter dem finanziellen Druck des Dawes-Plan nur ganz bescheidene Stückzahlen ihrer neuen Einheitsloks bestellen konnte.

Die neue Organisations- und Rechtsform der Deutschen Reichsbahngesellschaft bewährte sich, in den zwölf Jahren von 1925 bis 1936 erwirtschaftete die Gesellschaft einen Überschuß von 5,346 Milliarden Reichsmark.

Mit der Eröffnung der großen Ausstellung »100 Jahre Deutsche Eisenbahn« am 14. Juli 1935 in Nürnberg leitete die Deutsche Reichsbahn die Jubiläumsfeierlichkeiten zum ersten richtig runden Bahn-Geburtstag ein. In einer Umladehalle am Rangierbahnhof, die 1934 als die seinerzeit größte Halle – zwei je 300 m lange, je 60 m breite Gebäudeteile mit insgesamt 12 Gleisen – in Deutschland fertiggestellt, aber im Hinblick auf das Jubiläum noch nicht ihrer Bestimmung übergeben worden war, präsentierte die Bahn ihre modernsten Fahrzeuge. »Steigerung der Geschwindigkeit« war das eine Leitthema, »Motorisierung« schon beinahe prophetisch das andere. Zu den Attraktionen des Freigeländes zählte die Nachbildung des ersten deutschen Zuges – die Lokomotive »Adler« war nach alten Plänen im Reichsbahnausbesserungswerk Kaiserslautern entstanden, die historischen Wagen lieferte das Werk Nürnberg –, der auf einem zwei Kilometer langen Rundkurs bis zum 13. Oktober 1935 über 5400 km zurücklegte und mehr als 200000 Personen beförderte.

Zum eigentlichen Jubiläumsdatum am 8. Dezember 1935 folgte in Nürnberg eine große Fahrzeugparade – eine Schau der Superlative, die 30000 Menschen sahen. Eine Schau auch, die die nationalsozialistischen Machthaber für ihre propagandistischen Zwecke zu nutzen wußten: Als ein imposanter Lokzug aus zehn nagelneuen Schnellzuglokomotiven der Reihen 01 und 03 die Schau eröffnete, war die braune Prominenz mit Hitler und Goebbels an der Spitze erschienen.

Der große Troß in- und ausländischer Ehrengäste erlebte schon einen Tag später den Beginn eines neuen Verkehrszeitalters: Eine Fahrt auf der neuen Autobahn von Heidelberg nach Frankfurt am Main.

II. Der Weg in die Gegenwart von 1936 bis 1985

von Wolfgang Stoffels
und Eberhard Krummheuer

Auftakt des zweiten Bahn-Jahrhunderts: Blütezeit der Reichsbahn 1936 bis 1939

Prolog: Rekorde im Olympia-Jahr

11. Mai 1936. Die Chronik vermerkt 15 Grad Lufttemperatur, einen Barometerstand von 757 Millimeter, bedeckten Himmel, leichten Wind. Ein Tag, der Eisenbahngeschichte machen soll. Als Oberlokführer Oscar Langhans den Lok-Probezug Nummer 4317 im Hamburger Hauptbahnhof langsam in Bewegung setzt, hat er einen prominenten Gast auf dem Führerstand seiner 05 002: Dr. Ing. Julius Dorpmüller, zu jenem Zeitpunkt fast auf den Tag genau zehn Jahre lang Generaldirektor der Deutschen Reichsbahn.
Der Anlaß für den hohen Besuch auf der ein Jahr zuvor von Borsig an die Bahn ausgelieferten Dampflok, die – überall wo sie auftaucht – mit ihrer windschnittigen Stromlinien-Verkleidung Aufsehen erregt, ist rund 200 Kilometer weiter erreicht: Als der kurze Zug, bestehend aus einem Meßwagen und drei normalen D-Zugwagen den Bahnhof von Neustadt an der Dosse durcheilt, zittert die Tachonadel der 180er Marke entgegen. Dann geht alles schnell, immer schneller. 20 Kilometer ebener, gerader Schienenweg liegt vor der 05 002, 190 km/h, 195 km/h, und knapp 20 Sekunden später 200 km/h! Nur wenige Augenblicke rast die Maschine im Rekordtempo Berlin entgegen, dann werden die entfesselten Kräfte behutsam gezügelt. Nie wieder sollte eine Dampflokomotive auf deutschen Schienen so schnell sein.
»Wir gehen«, so hatte Dorpmüller erst am 8. Dezember 1935 in Nürnberg bei der 100-Jahr-Feier der deutschen Eisenbahnen ausgerufen, »wohl ausgerüstet in das zweite Jahrhundert der Dampflokomotive hinein.«
Allerdings, auf der Reichsbahn-Rennstrecke Berlin–Hamburg war die 05 002, die exakt 200,4 km/h erreichte, schon übertroffen worden, ehe sie an den Start ging. Am 17. Februar 1936 erreichte einer der dreiteiligen dieselelektrischen Schnelltriebwagen, die aus dem drei Jahre zuvor zu Weltruhm gelangten »Fliegenden Hamburger« hervorgegangen waren und noch im selben Jahr eine Art Intercity-Schnellverkehrsnetz zwischen den Wirtschaftszentren des Reiches knüpfen sollten, zwischen Ludwigslust und Wittenberge 205 km/h.

Bild 30: Die schnellste Dampflokomotive der Welt, die Lokomotive 05 002 der Deutschen Reichsbahn, erreichte am 11. Mai 1936 die Geschwindigkeit von 200,4 km/h.

Eine Rekordleistung, die seinerzeit nicht nur ob des hohen Tempos beeindruckte: Als bemerkenswert wurde auch empfunden, daß es sich bei diesem Triebzug um ein ganz gewöhnliches Serienfahrzeug, also nicht um Ausnahme-Technik für Versuchszwecke handelte. »Der ruhige und stoßfreie Lauf des Fahrzeuges war besonders bemerkenswert, so daß alle Fahrtteilnehmer das Gefühl der unbedingten Sicherheit hatten«, berichtete ein Chronist im Unternehmensorgan »Reichsbahn«.

Zu Beginn des zweiten Jahrhunderts deutscher Eisenbahngeschichte präsentierte sich die Reichsbahn also längst nicht mehr nur in der Dampflok-Technologie auf der Höhe der Zeit. Und auch nicht nur, was die Spitzenleistungen der Ingenieure anbetrifft: Der Mitte der 30er Jahre sich stürmisch entwikkelnde Wirtschaftsaufschwung stellte die Bahn im Personen- wie im Güterverkehr vor wachsenden Aufgaben. Dies um so mehr, als sie auf dem Verkehrsmarkt praktisch noch ohne Konkurrenten war: Straßen- und Luftverkehr verfügten längst noch nicht über leistungsfähige Strukturen und Kapazitäten.

In aller Deutlichkeit zeigt sich die Rolle der Reichsbahn als Verkehrsträger Nummer 1 in einem weiteren Rekord des Jahres 1936 – in ihren Leistungen während der XI. Olympischen Spiele im Winter in Garmisch-Partenkirchen und im Sommer in Berlin und Kiel. Zu den Winterspielen beförderte die Bahn vom 5. bis zum 17. Februar in über 1800 Zügen eine runde halbe Million Reisende. Was die Eisenbahner in Oberbayern leisteten, beschreibt ein Detail sehr deutlich: Am Schlußtag der Winterspiele wurden zwischen München und Garmisch neben den fahrplanmäßig verkehrenden Verbindungen 40 Sonderzüge gefahren; zwischen 3.00 und 8.00 Uhr verließ alle sieben Minuten ein Zug den Münchner Hauptbahnhof in Richtung Alpen, und zurück lief es ähnlich. Um die aus allen Teilen des Reichsgebietes zusammengezogenen Fahrzeuge überhaupt abstellen zu können, wurde z. B. die Nebenbahnlinie Garmisch–Griesen gesperrt und als Leerzug-»Parkplatz« genutzt.

Während der Olympischen Sommerspiele zählte die Reichsbahn vom 28. Juli bis zum 18. August rund 4,1 Millionen Fernreisende; der zusätzliche Olympiaverkehr wurde seinerzeit mit 2,7 Millionen Reisenden beziffert, die zum großen Teil mit fast 2250 Sonderzügen von und nach Berlin befördert wurden. Die Berliner S-Bahn erlebte ihre erste große Bewährungsprobe: Acht Millionen zusätzliche Fahrgäste vom 1. bis zum 16. August und – so vermerkt die »Reichsbahn« – »eine noch nie dagewesene Spitzenleistung« am 9. August mit 2,22 Millionen Reisenden. Noch einmal sei die Bilanz von damals zitiert: »Die Größe der Zugförderleistung der S-Bahn während der Olympischen Spiele geht auch aus der Höhe des Stromverbrauches hervor, der mit täglich rund 1 120 000 kWh um etwa 44% höher war als in der gleichen Zeit des Vorjahres!«

Bild 31: Die Schwesterlokomotive 05 001 steht heute im Verkehrsmuseum in Nürnberg.

Bild 32: Hinaus in die Ferne: Die Deutsche Reichsbahn erzielte schon Mitte der Dreißiger Jahre Spitzenleistungen.

Bild 33: Das Tor in die Ferien: Reiseandrang auf dem Anhalter Bahnhof. Urlaubshungrige fuhren mit der Reichsbahn zur Ostsee und Nordsee, in die Gebirge und ins Flachland.

Fernverkehr: Tempo ist Trumpf

Der Star des Sommerfahrplans 1936 hat keinen klangvollen Namen, sondern weist sich durch ein bahntypisch nüchternes Kürzel aus: Es ist der FDt 16, der mit weitem Abstand die Hitparade der schnellsten Reichsbahnzüge jenes Jahres anführt. Die 176 Kilometer lange Strecke von Hannover nach Hamm legte dieser Zug – es war einer der berühmten Diesel-Schnelltriebwagen – in nur 80 Minuten zurück und erreichte damit eine beachtliche Reisegeschwindigkeit von 132,3 km/h! Und das war keine Einzelleistung: Derselbe Zug fuhr die Distanz Berlin–Hannover mit einer Geschwindigkeit von 131,4 km/h – was unter dem Strich bedeutete, daß das Ruhrgebiet von der Reichshauptstadt keine vier Stunden mehr entfernt war. 43 Züge nennt die stolze Liste der Reichsbahn aus jenem Sommer, die allesamt auf ihren Laufwegen Teilabschnitte mit Geschwindigkeiten über 100 Stundenkilometern hatten. Da waren es dann nicht nur die kurzen Triebwagen, sondern auch eine ganze Reihe von Dampfzügen, die mithalten konnten. So brachte es der FDt 24 auf der fast 290 Kilometer langen Strecke Berlin–Hamburg auf einen stolzen Schnitt von 119,5 km/h: Berlin Lehrter Bahnhof ab 18.15 Uhr, Hamburg Hauptbahnhof an 20.39 Uhr – Leistungen, die unter den veränderten Nachkriegs-Bedingungen schier utopisch erscheinen. Doch auch auf heutigen Intercity-Routen wurden damals schon Geschwindigkeiten gefahren, die sich selbst im fahrplanmäßigen Tempo-200-Zeitalter sehen lassen können. So erreichte der FDt 38 auf Platz 11 der Reichsbahn-Rangliste zwischen Hamburg Hauptbahnhof und Bremen mit 119,5 km/h und einer Reisezeit von 58 Minuten eine Zeit, die die lokbespannten, ungleich schwereren IC-Züge der DB im Winterfahrplan 1984/85 um nur eine Minute unterboten. Erst das neu durchstrukturierte System »IC '85« ließ die Entfernung zwischen Elbe und Weser auf 52 Minuten schrumpfen. Ein weiteres Beispiel: Der mit elektrischen Schnelltriebwagen gefahrene Dt 722 startete im Sommer 1936 um 12.00 Uhr in München Hauptbahnhof nach Augsburg und erreichte die alte Stadt am Lech nach 33 Minuten Fahrzeit, was einer Durchschnittsgeschwindigkeit von 112,5 km/h entsprach. In seiner Lage fährt im Sommer 1985 der IC 124, München Hauptbahnhof ab 11.57 Uhr, Augsburg Hauptbahnhof an 12.26 Uhr, ist ganze vier Minuten schneller.
Die Reichsbahn war in der zweiten Hälfte der 30er Jahre gefragt wie nie zuvor. Mit dem wirtschaftlichen Aufschwung stieg die Reiselust: In den fünf Jahren von 1932 bis 1937 nahmen die geleisteten Personen-Kilometer um 63 Prozent zu. Viele Hauptstrecken wurden für höhere Fahrgeschwindigkeiten ausgebaut, betriebliche Engpässe verschwanden und brachten zum Teil erhebliche Leistungssteigerungen. Entsprechend der damaligen Verkehrsgeographie waren es vornehmlich die Ost-West-Verbindungen, die die Hauptlast des

Verkehrs zu tragen hatten und die deshalb bevorzugt verbessert wurden.
Nach dem Erfolg des »Fliegenden Hamburgers« war die Entwicklung im Schienenpersonenfernverkehr vom Aufbau eines Top-Angebotes geprägt, das – wenn auch es völlig anders strukturiert war – durchaus als Vorläufer des heutigen Intercity-Systems gesehen werden kann: das Schnellverkehrsnetz mit Dieseltriebwagen. Schon 1935 bedienten zweiteilige Züge der Bauart »Hamburg« nicht nur die bereits bewährte Rennstrecke Berlin–Hamburg, sondern auch die Relationen Berlin–Köln und Berlin–Frankfurt. Im Olympiajahr folgten FDt-Verbindungen zwischen der Reichshauptstadt und Leipzig, Nürnberg, München und Stuttgart.
Auch die technische Entwicklung ging weiter. Nachdem Anfang des Jahrzehnts der Dieselmotor ausschließlich für den Antrieb leichter Fahrzeuge im Nebenbahn-Dienst geeignet war, hatte die Firma Maybach 1931 einen schnellaufenden 12-Zylinder-Motor vorgestellt, der auch für größere und schwerere Triebwagen-Einheiten verwendungsfähig war. Mit dieser neuen Technik entstanden zunächst drei dieselelektrische Triebwagen-Einheiten, die die Reichsbahndirektion Frankfurt auf Herz und Nieren testete, ehe größere Stückzahlen für den Personen- und Eilzugverkehr auf den Hauptstrekken geordert wurden.
Die dabei verwandte Maybach-Antriebstechnik sollte dann auch die Entwicklung des »Fliegenden Hamburgers« ermöglichen. Das technische Prinzip: Zwei Wagen waren zu einer Einheit zusammengekuppelt, die in der Mitte auf ein gemeinsames Drehgestell gestützt waren. In diesem Drehgestell waren die beiden elektrischen Antriebsmotoren untergebracht, die ihren Fahrstrom über Gleichstromgeneratoren aus den Diesel-Motoren in den beiden äußeren Drehgestellen bezogen. Dem ersten »Fliegenden Hamburger«, der bereits 160 km/h Höchstgeschwindigkeit fuhr, folgten 13 weitere Exemplare.
Bald zeigte sich aber, daß für das im Aufbau befindliche Schnellverkehrsnetz auch größere Einheiten gebraucht wurden. So entstanden vier dreiteilige Fahrzeuge der Bauart »Leipzig« und 14, ebenfalls aus drei Wagen bestehende Schnelltriebwagen der Bauart »Köln«, die mit stärkeren Maybach-Motoren ausgerüstet wurden. Als Besonderheit wurden zwei der »Fliegenden Leipziger« mit hydraulischer Kraftübertragung ausgestattet – das hatte es zuvor nur in Kleinloks und Nebenbahn-Triebwagen gegeben.
Im Jahr 1938 erreichte die Schnelltriebwagen-Entwicklung der Reichsbahn mit der Premiere der vierteiligen Bauart »Berlin« ihren Abschluß. Die zwei Einheiten unterschieden sich ganz wesentlich von allen anderen Triebwagen: Bei ihnen war die gesamte Antriebstechnik in einem Maschinenwagen zusammengefaßt; die anderen drei Wagen wurden – je nach Fahrtrichtung – gezogen oder geschoben. Vom technischen Prinzip her war diese Bauart eigentlich ein Wagenzug mit Diesellokomotive.

Bild 34: Der »Fliegende Hamburger« kennzeichnete das Top-Angebot der Reichsbahn.

Und Franz Kruckenberg, dessen propellergetriebener »Schienenzeppelin« im Jahre 1931 zwar mit 230 km/h einen Geschwindigkeits-Weltrekord aufgestellt hatte, aber sich technisch nicht durchsetzen konnte, entwickelte einen von den »Fliegenden« sich deutlich unterscheidenden Prototyp, dessen windschnittige Kopfform mit hochgelegenem Führerraum fast zwei Jahrzehnte später die Gestaltung der Dieseltriebzüge der Deutschen Bundesbahn für den Trans-Europa-Expreß-Verkehr entscheidend prägen sollte.

Bild 35: Fuhr Geschwindigkeits-Weltrekord: »Schienenzeppelin« auf der Rennstrecke zwischen Hannover und Burgwedel.

Im Sommer 1939 war das Schnelltriebwagennetz der Reichsbahn bereits 6000 Kilometer lang und verband in attraktiven Tagesrand-Lagen acht Wirtschaftszentren mit Berlin. Die Pläne, die End- und Zwischenpunkte dieses überwiegend monozentrischen Systems ebenfalls mit hochwertigem Schnellverkehr untereinander zu verbinden, wurden von den Kriegsereignissen überrollt.
Hochwertigen Fernverkehr bot die Reichsbahn aber nicht nur mit ihren Triebwagen an. Bereits seit 1923 rollten lokbespannte FD-Züge durch das Reich, kurze Wagenzüge, die in der Regel nur die erste und zweite Klasse, selten auch die dritte Klasse führten. Nachdem sie zunächst Höchstgeschwindigkeiten von 100 km/h fahren konnten, nahm von Fahrplanjahr zu Fahrplanjahr das Tempo dieser Fernverbindungen zu. Bis 1937 wurde die zulässige Höchstgeschwindigkeit für FD-Züge auf 130 km/h angehoben, auf der Strecke Berlin–Hamburg waren sogar 135 km/h möglich. Was das bedeutete, macht ein Vergleich deutlich. Der mit dem »Fliegenden Hamburger« gefahrene FDt 1/2 brachte es zwischen Spree und Elbe auf eine Reisegeschwindigkeit von 124,7 km/h, der lokbespannte FD 24 schaffte auch noch stolze 119,5 km/h.
Für die Masse der Verkehrsaufgaben war die Dampflokomotive ohnehin unersetzlich. Im Januar 1936 hatte die Reichsbahn einen Bestand von 20 176 Dampflokomotiven, die damit 86,5% des gesamten Triebfahrzeug-Bestandes stellten. Überwiegend handelte es sich um Typen, die noch aus der Vor-Reichsbahnzeit stammten, denn in den Jahren nach dem Ersten Weltkrieg mit Inflation, Reparationsauflagen und »Schwarzem Freitag« war kein Geld da, um neue, leistungsfähige Maschinen in größeren Stückzahlen zu beschaffen. Das sollte dann auch in den letzten verbleibenden Jahren vor dem Ausbruch des Zweiten Weltkrieges nicht mehr gelingen.
Konkrete Pläne gab es genug. Im Fernverkehr waren weitere erhebliche Geschwindigkeitserhöhungen ins Auge gefaßt worden, doch die Entwicklung neuer Dampflokomotiven kam über die Erprobungsphase verschiedener Prototypen nicht hinaus. Ab Sommerfahrplan 1936 waren so die beiden Stromlinienloks der Reihe 05 nach ihren spektakulären Schnellfahrten im regelmäßigen Einsatz. Auch die 05 003 wurde noch 1937 in Dienst gestellt – auch sie stromlinienverkleidet, doch mit zwei bemerkenswerten Unterschieden: Diese Lok hatte den Führerstand an der Spitze, und sie wurde mit Kohlenstaub gefeuert.
Ein Einzelgänger blieb auch der Henschel-Wegmann-Zug: Als Alternative zu den Schnelltriebzügen 1935 gebaut, bestand er aus einer voll verkleideten Tender-Dampflokomotive der Reihe 61 und vier Wagen. Der Endwagen war ebenfalls windschnittig abgerundet. Der Zug bildete eine in sich geschlossene Einheit: Wagen und Lok waren untereinander mit der Scharfenberg-Mittelpufferkupplung verbunden. In punkto Bremstechnik war der Henschel-Wegmann-Zug

Bild 36: Eilte seiner Zeit voraus: Der Henschel-Wegmann-Zug auf einer Probefahrt im Sachsenwald Berlin–Hamburg im Jahre 1937 mit Lokomotive 61 001.

Bild 37: Die Lokomotiven der Baureihe E 18 überzeugten durch Leistungsfähigkeit und Wirtschaftlichkeit. Lokomotive E 18 01 auf Versuchsfahrt am 18. Juni 1935 in Stuttgart, daneben Lokomotive 89 382.

seiner Zeit um einiges voraus: Er hatte bereits Magnetschienen- und Scheibenbremsen. Für ein Spitzentempo von 175 km/h zugelassen, pendelte diese Einheit im Schnellverkehr zwischen Berlin und Dresden.
Aus den in den 20er Jahren entwickelten Schnellzug-Baureihen 01 und 03 ließ die Reichsbahn dann die 01.10 und 03.10 entwickeln – Fahrzeuge, die mit Drillings-Triebwerken und Stromlinienverkleidung im Schnellzugdienst 150 km/h Höchstgeschwindigkeit leisten sollten. Als im Jahre 1939 ein umfangreiches Beschaffungsprogramm verabschiedet wurde, das die jährliche Lieferung von 1400 Dampfloks vorsah, sollte auch der Nachholbedarf für die Aufgaben im schnellen Fernverkehr gedeckt werden – der Krieg machte diese Pläne zur Makulatur.
Auch wenn die Dampflokomotive in jenen Jahren die unumstrittene Nummer 1 im Lokpark der Reichsbahn war, diskutierten vorausschauende Eisenbahner längst größere Elektrifizierungsprogramme. Mitte der 30er Jahre waren erst rund 2200 Kilometer Strecke vom Fahrdraht überspannt. Das waren nicht mehr als 4% des Gesamtnetzes, die zudem – historisch gewachsen – auf »Inseln« in Schlesien, Sachsen und Süddeutschland verteilt waren. Doch die damaligen elektrischen Lokomotiven der Baureihen E 04, E 18, E 44 und E 93 hatten bereits einen international anerkannten hohen Entwicklungsstand erreicht und überzeugten im täglichen Betrieb durch Leistungsfähigkeit und Wirtschaftlichkeit. Denn sie hatten eine konstruktive Kinderkrankheit bereits überstanden: Statt des von der Dampflokomotive übernommenen, im elektrischen Betrieb aber problematischen Stangenantriebes hatten diese Fahrzeuge bereits Einzelachsantrieb.
Nach einer umfassenden Wirtschaftlichkeits-Untersuchung entschloß sich die Reichsbahn deshalb, die wichtige Nord-Süd-Magistrale Berlin–München zu elektrifizieren. Die Studie hatte jährliche Aufwands-Minderungen von 8,5 Millionen Reichsmark versprochen. Wenn auch das Projekt nicht mehr realisiert werden konnte, beeinflußte es maßgeblich die technische Weiterentwicklung von elektrischen Lokomotiven. Die schnellen Dampflokomotiven und Dieseltriebwagen sollten einen ernstzunehmenden Konkurrenten bekommen – die E 19. Sie sollte einmal die FD-Züge auf der Strecke München–Berlin ziehen. »Sie wird eine Höchstgeschwindigkeit von 180 km/h und eine Stundenleistung von mehr als 5000 PS aufweisen«, vermerkte 1937 ein Chronist: »Sie soll imstande sein, Züge von 360 Tonnen Wagengewicht ohne Vorspann- und ohne Schublokomotive mit einer Fahrgeschwindigkeit von 60 km/h über die Steilrampen des Thüringer Waldes zu ziehen.« Noch 1939 wurden die ersten vier Exemplare ausgeliefert. Sie blieben, nicht anders als die dampfenden Rekordhalter jener Epoche, Einzelgänger.
Im Hinblick auf die beabsichtigte Elektrifizierung der Strecke München–Berlin ließ die Reichsbahn auch ein Pendant zum »Fliegenden Hamburger« entwickeln, den zweiteiligen Schnelltriebzug ET 11, der – 160 km/h schnell – 1936 zum ersten Mal eingesetzt wurde. Nach Berlin kam er bekanntlich nie, doch gehörten die mit seinen Garnituren gefahrenen Züge – wie bereits angedeutet – auch zum exklusiven Über-Tempo-100-Angebot der schnellsten Reichsbahnzüge.

Bild 38: Rund ein halbes Jahrhundert bewährte sich die Baureihe E 44.

Bild 39: Für höchste Leistungen auf der Nord-Süd-Magistrale Berlin–München war die E 19 ausersehen. Nur vier Maschinen wurden gebaut.

Bild 40: Gehörte zum exklusiven Über-Tempo-100-Angebot der modernen Reichsbahn: Schnelltriebzug ET 11.

Das weiße S im grünen Kreis – Geburtsstunden

Berlin, 8. Oktober 1939. Der Chronist vermerkt eine »schlichte Feierstunde«, und berichtet, daß der Sonderzug mit frischem Tannengrün festlich geschmückt war: Die Berliner S-Bahn erlebte eine Premiere, die richtungweisend für die erst Jahrzehnte später entstehenden Stadtschnellbahn-Systeme in den Ballungsgebieten der Bundesrepublik sein sollte: Nach sechsjähriger Bauzeit wurde die Nord-Süd-Linie in ihrer gesamten Länge vom Stettiner Bahnhof im Norden über den Knotenpunkt Bahnhof Friedrichstraße und den Anhalter Bahnhof bis zur Haltestelle Kolonnenstraße in Betrieb genommen. Auf knapp 16 Kilometern Länge durchfuhr die neue Linie weitgehend im Tunnel das alte Zentrum Berlins mit seinen pulsierenden Geschäftsstraßen, den Banken, Behörden, Botschaften und dem Regierungsviertel. Im Norden wie Süden war die Nord-Süd-Linie mit dem bestehenden S-Bahnnetz verknüpft – für viele Berliner gab es schnelle Wege in die City und genauso schnelle Wege aus der City ins Umland. Vom Berliner S-Bahntunnel zu den S-Bahn-Konzepten in München, Frankfurt, Stuttgart und Hamburg, bei denen die ins Umland führenden Linien zur unterirdischen innerstädtischen Stammstrecke gebündelt werden, war es nur noch ein kleiner Schritt, der allerdings Jahrzehnte auf sich warten ließ.

Das weiße S im grünen, kreisrunden Feld war in Berlin bereits Anfang des Jahrzehnts eingeführt worden – Pendant zum »U« der städtischen Hoch- und Untergrundbahn. Einen attraktiven Stadtschnellverkehr hatte der Ballungsraum Berlin indes schon seit dem vorigen Jahrhundert, dessen Anfänge bis ins Jahr 1871 zurückgehen. Bereits 1882 wurde die Ost-West-Stadtbahnlinie fertiggestellt, die heute neben der U-Bahn einzige Schienen-Nahverkehrs-Verbindung zwischen West- und Ost-Berlin. Während zu Zeiten der Königlich-Preußischen Eisenbahnverwaltung (KPEV) der Berliner Stadtbahnverkehr eine Domäne des Dampfbetriebes war, wurde das Netz in den 20er Jahren auf 800-Volt-Gleichstrom-Betrieb mit Versorgung durch die seitliche Stromschiene umgerüstet. Im Verlauf weniger Jahre lieferte die Industrie über 1000 elektrische Triebwagen für den modernen S-Bahn-Verkehr. Jahrzehnte lang bestimmten die Triebzüge der Baureihe ET 165 das Bild auf den Stadtbahnstrecken; fast 700 Einheiten wurden in nur fünf Jahren ausgeliefert und machten diese Baureihe zum meistgebauten elektrischen Triebwagen in Deutschland. Aus diesem Fahrzeugtyp ging dann der ET 166 hervor, eine mit modernisierten Wagenkästen ausgestattete Version, die als »Olympia-Züge« 1936 in den Dienst gestellt wurde. Während diese Fahrzeuge lediglich für Höchstgeschwindigkeiten bis zu 80 km/h gebaut waren, entstand praktisch gleichzeitig der ET 167, der wie die modernen S-Bahn-Züge der Bundesbahn für eine Geschwindigkeit von 120 km/h ausgelegt war. Neben Berlin war auch schon im Ballungsraum Hamburg seit Anfang des Jahrhunderts ein leistungsfähiges Stadtschnellbahn-System im Betrieb. Schon 1907 war die Strecke Blankenese–Ohlsdorf elektrifiziert worden – mit Oberleitung und Wechselstrombetrieb. Als in Hamburg Mitte der 30er Jahre große Investitionen für die Erneuerung von Stromversorgung und Zügen anstanden, entschied sich die Reichsbahn für die Umrüstung auf Gleichstrombetrieb mit seitlicher Stromschiene – so, wie sich das S-Bahn-System in Berlin bereits bewährt hatte. Der Grund: Auch in Hamburg gab es zu diesem Zeitpunkt erste Pläne für unterirdische Tunnelstrecken, und da man für Züge ohne Oberleitung kleinere Tunnelquerschnitte benötigte, entschied man sich aus Kostengründen für diesen Weg. Der Krieg und seine Folgen machten die Umrüstung zu einer langwierigen Angelegenheit, die erst 1955 abgeschlossen werden konnte.

Auch in anderen Ballungsgebieten und Großstädten des Reichsgebietes gab es Anfänge für leistungsfähige Nahverkehrssysteme. So begann im Oktober 1932 der Ruhrschnellverkehr, der mit dichten Taktfahrplänen zumindest S-Bahn-ähnlich war. Er war mit leichten lokbespannten Zügen aus der Taufe gehoben worden und sollte nach und nach auf Triebwagen umgestellt werden. Das gelang bis zum Kriegsbeginn jedoch nur noch zum Teil.

S-Bahn-Pläne gab es zu jener Zeit auch schon für München. »Für die Bauten zur Umgestaltung der Münchner Bahnanlagen ist am 1. Januar 1938 eine Reichsbahnbaudirektion München errichtet worden«, berichtete die »Reichsbahn«. Zentrale Aufgabe: die Schaffung eines großstädtischen Schnellbahnnetzes. Am 22. Mai 1938 war der erste Rammschlag feierlicher Auftakt für die Bauarbeiten zur Münchner S-Bahn – fertig wurde sie zu den Olympischen Spielen 1972 . . . – In und um die bayerische Metropole und im gleichermaßen elektrifizierten Streckennetz des Großraumes Stuttgart fuhr die Reichsbahn zu diesem Zeitpunkt ohnehin bereits mit Elektrotriebwagen verschiedener Baureihen. Und auch im Städte-Schnellverkehr unterm Fahrdraht zwischen Leipzig und Halle bestimmten Elektrotriebwagen das Bild.

Güterverkehr: Räder rollten für den Krieg

In der zweiten Hälfte der 30er Jahre bekam die Reichsbahn auch im Güterverkehr den wirtschaftlichen Aufschwung deutlich zu spüren: 1936 vermeldete sie erstmals Vollbeschäftigung aller Kapazitäten. Was das bedeutete, machen zwei statistische Angaben deutlich: In den Jahren der Wirtschaftsdepressionen waren bis zu 100000 Güterwagen und 3000 Loks mangels Transportaufgaben abgestellt worden. Und: Im

Jahr 1935 gelang es erstmals, die Verkehrs- und Betriebsleistungen des letzten Friedensjahres vor dem Ersten Weltkrieg zu überschreiten. Zweistellige Zuwachsraten im Güterverkehr, der seinerzeit etwa zwei Drittel der gesamten Betriebseinnahmen erwirtschaftete, kennzeichneten die jährlichen Leistungssteigerungen.

Als die Rüstungsindustrie die Konjunktur immer weiter erhitzte – die Güterverkehrsleistungen stiegen in den Jahren von 1932 bis 1937 um fast 100% –, war die Reichsbahn nicht nur voll beschäftigt, sondern vielfach überlastet. »Die Verkehrsentwicklung wurde durch die politischen Ereignisse stark beeinflußt«, heißt es ganz vorsichtig im Jahresrückblick 1939: »An die Reichsbahn wurden Anforderungen gestellt, wie sie bisher noch nicht zu verzeichnen waren ... Mit der Umstellung der deutschen Wirtschaft auf die Erfordernisse des Kriegs und mit der Sicherstellung aller Kriegs- und sonstigen lebenswichtigen Transporte nahm die Belastung der Reichsbahn weiter zu. Eine Entlastung durch den Kraftwagen war nicht möglich, im Gegenteil mußte die Schiene weitgehend Transporte von der Straße übernehmen.«

Der Güterwagenpark umfaßte knapp 600000 Fahrzeuge, ganz überwiegend offene und gedeckte, universell verwendbare Wagen. Der Bedarf an Spezialgüterwagen mit besonderer Technik für rationelle Be- und Entladevorgänge spielte noch überhaupt keine Rolle: Noch war die menschliche Arbeitskraft konkurrenzlos preiswert... Lediglich für die Kohle-Massengutverkehre gab es bereits in größeren Stückzahlen Selbstentlade-Wagen. Spezialfahrzeuge waren darüber hinaus schon für den Transport von Flüssigkeiten und Gasen entwickelt worden. Die Investitionen für die unterschiedlichen Kesselwagen-Typen überließ die Reichsbahn damals schon der Mineralöl- und der Chemie-Industrie, die die Fahrzeuge dann als werkseigene Waggons oder über besondere Vermiet-Gesellschaften fahren ließen. Damit waren die Anfänge einer Partnerschaft zwischen Bahn und Wirtschaft gemacht, die heute noch die Privatgüterwagen-Politik der Bundesbahn maßgeblich leitet.

In den Jahren 1936 bis 1938 lieferte die deutsche Lokomotivbau-Industrie drei neue Baureihen für den Güterzugverkehr ab: die Reihe 41 – sie war für schnellfahrende Züge geeignet und bewährte sich auch im Reisezugdienst –, die Reihe 45 – die größte und stärkste deutsche Güterzuglok der Ära Dampf – und die Reihe 50, das erfolgreichste Modell jener Zeit: Fast 3000mal wurde sie gebaut. Bereits in den 20er Jahren hatte die Reichsbahn mit den Baureihen 43, 44 und 86 ihren Maschinenpark für den Güterverkehr aufgestockt. Ähnlich wie die Fahrzeuge des Reisezugdienstes reichten die neuen Exemplare für das größer werdende Verkehrsaufkommen längst nicht aus, und so tauchten dann die Ziffern 41, 44, 45, 50 und 86 ebenfalls in dem Beschaffungsprogramm des Jahres 1939 auf, das nur noch teilweise verwirklicht wurde. – Auf den elektrifizierten Strecken sollte die E 94 schwere Güterzugaufgaben übernehmen. Sie wurde in den 30er Jahren entwickelt und während des Krieges in Dienst gestellt.

Den Güterverkehr wickelte die Reichsbahn über 118 Rangierbahnhöfe ab, deren Leistungsfähigkeit zwischen 2000 und maximal 5000 Wagen pro Tag lag. Früh hatte man bereits erkannt, daß Rangierdienst und -technik zu den größten

Bild 41: Baureihe 45, die größte und stärkste deutsche Güterzuglokomotive der Ära Dampf.

Kostenfaktoren des Güterverkehrs zählten. Generaldirektor Dorpmüller selbst interessierte sich bereits Ende der 20er Jahre intensiv für durchgreifende Rationalisierungsmaßnahmen in den Rangierbahnhöfen. Auf seine Anregung entstand die »Studiengesellschaft für Rangiertechnik«, die eine ganze Reihe technischer und betrieblicher Verbesserungen entwikkelte – immerhin gelang es, die Leistungsfähigkeit der Rangierbahnhöfe im Vergleich zu 1918 zu verdoppeln. Mit dem Wirtschaftswachstum stieg auch das Bedürfnis, hochwertige oder leicht verderbliche Güter besonders rasch zu transportieren. Nachdem die einfache Bremstechnik der Güterwagen zunächst nur bescheidene Geschwindigkeiten zugelassen hatte, wurden in den 30er Jahren Güterwagenlaufwerke entwickelt, die zweiachsige Waggons bis zu 90 km/h und moderne Drehgestellwagen sogar bis zu 120 km/h schnell machten. Die neuen Fahrzeuge wurden für neue Schnellgüterverbindungen und Stückgut-Schnellverkehre eingesetzt. Zu den populären Güterverkehrsleistungen der Reichsbahn gehörte der »Obstexpreß«, der im schnellen Nachtsprung badische Kirschen und Erdbeeren von Bühl nach Berlin brachte. Auch andere Städte in Mittel- und Norddeutschland bekamen ihren Schnellgüterzug-Anschluß aus dem Obst- und Gemüseland am Oberrhein – sogar das ferne Ostpreußen: Ein Schnellgüterzug legte die 1540 Kilometer lange Strecke von Freiburg nach Tilsit in 30 Stunden zurück. Seine durchschnittliche Reisegeschwindigkeit von 51,3 km/h sieht heute bescheidener aus, als sie damals war: Auch die Masse der D-Züge war nicht sonderlich schneller als der Früchte-Zug!

Daß die Reichsbahn trotz der Vollbeschäftigung versuchte, mit attraktiven Angeboten auch frischen Wind in den Güterverkehr zu bringen, hatte seinen Grund. Erstmals in ihrer 100jährigen Geschichte bekam die Eisenbahn die Konkurrenz der Straße zu spüren. Im Jahre 1938 transportierten private Fuhrunternehmer mit rund 12000 Fahrzeugen zwar nur 0,5% der Transportmenge des Reichsbahn-Güterverkehrs, an den Gesamtfrachteinnahmen aber war die Straße schon zu 7% beteiligt. Kein Wunder also, daß der Jahresbericht von 1937 vergleichsweise bittere Worte fand: »Im Güterverkehr hat die Besitzstandverschiebung zum Nachteil der Schiene weiterhin angehalten. Das ist in besonderem Maße auf die Gestaltung des inzwischen durch mehrere Ausnahmetarife erweiterten Reichskraftwagentarifs zurückzuführen, durch den den Kraftwagen ein wesentlicher Preisvorsprung eingeräumt worden ist.«

Die Konkurrenz hatte sich unmittelbar nach dem Ersten Weltkrieg zu formieren begonnen. Nach der Demobilisierung standen viele Lastwagen des Heeres zum Verkauf, und mancher, der in den schwierigen Zeiten Brot und Arbeit verloren hatte, witterte die Chance zum Neubeginn als Unternehmer mit eigenem Lkw. Eine völlig neue Situation war daraufhin entstanden. Das Tarifsystem der Eisenbahnen hatte sich zuvor als ein komplexes Gefüge verstanden, in dem nicht Wettbewerb, nicht Marktwirtschaft die Preise diktierte, sondern das Gesamtinteresse der Volkswirtschaft. Aus dem Selbstverständnis der Monopolstellung heraus war ein Tarifsystem entstanden, das zum Ausgleich für ausgesprochene Billig-Transporte besonders hochtarifierte Güter kannte. In dieses Markt-Segment stießen die privaten Unternehmer der Straße

Bild 42: War jahrzehntelang im Maschinenpark für den Güterverkehr zu sehen: Dampflokomotive Baureihe 86.

vor. Frei von Bindungen an Tarif- oder Beförderungspflichten konnten sie Frachten zu Sätzen anbieten, die deutlich unter denen der Bahn lagen. Zwar wurde die Freiheit des Straßengüterverkehrs durch Gesetze immer mehr eingeschränkt, doch vermochten sie ebensowenig die Aushöhlung des hochtarifierten Güterverkehrs der Schiene zu verhindern wie Bemühungen der Reichsbahn, mit einem flexibleren Tarifsystem diesen ersten Wettbewerb zwischen Straße und Schiene besser zu meistern. Ohnehin tat die Konkurrenz nicht allzu weh: Die auf hohen Touren laufende Konjunktur, die Vorbereitungen der Kriegs-Maschinerie brauchten dringend alle rollenden Räder auf der Schiene wie auf der Straße.

Reichsautobahn: Straße und Schiene in einer Hand

Aus heutiger Sicht erscheint es paradox, wenn nicht gar als ein Treppenwitz der Verkehrsgeschichte: Die ersten Autobahnen in Deutschland waren ein Werk der Reichsbahn. Bereits 1933, wenige Monate nach Hitlers Machtergreifung wurde der Eisenbahngesellschaft per Gesetz auferlegt, ein Zweigunternehmen zu errichten: die Gesellschaft »Reichsautobahnen«. Die Aufgabe der neuen »Firma«: Sie hatte »das ausschließliche Recht zum Bauen und Betreiben der Kraftfahrbahnen und der auf ihnen befindlichen Nebenbetriebe«.
Aus damaliger Sicht war es keineswegs überraschend oder gar unlogisch, den Fernstraßenbau in die Hände der Eisenbahn zu legen. Angesichts der propagandistischen und der strategischen Bedeutung, die die Autobahnen für die neuen Machthaber in Berlin hatten, sollte das gigantische Projekt so rasch wie nur möglich realisiert werden. Die Pläne des Jahres 1934 sahen ein Grundnetz von knapp 7000 Kilometern vor, von dem jährlich etwa 1000 Kilometer gebaut sein sollten. Um diese ehrgeizigen Ziele überhaupt realistisch verfolgen zu können, brauchte das NS-Regime die gleichermaßen schlagkräftige wie erfahrene Organisation des Großunternehmens Reichsbahn. Nur sie hatte Personal und Knowhow für die umfangreichen Aufgaben wie Planung, Planfeststellung, Bauvorbereitung, Ausschreibung, Vergabe, Bauüberwachung, Auftragsabwicklung, Finanz- und Verwaltungsdienst. Und Reichsbahntechniker leisteten wertvolle Aufbauarbeit vom Brückenbau bis zum Fernmeldewesen. Ein weiterer Aspekt ließ es damals vernünftig erscheinen, Straßen- und Schienenverkehr unter ein gemeinsames Dach zu stellen. In der Begründung des Gesetzes über die Errichtung des Unternehmens Reichsautobahn heißt es unter anderem: »Die Führung auf dem Gebiet der Reichsautobahn ist der Reichsbahn zugedacht, weil der Streit zwischen Schiene und Kraftwagen letzten Endes nur dadurch beizulegen ist, daß der gesamte gewerbliche Güterfernverkehr einheitlicher Leitung unter-

Bild 43: Das Leistungsangebot der Deutschen Reichsbahn umfaßte im Personenverkehr auch den Einsatz solcher Autobusse. Diese Aufnahme entstand am Stuttgarter Hauptbahnhof.

stellt wird.« So sah denn das Konzept der 30er Jahre vor, die Reichsbahn nicht nur mit dem Bau, sondern auch mit dem Betrieb der Autobahnen zu betrauen; § 7 spricht sogar ausdrücklich davon, daß die Eisenbahn-Tochter das Recht habe, Autobahngebühren zu erheben.
Doch dazu kam es nicht einmal in den Anfängen. Im Mai 1935 eröffnete Hitler die Reichsautobahn Frankfurt–Darmstadt. Im Herbst 1936 waren die ersten 1000 Kilometer fertiggestellt und wurden bei Breslau mit einem Staatsakt gefeiert. Zu diesem Zeitpunkt beschäftigte das Unternehmen »Reichsautobahnen« fast 8000 Mitarbeiter, vom ersten Spatenstich vier Jahre zuvor an waren 1,2 Milliarden Reichsmark investiert worden, und so vermerkt ein zeitgenössischer Bericht der »Reichsbahn«: »im Monatsdurchschnitt der letzten Zeit fanden bei dem Bau rund 120000 Volksgenossen auf den einzelnen Baustellen Beschäftigung.« Ein Jahr später war der Berliner Ring fertiggestellt, und noch 1939 gab es die durchgehende Autobahnverbindung von Berlin ins Ruhrgebiet, von dort über Stuttgart nach München und wieder zurück über Leipzig nach Berlin. Die organisatorische Gemeinsamkeit von Autobahn und Eisenbahn wurde während des Krieges beendet.

Die neuen Straßen nutzte die Reichsbahn für eine – wenn auch bescheidene – Diversifikation ihres Leistungsangebotes – sie entdeckte den Bahnbus. Am 20. Mai 1935 wurde der Liniendienst über die Autobahn Frankfurt–Darmstadt zwischen Frankfurt, Darmstadt, Mannheim und Heidelberg aufgenommen. Mit der immer größer werdenden Zahl der Autobahn-Kilometer wurden Fernbus-Linien mit eigens dafür entwikkelten neuen Fahrzeugen eingerichtet. Zwischen Berlin und München verkehrte ab Ende Mai 1939 ein zweiteiliger »Omnibuszug«, in dem die Fahrgäste durch einen Faltenbalg-Übergang wie im D-Zug vom Motorwagen zum Anhänger gehen konnten. 78 Personen faßte dieser nach seinem Hersteller benannte »Gaubschat-Zug«, der zunächst nur einmal wöchentlich samstags von Berlin nach München fuhr und den Rückweg am Sonntag zurücklegte. Fahrzeit: etwas mehr als zwölf Stunden. Die Straße machte auch im Personenfernverkehr der Schiene Konkurrenz: Die Busfahrpreise lagen deutlich unter denen für die Eisenbahnfahrkarte.
Darüber hinaus blieb der Bahnbus eine Randerscheinung. Im gesamten Reichsgebiet betrieb die Bahn lediglich 110 Linien; der Busverkehr war noch die Domäne der Kraftpost.

Nasse Linien: Die Reichsbahn auf der Ostsee

Die zunehmende Internationalität des Reise- und Güterverkehrs hatte bereits Anfang des Jahrhunderts dazu geführt, daß die Eisenbahnen neben ihrem stählernen auch ein »nasses« Netz aufbauten. Zu den wichtigsten europäischen Nord-Süd-Verbindungen entwickelten sich die beiden Ostsee-Fährlinien zwischen dem mecklenburgischen Warnemünde und dem dänischen Gedser sowie zwischen Saßnitz auf der Insel Rügen und dem schwedischen Trelleborg. Diese Fährlinie, die durchgehende Züge Berlin–Stockholm transportierte, erfuhr am 5. Oktober 1936 eine entscheidende Verkehrsverbesserung mit der Eröffnung des seit Jahrzehnten geplanten Rügendammes, der den 2,5 Kilometer breiten Strelasund zwischen Stralsund und der Insel durchquerte – eine Etappe, die zuvor ebenfalls nur per Fähre überwunden werden konnte.
Beide Skandinavien-Fährlinien wurden bis in die Schlußphase des Zweiten Weltkriegs aufrechterhalten. Seit 1947 läuft der Verkehr auf der Route Warnemünde–Gedser, ein Jahr später pendelte auch wieder die erste Fähre zwischen Saßnitz und Trelleborg. Als Folge der politischen Nachkriegsentwicklung verlagerten sich die Verkehrsströme nach und von Skandinavien auf die westlichen Ostseerouten zu Lande und zu Wasser – eine Entwicklung, die durch den Bau der Vogelfluglinie, über den noch zu berichten sein wird, verstärkt wurde.
Schiffsreisen auf der Ostsee mit Reichsbahn-Fahrkarten konnten auch Reisende von und nach Ostpreußen machen. Als Folge der Verträge von Versailles war Ostpreußen bekanntlich durch den »Korridor«, der Polen einen Zugang

Tabelle Fährschiffe Warnemünde–Gedser

Name	in Dienst	Hersteller	Länge m	Gleiszahl	Geschw. kn	Maschinenleistung kW	Antrieb
Friedrich Franz IV	1903	Schichau Danzig	85	1	13,5	1800	Räder Dampf
Mecklenburg	1903	Schichau Danzig	86	2	14	2000	1 Propeller Dampf
Schwerin	1926	Schichau Elbing	106	2	15,5	3300	2 Propeller Dampf
Warnemünde	1963	Neptunwerft Rostock	136,4	3	18,5	7000	2 Verstellpropeller Diesel

Tabelle Fährschiffe Saßnitz–Trelleborg

Name	in Dienst	Hersteller	Länge m	Gleiszahl	Geschw. kn	Maschinenleistung kW	Antrieb
Deutschland	1909	Vulcan Stettin	113,8	2	16,5	4000	2 Propeller Dampf
Preußen	1909	Vulcan Stettin	113,8	2	16,5	4000	2 Propeller Dampf
Starke	1931	Deutsche Werke Kiel	94,2	3	13,5	4000	2 Propeller Dampf
Saßnitz	1959	Neptun Rostock	137,5	4	18,5	7000	2 Propeller Diesel
Stubbenkammer	1971	Brevik	124,6	4	17,6	3740	2 Propeller Diesel
Rügen	1972	Neptun Rostock	152,7	4	20,6	14700	2 Propeller Diesel
Rostock	1977	Bergens Mekaniske Verkstader	158,4	5	20,5	12880	2 Verstell-propeller Diesel

zur Ostsee verschaffte, vom Reichsgebiet getrennt. Ergänzend zu dem mit Polen vereinbarten Schienen-Transitverkehr richteten private Reedereien in Stettin und Königsberg den »Seedienst Ostpreußen« ein, um eine unabhängige Verbindung zu schaffen und außerdem die Transportkapazität zu erhöhen. Denn aus Devisenmangel blieb der Zugverkehr durch den Korridor, den die Reichsbahn natürlich nach internationalen Eisenbahn-Gepflogenheiten mit der polnischen Staatsbahn abrechnen mußte, auf wenige Züge und im wesentlichen auf die beiden kürzeren Strecken durch den Korridor von Lauenburg/Pommern über Großboschpol bzw. von Schneidemühl über Dirschau nach Marienburg beschränkt. Nachdem der Seedienst dank staatlicher Subventionen besonders günstige Fahrpreise anbieten konnte, wurde ein Verbandstarif geschaffen. Ostpreußen-Reisenden stand es damit frei, ob sie zu Lande oder zu Wasser unterwegs sein wollten. Auch kombinierte Fahrten einmal über den Seeweg und zurück über die Schiene waren möglich. Der Seedienst Ostpreußen bediente zunächst ausschließlich die Route Swinemünde–Pillau, lief später aber auch weitere Häfen an. Die stark ermäßigten Fahrkarten für Bahn und Schiff wurden daraufhin nicht nur zwischen Berlin und Königsberg, sondern auch zwischen Stettin, Swinemünde, Hamburg, Lübeck einerseits und Danzig sowie Pillau andererseits ausgegeben. Der Seedienst Ostpreußen verlor an Bedeutung, nachdem deutsche Truppen den Korridor im ersten Kriegs-Herbst besetzt hatten und die Betriebsführung auf allen Schienenstrecken der Reichsbahn übertragen wurde.

Die Reichsbahn im Griff des NS-Regimes

Reichsparteitage in Nürnberg, Reichserntedankfest in Bückeburg, Messen in Leipzig, Funk- und Autoausstellungen in Berlin, Reichsnährstandsschauen, Sänger- und Sportlertreffen – das waren Anlässe, zu denen das nationalsozialistische Regime die Reichsbahn praktisch vom ersten Tag nach der Machtergreifung an brauchte. Sie war das einzige Transportmittel, das die Massenaufmärsche überhaupt erst möglich machte. Zum Reichsparteitag 1936 fuhr die Reichsbahn beispielsweise 640 Sonderzüge nach Nürnberg, wenig später waren 230 Züge zum Reichserntedankfest auf dem Bückeberg bei Bückeburg unterwegs. Zum Deutschen Turn- und Sportfest 1938 in Breslau wurden 355 Sonderzüge eingesetzt, die 5. Reichsnährstandsausstellung in Leipzig brachte es sogar auf 742 Sonderzüge und 228 Verstärkungszüge. Sonderleistungen, die in einer Zeit erbracht werden mußten, als beinahe jede Kapazität bis zum letzten ausgenutzt war!

Bei den Ausbau-Programmen des Streckennetzes sprachen die Militärs frühzeitig ein gewichtiges Wort mit. Strategische Überlegungen bestimmten entscheidend den Umfang der Investitionen. So mußten damals Pläne zur Elektrifizierung der Fernstrecken weitgehend zurückgestellt werden, weil Bahnbetrieb mit zentraler Energieversorgung den kriegsvorbereitenden Logistikern als besonders verwundbar erschien. Wo Projekte genehmigt wurden, bekam die Reichsbahn als Auflage, eine volle Dampflokreserve für den Fall des Falles bereitzuhalten.

Das »Gesetz zur Neuregelung der Verhältnisse der Reichsbank und der Deutschen Reichsbahn« am 1. Februar 1937 machte den Griff der Machthaber noch fester. Die erst seit 1924 bestehende Selbständigkeit, die im Namen »Deutsche Reichsbahn-Gesellschaft« Ausdruck gefunden hatte, wurde mit einem Federstrich beseitigt: Der Namensbestandteil »Gesellschaft« verschwand von der Bildfläche, die Reichsbahn wurde Sondervermögen des Reiches, ihre Dienststellen bekamen die Eigenschaft von Reichsbehörden. Auf einen Fachmann wie Dorpmüller konnten die Nationalsozialisten nicht verzichten: Das Gesetz vereinte die Aufgaben des Generaldirektors der Reichsbahn mit denen des Reichsverkehrsministers zur Personalunion: Dorpmüller wurde Reichsverkehrsminister. Auch sein Stellvertreter und die übrigen Vorstandsmitglieder wurden hoch in der Ministerialbürokratie angesiedelt. »An diesem Wendepunkt in der Geschichte der deutschen Eisenbahn«, so der neue Reichsverkehrsministger Dorpmüller, würde es sein vornehmstes Ziel sein, »durch beste Ausgestaltung und gemeinwirtschaftlichen Einsatz aller Verkehrsmittel den weiteren Aufbau Deutschlands und der deutschen Wirtschaft im Dritten Reich nach besten Kräften zu fördern.«

Ein Jahr später brauchte Hitler die »uneingeschränkte Hoheit« über die Bahn: Praktisch über Nacht mußte sie unmittelbar vor dem »Anschluß« Österreichs am 12. März 1938 Militärtransporte nach Berchtesgaden, Freilassing, Salzburg, Simbach und Passau durchführen. Nicht einmal eine Woche später war die Existenz der Österreichischen Bundesbahnen auf dem Verordnungswege beseitigt. Und nur wenige Wochen später wurde mit bürokratischer Präzision dafür gesorgt, daß die Eisenbahn-Verkehrsordnung des »Altreiches« auch im Lande Österreich ihre Gültigkeit bekam, daß selbst solche Äußerlichkeiten wie die Frachtbrief-Formulare »deutsch« wurden . . .

Auch bei der weiteren nationalsozialistischen Expansionspolitik war die Reichsbahn ein wichtiges Rad im Getriebe. So mußte sie im Sommer 1938 ein Sofortprogramm für den beschleunigten Ausbau des Eisenbahnnetzes in Bayern, Österreich und Schlesien innerhalb weniger Monate verwirklichen und Züge für die als Manöverübung getarnte Bereitstellung der Einmarschtruppen ins Sudetenland stellen. Nur wenige Wochen nach dem Anschluß übernahm die Reichsbahn den Eisenbahnbetrieb im Sudetenland. Als die deutsche Wehrmacht dann im März 1939 Prag besetzte und das Protektorat Böhmen und Mähren ausgerufen wurde, machten die Besatzer das in ihrer Gewalt befindliche Netz der tschechoslowakischen Staatsbahn zu den »Böhmisch-Mährischen Bahnen (BMB)«, die der Reichsbahn-Aufsicht unterstellt wurden.

Das stark erweiterte Reichs-Streckennetz stellte die Reichsbahn vor erhebliche betriebstechnische Probleme. Anlagen wie Fahrzeuge in den angegliederten Gebieten entsprachen durchaus nicht immer dem hohen Standard, der in den Jahren des wirtschaftlichen Aufschwungs im eigentlichen Reichsgebiet erreicht worden war.

Mehr und mehr wurde die Reichsbahn in die unmittelbaren Kriegsvorbereitungen einbezogen. Eines der gigantischsten Kapitel dieser Zeit war der Bau des Westwalls durch die »Organisation Todt«, an dem zeitweilig fast eine halbe Million Arbeitskräfte beteiligt waren. Die Reichsbahn mußte ein Transportsystem praktisch aus dem Stand entwickeln, das vom übrigen Güterverkehr weitgehend unabhängig war. Von Mitte 1938 bis in den März 1939 rollten rund 650000 Tonnen Baustoffe in bis zu 346 Entladebahnhöfe entlang der geplanten Befestigungslinie, von denen 73 eigens für diese Aufgabe ausgebaut worden waren. Bis zu 8000 Wagen mußten täglich bereitgestellt werden – höchste Anforderungen, die aber von dem, was Eisenbahner und Eisenbahn in den folgenden Kriegsjahren leisten mußten, weit übertroffen wurden.

Die Reichsbahn im Kriegsdienst: Beispiellose Leistungen – bittere Opfer 1939 bis 1945

In der Heimat: Rüstung und Nachschub diktierten die Fahrpläne

»Ich bin gewiß, daß Euer immer bereiter Opfermut und Euer stets bewährtes Pflichtbewußtsein sich auch in den kommenden Tagen bewähren werden, und daß Ihr, gleich ob auf dem gewohnten Arbeitsplatz in der Heimat oder mit der Waffe in der Hand, Euch bis zum Letzten hingeben werdet!« – Das Pathos des ersten Kriegs-Appells von Dorpmüller am 6. September 1939 an die »deutschen Eisenbahner« sollte sich ganz unpathetisch und mit kriegerischer Grausamkeit bewahrheiten. Die Reichsbahn wurde zur Kriegswaffe, unter von späteren Generationen wohl gar nicht nachzuvollziehenden Opfern wurden beispiellose Leistungen erbracht – bis auf den Rückzugmärschen und im Bombenhagel der Alliierten die Moral zerbrach und der totale Krieg im totalen Kollaps endete.
Den führenden Militärs und den obersten Eisenbahnern muß damals gar nicht wohl zumute gewesen sein, wenn sie in der Phase der Kriegsvorbereitung an die Bahn dachten. Generalfeldmarschall Kesselring faßte es einmal so zusammen: »Es wurde allerorts das Maximum des überhaupt Erreichbaren angestrebt. Das Ganze war nahezu ausgeglichen, abgesehen von dem Mißverhältnis zwischen der Förderung der Motorisierung und der Vernachlässigung der Eisenbahn.« Zweifel an der Leistungsfähigkeit der Eisenbahn waren dem Oberkommando der Wehrmacht bereits zwei Jahre vor Kriegsbeginn gekommen, als die überschwappende Konjunktur die Grenzen der Bahn erkennbar machte. Die Militär-Strategen hatten sehr wohl erkannt, daß sie für ihre Logistik die Reichsbahn ebenso wie die Rüstungsproduktion brauchten, doch an den großzügigen Ausbau war trotz eines ab Ende 1938 erhöhten Stahlkontingentes in den Kriegsjahren nicht mehr zu denken. Und das, obwohl dem Verkehrsmittel Eisenbahn gerade auch in den Kriegsjahren im zivilen wie militärischen Bereich die überragende Rolle zukam: Etwa 75% des gesamten Verkehrsaufkommens wurde über die Schiene abgewickelt. Benzin, Öl und Reifen waren von Anfang an Mangelware – was zu starken Einschränkungen des sich gerade zu entwickeln beginnenden zivilen Kraftverkehrs führte und der Reichsbahn zusätzliche Transport-Aufgaben bescherte. Die knappen Mineralölstoffe ließen schon am ersten Kriegstag das stolze Schnellverkehrssystem der Reichsbahn sterben: Der fahrplanmäßige Einsatz der »fliegenden« Dieseltriebwagen wurde eingestellt.
Rüstung und Nachschub diktierten die Fahrpläne vom ersten Kriegstag an – erst noch kaum merklich, dann aber bald fühlbar und einschneidend. Der Bedarf der kämpfenden Truppen an Menschen und Maschinen machte sich bei der Reichsbahn zunächst einmal auf dem Personalsektor bemerkbar. Frauen mußten allenthalben in die Bresche springen, wo Eisenbahner eingezogen worden waren. Und per staatlicher Anordnung wurden pensionierte Eisenbahner reaktiviert. Noch 1939 wurden zunächst 2000 »Ruhestandsbeamte« wieder eingestellt, im April 1940 waren es schon 7500 und im Dezember 1941 sogar 12000. Parallel dazu wurden – so hieß das damals – »im Hinblick auf die zur Zeit bestehenden außergewöhnlichen Verhältnisse« Ausbildungsgänge verkürzt. Als der Eroberungskrieg zwangsläufig das Streckennetz der Reichsbahn ausdehnte, wurden händeringend Lokführer gesucht. Jeder für die Laufbahn taugliche Handwerker müsse dem Gebot der Zeit folgen und sich unter Zurückstellung persönlicher Wünsche freiwillig für den Lokfahrdienst zur Verfügung stellen, hieß es in einem Erlaß des Reichsverkehrsministers.
Vor allem im Güterverkehr leistete diese Eisenbahner-Mannschaft Beachtliches, auch neben den Transporten für Rüstung und Nachschub. Im Herbst 1940 beispielsweise wurden bis zu 1,5 Millionen Zentner Kartoffeln täglich auf der Schiene transportiert und jeden Tag zwischen 24000 und 25000 offene Zehn-Tonner für Rübenernte bereitgestellt. Und die zwischen Reichskohlenkommissar und Deutscher Reichsbahn getroffene Vereinbarung, täglich mindestens 74500 offene Wagen für Kohlen und Koks zu stellen, wurde einem zeitgenössischen Bericht zufolge nicht nur erfüllt, sondern übertroffen. Beachtlich auch eine kriegsbedingte Versorgungsleistung: Per Bahn wurde Monat für Monat eine Million Tonnen Kohle zum verbündeten Italien befördert – täglich 45 Züge.
Auch die Lokomotiv-Produktion lief auf hohen Touren. Mitten im Krieg hatte die Lokbau-Industrie Grund zum Feiern. Am 13. Juni 1941 wurde die 25000ste Lokomotive von Henschel fertiggestellt und an die Reichsbahn übergeben, und ein paar Wochen später, am 24. Juli 1941, verließ die 15000ste Borsig-Lokomotive das Werk in Hennigsdorf bei Berlin, übrigens fast 100 Jahre auf den Tag genau, nachdem

Bild 44: Vereinfachte Variante der Reihe 50: Für den Material- und Truppentransport zu den verschiedenen Kriegsschauplätzen wurde die erste Kriegslokomotive, die Lok 52 001, gebaut.

die erste Maschine gebaut worden war. Die vor dem Krieg verabschiedeten Lieferprogramme wurden drastisch auf die Bedürfnisse der Wehrmacht zurechtgestutzt. So konzentrierten sich die Dampflok-Neubauten auf die für den Güterverkehr geeigneten Baureihen 44, 50 und 86, die in der Bauart im Interesse hoher Stückzahlen und vor dem Hintergrund andauernder Materialknappheit stark vereinfacht wurden. Speziell für Einsätze an der Ostfront entstand die aus der Einheitslok-Reihe 50 entwickelte Kriegslokomotive der Baureihe 52. Das erste Exemplar ging im September 1942 auf eine 4500 Kilometer lange Rundfahrt zu den Lokomotiv-Fabriken, die in den nächsten Jahren weit über 6000 dieser Maschinen bauen sollten. Die 52er zeichneten sich durch eine einfache, robuste Bauweise aus, die dank geringer Achslasten (15 Tonnen Achsdruck) auch auf schlecht ausgebauten oder provisorisch verlegten Gleisen verhältnismäßig zuverlässig ihre Aufgaben erfüllte. Eine Variante dieser Bauart stellten 178 Kondens-Lokomotiven dar, die eigens für die wasserarmen Gebiete Rußlands gebaut wurden: In einem großen Tender wurde bei diesen Fahrzeugen der verbrauchte Dampf niedergeschlagen und als Wasser wieder der Kesselspeisung zugeführt. Diese Loks konnten rund 1000 Kilometer ohne Wasseraufnahme fahren – siebenmal weiter als ihre herkömmlich konstruierten »Schwestern«. Im Jahr 1943 folgte eine zweite Kriegslok der Baureihe 42, von der 8000 Stück gebaut werden sollten, bis zum Zusammenbruch wurden es aber nur noch ein paar hundert. In der Schublade blieben die Pläne für eine dritte Kriegslok mit völlig neuer Technologie. Ihr widerfuhr eine

Bild 45: Als zweite Kriegslok-Baureihe entstanden die 42er.

späte »Ehrung«: Knapp vier Jahrzehnte später nahm sie ein führender Modellbahn-Hersteller in sein Programm auf – die wohl einzige Lok, deren Vorbild nie gebaut wurde!
An der »Heimatfront« konnten sich, solange das Streckennetz noch intakt war, die elektrischen Lokomotiven bewähren. Die Baureihen E 44 für den Personenverkehr und die mächtige E 94 für schwere Güterzüge galten als »Kriegselektroloks«, die zunächst noch weitergebaut wurden.
Für die Nachschubwege brauchte die Wehrmacht gewaltige Transport-Kapazitäten. So wurden in den Jahren 1940 bis 1944 rund 245 000 »Kriegsgüterwagen« gebaut – überwiegend die klassischen Fahrzeugtypen wie Rungenwagen, offene und gedeckte Wagen und auch Kesselwagen für die Kraftstoff-Transporte an die Front. Es handelte sich um in ihrer Bauart stark vereinfachte Waggons, die rationell mit einem Minimum an Materialaufwand in Großserien produziert wurden. Der Höhepunkt war 1943 erreicht: In jenem Jahr lieferte die Industrie 65 000 neue Güterwagen an die Reichsbahn ab – ein »Rekord«, der seither Bestand hat.
In den Werkstätten der Bahn – am 1. Mai 1940 hatte die Reichsbahn 95 Reichsausbesserungswerke – bestimmte der Krieg im Laufe der Jahre immer mehr die Arbeit und die Anforderungen. Zu den zahlreichen Sonderleistungen gehörten die Einrichtung von Lazarettzügen, Bau- und Werkstattzügen, Loks für den Einsatz an der Ostfront brauchten spezielle Winterausrüstungen. Als problematisch erwiesen sich auf dem Höhepunkt des Rußland-Feldzuges die langen Zufuhrwege von beschädigten Lokomotiven und Wagen vom Einsatzort zur Werkstatt. Unter dem Strich wurde die Ausbesserungsleistung im Vergleich zum Vorkriegs-Standard verdoppelt. Dabei hatte der Werkstättendienst auch artfremde Aufgaben zu bewältigen: Die Wehrmacht brauchte ihn für Wartung und Reparaturen von Straßenfahrzeugen und Panzermotoren. Ein 8000 Mann starker Reichsbahn-Großkraftfahrzeug- und Motordienst war mit seinem technischen Knowhow und seiner Improvisationsgabe auf allen Kriegsschauplätzen gefragt. Um das Mehr an Arbeit überhaupt bewältigen zu können, wurden den Ausbesserungswerken Mitte 1942 25 000 zusätzliche Arbeitskräfte zugewiesen.
Sehr schnell beeinträchtigte der Vorrang des Krieges die zivile Wirtschaft und den individuellen Reiseverkehr. Schon am 2. Oktober 1939 kehrte trister Kriegsalltag in die Speisewagen ein: Es gab Mahlzeiten nur noch auf Lebensmittelkarten. Knapp drei Jahre später, am 1. Juli 1942, wurden die Zugrestaurants ganz aus dem Verkehr gezogen – ein halbes Jahr, nachdem die Mitropa, die Mitteleuropäische Schlafwagen- und Speisewagen AG, ihr 25jähriges Bestehen begangen hatte. Noch Mitte Juli 1942 wurden dann Schlafwagen-Betten knapp gemacht: Für Erster- und Zweiter-Klasse-Abteile gab es nur noch Bestellungen für dringende kriegswichtige Dienst- und Geschäftsreisende. Sonstige Reisende erlebten eine Ur-Form des erst viel später erfundenen »Stand-by-Tickets«: Was an freien Betten übriggeblieben war, durften sie kurz vor Fahrtantritt noch buchen. Wenn sie überhaupt noch reisen konnten. Bereits im Januar 1940 wurden eine ganze Reihe von Personen- und Schnellzügen aus dem Fahrplan gestrichen, um Strecken- wie Personal- und Fahrzeug-Kapazitäten für den Güterzugdienst zu gewinnen. Fahrpreis-Ermäßigungen, die Reiseanreize geschaffen hatten, verschwanden, der noch nach Entfernungen gestaffelte D-Zug-Zuschlag wurde angehoben. Von der Öffentlichkeit erwartete man Verständnis und – so hieß es in der »Reichsbahn« –, »daß alle überflüssigen und nicht dringlichen Reisen unterbleiben.« Dann kam das Kriegsrecht, das im übrigen die allgemeine Beförderungspflicht der Eisenbahnen aufhob, und schränkte auch den Güterverkehr ein, verlangte von der Wirtschaft zusätzliche Anstrengungen. Ein Beispiel aus den Anfangstagen des Krieges: Eine Verordnung des Verkehrsministeriums verfügte, daß zur Beschleunigung des Wagenumlaufs Güterwagen auch an Sonn- und Feiertagen entladen werden mußten.
Knappe Transport-Kapazitäten blieben während des Krieges das zentrale Problem des Güterverkehrs. Die »ernste Wagenlage« führte schließlich dazu, daß die Reichsbahn die Stellung von Güterwagen verweigerte, wenn die Wagen nicht bis zur höchstzulässigen Grenze ausgenutzt wurden. Im Personenverkehr zeichnete sich das Ende im Sommer 1944 ab. Es wurde ein Sonntags-Fahrverbot für die meisten zivilen Fernzüge verhängt, um den Güterverkehr zu beschleunigen. Am 23. Januar 1945 brach das Fernzug-Netz der Reichsbahn dann endgültig zusammen: Der »Entfall« aller D- und Eilzüge kündigte den nahen Kollaps an. Der Bombenkrieg hatte Menschen und Maschinen zermürbt; den Wettlauf zwischen Zerstörung und Wiederherstellung hatten die Eisenbahner gegen Ende des Jahres 1944 endgültig verloren.

Im Osten: Beute-Bahn auf fremden Gleisen

Der Zweite Weltkrieg hatte für die Reichsbahn bereits vor dem Überfall auf Polen begonnen. Mit ihr vollzog sich Ende August 1939 der Aufmarsch von 86 nicht-motorisierten Divisionen an den Reichsgrenzen. Rund drei Millionen Menschen, 400 000 Pferde und 200 000 Fahrzeuge wurden innerhalb weniger Tage in die Aufmarsch-Gebiete gebracht. Für die Mobilmachung stellte die Reichsbahn rund 14 000 Reisezugwagen und fast 80 000 Güterwagen. Ein Höchstleistungsfahrplan, der den öffentlichen Verkehr weitgehend lahmlegte, sah 250 Züge in den Osten vor, die auf vier eigens festgelegten Transport-Routen mit je 48 bis 60 Zügen aus allen Teilen des Reichsgebietes in Richtung Grenze dampften.
Im knapp drei Wochen dauernden »Polen-Feldzug« folgten

die Eisenbahner den Soldaten praktisch gleich hinterher und bauten das stark zerstörte Netz der Polnischen Staatsbahnen – neben schwerbeschädigten Fahrzeugen und Anlagen existierten vor allem die großen Brücken nicht mehr – weitgehend bis zum Ende des Jahres wieder auf. Propagandistisch-psychologischer Höhepunkt: Nach der Fertigstellung einer behelfsmäßigen Weichselbrücke bei Dirschau gehörte der polnische Korridor endgültig der Vergangenheit an; es gab wieder durchgehende Züge nach Ostpreußen, die nicht länger fremdes Hoheitsgebiet durchfahren mußten. In der Folge der Hitlerschen Annektionspolitik, die die in den Versailler Verträgen Polen zugesprochenen ehemals deutschen Gebiete und den Freistaat Danzig wieder ins Deutsche Reich eingliederte, wuchs die Reichsbahn um die Direktionen Danzig und Posen. Im am 26. Oktober 1939 ausgerufenen Generalgouvernement wurde das Eisenbahnnetz zur »Ostbahn« unter deutscher Leitung mit polnischem Personal.

Bis zum Einmarsch der Wehrmacht in die Sowjetunion am 22. Juni 1941 rollte über diese Gleise ein reger Warenaustausch – Folge der Wirtschafts-Abkommen zwischen dem Reich und der Sowjetunion im Zusammenhang mit dem Nichtangriffspakt, den Hitler und Stalin unmittelbar vor dem Angriff auf Polen unterzeichnet hatten. Teils aus Rußland selbst, teils aus Rumänien transportierten unzählige Züge Erdöl, Erze, Getreide, Baumwolle und andere strategisch wichtige Güter von Paktpartner zu Paktpartner durch Polen. Das ehemals ostpolnische Eisenbahnnetz außerhalb der Interessensphäre des Generalgouvernements wurde von den sowjetischen Eisenbahnen von der europäischen Normalspur mit 1435 Millimeter auf die russische Breitspur mit 1524 Millimeter umgebaut. An der Grenze beider Machtbereich- und Bahnsysteme entwickelte sich ein lebhaftes Umladegeschäft von Breitspur- auf Normalspurwagen und umgekehrt. Diese Verbindung sah auch den ersten Teil der Völkerwanderung, die dem Krieg folgen sollte: Die Umsiedlung der Wolhynien- und Galizien-Deutschen »heim ins Reich«. Am 25. Januar 1940 überschritt einem Bericht der »Reichsbahn« zufolge bereits der 100000ste Umsiedler die »deutsch-russische Interessengrenze«.

Während der trügerischen Ruhe an dieser Demarkationslinie bis zum Beginn des hinter dem Code-Wort »Unternehmen Barbarossa« verborgenen Rußland-Feldzuges war die Eisenbahn intensiv in die Kriegsvorbereitungen eingespannt. Umfangreiche Bauprogramme bereiteten wichtige Strecken und Anlagen für den Aufmarsch der deutschen Truppen vor. Gewaltige Materialtransporte bestückten Wehrmachts-Vorratslager und bereiteten den Bau von Straßen und Flughäfen vor. Von Mitte Februar bis Mitte Juni 1941 wurden über 160 Divisionen mit fast 34000 Zügen an die Ostfront gebracht.

Trotz des zunächst schnellen Vormarsches der deutschen Truppen fiel der Wehrmacht nur wenig Bahn-Beute in die Hände. Was die Sowjets nicht mehr vor dem Zugriff der Angreifer hatten retten können, war von ihnen vernichtet worden. Damit ging bereits eine der ersten Rechnungen im Rußland-Feldzug nicht mehr auf: In ihren Sandkastenspielen hatten die Strategen geplant, das Breitspur-Netz für Vormarsch und Nachschub zu nutzen. Mangels einsatzfähiger Fahrzeuge mußten zur Sicherung der Transportwege nahezu alle Schienen des eroberten sowjetischen Netzes auf die europäische Normalspur reduziert werden. Mit Milliardenaufwand wurden die sowjetischen Bahnanlagen für die militärischen Zwecke ausgebaut; am »Tag des Eisenbahners« im Jahre 1943 wurden Zahlen genannt: 28700 Kilometer Gleise wurden umgespurt, 5500 Kilometer Gleise wieder hergestellt und neu gebaut, 450 Lok-Schuppen errichtet, 120 Brücken erneuert.

Die Umrüstung des Streckennetzes auf die Normalspur beendete zwar die zeit- und personalaufwendigen Umlade-Vorgänge an den Schnittpunkten beider Schienensysteme, stellte die Reichsbahn aber vor ganz andere Probleme. Für den Betrieb auf dem riesigen Netz fehlten ihr Wagen und Lokomotiven. Dies um so mehr, als der Oberbau der sowjetischen Gleise die schweren, leistungsfähigen Dampflokomotiven nicht verkraften konnte. Noch im Herbst 1941 kam es zur Transportkrise, und der folgende harte Winter stoppte zunächst den deutschen Vormarsch. Nachdem zu Kriegsbeginn der »Chef des Transportwesens der Wehrmacht« mit umfassender Befehlsgewalt zur Bewältigung der kriegsbedingten Verkehrsaufgaben eingesetzt worden war, wurde der Bahnbetrieb ab 15. Januar 1942 auch in den besetzten Ostgebieten dem Reichsverkehrsministerium unterstellt.

In diesem zweiten Jahr des Rußland-Feldzuges waren Eisenbahner und Eisenbahnpioniere darum bemüht, Lehren aus den Fehleinschätzungen zuvor zu ziehen. Während die Umspurung auf vollen Touren lief, wurden bis zum Oktober rund 7500 Loks für den russischen Winter mit Minustemperaturen bis zu 40 Grad C präpariert. Für die große deutsche Sommeroffensive 1942 wurden vorsorglich große Mengen an Baumaterial herbeigeschafft. Rund 50000 Mann standen bereit, um zerstörte Strecken nach dem Rückzug der Roten Armee wieder aufzubauen. Die Materialknappheit führte dazu, daß Gleise von entbehrlichen Bahnanlagen in Deutschland und im besetzten Frankreich abgebaut und etliche tausend Kilometer weit nach Osten transportiert wurden. Trotz größter Anstrengungen gelang es nicht, die gründlich zerstörten Strecken so schnell zu reparieren, wie es für die Bedürfnisse der kämpfenden Truppen notwendig gewesen wäre. Hinzu kam, daß die langen, einsamen Strecken durch die Sowjetunion ab Mitte des Jahres 1942 immer häufiger von Partisanen attackiert wurden. Die Wehrmacht konnte kleine abgelegene Bahnhöfe und fahrende Züge nur unvollkommen schützen; die Eisenbahner wurden bewaffnet und waren weitgehend auf Selbstverteidigung angewiesen. Um vor Überraschungsangriffen sicher zu sein, wurden in den ausgedehnten Waldgebieten

Bild 46 bis 48: Eisenbahner und Lokomotiven im russischen Winter 1941/42

beiderseits der Gleise und Bahnhöfe breite Schneisen abgeholzt. Eine Maßnahme, die letztlich untauglich war: Allein im Bereich der Reichsverkehrsdirektion Minsk wurden im Juli 1943 innerhalb von 24 Stunden durchschnittlich 500 Sprengstoffanschläge auf die Bahn registriert, ein knappes Jahr später gab es sogar eine Partisanen-Offensive mit über 10 000 Anschlägen innerhalb eines Tages.

Zum Jahresende 1942 erreichte das Eisenbahnnetz im besetzten Osten jenseits der Grenzen des letzten Kaiserreiches 42 000 Kilometer. 112 000 deutsche und 634 000 einheimische Eisenbahner hielten den Betrieb aufrecht. 5000 Loks und 100 000 Wagen rollten für die Wehrmacht – nicht nur Reichsbahn-Fahrzeuge, sondern auch Material aus dem eroberten Westeuropa, das requiriert worden war.

Mitte 1943 setzte der deutsche Rückzug ein, Bahnhöfe mußten geräumt werden. Soweit wie möglich, wurde wertvolles Material rechtzeitig westwärts gefahren, und die Einheiten zerstörten sämtliche Bahnanlagen von den Werkstätten bis zu den Stellwerken, von den Brücken bis zu den Lokbehandlungsanlagen und Streckengleisen systematisch. Häufig aber kamen Räumungsbefehle zu spät oder waren russische Vorstöße nicht einkalkuliert – wertvolles Eisenbahn-Material blieb zurück. Viele Landser dürften bei der neuen Marschrichtung dankbar die Segnungen einer halbwegs funktionierenden Eisenbahn-Infrastruktur genutzt haben: Das für den Angriffskrieg ausgebaute Bahn-Netz mit seiner kräftig gesteigerten Transport-Kapazität kam dem gewaltigen Rückzugs- und Räumungsverkehr zugute. Vom 15. August bis zum 15. September 1943 wurden unter anderem 234 000 Tonnen landwirtschaftliche Güter auf der Schiene westwärts transportiert. Aus Kiew fuhr die Bahn in wenigen Wochen 25 000 Wagen Räumungsgut zurück, aus Minsk wurden allein am 1. Juli 1944 8000 Verwundete in Richtung Heimat gefahren.

Im Westen: Doppelte Zerstörung

Die Detonationen von vier Eisenbahnbrücken-Sprengungen im badisch-elsässischen Grenzgebiet kündeten vom bevorstehenden Krieg im Westen. Nach dem Einfall in Polen hatten Frankreich und Großbritannien am 3. September 1939 dem Deutschen Reich den Krieg erklärt. Am 12. Oktober jagten französische Pioniere die Rheinbrücken bei Wintersdorf, Breisach und Neuenburg in die Luft, am 14. Mai 1940 folgte die Brücke bei Kehl. Vorübergehend geriet die Oberrheinstrecke zwischen Müllheim und Weil unter Beschuß und mußte unterbrochen werden.

Unmittelbar nach der Kriegserklärung wurden Teile des westlichen Grenzgebietes auf deutscher Seite geräumt. Die Reichsbahn fuhr 114 Räumungszüge und verlegte ihre Direktion Saarbrücken bis zum Ende des Frankreich-Feldzuges vorübergehend nach Koblenz. Im Laufe des Winters 1939/40 wurden 136 Divisionen an die Westgrenze gefahren, nach mehrmaliger Verschiebung griffen die deutschen Truppen am 10. Mai 1940 Frankreich, Belgien und Holland an. Am 24. Juni war der Frankreich-Feldzug beendet.

Der Bahnverkehr im besetzten Westeuropa brach zunächst völlig zusammen. Es war nicht gelungen, wichtige Eisenbahnbrücken und Bahnanlagen wie geplant durch Spezialtruppen zu sichern. Am Wiederaufbau waren deutsche Eisenbahnpioniere und Reichsbahn-Bauzüge erheblich beteiligt. Die Bahnen in Frankreich, Belgien und den Niederlanden wurden zwar unter deutsche Aufsicht gestellt, die Eisenbahner führten den Betrieb aber selbständig weiter. Lediglich im Küstengebiet wurden sie durch Reichsbahner abgelöst. Wie im Osten auch wurden die im Ersten Weltkrieg abgetrennten Gebiete Eupen, Malmedy, Elsaß und Lothringen ins Reich zurückgegliedert – Streckenzuwachs für die Reichsbahndirektionen Köln, Saarbrücken und Karlsruhe. Wehrmachtsverkehrsdirektionen in Brüssel und Paris wurden als oberste Instanzen des Bahnverkehrs eingerichtet.

Ab Herbst 1940 mußten die französischen Staatsbahnen (SNCF) und belgischen Staatsbahnen (SNCB) der überlasteten Reichsbahn mit Fahrzeugen »aushelfen«. Bei der SNCF wurden 2000 Loks und 85000 Güterwagen requiriert, die SNCB mußte 1000 Loks und 15000 Wagen hergeben. Bevorzugt wurden solche Fahrzeuge beschlagnahmt, die nach dem Ersten Weltkrieg als Reparationslieferungen aus Deutschland in den Westen verschlagen worden waren. Ähnlich wie im Reich selbst war die Bahn auch in Frankreich und Belgien wichtigster Verkehrsträger und dementsprechend mit Front-Versorgungsaufgaben stark belastet. Ab 1942 mußten die Bahnen für die deutsche Wehrmacht Baustofftransporte für Befestigungen und U-Boot-Stützpunkte an der französischen Atlantikküste durchführen. Wie sehr die SNCF und die SNCB eingespannt waren, zeigt der Umstand, daß im Dezember 1942 alle in deutscher Kriegsgefangenschaft befindlichen französischen Eisenbahner zum Dienst nach Hause entlassen wurden. Sabotage und Passivität der Besiegten und der zunehmende Bombenkrieg der Westalliierten erschwerten den Betrieb immer mehr. Im März 1944 begannen massive alliierte Luftangriffe, die ganz gezielt Verkehrsanlagen im allgemeinen und die der Bahn im besonderen zum Ziel hatten. Rangierbahnhöfe, Bahnbetriebswerke, große Brücken wurden systematisch bombardiert, Flugzeuge machten regelrecht Jagd auf fahrende Züge. Zum zweiten Mal innerhalb von vier Jahren wurde das Eisenbahnnetz in Frankreich und Belgien zerstört – dieses Mal nachhaltiger als beim deutschen Vorrücken. Zwar erreichten die Alliierten ihr Ziel, die Nachschubwege zur deutschen Westfront zu zerstören, sie erschwerten sich aber nach der Invasion in der Normandie ihren eigenen Vormarsch ostwärts.

Im Norden und Süden: Reichsbahner von Trondheim bis Thessaloniki

Die Kriegsereignisse verschlugen Reichsbahner mit dem Vordringen der Wehrmacht nach Nord- und Südeuropa buchstäblich nach Trondheim in Norwegen wie ins griechische Thessaloniki. Sie mußten im Zusammenwirken mit einheimischen Eisenbahnern den Betrieb im Sinne der Transportanforderungen der Wehrmacht lenken und leiten – in Jugoslawien, wie in Griechenland und Rumänien ebenso wie in Italien, wo die Wehrmacht nach dem Sturz Mussolinis am 25. Juli 1943 einen weiteren Kriegsschauplatz zu bestehen hatte. Intensive Luftangriffe sorgten auch hier für erhebliche Zerstörungen.

In Norwegen reichten Loks und Wagen nicht aus, um die Kriegstransportaufgaben der deutschen Invasion zu bewältigen – die Reichsbahn mußte eigene Fahrzeuge nach Skandinavien überstellen.

Finale: Sabotageaufruf und »verbrannte Erde«

Als sich der Ring der alliierten Truppen immer dichter um das Reich legte und im Osten wie im Westen feindliche Soldaten längst auf deutschem Boden standen, war das Chaos kaum mehr zu überschauen. Das alliierte Oberkommando forderte die Eisenbahner in Rundfunk-Sendungen auf, Sabotageakte gegen das Eisenbahnsystem zu begehen: »Wenn Ihr Eure weitere Hilfe verweigern wollt«, so hieß es damals, »so werdet Ihr dadurch den Todeskampf für Euer Land abkürzen und mithelfen, Deutschland den Frieden, die Ordnung und die Gerechtigkeit zurückzugeben.« Daneben stand Hitlers Befehl der »verbrannten Erde« – alles zu zerstören, was in Feindeshand fiel. Weder Sabotageaufruf noch Zerstörungsbefehl fanden überall Widerhall.

Mit dem Vordringen der alliierten Truppen wurde auch das dunkelste Kapitel des nationalsozialistischen Regimes im besiegten Deutschland und in der Weltöffentlichkeit publik – das Kapitel, in dem die Reichsbahn eine entscheidende Rolle hatte: Rund drei Millionen Juden aus ganz Europa wurden auf der Schiene in die Vernichtungslager gebracht.

Bild 49: Der Stuttgarter Hauptbahnhof nach dem Bombenangriff am 22. November 1942.

Nachdem die berüchtigte Wannsee-Konferenz mit bürokratischer Perfektion die Grundzüge des Massenmordes geplant hatte, verstand es die SS, die Organisation der Reichsbahn so in das Räderwerk der Tötungsmaschinerie einzuschalten, daß die gewaltsame Verschleppung von Männern, Frauen und Kindern in die Vernichtungslager wie Treblinka und Auschwitz – die ohne das Schienennetz, ohne Lokomotiven, Wagen und, nicht zuletzt, Eisenbahner wohl in dem auch über vier Jahrzehnte später unvorstellbaren Ausmaß gar nicht durchführbar gewesen wäre! – von der Reichsbahn weithin wie eine große Transport-Aufgabe unter mehreren behandelt wurde.

Die spärlichen Dokumente, die aus jener Zeit zugänglich wurden, geben davon deutlich Zeugnis. So heißt es etwa in der »Fahrplananordnung Nr. 567« der »Generaldirektion der Ostbahn« in Krakau am 26. März 1943 unter dem Hinweis »Nur für den Dienstgebrauch!«: »Betr.: Da-Züge; Sonderzüge mit Umsiedlern. ... Zur Beförderung von Umsiedlern aus dem Reich nach Treblinka verkehren Sonderzüge mit der Bezeichnung Da in folgendem Fahrplan ...« Es folgen präzise Anweisungen zum Plan des Zuges, über Lokbespannung, Zugbegleit-Personal – so, wie das im Alltag der Bahn bei Fahrplan-Anordnungen bis in die Gegenwart üblich geblieben ist. »Da«-Züge – was sich hinter diesem Kürzel verbarg, läßt sich auf den wenigen Fotos jener Tage mit brutaler Klarheit nachvollziehen: Es waren endlos lange Güterzüge in denen die Menschen auf engstem Raum zusammengepfercht waren, um in einem, mal auch in zwei oder auch drei Tagen quälender Fahrt die Gaskammern zu erreichen. Viele überlebten schon dieses Martyrium nicht mehr, andere wurden auf Unterwegshalten als nicht mehr transportfähig aussortiert und kurzerhand erschossen – was der Bürokratie des Todes noch eine Anmerkung zum Munitionsverbrauch wert war. Was das Kürzel »Da« bedeutete, ist mit letzter Bestimmtheit nicht mehr zu sagen. Raul Hilberg, der in seinem Buch »Sonderzüge nach Auschwitz« in beklemmender Sachlichkeit Fakten und Dokumente zusammengetragen hat, gibt zwei Erklärungen: »D-Zug für Aussiedler« oder, auch denkbar, »David-Züge«.

Auf dem Papier hatten diese Züge wenig Grauenhaftes – jedenfalls auf den ersten Blick. Sie waren Sonderleistungen der Reichsbahn, die genauso vorbereitet wurden wie etwa die

Umsiedlerzüge, mit denen Auslands-Deutsche ins Reichsgebiet zurückverfrachtet wurden. Sogar die Abrechnung funktionierte ganz korrekt verwaltungsmäßig, es wurden Rechnungen geschrieben – auf der Basis verbilligter Gruppen-Tarife –, und der Besteller, nicht selten die Lagerverwaltung, zahlte per Scheck. – Erst auf den zweiten Blick wird deutlich, daß die Normalität nur scheinbar existierte: Obwohl von den Personenzug-Fachleuten ausgearbeitet, wurden die »Sonderzüge« mit Güterwagen gefahren. Und auch die Zahl der beförderten Personen sprach deutliche Sprache: Bis zu 2000 Menschen wurden in einen einzigen Güterzug gezwängt, in Polen waren es sogar bis zu 5000!

Und noch ein Detail kündete vom Unvorstellbaren: In einem Telegramm-Brief gab die Reichsbahn-Generalbetriebsleitung Ost in Berlin Anfang 1943 Anweisungen für die Zugbildung der Juden-Transporte. Unter anderem heißt es da: »Nach jeder Vollfahrt sind die Wagen gut zu reinigen, erforderlichenfalls zu entwesen und nach Beendigung des Programms zum weiteren Einsatz bereitzustellen.«

»In welchem Ausmaß auch eine im moralischen Sinne scheinbar wertneutrale Institution wie die Eisenbahn von einem totalitären Regime für dessen Zwecke mißbraucht werden kann« – das sollte »in unserer heutigen von Bürokratie und Technik beherrschten Gesellschaft, in der ungezählte Einrichtungen geeignet sind, je nach Art ihrer Anwendung sowohl dem Wohle wie auch in einem kaum noch überschaubaren Ausmaß dem Verderben der Menschen zu dienen« nachdenklich stimmen. Zitate von Dr. Adalbert Rückerl, dem langjährigen Leiter der Ludwigsburger Zentralstelle zur Aufklärung von NS-Verbrechen, 1981 in einem Vorwort zum dem »allen Opfern« gewidmeten Hilberg-Buch formuliert.

Bild 50: Verschiebebahnhof Hamm im April 1944.

Aus dem Chaos zu neuen Anfängen: Von der »Stunde 0« zur DB-Gründung 1945 bis 1949

Zusammenbruch: Nichts lief mehr

Die Bomben hatten Bahnanlagen weithin in trostlose Trichterlandschaften verwandelt, was an Lokomotiven und Wagen noch existierte, war zu großen Teilen zerschossen, verbrannt, explodiert – Wracks des Zweiten Weltkriegs. Das Netz der Deutschen Reichsbahn bestand nur noch auf dem Papier, denn die Linien zu seinen Knüpfpunkten waren vieltausendfach unterbrochen. Als der Krieg am 8. Mai 1945 zu Ende war, hinterließ er eine Eisenbahn in Agonie.
Vorsichtige Schätzungen bezifferten die Gesamtschäden der Reichsbahn durch Kriegszerstörungen auf acht Milliarden Reichsmark. Etwa 40% aller Bahnanlagen waren vor allem im letzten Kriegsjahr zerstört worden – in erster Linie wichtige Knotenbahnhöfe und Brücken. Denn die Alliierten hatten in dieser Kriegsphase ganz gezielt versucht, die Reichsbahn auszuschalten. Hinzukam, daß deutsche Truppen vor dem Einrücken des Gegners strategisch wichtige Bauten und Anlagen in die Luft jagten. Beispielsweise waren beim Rückzug aus dem Westen sämtliche Rheinbrücken gesprengt worden. Mindestens 9000 Lokomotiven waren verloren gegangen, nachdem der Bestand durch die eiligen Kriegs-Produktionen auf etwa 34000 Maschinen angewachsen war. 40% Verluste gar beim Güterwagenpark, der auf eine Million Fahrzeuge aufgestockt worden war. Von dem erhalten gebliebenen rollenden Material taugten allenfalls zwei Drittel für den Betrieb, der von den Siegern ohnehin erst einmal stillgelegt war.
Als Reichsbahner Ende 1945 Bilanz zogen, zählten sie in den Zonen der West-Alliierten rund 17700 Dampflokomotiven. Außerdem waren in den Westzonen noch 440 elektrische Lokomotiven und 80 Elektro-Triebwagen übrig geblieben – ihnen stand in Süddeutschland ein rund 1500 Kilometer langes, aber stark zerstörtes Streckennetz unter Fahrdraht zur Verfügung.
Die neuen Grenzen, die die alliierten Mächte in Mitteleuropa zogen, bedeuteten für die Reichsbahn den Verlust sämtlicher Direktionsbezirke jenseits von Oder und Neisse: Königsberg, Danzig, Stettin, »Osten« (in Frankfurt/Oder), Breslau und Oppeln mit rund 10000 Kilometern Streckennetz. Damit waren in der Stunde 0 von 54000 Kilometern des Jahres 1937 gut 31000 Kilometer in den Westzonen und etwa 13000 Kilometer in der sowjetischen Zone verblieben.
Unmittelbar nach dem 8. Mai lief auf diesen Schienen

zunächst einmal so gut wie gar nichts. Mit einer Ausnahme: Die Hamburger S-Bahn, von gezielten Bomben-Zerstörungen verschont, verkehrte praktisch ohne Unterbrechungen. Ein Umstand, den die Hansestadt den Erinnerungen des früheren langjährigen Direktions-Präsidenten Dr. Ing. Walther Helberg zufolge alliierter Vorausschau verdankte: Die Bomber-Piloten hätten bewußt einen Bogen um die S-Bahn-Abstellbahnhöfe geflogen, um nach dem Kriegsende wenigstens den Stadtverkehr aufrechterhalten zu können.

Bild 53: Lokomotivschuppen in Dortmund-Süd im September 1945.

◁◁ Bild 51: Zerstörte Eisenbahnbrücke über den Rhein bei Mainz (Kaiserbrücke).

◁ Bild 52: Bomben verwandelten diesen Rangierbahnhof in eine trostlose Landschaft.

Der Anfang: Die Bahn fährt wieder

Es dauerte nur wenige Wochen, dann fuhr die Bahn wieder. Die hastig auf die meisten Fahrzeuge gepinselte Aufschrift machte sichtbar, wer das Sagen hatte: »Allied Forces«. In der Proklamation Nr. 2 des Kontrollrates hieß es unmißverständlich: »Die deutschen Behörden haben das gesamte deutsche Binnentransportsystem (Straße, Eisenbahnen, Luft- und Wasserwege) und alle damit zusammenhängenden Materialien, Anlagen und Ausrüstungen sowie alle Reparatur-, Bau-, Aufrechterhaltungs- und Betriebseinrichtungen sowie die notwendigen Arbeitskräfte den Alliierten Vertretern, im Einklang mit den von ihnen zu erteilenden Anweisungen, zur uneingeschränkten Verfügung zu stellen.« De facto bedeutete das zunächst einmal Aufräumen und Reparieren. Die Kunst der Improvisation war gefragt, es fehlte an allem – vom simplen Arbeitsgerät bis zum Heizmaterial für die Diensträume. In den Wiederaufbau eine große Linie zu bekommen, war anfangs unmöglich, denn die Nachrichtenverbindungen der Dienststellen untereinander waren gekappt. Dennoch wuchsen ganz langsam die Bruchstücke wieder zu Strecken zusammen. In den Knotenbahnhöfen waren es zunächst nur ein, zwei Gleise, die provisorisch durch die Verwüstungen geführt werden konnten. Im Interesse ihrer eigenen Nachschubwege forcierten die Transportkommandos der Siegermächte die behelfsmäßige Wiederherstellung der vielen zerstörten Brücken. Soweit es ging, schlachteten die Techniker die Ruinen und Reste aus und gewannen so wertvolle Stahlbauteile für neue Brückenschläge. Vielfach gelang es auch,

Bild 54: Zerstörte Brücken wurden erneuert: Wiederaufgebaute Kaiserbrücke über den Rhein bei Mainz.

Bild 55: Wiederaufbau des Streckennetzes und der Bahnanlagen nach dem 2. Weltkrieg: Hier werden die Fundamente und Träger für die neue Halle des Münchner Hauptbahnhofs gesetzt.

Lücken im Streckennetz unter der Verwendung standardisierter Stahlfachwerke, die zu größeren Bauwerken zusammengeschraubt wurden, in kurzer Zeit zu schließen. Für Kriegs- und Katastrophenfälle waren solche Brückenteile aus dem Baukasten in großen Stückzahlen eingelagert. Auf diese Weise waren eineinhalb Jahre nach Kriegsende in der zur Bizone vereinigten amerikanischen und britischen Zone schon 71% aller Brücken wieder befahrbar – darunter sogar fünf Übergänge über den Rhein. In den größeren Bahnhöfen regierten alliierte Transportoffiziere. Für den Nachschub ihrer Truppen beschlagnahmten sie alle noch brauchbaren Reisezugwagen, Dieseltriebwagen und Schnelltriebzüge. Über das allmählich zusammenwachsende Netz rollten in der ersten Nachkriegszeit in großer Zahl amerikanische Güterwagen.

Für Reisen der deutschen Zivilbevölkerung hatten die Besatzungsmächte zunächst nur Leergüterzüge freigegeben. Die Bilder von Menschentrauben in offenen, bis auf den letzten Stehplatz gefüllten Waggons gehören zu den Dokumenten aus den Augenblicken nach der Stunde 0. Ganz Deutschland war im Aufbruch, in Bewegung: Flüchtlinge aus dem Osten auf der Suche nach einer neuen Heimat, Soldaten auf dem Weg nach Hause, Evakuierte zurück dorthin, wo Wohnung und Arbeitsplatz waren, und die vielen Versprengten, deren Familien in den Kriegswirren zerrissen wurden.

Mitte 1945 bahnte sich ein erster Schritt zurück in die Normalität an: Der Zivilreiseverkehr wurde wieder in die Obhut der Reichsbahn übergeben. Sie startete mit regionalen Personenzügen, mehr war noch nicht drin. Nächtliche Ausgehverbote und die Beschränkung auf Reisen in einem Umkreis von 60 Kilometern um den Wohnort lähmten die Mobilität der Bevölkerung. Wer weiter reisen mußte, war auf Passierscheine der Militärbehörden angewiesen. Der Mann, der bei Amerikanern und Engländern im Gespräch war, die Fäden des Neubeginns in die Hand zu nehmen, erlebte die bescheidenen Anfänge nicht mehr: Julius Dorpmüller, in den letzten Kriegstagen mit seinem Stab aus dem Reichsverkehrsministerium ins holsteinische Malente verschlagen, starb am 5. Juli 1945 knapp drei Wochen vor der Vollendung seines 76. Lebensjahres.

Bild 56: Aufbau des Kölner Hauptbahnhofs.

Bild 57: Die wiederaufgebaute Hohenzollernbrücke über den Rhein zwischen Köln Hbf und Köln-Deutz wurde viergleisig am 5. Mai 1959 fertiggestellt.

Schon im August 1945 verkehrte ein erstes D-Zug-Paar von Kassel über Hannover nach Wesermünde, dem heutigen Bremerhaven. Im September und Oktober folgten weitere Schnellzüge, häufig aber nicht für lange Zeit, wie der Geschäftsbericht 1945 über den Eisenbahnbetrieb in der britischen Zone berichtet: »Leider mußten bereits Mitte Oktober viele der eingelegten Reisezüge . . . wieder ausfallen, weil die Kohlenförderung und die Kohlenabfuhr den gestellten Erwartungen nicht entsprachen und die Zuteilung von Dienstkohle für den Reisezugverkehr eingeschränkt werden mußte.« Dennoch gelang es, bis zum Ende des Jahres die Leistungen im Personenverkehr deutlich zu verbessern. Eine herausragende Rolle spielte die Bahn bei der Beförderung der Umsiedler, die die Ostgebiete verlassen mußten. Allein im Dezember 1945 und im Januar 1946 wurden mit über 1100 Sonderzügen rund eine Million Menschen westwärts gefahren.

Auch wenn der Schienenverkehr allmählich ins Rollen kam, lag die deutsche Wirtschaft noch bis zur Währungsreform völlig danieder. Aus den zerstörten Städten trieb der Hunger die Menschen aufs Land – die Zeit der Hamsterfahrten hatte begonnen. Und auf dem schwarzen Markt war weniger für Reichsmark als für amerikanische Zigarettenwährung etwas zu haben. Hamsterer wie Schwarzhändler mußten mobil sein, sie brauchten die Bahn. Ein Augenzeuge berichtete, wie so etwas noch im Winter 1946/47 aussah: »Auf dem Bahnsteig einer Mittelstadt stellte ich in der auf einen Personenzug wartenden Menge über 150 schwere Kartoffelsäcke und ein andermal auf den Trittbrettern, dem Dach und den Puffern eines einzigen D-Zug-Wagens über 22 solcher Säcke fest. Daß allein draußen auf Trittbrettern, Dächern, Bremserhäuschen und Puffern eines jeden Wagens 20 bis 30 Menschen standen, war eine häufige, bei gewissen Zügen eine regelmäßige Erscheinung. Besondere Abräumkommandos säuberten gelegentlich die Züge, die kurz nach der Abfahrt außerhalb des Bahnhofs zu diesem Zweck gestellt wurden. Wenngleich eine regelmäßige Fahrkartenkontrolle unter solchen Verhältnissen nicht durchzuführen war, verkauften die Schaffner auf einer einzigen Fahrt oft mehrere Blocks Nachlösescheine an Reisende, die entweder ganz ›ohne‹ oder mit ungenügenden Ausweisen fuhren.« Den Eisenbahnern war es streng verboten, Schwarzmarkt-Geschäfte zu machen. So teilte die Reichsbahndirektion Frankfurt in ihrem Amtsblatt am 18. Mai 1946 mit: »Es kann nicht geduldet werden, daß sich Eisenbahner an dem verwerflichen Treiben des ›Schwarzen Marktes‹ beteiligen. Wir sind daher entschlossen, gegen jeden Bediensteten, der wegen Teilnahme am ›Schwarzen Markt‹ gerichtlich oder polizeilich bestraft wird, mit den schärfsten dienststrafrechtlichen Mitteln vorzugehen.«

Der Mangel an Lebensmitteln war so groß, daß die vielfach körperlich hart arbeitenden Eisenbahner überhaupt nicht mehr satt wurden. Im Durchschnitt hatten sie ein Untergewicht von 5,5 Kilogramm, vereinzelt fehlten ihnen bis zu 18 Kilogramm am Normalgewicht. Kein Wunder, denn die täglichen Zuteilungs-Rationen blieben über Monate und Jahre unter dem tatsächlichen Bedarf. In der britischen und der amerikanischen Zone wurde dies 1947 mit Akribie untersucht. Da war für einen D-Zug-Lokführer ein Kalorienverbrauch von 2850 Kalorien je Arbeitstag veranschlagt; das tägliche Kalorien-Defizit machte in der 93. Zuteilungsperiode – das war die Zeit vom 15. September bis 12. Oktober 1946 – mit 750 Kalorien fast ein Viertel aus. Und noch im Frühjahr 1947 mußte ein Güterzug-Heizer, der mit einem Verbrauch von 4010 Kalorien je Arbeitstag der Schwerstarbeiter unter den Reichsbahnern war, auf 1210 Kalorien am Tag verzichten.

Mitte 1946 gaben die Besatzungsmächte eine größere Zahl Reisezugwagen wieder zurück, was dann ganz allmählich zu einer verbesserten Verkehrsbedienung führte. Für den Geschäfts- und Dienstreiseverkehr rollten ab März 1946 besondere Dienst-D-Züge und Dienstriebwagen, die nur mit entsprechenden Zulassungskarten oder Sonderausweisen benutzt werden konnten. Der internationale Reiseverkehr, der im ersten Jahr nach dem Kriegsende gewissermaßen einen Bogen um Deutschland gefahren war, lief im April 1946 wieder an: Der »Orient-Expreß« war die erste planmäßige Verbindung ins Ausland. Im Oktober folgte der »Nord-Expreß«, dessen veränderter Laufweg ein Spiegel der neuen Machtverhältnisse in Mitteleuropa war. Während der Vorkriegs-»Nord-Expreß« als eine der klassischen West-Ost-Verbindungen Paris über Berlin und Warschau mit Moskau bzw. Riga verband, mußte der Nachkriegs-Nachfolger mit demselben Namen nach Skandinavien ausweichen. Sein neuer Laufweg: Paris–Aachen–Flensburg–Kopenhagen. Das Schicksal sollten auch weitere Fernverbindungen mit ihm teilen. So verlor die einstmals wichtige Verbindung Paris–Straßburg–Stuttgart–Prag ebenso an Bedeutung. Neu entstanden D-Züge von den beiden Fährhäfen Ostende und Hoek van Holland, die über Köln und Hamburg nach Kopenhagen und Stockholm verkehrten.

Für die Deutschen war das Reisen aber immer noch eine beschwerliche, problematische Angelegenheit. Nachdem auf alliierte Anordnung am 1. April 1946 die Fahrpreise verdoppelt worden waren – das Ziel, mit dieser eher dirigistischen Preispolitik die Überfüllung in den Zügen zu lindern, wurde nicht erreicht – wurden Ende Oktober 1946 auf Anordnung des Kontrollrates Interzonenpässe eingeführt, ohne die kein Reisen von Zone zu Zone möglich war. Bis September 1946 hatte es mit der sowjetischen Zone überhaupt noch keine durchgehenden Reisezüge gegeben: Entweder mußte in den Grenzbahnhöfen umgestiegen werden, oder aber der Ost-West-Verkehr kannte eine Etappe zu Fuß – vom Grenzbahnhof West über die Demarkationslinie zum Grenzbahnhof Ost. Während der Berliner Blockade rollten zehneinhalb Monate lang abermals keine Züge über die Grenze mitten durch Deutschland. Am 12. Mai 1949 endlich war es ein nächtlicher Schnellzug nach Berlin, der um 1.23 Uhr als erster – wie die »Reichsbahn« festhielt – »im Kreuzfeuer von Magnesium- und Scheinwerferlicht der Pressemänner« ostwärts fuhr. »Die Signalarme der Eisenbahn und die Schlagbäume der Straßen haben sich gehoben. Der Verkehr zwischen West und Ost rollt nun wieder... Langsam beginnen die Schienen ihre rostige Farbe wieder zu verlieren, der Verkehr nach Berlin läuft. Und man ist in Erwartung der ersten Gegenzüge...«

Innerhalb der Westzonen, die mittlerweile zum Vereinigten Wirtschaftsgebiet geworden waren, sollte die Geburtsstunde der D-Mark die Weichen für eine bessere Zukunft stellen. Zu den Errungenschaften des neuen, am 6. Dezember 1948 beginnenden Fahrplans zählte die »Reichsbahn« als »besonderen Fortschritt« den Schnelltriebwagen Dt 50/49 Dortmund–Frankfurt, »der diese wichtige Strecke in 5 Stunden 22 Minuten zurücklegt.« Er sei eine für das rheinisch-westfälische Gebiet sehr günstige Verbindung, weil er es ermögliche, »in einem Tag nach Frankfurt und zurück zu reisen und sechs Stunden zur Erledigung geschäftlicher Angelegenheiten am Zentralsitz der Bizonalen Behörden zur Verfügung zu

Bild 58: Der Orient-Expreß. Schon durchs Abteilfenster ist ein Hauch von Luxus zu verspüren. Auf der Fahrt von Nürnberg nach Istanbul werden die Gäste im Pullmannwagen Nr. 4161 von der »Brigade Presidentielle« der Cie. Int. des Wagon Lits verwöhnt.

Bild 59: Lokwechsel beim »Nord-Expreß«; links die DSB- und rechts die DB-Lok (Flensburg 1950).

haben.« Der Schnelltriebwagen führte die damalige 2. Wagenklasse und war ohne jede Beschränkungen für den öffentlichen Verkehr freigegeben. Die internationalen Züge nahmen allmählich wieder mehr Fahrt auf. So waren die FD-Züge zwischen Hoek van Holland und Basel 1949 schon um 7 Stunden und 21 Minuten schneller als zwei Jahre zuvor. Allerdings, obwohl dies ein Paradebeispiel ist, war die Rhein-Route noch um rund 4½ Stunden langsamer als zehn Jahre zuvor. Mehr noch kennzeichnen die Vergleiche im Ost-West-Verkehr die besondere Situation nach dem Kriege. Für die 1072 Kilometer lange Strecke von Paris nach Berlin brauchte man 1939 in den Top-Zügen rund 13 Stunden, 1949 mit 27½ Stunden mehr als doppelt so lang. Unter dem Strich bedeutete das eine durchschnittliche Reisegeschwindigkeit von 38 km/h! Das lag nicht nur an den immer noch bescheidenen Möglichkeiten der Eisenbahnen, sondern auch an der politischen Entwicklung. Während 1934 auf der Strecke Paris–Berlin ganze zehn Minuten Aufenthalt für die Zoll- und Paßkontrollen in die Fahrpläne eingearbeitet werden mußten, addierten sich diese Zwangspausen 1949 auf 347 Minuten – fast sechs Stunden . . .

Zum Jahreswechsel 1948/49 erfreute die Reichsbahn ihre Kunden mit der Mitteilung, daß sie ein Programm zur Ausrüstung aller Reisezugwagen mit Lichtanlagen aufgestellt hatte. »Lange Jahre hindurch war das Reisen auf der Eisenbahn zur Nachtzeit eine Fahrt durch ungewisse Finsternis. Alle Bemühungen der Reichsbahn, ihre Wagen wenigstens notdürftig zu erleuchten, waren von Anfang an zum Scheitern verurteilt, da Glühbirnen und Ersatzteile nur mühsam zu beschaffen und meist nach der ersten Fahrt bereits in Privatbesitz übergegangen waren«, erinnerte sich damals ganz aktuell die Zeitschrift »Der Eisenbahner«. In jenem Winter reiste man übrigens zum ersten Mal auch wieder, wenn man nicht mußte: Ein Reiseveranstalter – die spätere Touropa – fuhr 9500 Urlauber mit den ersten Turnussonderzügen in die Ferien. Die Bahn hatte Wagen mit hölzernen Sitzbänken gestellt, die das Touristikunternehmen auf eigene Kosten gegen gepolsterte Sitzgelegenheiten austauschte.

Das Leben war zunehmend nicht mehr nur vom Überleben bestimmt – man hatte wieder Zeit für angenehme oder auch nebensächliche Dinge. In diese Zeit paßte eine Premiere im Sommer 1949: Im Stuttgarter Hauptbahnhof wurde das erste Bahnhofskino in Deutschland eröffnet. »Im Bahnhofskino wird dem Reisenden die Wartezeit von einem Zug auf den anderen so erträglich wie möglich gestaltet, und er wird vor Kälte und Nässe geschützt«, meinte die »Reichsbahn« mit sichtlichem Stolz . . .

Die Bahn wird organisiert: Schritte zur DB

»Mit Wirkung vom 7. September 1949 führt die Deutsche Reichsbahn im Vereinigten Wirtschaftsgebiet die Bezeichnung ›Deutsche Bundesbahn‹ (abgekürzt DB). Der Name Deutsche Reichsbahn darf auch bei allen Behördenbezeichnungen nicht mehr verwendet werden . . .« – mit dieser Verfügung der Hauptverwaltung der Bahn an alle Dienststellen auf Anordnung der »Verwaltung für Verkehr« des Vereinigten Wirtschaftsgebietes war für die Eisenbahn im westlichen Teil Deutschlands die unmittelbare Nachkriegs-Geschichte abgeschlossen. Gut vier Jahre nach dem Zusammenbruch des Deutschen Reiches gab es die Reichsbahn nicht mehr.

Ein halbes Jahrzehnt wechselnder Zuständigkeiten und Verantwortlichkeiten lag hinter der Bahn, bevor sie dem Bundesminister für Verkehr der gerade ein gutes Vierteljahr existierenden Bundesrepublik Deutschland unterstellt wurde. In der Stunde 0 waren es die Sieger des Zweiten Weltkrieges gewesen, die ausschließlich das Sagen über die Bahn hatten – und zwar gemäß den Abkommen von Jalta und Potsdam im Februar und August 1945 selbständig und unabhängig voneinander in ihren Besatzungszonen. Ein einheitlicher Wiederaufbau des zerstörten Netzes war damit von Anfang an zumindest in organisatorischer Hinsicht nicht möglich. Als die Alliierten das Transportgeschäft Mitte 1945 nach und nach wieder in die Hände der Eisenbahner gaben, fehlten zentrale, leitende Instanzen völlig – es gab keine Regierung mehr, deren Verkehrsminister in Personalunion Generaldirektor der Reichsbahn hätte sein können. Die Eisenbahner setzten deshalb in dieser ersten Phase des Wiederaufbaues auf gewohnte Strukturen unterhalb der Führungsspitze und legten die Verantwortung in die Hände der jeweiligen Reichsbahndirektionen. Die Zonengrenzen machten es zwangsläufig notwendig, Direktionsbezirke anzupassen – wobei dann vereinzelt auch zusammenhängende Wirtschaftsräume zerrissen wurden.

Ohnehin war diese Phase nur von kurzer Dauer. In der amerikanischen Zone wurde am 19. Juli 1945 eine »Oberbetriebsleitung für die US-Zone« (OBL USZ) in Frankfurt am Main errichtet. Ein amerikanischer Generaldirektor führte die Aufsicht über sechs Reichsbahndirektionen und das Reichsbahn-Zentralamt in München, das im übrigen zonengrenzüberschreitend für alle drei Westzonen technische Aufgaben wahrnahm.

In der britischen Zone wurde am 20. August 1945 die Reichsbahn-Generaldirektion (RBGD) in Bielefeld gegründet – oberste Behörde für sechs Reichsbahndirektionen und das Reichsbahn-Zentralamt Göttingen, das als Nachfolger des früheren Reichsbahn-Zentralamtes Berlin wie das Münchner Amt für alle drei Westzonen tätig werden sollte.

Die OBL USZ und die RBGD existierten nur ein gutes Jahr. Am 1. Oktober 1946 wurden im Zuge der Bildung der Bizone auch die Eisenbahnen in der amerikanischen und der britischen Besatzungszone vereinigt. Es entstand eine »Hauptverwaltung der Eisenbahnen des amerikanischen und britischen Besatzungsgebiets« (HVE) mit vorläufigem Sitz in Bielefeld. Jede Besatzungzone erhielt eine Generalbetriebsleitung, die in Stuttgart, später in Frankfurt/Main, bzw. in Bielefeld eingerichtet wurden. Das bis zum Kriegsende in Berlin ansässige Hauptwagenamt erhielt eine Nachfolge-Organisation, die Mitte 1946 in Frankfurt errichtet wurde. Außerdem entstand in Bad Homburg ein Reichsbahn-Sozialamt; es folgte schließlich in Frankfurt ein Hauptprüfungsamt für das amerikanische und britische Besatzungsgebiet. Damit war im wesentlichen in der Bizone, dem Vereinigten Wirtschaftsgebiet, eine Spitzen-Organisation geschaffen, die der Vorkriegs-Reichsbahn entsprach. Im Verlauf des Jahres 1947 entstand eine Verwaltung für Verkehr in Offenbach am Main als Instanz des im Vereinigten Wirtschaftsgebiet tätigen Wirtschaftsrates. Am 11. Dezember 1947 wurde die HVE, die mittlerweile Hauptverwaltung der Deutschen Reichsbahn im Vereinigten Wirtschaftsgebiet (HVR) hieß, von Bielefeld nach Offenbach verlegt, wo sie dann knapp zwei Jahre später zur Hauptverwaltung der Bundesbahn werden sollte.

In der französischen Zone lief eine völlig eigenständige Entwicklung. Am 8. Januar 1946 wurde in Speyer die »Oberdirektion der Deutschen Eisenbahnen des französisch besetzten Gebiets« (ODE) gegründet, die Eigenständigkeit währte aber nur ein paar Monate. Die ODE mußte ihre Kompetenzen an französische Behörden abgeben und wurde am 13. Juni 1946 in ein »Verbindungsamt der Deutschen Eisenbahnen der französisch besetzten Zone« (VADE) verwandelt. Die Bezeichnung »Deutsche Reichsbahn« mußte auf Anordnung der französischen Militärregierung verschwinden; entsprechend firmierten die drei ehemaligen Reichsbahndirektionen im französisch besetzten Teil unter der Bezeichnung »Eisenbahndirektion«. Für die Beschaffung von Fahrzeugen, Stoffen und Geräten entstand ein Zentraleinkaufsamt in Speyer, im Jahre 1947 folgte ein Hauptwagenamt. Zu diesem Zeitpunkt hatte die Bahn in der französischen Zone schon wieder einen neuen Namen: Die drei Länder der französischen Zone hatten am 25. Juni 1947 ein Abkommen zur Errichtung einer Betriebsvereinigung der Südwestdeutschen Eisenbahnen geschlossen – die Zeit der SWDE, die an längst vergessen geglaubte Länder-Bahn-Epochen erinnerte, begann. Das Saarland war in den Jahren 1946/47 aus der französischen Zone allmählich herausgelöst und wirtschaftlich an Frankreich angeschlossen worden. Dem Gouverneur des Saarlandes war die »Saarländische Eisenbahn« (SEB) unterstellt. Sie fuhr unter diesem Namen bis in den Januar 1952, dann abgelöst von den »Eisenbahnen des Saarlandes« (EdS), die im Zuge der zwischen Frankreich und dem Saarland 1950 geschlossenen Saarkonvention dem Verkehrsminister des Saarlandes unterstellt war.

Das Verhältnis zwischen Eisenbahn und Besatzer war in der französischen Zone als Folge der Kriegsjahre problematischer als im amerikanischen und im britischen Teil. Die französische Staatsbahn hatte durch Zerstörungen wie durch Beschlagnahmen im Krieg stark gelitten. Als Ersatz für Gleisanlagen und Baustoffe sowie Lokomotiven und Wagen, die von der Wehrmacht für die Ostfront requiriert worden waren, ließen die französischen Militärs auf einer ganzen Reihe von Strecken das zweite Gleis abbauen. Darunter auch die Oberrheinstrecke Offenburg–Freiburg, die in Konkurrenz zur elsässischen Parallelstrecke auf der anderen Rheinseite steht. Auf französischen Befehl folgte die »Entmilitarisierung« der Reichsbahn: Auf knapp 400 Bahnhöfen wurden Gleisanlagen und Verladerampen abgebaut, 255 Kilometer Gleis und 588 Weicheneinheiten wurden nach Frankreich transportiert. Auch Lokomotiven und Wagen gehörten zu den Reparationsleistungen der Bahn.

Als die Deutsche Bundesbahn gegründet worden war, bedurfte es noch einiger Formalitäten und Entscheidungen, um die SWDE zur DB zu machen. Für eine Übergangszeit erhielt die Betriebsvereinigung der SWDE den Namen »Deutsche Bundesbahn, Betriebsvereinigung der Südwestdeutschen Eisenbahnen«. Die in Speyer geschaffenen Ober-Behörden wurden weitgehend in DB-Institutionen übernommen. Lediglich eine »Zentrale Werkstättenleitung« beließ man auf der linken Rheinseite, der aber bereits Aufgaben für den gesamten Bundesbahn-Bereich übertragen wurden.

Erst das Bundesbahngesetz, das am 18. Dezember 1951 in Kraft trat, beendete endgültig die Eigenständigkeit der Bahnen in der französisch besetzten Zone. Im Frühjahr 1952 tagte der Eisenbahn-Verkehrsrat der Betriebsvereinigung der SWDE zum letzten Mal in Baden-Baden, um offiziell das Ende seiner Existenz festzustellen.

Aufbau und Ausbau der Deutschen Bundesbahn 1949 bis 1960

Der Anfang: Kriegsfolgen-Beseitigung im Kurs auf die Zukunft

Mit der Gründung der Deutschen Bundesbahn war die de facto längst vollzogene Teilung des ehemaligen Reichsbahn-Netzes in Ost und West auch auf dem Papier vollzogen – Konsequenzen, die sich zwangsläufig aus der politischen Entwicklung beiderseits der innerdeutschen Grenze ergaben. Die Eisenbahner hüben wie drüben mußten sich mit den Realitäten arrangieren; ein unmittelbar vor der DB-Gründung geschlossenes »Offenbacher Abkommen« regelte die grenzüberschreitenden Gemeinsamkeiten, bis erst in den 70er Jahren mit dem Beginn der deutsch-deutschen Gespräche auf Regierungsebene eine neue vertragliche Grundlage geschaffen wurde.

In jener ersten Phase waren die Schienen nur an der Zonengrenze zwischen Helmstedt und Marienborn im Zuge der alten Ost-West-Verbindung Hannover–Berlin für den damaligen Interzonen-Verkehr geöffnet. Doch folgten bereits im Herbst 1949 die Übergänge Büchen, Bebra und Ludwigsstadt. Zwischen Lübeck und Herrnburg lief bis 1952 eine Art kleiner Grenzverkehr, der dann aber bis 1960 gestoppt wurde. In den folgenden Jahren wurde die Grenze auch zwischen Hof und Gutenfürst für die Bahn durchlässiger, und es folgte der Übergang Wolfsburg–Oebisfelde. Zusätzlich existieren seitdem zwei ausschließlich für den Güterzugverkehr benutzte Grenzübergänge.

Eine Grenzbereinigung, auf die sich amerikanische und sowjetische Besatzer noch vergleichsweise schnell und unbürokratisch bereits 1945 hatten einigen können, sicherte eine der wichtigsten Nord-Süd-Achsen der Bundesrepublik: Bei Eichenberg zwischen Göttingen und Bebra verlief die Trasse einige Kilometer lang durch Thüringen und damit durch die sowjetisch besetzte Zone. Durch einen Gebietstausch wurde das Problem, das schon bei den ersten Differenzen zwischen den Kriegs-Verbündeten zu Konflikten geführt hatte, aus der Welt geräumt.

Alles in allem fielen der deutschen Teilung 47 Strecken zum Opfer, unter ihnen Verbindungen wie die Strecke Uelzen–Stendal oder Goslar–Halberstadt und Schweinfurt–Meiningen, die in der Vorkriegszeit wichtige Achsen des Fernverkehrs gewesen waren.

Im Westen sollte es noch bis 1957 dauern, bis die Bundesbahn den Eisenbahnbetrieb im Saargebiet übernahm, das nach der Volksabstimmung in die Bundesrepublik integriert wurde.

Das erste wichtige Datum in der Geschichte der Deutschen Bundesbahn war der 18. Dezember 1951. Der Tag, an dem das Bundesbahngesetz in Kraft trat. Damit – so hieß es im Vorläufigen Jahresrückblick der DB 1951 – »erhielt die Deutsche Bundesbahn eine einheitliche Fassung und einen einheitlichen Verwaltungsaufbau«. Organe der DB wurden der 20köpfige Verwaltungsrat und der Vorstand. Am 2. April 1952 wählte der Verwaltungsrat Staatssekretär Prof. Dr. Ing. Edmund Frohne zum Vorsitzenden des Vorstandes und bestätigte eine Woche später die von Bundesverkehrsminister Hans-Christoph Seebohm vorgeschlagenen drei weiteren Vorstandsmitglieder. Am 13. Mai 1952 erhielt der neue DB-Vorstand die Ernennungsurkunden ausgehändigt. Das Bundesbahngesetz lehnte sich in seinem Aufbau an die Struktur der Deutschen Reichsbahngesellschaft, also an die Reichsbahn-Zeit von 1924 bis 1937 an, wobei allerdings die Aufsichtsbefugnisse des Verkehrsministers erheblich weitreichender ausgestaltet worden waren.

Es sollte drei weitere Jahre dauern, bis die Bahn der Bundesrepublik Deutschland auch äußerlich den Neubeginn sichtbar machen konnte: 1955 wurde das DB-Signet eingeführt.

Der Alltag der Eisenbahner war vom Wiederaufbau bestimmt. Von über 3100 Eisenbahnbrücken, die zerstört oder beschädigt worden waren, konnten bis zum 1. April 1951 fast 2800 entweder endgültig oder zumindest doch behelfsmäßig wieder hergestellt werden. Zwölf Rheinbrükken mit insgesamt 18 Gleisen standen dem Betrieb wieder zur Verfügung, und auch die Weser-Überbrückungen waren weitgehend wieder frei.

Doch trotz dieser gewaltigen Fortschritte war die Bahn nicht recht mit sich zufrieden: »Die angespannte Finanzlage und der Mangel an ausreichenden Kreditmitteln ließen den Umfang der Bautätigkeit hinter dem des Vorjahres zurückbleiben«, heißt es im Jahresrückblick 1951. Damit war nicht nur der Brückenbau gemeint. Noch jahrelang sollte die DB Probleme haben, den Gleis-Oberbau, der praktisch seit Kriegsbeginn 1939 weithin vernachlässigt worden war, im gebotenen Umfang zu erneuern. Mangels Finanzmasse konnten beispielsweise 1951 die Fahrweg-Renovierungsprogramme nur zu 35 bis 45% verwirklicht werden. Die Folge: Es gab fünfmal soviel Schienenbrüche wie vor dem Kriege, und aus Sicherheitsgründen gab es Hunderte von Langsam-

fahrstellen, die bis Mitte der 50er Jahre die Entwicklungen hin zu schnellem Reiseverkehr erheblich bremsten.
Gleichwohl war die Bahn auf dem Kurs in die Zukunft. Das Jahr 1950 brachte gerade für den Fahrweg zwei entscheidende Neuerungen – die Entwicklung der Stahlbetonschwelle und die Beseitigung der »Stoßlückengleise«. Seit Beginn der Eisenbahn-Technik hatte die Holzschwelle dominiert. Die Standardgleisschwelle besteht auch heute noch bei der DB aus Buchenholz, das zum Schutz gegen Fäulnis mit Steinkohlenteeröl getränkt wird und ihr zu einer Lebensdauer von etwa 40 Jahren verhilft. Bei Weichen werden spezielle Harthölzer aus den Tropen verwandt, die ohne Konservierung bis zu 30 Jahre lang halten. Auf den 58000 DB-Gleiskilometern Mitte der 80er Jahre lagen 40 Millionen Holzschwellen, was 44% des gesamten Schwellen-Bestandes entspricht. Daneben ist der Anteil der Betonschwellen ständig gewachsen. Heute stellen sie mit 32 Millionen einen 35-Prozent-Anteil dar; sie werden bisher ausschließlich für Gleise, also nicht für Weichen, verwandt und gelten in diesem Bereich bei vergleichbaren Kosten für Einkauf und Einbau und einer auf 40 Jahre geschätzten Lebensdauer als völlig gleichwertig. Betonschwellen werden im übrigen auch die Gleise der Neubaustrecken erhalten, die Anfang der 90er Jahre in Betrieb gehen sollen. Eine dritte Schwellen-Bauart konnte sich im Laufe der Zeit nicht durchsetzen: die fast ausschließlich in der Vorkriegszeit hergestellte Stahlschwelle. Im DB-Netz stellt sie mit 19 Millionen einen Anteil von 21%. Die Produktion dieser Schwellenart war im ersten Kriegsjahr aus Materialknappheit eingestellt worden.
Der Beseitigung der Stoßlücken zwischen den Gleisstücken waren umfangreiche Untersuchungen vorangegangen. Bis zum Zweiten Weltkrieg waren die Schienenstücke meist nicht länger als 30 Meter. Zum nächsten, durch Laschen und Schrauben verbundenen Schienenstück war ganz bewußt eine Lücke gelassen, um den Längenänderungen des stählernen Materials bei unterschiedlichen Temperaturen Rechnung zu

Bild 60: Verladung von Betonschwellen mit Portalkran auf Güterwagen.

Bild 61: In einem Gleislager der DB.

tragen. Zunächst wurden 60 Meter lange Schienenstücke erprobt, dann gab es sogar 1000 Meter lange lückenlose Versuchsabschnitte, ehe das »Endlosgleis« technisch herangereift war. Mittels spezieller Schweißverfahren ist mittlerweile eine eisenbahntypische Geräuschquelle fast gänzlich ausgemerzt: Auf rund 52000 Kilometern Gleislänge verschwanden in gut 30 Jahren sämtliche Stoßlücken. Die ersten Schritte des Jahres 1950 sollten nicht nur ein wesentlicher Beitrag zum Umweltschutz werden – der Begriff war damals noch gar nicht erfunden –, sondern er dient auch der Senkung der Instandhaltungskosten für Oberbau wie Fahrzeuge: Der Schlag der Räder auf der Stoßlücke hatte den Verschleiß von rollendem wie festem Material beschleunigt.

In bescheidenem Umfang konnte in den 50er Jahren auch der Auf- und Ausbau des Netzes aus betrieblicher Sicht vorangetrieben werden. 1959 wurde in Ludwigshafen eine Verbindungskurve fertiggestellt, die mit der Umfahrung des Kopfbahnhofs Ludwigshafen Hauptbahnhof den Durchgangsverkehr auf der linken Rheinstrecke zwischen Mannheim und Mainz beschleunigte. Zehn Jahre später hatte Ludwigshafen dann seinen neuen Hauptbahnhof, der in eine imposante Brückenkonstruktion integriert worden ist. Ein neuer Bahnhof entstand auch im Zuge eines Strecken-Neubauprojektes im Raum Braunschweig-Salzgitter, das dem dort wachsenden Industriegebiet eine Eisenbahn-Infrastruktur geben sollte: Am 1. Oktober 1960 wurde der neue Braunschweiger Hauptbahnhof eingeweiht. In seinem Vorgänger hatten wie in Ludwigshafen auch die Züge »Kopf machen« müssen – ein betrieblicher Umstand, den die DB 1955 bereits in Heidelberg mit einem Neubau beseitigt hatte. Dieser erste große Bahnhofs-Neubau der DB mit der markanten, hochverglasten Schalterhalle und der ebenfalls zur Halle ausgeweiteten Brücke über die Bahnsteig-Gleise setzte Akzente für die Bahnhofsarchitektur der Nachkriegszeit. Zum ersten Mal war es gelungen, einem Empfangsgebäude einen freundlich-einladenden Charakter zu geben. – Im Jahr 1969 verschwand auch in Kempten/Allgäu der Kopfbahnhof zugunsten eines modernen Neubaus mit Durchgangsbahnhof.

Daneben liefen zahlreiche Programme zum Wiederaufbau oder doch der Renovierung von Empfangsgebäuden, die im Krieg und in den Jahren danach gelitten hatten. Nach und nach bekam die Bahn allenthalben neue »Visitenkarten«.

Reiseverkehr: Bahnfahren wird wieder zum Erlebnis

Aus 2 mach 1, aus 3 mach 2: Mit dem Sommerfahrplan 1956 fiel bei den meisten Bahnen Europas die 1. Wagenklasse weg und rückten die beiden folgenden eins rauf: »Der Übergang zum 2-Klassen-System ist Reflexwirkung einer langen sozialen Umschichtung, die mit der Industrialisierung Europas einsetzte und sich unter den Auswirkungen der beiden Weltkriege verstärkt fortentwickelte«, merkte die »Bundesbahn« im Mai 1956 an. Für die DB war das neue System Anlaß, den Reisekomfort konsequent auszubauen. So hieß es in jenem Leitartikel im Organ der Bahn weiter, sie sei sich »vielmehr

Bild 62: Die Fünfziger Jahre: Die DB baut den Reisekomfort aus.

völlig im klaren darüber, daß es heute nicht mehr nur darum geht, zwei Klassen in den Formen einer ›Polsterklasse‹ und einer ›Holzklasse‹ anzubieten. Sie ist gewillt, die künftige 1. Klasse in einen wahrhaft ›erstklassigen‹ Zustand zu versetzen und der 2. Klasse eine Ausgestaltung zu verleihen, die den Preisunterschied zur oberen Klasse zwar angemessen berücksichtigt, aber wesentlich höherwertiger ist als die der 3. Klasse in der Mehrzahl der heutigen Züge ...« – ein entscheidender Schritt zum modernen »Erlebnis Bahnfahren« war getan, nachdem die Bundesbahn schon 1950 damit begonnen hatte, die Holzklasse verschwinden zu lassen. Es waren zunächst 630 Wagen gewesen, die – vorwiegend im internationalen Verkehr und bei langen Zugläufen eingesetzt – in den 3.-Klasse-Abteilen gepolsterte Sitze bekommen sollten.

Der Reisezugwagenpark hatte es bitter nötig, denn er war in seiner Technik wie in seinem Reisekomfort hoffnungslos überaltert. Zwar hatte die Reichsbahn bereits Mitte der 30er Jahre sehr konkrete Pläne gehabt, ihren etwa 60000 Reisezugwagen umfassenden Bestand mit älteren vorwiegend zwei- und dreiachsigen Waggons aus der Zeit der Länderbahnen zu erneuern, doch kam der Krieg dazwischen. Für die neue Reisezugwagengeneration waren schon moderne technische Verfahren für die Schweißtechnik eingeführt, vollständig aus Stahl hergestellte Wagenkästen, Drehgestelle der Bauart Görlitz mit vierfacher Federung, elektrische Zugbeleuchtung, Achsrollenlager, leistungsfähige Bremsen für Geschwindigkeiten bis 150 km/h und eine windschnittige Außenform mit über die Puffer vorgezogenen Außenwänden waren die Kennzeichen der Neuentwicklung. Während des Krieges waren nur die Eilzugwagen der Schürzenbauart gebaut worden – jedoch ohne Inneneinrichtung, weil sie für Lazarettzüge gebraucht wurden.

Bild 63: Die »Gäubahn« bei Rohr: Reisende und Daheimgebliebene winken sich freundlich zu.

Bild 64: Die Reisezugwagen Typ Bye 655 stammten noch aus den Dreißiger Jahren.

Bild 65: Wagen der 1. Klasse für schnelle Reisezüge der DB (Baujahr 1970).

Mit diesem rollenden Material mußte die DB noch Jahre später weitgehend auskommen. Ein neuer Anfang wurde aber schon 1950 gemacht, als die ersten Exemplare jenes modernen Schnellzugwagens in Dienst gestellt wurden, der jahrzehntelang das Bild der D-Züge prägen sollte. Die neuen Fahrzeuge vom Typ »Cüm« waren 26,40 Meter lang und boten in den Abteilen Bequemlichkeit, die es für Otto Normalverbraucher zuvor nicht gegeben hatte: Statt früher auf vier Holzlatten-Sitzen zu maximal acht Personen im Abteil saßen sich jetzt auf den kunstlederbezogenen Polstern nur noch drei und drei Reisende gegenüber. Und wer das Glück hatte, kein Gegenüber zu haben, der konnte sogar die Sitze ausziehen und liegend reisen. Technisch bemerkenswert war das neue Fahrwerk: Ein Minden-Deutz-Drehgestell mit Schraubenfedern und Stoßdämpfern sowie verschleißlosen Lenkerachsführungen. Die Übergänge von Wagen zu Wagen waren anstelle der bis dahin gebräuchlichen Faltenbälge (Harmonika-Verbindungen) durch Gummiwulste geschützt.
Für Eilzüge wurde ein moderner Mittelgangwagen entwikkelt, der aber angesichts der damals schon knappen Kassen der Bahn nicht in großen Stückzahlen gebaut werden konnte.

Um in Nah- und Bezirksverkehr überhaupt ein halbwegs akzeptables Angebot machen zu können, behalf sich die DB: In den Ausbesserungswerken wurden bis 1959 fast 8400 dreiachsige Vorkriegs-Modelle des Typs 3yg und Drehgestellwagen 4yg in mehreren Varianten für einen weiteren Lebensabschnitt aufgefrischt: Auf die gut erhaltenen Stahlrahmen, die die Basis für den Holzkastenaufbau waren, wurden stählerne Wagenkästen gesetzt. Markantestes Merkmal der Inneneinrichtung: Polstersitze.
Nachdem es bereits 1949 gelungen war, die Höchstgeschwindigkeit im Fernverkehr auf 100 km/h anzuheben, setzte im Sommerfahrplan 1951 ein klangvoller Name das deutliche Signal, daß es wieder aufwärts ging – der »Rheingold-Expreß«. Am 20. Mai 1951 fuhr er zum ersten Mal wieder zwischen Hoek van Holland und Basel und umgekehrt. An den legendären Luxuszug der Vorkriegszeit mit seinen violett-cremefarbenen Wagen konnte er in den bescheidener gewordenen Zeiten nicht heranreichen, aber die DB gab ihr Bestes und hatte für den Zug die modernsten Wagen der Vorkriegszeit zusammengezogen und für die exklusive Aufgabe besonders präpariert.

Bild 66: Deutliches Signal, daß es wieder aufwärts ging: Ab 20. Mai 1951 fuhr wieder der »Rheingold-Expreß« zwischen Hoek van Holland und Basel, hier mit einem Kurswagen.

Friedhelm Ernst erinnerte sich anläßlich des 50. »Rheingold«-Geburtstages an den Neubeginn: »Alle Abteile und Seitengänge erhielten dabei Läufer auf dem Fußboden, die Polstersitze waren neu bezogen worden; der Außenanstrich, nunmehr ganz in Blau, durch silberfarbene Absetzleisten und die Eigentumsbezeichnung ›DEUTSCHE BUNDESBAHN‹ in erhabenen Lettern ergänzt, wich wohltuend vom tristen Grün-Grau jener Tage ab.«

Der neue »Rheingold« mag so etwas wie ein Aushängeschild gewesen sein, attraktiven Fernverkehr bot die Bundesbahn vom Sommerfahrplan 1951 an aber darüber hinaus. Der 20. Mai war auch der Premierentag für das Fernschnellzug-Netz der DB, das anknüpfend an alte Traditionen aus der Vorkriegszeit zunächst mit 16 Schnelltriebwagenzügen gefahren wurde. Hamburg, Hannover und Braunschweig waren Start- und Zielbahnhöfe im Norden, Köln und Dortmund im Westen, Basel, München, Passau und Regensburg im Süden. Anders als vor dem Krieg, als Berlin der einzige Mittelpunkt im Fernschnellverkehrs-System war, hatte die DB nunmehr eine polyzentrische Struktur aufgebaut.

Die Leistungen konnten sich schon sehen lassen. Die 16 Einheiten – zu den aus der Reichsbahn-Zeit geretteten Fahrzeugen kamen ab 1952 die neuen Dieseltriebzüge der Bauart VT 08 hinzu – legten täglich zusammen 18845 Kilometer zurück, eine durchschnittliche tägliche Laufleistung von 1177 Kilometern. Die Reisegeschwindigkeiten waren allerdings noch bescheiden. Bei einer Streckenhöchstgeschwindigkeit von 120 km/h erreichten die Züge, die ausschließlich die damalige 2. Wagenklasse hatten, im Schnitt 85 bis 90 km/h. Von München nach Hamburg reiste man im leichten Dieseltriebwagen und später im lokbespannten, höchstens drei oder vier Wagen langen F-Zug noch fast 9 Stunden; der Intercity-Fahrplan des Jahres 1985 weist für die rund 500 Tonnen schweren, elf Wagen langen IC-Züge im 150. Eisenbahnjahr um zwei Stunden kürzere Fahrzeiten aus! Daß jene F-Züge die »Väter« heutiger Intercity-Züge sind, ist dennoch nicht zu verleugnen: Ab 1952 erhielten die Verbindungen im damaligen Top-Angebot nämlich Namen – viele von ihnen schmükken heute die Wagenlaufschilder der IC-Züge.

Dazu gehören auch der »Komet« und »Senator«. Der eine in den 80er Jahren ein als D-Zug fahrender Schlaf- und Liegewagenzug, der andere ein Intercity unter vielen anderen, waren sie von 1953 an für kurze Zeit die unumstrittenen Stars auf DB-Schienen, die in punkto Design und Komfort bereits einen Vorgeschmack auf das zu jenem Zeitpunkt in der Planungsphase befindliche Trans-Europa-Expreß-Zugsystem gaben. Der »Senator«, bahnamtlich der VT 10 501, war ein siebenteiliger Gliedertriebzug, der als Tageszug konzipiert war, der »Komet«, der VT 10 551 – war ein achtteiliger Schlafwagen-Gliedertriebzug. Da die einzelnen Glieder, die Wagen, nur zwölf Meter lang waren, ragten sie in den Kurven weitaus weniger als die mehr als doppelt so langen vierachsigen Drehgestellwagen beiderseits über das Gleis hinaus. Deshalb konnten die Innenräume um 30 Zentimeter verbreitert werden – ein Platz-Plus, das zusammen mit der erstmals verwirklichten Voll-Klimatisierung dem Erlebnis Bahnfahren eine neue Dimension gab. In der Praxis allerdings konnte sich die technische Konzeption von der Leichtmetall-Bauweise über die Motorisierung bis hin zu den Laufwerken – manche konstruktive Idee stammte von Franz Kruckenberg, dem Vater des »Schienenzepps« – nicht behaupten. Zu häufig gab es Pannen, zuviel Geld mußte in die Reparaturen und laufende Wartung gesteckt werden. Schweren Herzens zog die DB deshalb 1956 und 1957 beide Einheiten wieder aus dem Verkehr.

Mit den neuen Zügen entwickelte die Bahn nach und nach eine Reihe von besonderen Annehmlichkeiten, die über das bloße Polstern von Sitzbänken weit hinausgingen. Schon das Schnelltriebwagen-Netz des Jahres 1951 kannte Zugsekretä-

Bild 67: Eine Legende auf Schienen: Der restaurierte »Rheingold-Expreß«, gezogen von der »Königin der Dampflokomotiven« – der Baureihe S 3/6 –, verläßt in den Sechziger Jahren den Kölner Hauptbahnhof.

Bild 68: F-Zug der Fünfziger Jahre, gezogen von der Dampflok 01 103.

Bild 69: Dieseltriebzug VT 08 502 auf der Strecke Nürnberg–Würzburg.

Bild 70: Kam in den Fünfziger Jahren zu neuen Ehren: der vormalige Henschel-Wegmann-Zug wurde nach dem Krieg als F-Zug »Blauer Enzian« eingesetzt.

Bild 71: Neue Dimension des Reiseerlebnisses: Leichtmetall-Gliedertriebzug der DSG »Komet«. ▽

rinnen, nachdem die ersten Schreibabteile in Fernzügen bereits im Sommer 1950 eingerichtet worden waren. Nach einem eher zögernden Start des neuen Service berichtete die »Bundesbahn« im Frühjahr 1951 hoffnungsvoll: »In den letzten Monaten hat dieses Interesse in vielen Verbindungen so stark zugenommen, daß die Zugsekretärinnen während mehr als der Hälfte der Fahrzeit beschäftigt sind.« Rund drei Jahrzehnte gehörten die freundlichen Damen zum Erscheinungsbild der »besten« DB-Züge. Lange Zeit waren es die charmanten Stimmen, die mehrsprachig per Lautsprecherdurchsage den nächsten Haltebahnhof ankündigten. Von 1955 an halfen die Zugsekretärinnen auch, während der Fahrt telefonische Brücken zu schlagen: Der Fernschnelltriebwagen »Rhein-Main« war der erste Zug der DB mit »Zugpostfunk«. Die Anfänge der »Zugtelephonie« gehen in die 20er Jahre zurück, als dieser Service in einigen Zügen auf der Strecke Berlin–Hamburg eingerichtet wurde. Immerhin konnte man damals schon jedes Telefon im Reichsgebiet per Funkstrecke erreichen. Nachdem die Bundesbahn Anfang der 80er Jahre ihre Intercity-Züge mit Münz-Zug-Telefonen in den 1.-Klasse-Großraumwagen für Gespräche ins In- und Ausland ausgerüstet hatte, wurde die Vermittler-Tätigkeit der Zugsekretärinnen entbehrlich. Da es gleichzeitig immer seltener »Fräulein, bitte zum Diktat« hieß, gab die DB die Schreibabteile inzwischen auf.

Eine andere Errungenschaft, noch an der Schwelle der 40er zu den 50er Jahren ins Leben gerufen, vermochte sich nicht durchzusetzen. Der »Eisenbahner« berichtete im Februar 1950: »Seit dem 12. 12. 1949 laufen in dem Schnellzugpaar 73/74 Stuttgart–Hamburg zwei Wagen, die mit der sogenannten Reisefunkunterhaltung (FU) ausgestattet sind. In jedem Abteil ist ein Lautsprecher eingebaut, über den während der Reise Sendungen von Rundfunkstationen und auch eigene Schallplattenmusik übertragen werden. Außerdem werden Landschaftsbeschreibungen und Mitteilungen über die Ankunft des Zuges auf dem nächsten Bahnhof sowie Anschlußzüge durchgegeben. Kleinkinder der Fahrgäste werden in einem besonderen Kinderabteil unterhalten und betreut. Diese Kurzweil wird dem Reisenden für eine Zuschlagkarte von 0,50 DM geboten.« Wer 35 Jahre später mit dem neuen DB-Flaggschiff »Rheingold« reist oder im FernExpreß auf dem Weg in die Ferien seine Sprößlinge im »Kinderland« wohl behütet weiß, wird zumindest einige der Ideen jenes Kundendienstes wiederfinden . . .

Bild 72: Ließ die Zugsekretärin entbehrlich werden: Der Münzfernsprecher in den IC-Großraumwagen (1. Klasse) ermöglicht Selbstwählgespräche ins In- und Ausland.

Bereits im vorigen Jahrhundert gehörten Speisewagen und Schlafwagen zu den geschätzten Vorzügen des Bahnreisens. Nachdem schon 1876 die heutige Internationale Schlafwagen- und Touristik-Gesellschaft (ISTG) – früher: Compagnie Internationale des Wagons Lits (CIWL) – gegründet wurde, hatte ab 1916 die Mitteleuropäische Schlafwagen- und Speisewagen-Gesellschaft (Mitropa) diesen Teil des Service-Angebotes der Bahn auf deutschen Schienen übernommen. Aus der Mitropa ging als Tochtergesellschaft der Deutschen Bundesbahn die Deutsche Schlafwagen- und Speisewagen-Gesellschaft mbH (DSG) hervor. »Sie übernimmt alle Rechte und Pflichten aus den von der ›Mitropa West‹ und dem ›Eisenbahn-Schlafwagen- und Speisewagenbetrieb‹ abgeschlossenen Verträgen einschließlich der Bahnhofswirtschaftsverträge«, hieß es 1950 zur Gründung der DSG. 40 moderne Schlafwagen, die zunächst für die amerikanische Armee rollten, gehörten gewissermaßen zum Gründungskapital der rollenden Gastronomie und Hotellerie. Die damals im traditionellen Weinrot gehaltenen Fahrzeuge fuhren zunächst ausschließlich im innerdeutschen Verkehr, denn bis Ende 1954 hatte die ISTG, die damals noch nicht den Namensbestandteil »Touristik« führte, mit ihren dunkelblauen Fahrzeugen das Monopol im internationalen Verkehr.

Im Laufe der Jahrzehnte entwickelte sich die DSG zu einem Unternehmen mit rund 3500 dienstbaren Geistern, die Tag für Tag, Nacht für Nacht in Zügen, auf Fährschiffen, in Hotels, Restaurants und Verkaufsstellen für die gastfreundliche Seite der Bahn sorgen.

Kundendienst war schon frühzeitig eine Vokabel, die das Bild der Bahnhöfe verändern sollte: Die Beseitigung der Bahnsteigsperren. Die Österreichischen Bundesbahnen waren Vorreiter und hatten mit einem Schlag zum Sommerfahrplan 1951 die knipsenden Fahrkarten-Kontrolleure abgeschafft.

Bild 73: DSG: Gastronomie auf Rädern.

Bild 74: Garantierte ab 1957 höchsten Reisekomfort zwischen zahlreichen Wirtschaftsmetropolen: der »Trans-Europ-Expreß«.

Die DB folgte schrittweise. Zunächst startete sie einen Versuch und hob – ausdrücklich aus »kundendienstlichen« Gründen – auf allen D-Zug-Haltebahnhöfen der Strecke Köln–Mainz–Ludwigshafen–Stuttgart–Augsburg–München die Ausgangssperren, also die Fahrkarten-Überprüfung ankommender Reisender, auf. Bis trennende Gitter und Häuschen überall verschwanden, vergingen noch einige Jahre.

Der Beginn der Wirtschaftswunderjahre und die Aussöhnung der Bundesrepublik mit ihren westlichen Nachbarn sorgten dafür, daß Europas Bahnen mehr und mehr attraktive Auslandsverbindungen schaffen mußten. Mit den Schnelltriebzügen »Helvetia« (Hamburg–Zürich), »Paris-Ruhr« (Dortmund–Paris), »Saphir« (Dortmund–Ostende) und »Rhein-Main« (Frankfurt/Main–Amsterdam) schuf die DB im Sommerfahrplan 1954 vier internationale Angebote, die drei Jahre später im exklusiven Netz der Trans-Europ-Expreß-Züge (TEE) aufgehen sollten.

Die TEE-Idee stammte von dem Präsidenten der Niederländischen Eisenbahnen. Auf einer Sitzung des Internationalen Eisenbahnverbandes (UIC) hatte er bereits im Dezember 1953 die Schaffung eines europäischen Ferntriebzugnetzes angeregt. Die Elle, an der sich Europas Eisenbahnen messen wollten, war die Konkurrenz der Straße und der Luft. »Die Vorzüge größter Sicherheit, Regelmäßigkeit, Pünktlichkeit usw. geben dem Trans-Europ-Expreß-Verkehr zweifellos Chancen gegenüber dem Straßen- und dem Flugverkehr. Natürlich verlangt aber der Reisende, der eine Reise statt mit dem Flugzeug mit einem TEE-Zug macht, als Ausgleich für die längere Reisezeit andere Vorteile, zum Beispiel größeren Komfort, niedrigere Preise, billigere Gepäckbeförderung usw.«, formulierte damals Edmund Frohne, erster Präsident der DB von 1952 bis 1957: »Die Vorzüge des Flugzeugs, daß die verschiedenen Länder ohne Zoll- und Paßkontrollen überflogen werden können, wird der TEE-Verkehr zwar vorläufig noch nicht aufweisen, aber das Endziel in bezug auf die Paß- und Zollbehandlung liegt in der gleichen Richtung: Der TEE-Zug soll bei der Durchfahrt durch ein fremdes Land ›exterritoriales‹ Gebiet bleiben . . .«

Da der Gedanke einer eigenen TEE-Gesellschaft sich nicht durchsetzen konnte, entstand für den Markenartikel Trans-Europ-Expreß auch kein einheitlicher Fahrzeugpark. Immerhin hatten sich die beteiligten Bahnverwaltungen auf die Grundlinien in Technik, Komfort und Service geeinigt: 100 bis 120 Sitzplätze in Großraum- wie Abteilwagen, bequeme Sitzplätze, Klimaanlage, höchste Laufgüte, optimale Geräuschdämmung, 140 km/h Höchstgeschwindigkeit,

Tabelle Das erste TEE-Netz*

Name	Zug Nr.	Laufweg von	nach	Abfahrt	Ankunft	Entfernung km	Reisezeit Std.	Min.	Reisegeschw. km/h
Edelweiß	30	Zürich	Amsterdam	11.45	21.48	1004	10	03	99,9
Rhein-Main	31	Frankfurt/M.	Amsterdam	7.00	12.53	499	5	53	84,8
Arbalète	ZP/40	Zürich	Paris	6.44	12.55	615	6	11	99,5
Saphir	74	Ostende	Dortmund	16.10	21.52	470	5	42	82,5
Helvetia	77	Zürich	Hamburg	7.39	18.13	959	10	34	90,8
Ile de France	103	Paris	Amsterdam	7.38	13.12	542	5	34	97,4
Oiseau Bleu	108	Brüssel	Paris	7.45	10.30	312	2	45	113,5
Etoile du Nord	125	Paris	Amsterdam	17.45	23.18	542	5	33	97,6
Paris–Ruhr	168	Dortmund	Paris	5.29	12.30	615	7	01	87,7
Le Mont Cenis	462	Milano	Lyon	7.25	12.44	498	5	19	93,7
Ligure	156	Milano	Marseille	6.25	13.40	553	7	15	76,3
Mediolanum	75	München	Milano	15.45	23.00	579	7	15	79,8

* Von den Zugpaaren ist jeweils nur ein Zug aufgeführt.

Bewirtschaftung. Unter diesen Prämissen entwickelte die Bundesbahn ihren TEE, der den Abschluß in der Schnelltriebwagen-Entwicklung der Nachkriegszeit darstellte – der VT 11.5. Die acht Einheiten, die 1957 den TEE-Dienst aufnahmen, waren konsequente Weiterentwicklungen der Gliedertriebzüge »Komet« und »Senator« sowie der Baureihe VT 08, deren Einheiten in der Mitte der 50er Jahre mit störungsfreien Laufleistungen von über 150000 Kilometern ohne Werkstattpausen problemlos und wirtschaftlich fuhren. Vorausschauend hatte man damals überlegt, daß mit der zunehmenden Elektrifizierung der europäischen Gleise zu einem späteren Zeitpunkt einmal die Kopfglieder mit ihren dieselhydraulischen Antriebsanlagen gegen elektrische Antriebsköpfe austauschbar sein sollten. Die Entwicklung in den 60er Jahren zum TEE-Verkehr mit lokbespannten

Tabelle Dieselschnelltriebzüge

Baureihe alt	neu	Bauart	Zahl der Züge	Baujahr	Vmax. km/h	Motorleistung kW
08.5	613	Schnelltriebzug	8	1951	140	736
12.5	612	Schnelltriebzug	5	1951	140	736
11.5	601	TEE-Triebzug	8	1957	160	2×750

Wagenzügen überholte diesen Gedanken. Daß die Idee so abwegig nicht war, bewies die Entwicklungsgeschichte des französischen Hochgeschwindigkeitszuges TGV: Er war ursprünglich als Gasturbinenzug konzipiert und wurde nach den Ölkrisen der 70er Jahre als Elektrotriebzug für den Schnellstverkehr auf der neuen Linie Paris–Lyon verwirklicht.

Der Sommerfahrplan 1957 brachte dann die Einführung des TEE-Netzes in den wichtigsten Verbindungen. Zum Herbst folgte der »Mediolanum«, der mit italienischen Fahrzeugen die Route Mailand–Verona–Bozen–Innsbruck–München bediente, bis er zweieinhalb Jahrzehnte später als einer der letzten rein erstklassigen Züge in das zweiklassige Intercity-System aufging.

Die Jahre 1956 und 1957 waren außerdem die Geburtsstunde eines modernen Bahnangebotes für Autofahrer: »Das Auto als Reisegepäck« war die Überschrift über einen Versuchsbetrieb, aus dem sich die Autoreisezüge entwickelten. Die »Beförderung von Personenkraftwagen in Fernreisezügen« war zunächst im D-Zug 354/353 Ostende–München möglich, der neben Schlaf- und Liegewagen Spezialgüterwagen für Pkw führte, und in den Nachtzügen D 412/411 Hamburg–Basel: Für diese Route hatte die DB eigens neue Doppelstockgepäckwagen entwickelt, in die durch breite Seitentüren mit Hilfe einer schwenkbaren Hubbrücke vom Bahnsteig aus bis

Bild 75: Das »Auto als Reisegepäck«. Anfänge eines neuen Angebots.

zu acht Pkw je Wagen eingeladen werden konnten. Diese Wagen wurden in Basel mit Anschlußzügen weiter bis in den schweizerisch-italienischen Grenzort Chiasso befördert. Verladebahnhöfe waren Hamburg-Altona, Hameln, Basel SBB und Chiasso. Nachdem der Postkutschen-Transport per Bahn schon 100 Jahre vorher Eisenbahn-Alltag war und Autozüge durch die großen Alpen-Tunnel und auch über den Hindenburgdamm zur Nordseeinsel Sylt fuhren, war die Entwicklung zum lange Strecken über Nacht zurücklegenden Autoreisezug wohl auch durch den Zweiten Weltkrieg gebremst worden. Denn schon 1938 bestand die Möglichkeit, Autos zu Sonder-Konditionen des Gepäcktarifes per Bahn fahren zu lassen.
Während die Voll-Motorisierung das Experiment »Auto im Reisezug« zum festen Bestandteil des internationalen Bahnangebotes machte, wurde sie für die DB in den dünner besiedelten Regionen der Bundesrepublik mehr und mehr zum Konkurrenz-Betrieb. Der Nahverkehr auf den Nebenbahnen, die in Zeiten ohne Auto aus Kostengründen möglichst einfach – und das bedeutet in der deutschen Mittelgebirgslandschaft kurvenreich, der Topographie angepaßt – trassiert und ausgestattet worden waren, wurde zum Verlustgeschäft. Nachdem die Reichsbahn schon in den 20er Jahren aus Wirtschaftlichkeitsüberlegungen leichte Dieseltriebwagen im »flachen Land« – die Verkehrsfachleute sprechen von der »Fläche« – eingesetzt hatte, begann bei der Bundesbahn die Ära der Schienenbusse. Bis in die 80er Jahre hinein gehörten die Leichttriebwagen VT 95 (zuletzt Reihe 795) und VT 98 (Reihe 798) zum Rückgrat des Personennahverkehrs außerhalb der Ballungs- und Verdichtungsräume. Allerdings konnte mit dem fortschreitenden Straßenausbau der Bahnbetrieb auf den uralten Linien, die obendrein vielerorts kleinstädtische oder dörfliche Zentren buchstäblich nur am Rande berührten, der Attraktivität des Individualverkehrs nur wenig entgegensetzen. Schon damals war der Bahnbus oftmals das bessere DB-Angebot für den Nahverkehr.
Zu den technischen Kuriosa aus der ersten Phase dieser Entwicklung zählen die Versuche, Straßenbusse mit besonderen Laufwerken gleichermaßen schienentauglich zu machen, um sie je nach Verkehrsbedürfnis universell auf Asphalt und Gleisen einsetzen zu können. Immerhin konnte sich dieser kombinierte Linienverkehr mit Straße-Schiene-Omnibussen bis in die 60er Jahre halten.
Als sich die Phase des Wiederaufbaus ihrem Ende näherte, konnte die DB endlich auch ihren Nahverkehrskunden ein neues Fahrzeug anbieten. Die Ära der »Silberlinge« begann. Auf der Fahrzeugschau anläßlich des 125jährigen Bestehens der deutschen Eisenbahnen 1960 in Nürnberg präsentiert,

prägen die Bn-Nahverkehrswagen mit zwei Mitteleinstiegen und Außenwänden aus nicht rostendem Blech auch noch beim nächsten Bahn-Jubiläum das Bild des Nahverkehrs auf der Schiene. In mehreren Bauserien wurden insgesamt 5000 dieser Wagen beschafft. Während die ersten für 120 km/h zugelassen waren, wurden modernere Versionen für 140 km/h ausgelegt. Über den Nahverkehr hinaus werden mit diesem Material weit laufende Eilzüge gefahren, und an Spitzenverkehrstagen müssen sie auch schon einmal D-Zug-Leistungen verstärken. Mit den Silberlingen konnte die DB den rationellen Wendezugbetrieb, der im Laufe der 50er Jahre mit allen drei Traktionsarten eingeführt worden war, im großen Stil ausbauen. Aus dem Grundmodell des neuen Fahrzeugs wurden in mehreren Varianten 2.-Klasse-Wagen mit Gepäckabteil zu Steuerwagen mit Fernbedienungseinrichtungen für die Lok am anderen Ende des Zuges ausgebaut.

Bild 76: 50 993 mit einem Güterzug nach Neumünster auf der Brücke über den Nord-Ostsee-Kanal in Rendsburg.

Transporte trans Europa: Gute Güter-Gemeinsamkeiten

Lange schon bevor der Begriff »Wirtschaftswunder« erfunden war, profitierte der Güterverkehr von der raschen Entwicklung in der jungen Bundesrepublik. Nachdem das Frachtgutnetz bereits in der Besatzungszeit in seinen wichtigsten Verbindungen wieder aufgebaut war, konnte die Bundesbahn in ihrem Entstehungsjahr der Wirtschaft bereits ein differenziertes und leistungsfähiges Transportangebot präsentieren. Es gab Durchgangsgüterzüge mit 65 km/h Höchstgeschwindigkeit, Eilgüterzüge mit 75 km/h und die ersten Schnellgüterzüge mit Höchstgeschwindigkeiten von 85 bis 100 km/h. Der »Nachtsprung« war auch damals schon ein gutes Argument für die Bahn im immer stärker werdenden Wettbewerb mit der Straße. Insbesondere der Markt der eilbedürftigen Güter war bereits in den 50er Jahren hart umkämpft. Für die Beförderung von »Wettbewerbsgütern«

Bild 77: Kohlenentladung mit Förderband auf einen Kohlenkuli.

Bild 78: Muldenkippwagen bei der DB während der Entladung.

war ein Netz schnellfahrender Güterzüge geschaffen worden, das beispielsweise für den Lebensmittelverkehr vom Obst aus Italien bis zum Nordsee-Frischfisch attraktive Zeiten anbieten konnte. Die Bemühungen der Bahn gingen dahin, das zeitraubende Rangiergeschäft auf größere Knotenbahnhöfe zu konzentrieren und die Güterzüge möglichst über längere Strecken Non-stop fahren zu lassen. »Durch Zusammenfassung von Frachten auf größeren Knoten konnten Eingruppenzüge im größeren Umfange als bisher vorgesehen werden, so daß zeitraubende Unterwegsbehandlungen der Wagen eingeschränkt wurden«, resümierte der Jahresrückblick 1956. Ein Prinzip, das drei Jahrzehnte später konsequent mit InterCargo und seinen von Wirtschaftsgebiet zu Wirtschaftsgebiet ohne Rangieraufenthalt laufenden Zügen verwirklicht ist.

Generell litt die DB damals unter dem knappen Güterwagenbestand, der etwa um 250 000 Fahrzeuge pendelte und damit den stetigen Verkehrsanstieg nicht immer reibungslos verkraften konnte. Die Bahn trug noch die Hauptlast im Transportgeschäft; sie beförderte mehr Güter als Straßenverkehr und Binnenschiffahrt zusammen.

Der Güterwagenpark begann sich gleichwohl unter dem Wettbewerbsdruck zu wandeln. In verstärktem Maß forderte die Wirtschaft Fahrzeuge, die besonders auf die Transportbedürfnisse einzelner Gutarten abgestimmt waren oder die für moderne Be- und Entladetechniken besser geeignet waren als die herkömmlichen Standardtypen. In einer ersten Phase der durch die Jahrzehnte gehenden Spezialisierung des Güterwagenparks beschaffte die DB Sonderbauarten für Schüttgüter von Kohle bis Getreide und für staubförmiges Gut von Mehl bis Zement. Selbstentladewagen und Muldenkipper sorgen seitdem für die Entleerung per Knopfdruck, und die staubförmigen Produkte werden in Behälterwagen befördert und staubfrei per pneumatischer Entladung über Schlauchleitungen direkt in Silos entleert. Eine besondere Rolle spielten für den Lebensmittelverkehr die Kühlwagen, die international von INTERFRIGO, der gemeinsamen Tochter von 21 Bahnverwaltungen, betreut werden. Lange Zeit wurden nur Wagen mit herkömmlicher Stangeneis-Kühlung gefahren – ihr Nachteil: Auf langen Laufwegen wie beispielsweise aus den Weintrauben-Erzeugergebieten Mittel- und Süditaliens nach Deutschland mußte die dahinschmelzende Kühlung mehrfach unterwegs erneuert werden. Nun setzt die in der Schweiz ansässige Gesellschaft neuerdings »rollende Kühlschränke« ein – Maschinenkühlwagen mit Klima-Aggregaten, die jede für das leicht verderbliche Gut ideale Temperatur kontinuierlich halten.

Das Interesse an rationellen Verladetechniken führte in der Konsequenz dazu, nicht das Gut etwa vom Lkw auf den Güterwagen oder umgekehrt zu verladen, sondern gleich das ganze Transportgefäß. »Von Haus zu Haus« hieß das bei der DB schon frühzeitig – lange bevor der kombinierte Verkehr mit Containern und Huckepack-Technik Schiene, Straße und Schiffahrt zu integrierten, kompletten Systemen verband. Der Begriff »Container« dürfte in den 50er Jahren nur einer exklusiven Minderheit von Fachleuten geläufig gewesen sein – dabei gab es immerhin schon ihre unmittelbaren Vorläufer. So registrierte beispielsweise der Jahresrückblick 1955 der DB, daß der Verkehr »mit Großbehältern auf Tragwagen (pa-Behälter)« im Vergleich zum Vorjahr um gut 30% zugenommen hatte. »pa-Behälter« – die Abkürzung bedeutet »porteur amenagé«. Diese Behälter, die es in geschlossenen wie offenen Versionen gab, waren bescheidener dimensioniert als die großen Stahlblechkisten, die erst Jahre später im Überseeverkehr aus Amerika nach Europa kamen und die rationelle Transportkette mit dem schnellen Umschlag von einem Verkehrsträger auf den anderen entscheidend verlängerten.

Die andere Entwicklung des kombinierten Verkehrs war zu diesem Zeitpunkt schon weiter gediehen – der Huckepack-Verkehr. Analog zum Schiene-Straßen-Omnibus erprobte die

Bild 79: Zementbehälter-Übernahme vom Eisenbahnwagen auf ein Straßenfahrzeug: aus der Frühgeschichte des kombinierten Verkehrs.

DB, ob sie Lastwagenanhänger durch den Wechsel von Rädern oder durch kompletten Achsen-Austausch sowohl straßen- als auch schienenfähig machen konnte. Parallel zu dieser letztlich erfolglosen Entwicklungsarbeit wurden 30 Sattelauflieger für den Huckepack-Verkehr gebaut – die Bundesbahn sah dies als Bemühung um die Entlastung der Straßen . . . Das Problem, das die Konstrukteure beschäftigte: Ein normaler Lastwagen-Anhänger konnte nicht einfach auf einen gängigen flachen Güterwagen verladen werden, weil damit das Lademaß überschritten worden wäre. Irgendwo unterwegs hätte der huckepack-fahrende Lastwagenanhänger bestimmt ein Signal gestreift oder gar einen Brückenpfeiler gerammt. Fachleuten war klar, daß Huckepack-Systeme nur Chancen hatten, wenn die Bahn Möglichkeiten bot, serienmäßige Straßenfahrzeuge ohne großen technischen Aufwand zu verladen. Vorausschauend sahen sie deshalb die Notwendigkeit, daß die DB besondere Tiefladewagen und entsprechende Verladerampen schaffen mußte oder daß sie besondere Sattelauflieger brauchte, die Dank eines hydraulischen Systems von den Straßenachsen gehoben werden können, sobald sie auf den Güterwagen stehen – die Urform des Wechselbehälters. Einig waren sich die Experten, daß die Huckepack-Transporte nicht im normalen Güterzugsystem von Rangierbahnhof zu Rangierbahnhof fahren konnten. Geradezu prophetisch eine Abhandlung in der »Bundesbahn« im Jahre 1958: »Für die Praxis kommt daher nur die andere Möglichkeit in Frage, nämlich der Einsatz von kompletten Zügen, die vor allem nachts zwischen den Anfangs- und Endknotenpunkten einer Huckepack-Linie unter Umgehung der Rangierbahnhöfe als sogenannte ›Rollende Landstraße‹ verkehren.« Das »Grüne Netz«, von dem noch die Rede sein wird, gewinnt da schon an Konturen . . .
Anders als Reisezugwagen, die weitgehend auf festen, fahrplanmäßigen Umläufen fahren, sind Güterwagen bei ihren Einsätzen vom zufälligen Bedarf der Wirtschaft abhängig. Und der macht nicht vor den Grenzen halt. Diese Erkenntnis bewegte 1951 die Bundesbahn und die Französischen Staatsbahnen zu einem Schritt Gemeinsamkeit, der über die ohnehin schon geltenden internationalen Regelungen hinaus ging: Man vereinbarte, daß Wagen, die die gemeinsame Grenze überschritten hatten, nicht auf schnellstem Wege wieder zurückbefördert werden mußten, sondern je nach Transportaufgabe erst einmal im Netz des Partners verbleiben konnten. Zum Ausgleich wurde ein gleichwertiges Fahrzeug an die Bahn gegeben, die auf ihr eigenes Fahrzeug zunächst verzichten mußte. Diesem »Europ-Abkommen« traten die anderen Nachbarbahnen der DB im Jahre 1953 bei – es war die Entstehung eines umfangreichen europäischen, frei verfügbaren Güterwagen-Pools, der sich mittlerweile nicht nur auf die bei allen Bahnen vorhandenen Grundtypen beschränkt, sondern auch Spezialgüterwagen einschließt, die nur von einem Teil der Bahnen beschafft wurden. In dem Europ-Pool sind über 300000 Wagen erfaßt, deren Bewegung von einem zentralen Brüsseler Europ-Wagenbüro aus überwacht wird.

Anknüpfend an diese europäische Wagen-Gemeinschaft und an den Erfolg der TEE-Züge wurde 1961 ein Netz internationaler Schnellgüterzüge geschaffen – die Trans-Europ-Express-Marchandises, die unter ihrem Kürzel TEEM schnell bekannt wurden. Das neue Angebot war die gemeinsame Offensive der europäischen Eisenbahnen, um dem Lkw auf dem hervorragend ausgebauten Fernstraßennetz Paroli bieten zu können. TEEM-Züge sind Schnellgüterzüge mit 100 km/h Höchstgeschwindigkeit, 1000 Tonnen Höchstlast und maximal 100 Achsen. Sie werden von den einzelnen Bahnen vorrangig behandelt und auf ihrem Lauf überwacht. Um die Grenzaufenthalte so kurz wie möglich zu halten, werden in diese Züge ausschließlich Wagen eingestellt, deren Ladung am Versand- oder Empfangsort verzollt wird. Zur TEEM-Premiere liefen 31 internationale Züge, mittlerweile sind es über 130, die auch nicht an den Grenzen zwischen Ost und West Halt machen. Mit diesem System bekam auch der »Obst-Expreß« seine internationalen Nachfolger: Zur Erntezeit im Süden Europas rollen TEEM-Sonderzüge mit frischen Früchten nordwärts nach Mittel- und Nordeuropa.

Strukturwandel: Die Loks gewöhnen sich das Rauchen ab

Der Zufall hatte Symbolkraft: Als sich die Bundesbahn 1960 anschickte, das 125jährige Eisenbahnjubiläum zu feiern, gehörte die E 41 149 zu den attraktiven Stars der Fahrzeugschau im Nürnberger Hauptbahnhof. Sie war die 1000. elektrische Lokomotive, die an die Bundesbahn ausgeliefert wurde. Und noch im Dezember 1960 verließ auch die 1000. Diesellok die Werkshallen für den Dienst auf Schienen. Der Strukturwandel bei der Bahn war unübersehbar geworden. 25 Jahre nach der letzten Jubiläumsfeier am selben Ort stand fest: Das 2. Jahrhundert der Eisenbahn würde n i c h t im Zeichen der Dampflokomotive stehen. Die Bahn, nach den Worten ihres damaligen Ersten Präsidenten, Prof. Dr. Heinz Maria Oeftering, beim Festakt in Nürnberg »im 125. Jahr ihrer Existenz so leistungsfähig, so modern, so wirtschaftlich aufgeschlossen«, hatte das Kapitel Dampf schon fast ganz zugeschlagen. 1960 stand fest, daß die Bundesbahn keine Dampfloks mehr beschaffen würde. Die Würfel waren zugunsten elektrischer und dieselgetriebener Lokomotiven gefallen, wie die Besucher der Fahrzeugschau in Nürnberg erfuhren, wo die 1000. Lokomotive als Jubilarin beim Jubiläum festlich bekränzt war: »Elektrifiziert werden die Strecken mit besonders dichtem und schwerem Verkehr; die schwach belegten Strecken mit leichteren Leistungen und der Rangierdienst werden verdieselt.«

Bild 80: Strukturwandel bei der Bahn: Im Jahre 1960 wurde die Lok E 41 149 als tausendste elektrische Lokomotive abgeliefert. Links im Bild das faszinierende Lauf- und Triebwerk der Neubau-Dampflokomotive 10 001.

Eine rasante Entwicklung war vorausgegangen, die Techniker und Eisenbahner mit ihrem Tempo überrascht hatte. Denn als die Bundesbahn sich zum ersten Mal ernsthaft mit der Beschaffung neuer Triebfahrzeuge befassen konnte, hatte sie wie selbstverständlich auf die Dampflok gesetzt. Nachdem in den Kriegsjahren die Güterzuglokomotiven den Vorrang gehabt hatten, fehlten jetzt überall Maschinen für den Reisezugverkehr. Die DB entschloß sich, fünf neue Dampflok-Typen als Ersatz für betagte Fahrzeuge, die die Jahrzehnte überstanden hatten, bauen zu lassen. Das modernste Konzept wurde in der Baureihe 10 verwirklicht. Diese Lokomotive sollte den Schnellzugdienst übernehmen und solch prominente Serien wie die Reihen 01 und 03 oder auch die bayerische S 3/6-Schnellzuglok der Reihe 18 in den Ruhestand schicken. Es kam anders. Von der Reihe 10 wurden nur noch zwei Maschinen gebaut – die eine für die herkömmliche Kohle-Feuerung, die andere mit einem ölgefeuerten Dampfkessel. Der rasche Strukturwandel in den 50er Jahren machte die modernste Dampflok der DB praktisch schon arbeitslos, als jene Loks noch fuhren, die sie eigentlich in Pension schicken sollte! Der größte Erfolg war noch der Baureihe 23 beschieden, die in zwei Prototypen bereits 1940 gebaut worden war. Die DB beschaffte bis 1959 insgesamt 105 dieser Lokomotiven, die die unter Eisenbahnern hoch geschätzte ehemals preußische P 8 – die Baureihe 38 – ersetzen sollte. Die Lok mit der Nummer 23 105 war die letzte Dampflok, die die Deutsche Bundesbahn kaufte. Nachkriegsreihen waren außerdem die 65, die 66 und die 82, allesamt als neue Einheitslokomotiven zum Ersatz jahrzehntealter Bauarten

Bild 81: Reminiszenz an längst vergessene Tage: Lok 78 364 fährt zum Wasserfassen.

Bild 82: Personenzug-Lokomotive Baureihe 23 der Deutschen Reichsbahn im Jahre 1941.

Bild 83: Personenzug-Lokomotive Reihe 23 der DB, Neubau 1950.

bestimmt. Obwohl von ihnen auch noch einmal rund fünf Dutzend auf die Schienen gestellt wurden, zeichnete sich das Ende der Ära Dampf immer deutlicher ab. Daran konnten auch Bestrebungen, bewährte Lok-Baureihen zu modernisieren – die Programme reichten vom Einbau neuer Kessel-Konstruktionen über Innovationen bei Lauf- und Triebwerken bis hin zur Heizölfeuerung nichts mehr ändern. Immerhin stand der DB mit den Neubau-Loks und den von Grund auf überarbeiteten Maschinen der Reihen 01, 01.10, 03.10, 41, 50.40 ein leistungsfähiger Lokpark zur Verfügung, der bis in die 70er Jahre hinein seine Aufgaben erfüllte.

Die Modernisierung des Dampflokparks wirkte sich auch bei der laufenden Unterhaltung positiv aus. Insbesondere die Speisewasser-Innenaufbereitung und die Schweißtechnik sorgten für einen rationellen Dampflok-Einsatz; die Kosten für Kesseluntersuchungen reduzierten sich auf ein Drittel. Die modernen Dampfloks – auch die Modelle, die in der letzten Reichsbahn-Zeit gebaut worden waren – brachten es auf erhebliche Laufleistungen, bevor sie wieder in die Werkstatt mußten.

Gleichwohl zeigt der Vergleich, daß der Strukturwandel zu ungunsten der Dampflok eine zwingende Konsequenz war: Die Güterzuglok der Baureihe 50 war noch Anfang der 60er Jahre so gut in Schuß, daß die Inspektions-Intervalle auf stattliche 210000 Kilometer gesetzt werden konnten. Die durchaus vergleichbar einsetzbaren Diesellokomotiven der Reihe V 160 (heute 216) und die Elektroloks der Reihe E 40 brauchten diese Wartung erst nach 600000 Kilometern, also nach fast der dreifachen Laufleistung.

Die Geschichte der Diesellokomotive begann praktisch erst 1953. Auf der Deutschen Verkehrsausstellung in München präsentierte die DB die V 200001 – die erste Großdiesellok in DB-Diensten, die bis zur Elektrifizierung aller Hauptstrecken kraftvoll-elegantes Markenzeichen des schnellen Fernverkehrs war. Die V 200 – aus dem Grundmodell mit zwei je 1000 PS (736 kW) starken Aggregaten wurde eine 2700 PS (2mal 990 kW) leistende Variante entwickelt – wurde 136mal gebaut, ihr Schicksal ähnelte am Ende dem der letzten Dampflok-Bauten: Es gab für sie keine adäquaten Aufgaben mehr. Wie gut sie waren, beweist der Umstand, daß die Bundesbahn einen Teil dieser Loks der späteren Baureihen 220 und 221 ins Ausland verkaufen konnte; zu den bemerkenswerten Einsätzen gehören Baustofftransporte in arabischen Wüsten im Auftrag deutscher Baukonzerne.

Die Entwicklungsgeschichte der Diesellok geht allerdings in die Vorkriegszeit zurück. Ab 1929 konnte die Reichsbahn im leichten Rangierdienst in kleinen und größeren Bahnhöfen und Werkstätten Dieselkleinlokomotiven einsetzen. Größere Fahrzeuge, in denen erstmals das Prinzip der hydraulischen Kraftübertragung angewandt wurde, mußten gleich in den Militärdienst. Als Wehrmachts-Lokomotive ist vor allem die V 36 noch nach dem Krieg bekannt geworden, als sie bei der DB Rangier- wie Nebenbahndienste leistete. Ein Prototyp aus der Entwicklungsgeschichte ist schließlich noch die V 140001, die die Reichsbahn 1935 ausgeliefert bekam, die wegen Treibstoffmangel schon vor dem Kriegsausbruch stillgelegt werden mußte. Diese Lokomotive blieb der Nachwelt erhalten: Sie steht heute im Deutschen Museum in München.

Bild 84: Stolz präsentierte sich die V 200 001 auf der Verkehrsausstellung im Jahr 1953 in München.

Bild 85: Zwei Diesellokomotiven der Reihe V 80 verlassen Anfang der Fünfziger Jahre die Fabrik.

Die Diesellok-Entwicklung der Bundesbahn hatte vor der V 200 im Jahre 1951 mit der Inbetriebnahme der Reihe V 80 begonnen, deren technisches Innenleben auf dem schnellaufenden Hochleistungsdieselmotor der Schnelltriebwagen basierte. Zu den großen Entwicklungen der 50er Jahre gehörte dann die V 60, die heute als 260 und 261 mit 940 Exemplaren das Bild des Rangierdienstes bei der DB prägt. Nach dieser ersten großen Diesellokserie ab 1950 folgten 1958 die leichten vierachsigen Diesellokomotiven der Reihe V 100, von denen es heute als 211/212 über 730 Fahrzeuge gibt, die im Reisezug- wie im Güterzugverkehr auf Nebenbahnen ihre wichtigen Aufgaben erfüllen.
Die Motorenentwicklung der Industrie schritt in jenen Jahren so schnell voran, daß man auch für schwerere Zugförderungsaufgaben nicht länger zweimotorige Maschinen wie die V 200 brauchte. Im Jubiläumsjahr 1960 wurde die erste V 160 (216) als Mehrzweck-Streckenlok der neuen Generation in Dienst gestellt. Aus ihr wurden weitere Typen entwickelt – darunter versuchsweise auch Fahrzeuge mit Gasturbinen-Antrieb –, die heute als äußerlich kaum unterscheidbare Reihen 210, 215, 216, 217, 218 und 219 auf den nichtelektrifizierten Strecken vom Güterzug bis zum Intercity die gesamte

moderne Bahn-Palette an den Zughaken nehmen. Für den Rangierdienst sind im Laufe der Jahre noch die Reihen 290 und 291 geschaffen worden, die als stärkere »Brüder« der 260er Serie für schwerere Aufgaben eingesetzt werden.
Bei den modernen Strecken-Dieselloks wurde ein Prinzip verwirklicht, das bei der Dampflok nie realisierbar wurde und das in der elektrischen Zugförderung erst mit Bau der mikroprozessorgesteuerten Drehstromlokomotive möglich war: Die modernen Dieselloks der DB sind Alles-Könner; die Loktypen sind gleichermaßen für den Reisezugdienst wie den Gütertransport einsetzbar, es gibt dank der besonderen Antriebstechnik keine Schnellzuglok und keine Güterzuglok mehr.
25. Mai 1959. Feierstunde im historischen Reichssaal des Alten Rathauses in Regensburg. Der Anlaß: Vom nächsten Tag an war die wichtige Bahnverbindung vom Ruhrgebiet bis nach Wien durchgehend elektrisch befahrbar, die letzte 110 Kilometer lange Lücke im Fahrdraht zwischen Regensburg und Passau war geschlossen, die Streckenelektrifizierung ging auf die 3500-Kilometer-Marke zu. Der Investitionsaufwand schlug sich in handfesten Reisezeit-Vorteilen nieder: Zwischen Regensburg und Passau wurden sämtliche Schnellzüge um 25 bis 30 Minuten schneller, der »Wien-Ostende-Expreß« konnte auf seinem langen Lauf von Österreich nach Belgien sogar 2 Stunden und 20 Minuten Reisezeitverkürzung für sich verbuchen. Der Erste Präsident der DB, Prof. Dr. Oeftering bezeichnete – wie die »Bundesbahn« überliefert – »die Feier als ein Ereignis in dieser manchmal so geschmähten, uns aber zugehörigen Zeit der Technik. Gerade die Stadt Regensburg sei der rechte Schauplatz, um ein Werk zu würdigen, das aus der Kunst unserer Zeit, aus der Kunst der Ingenieure entstanden sei«.

Tabelle Diesellok-Entwicklungen der DB

Baureihe alt	Baureihe neu	Achsfolge	Zahl	Baujahr ab	V max. km/h	Motorleistung kW	Bauart	Zugheizung
V 80	280	B' B'	10	1951	100	757	Mehrzweck-Streckenlok	Dampf
V 200	220	B' B'	86	1953	140	2×757	Schnellzuglok	Dampf
V 60	260	C	942	1955	60	480	Rangierlok	–
V 100	211 212	B' B'	364 371	1958	100	757 990	Nebenbahnlok	Dampf
10	331 332 333	B	3 315 250	1959 1963 1967	30 45 45	168	Kleinlok LgIII Kettenantrieb Gelenkwellen	–
V 160	216	B' B'	224	1961	120	1324	Mehrzweck-Streckenlok	Dampf
V 200	221	B' B'	50	1962	140	2×990	Schnellzuglok	Dampf
V 100	213	B' B'	10	1965	100	990	Steilstreckenlok	Dampf
V 90	290	B' B'	407	1964	80	810	Rangierlok	–
V 169	219	B' B'	1	1965	130	1691+606	Erprobungslok E-Heizung, Gasturbine	elektrisch
V 162	217	B' B'	15	1966	140	1427	Mehrzweck-Streckenlok	elektrisch
	215	B' B'	150	1962	140	1400	Mehrzweck-Streckenlok	Dampf
	210	B' B'	8	1970	160	1840+845	Schnellzuglok	elektrisch
	218	B' B'	410	1968	140	1840	Mehrzweck-Streckenlok	elektrisch
V 91	291	B' B'	103	1974	80	810	Rangierlok	–

Tabelle
Der moderne
Triebfahrzeugpark der DB

Diesellokomotiven		
Baureihe:	211	359
	212	370
	213	10
	215	149
	216	213
	217	15
	218	418
	221	48
	260	577
	261	294
	290	407
	291	103
	Zusammen	2963
Dieseltriebzüge		
Baureihe:	601/901	6
	612/912	1
	613/913	3
	614/914	42
	624/924	31
	627	13
	628/628	12
	628/928	3
	634/934	12
	797	3
	798	177
Stand: 31. 12. 84	Zusammen	303

◁ Bild 86–88: Gehören zu den großen Entwicklungen nach dem Krieg: V 60 (260/261), V 100 (211/212) und 218. ▽

Bild 89: Die Nord-Süd-Strecke wird elektrisch befahren: Tausende von frohen Menschen säumten überall die Strecke Hannover–Hamburg, als am 6. April 1965 zum ersten Mal ein mit einer elektrischen Lokomotive bespannter Zug die Strecke befuhr.

Feierstunden und nachfolgende erste Fahrten auf neuen elektrifizierten Strecken gehörten in den 50er und 60er Jahren immer wieder zu den stolzen Höhepunkten des Bahn-Alltags.
1950 war geplant, das von der Reichsbahn übernommene elektrische Streckennetz um 4500 Kilometer auf 6000 Kilometer zu ergänzen – eine Zielprojektion, die dreieinhalb Jahrzehnte später gegen Abschluß des Elektrifizierungs-Programmes der DB nahezu doppelt übertroffen sein sollte.
Nach den ersten Erfahrungen mit dem Strom-Antrieb hatten sich die Bahnen in Mittel- und Nordeuropa schon vor dem Ersten Weltkrieg auf ein einheitliches Wechselstromsystem mit 15000 Volt Spannung und einer Frequenz von 16⅔ Hertz (Hz) verständigt. Die im allgemeinen Versorgungsnetz für Haushalte und Industrie übliche Frequenz von 50 Hz hatte sich für den Lokomotivantrieb damals als problematisch erwiesen. Auch ein späterer Versuch war nur ein Interim: 1936 startete die Reichsbahn auf der steilen Höllentalbahn Freiburg–Neustadt/Schwarzwald und der abzweigenden Dreiseenbahn Titisee–Seebrugg (Schluchsee) einen 50 Hz-Versuchsbetrieb mit 20000 Volt Fahrdrahtspannung. Er wurde im Jubiläumsjahr 1960 aus wirtschaftlichen Erwägungen auf das bahnübliche System umgestellt.
Die Konsequenz aus der Systemwahl Anfang dieses Jahrhunderts: Die Bahn mußte ein eigenes Versorgungssystem aufbauen – ihr Bahnstromnetz, das in der Schlußphase der Streckenelektrifizierung auf 5300 Kilometer Fernleitung mit 110000 Volt Spannung angewachsen ist. Im Abstand zwischen 15 und 60 Kilometern je nach Auslastung der elektrischen Strecken wird der Strom in über 100 Unterwerken auf

Bild 90: Prototyp der elektrischen Lokomotive E 10 (links), daneben E 18 08.

Bild 91: Schwere Güterzug-Lokomotive E 50 001 (151).

Bild 92: Nahverkehrs-Lokomotive E 41 001 (141).

Tabelle Der moderne Triebfahrzeugpark der DB

Elektrische Lokomotiven		
Baureihe:	103	147
	110	378
	111	226
	112	31
	120	5
	139	31
	140	848
	141	451
	150	194
	151	170
	181	28
	184	3
	193	2
	194	108
	Zusammen	2622
Elektrische Triebzüge		
Baureihe:	403	3
	420/421	387
	425/825	7
	427/827	4
	456/856	6
	470/870	45
	471/871	67
	472/473	62
	515/815	191
	Zusammen	772
Stand: 31. 12. 84		

die Fahrdraht-Spannung umgeformt und in die Oberleitungen eingespeist. Grundlage für die Bahnstromerzeugung ist seit den Anfängen die heimische Primärenergie. In Süddeutschland lieferten die Wasserkraftwerke in Bayerns Bergen schon vor der Jahrhundertwende die Energie für die ersten Elektro-Loks. Und in Sachsen war es die mitteldeutsche Braunkohle, die seit 1912 im Dampfkraftwerk Muldenstein zu Bahnstrom umgewandelt wurde. Mitte der 80er Jahre lag die Gesamtleistung der Bahnstromanlagen bei 1786 Megawatt. Wärme- wie Wasserkraft sind zu 76% an der Stromlieferung beteiligt. Die Bahnstrom-Generatoren stehen durchweg in den Kraftwerken der öffentlichen Stromversorgungsunternehmen. Ein Teil der Energie wird auch über Umformerwerke aus den Landesstromnetzen übernommen. Ein fein verästeltes Verbundsystem mit dem öffentlichen Versorgungsnetz und den Nachbarbahnen in Österreich und der Schweiz stellt sicher, daß das Netz auch bei Spitzen-Nachfrage nicht zusammenbricht und sorgt dafür, daß im Ausgleich bei wenig Bahn-Bedarf die nicht lagerfähige Energie andere Abnehmer findet. 1958 richtete die Bundesbahn in Frankfurt eine Netzleitstelle für die Bahnstromversorgung ein, die mittlerweile rechnerunterstützt die Stromversorgung des Netzes wirtschaftlich und bedarfsgerecht koordiniert.

Für den elektrischen Betrieb stand der DB zunächst nur das Reichsbahn-Erbe zur Verfügung. Bis zum Jahre 1955 wurden noch elf Loks der Reihe E 44, zwei der Reihe E 18 und 52 E 94 fertiggestellt bzw. nachgebaut. Gleichzeitig lief aber die Entwicklungsarbeit für die ersten Serien elektrischer Einheits-Baureihen der Bundesbahn, die bis in die 90er Jahre hinein unter dem Fahrdraht dominieren werden. Von der E 10, der späteren 110, wurden zunächst fünf Prototypen in unterschiedlichen Ausführungen beschafft, die mehrere Jahre lang unter Alltagsbedingungen ausführlich getestet wurden, bis 1957 die Serie in Auftrag ging. Für den Güterzug-Einsatz entstanden die E 40 (139/140) und die E 50 (150) für besonders schwere Leistungen. Der elektrisch betriebene Nahverkehr wurde das Geschäft der E 41 (141). Mit diesem Triebfahrzeugpark ließen sich bis in die 60er Jahre hinein alle elektrischen Zugförderungsaufgaben bewältigen.

Tabelle DB-Einheits-E-Loks der ersten Generation

Baureihe alt	Baureihe neu	Verwendung	Achs. folge	V max. km/h	Zahl	Std.-leistung kW	Achs-last t
E 10.0	110	Schnellzug	Bo' Bo'	130	5	3100	20
E 10.1	110	Schnellzug	Bo' Bo'	150	410	3700	20
E 40	139 140	Güterzug	Bo' Bo'	100	879	3700	20
E 41	141	Nahverkehr	Bo' Bo'	120	451	2400	16
E 50	150	schwere Güterzüge	Co' Co'	100	194	4400	21

Der Strukturwandel zeichnete sich bereits 1960 eindrucksvoll ab. Noch erbrachten zwar Dampflokomotiven 56% aller Kilometerleistungen, doch ihr Bestand war seit 1952 von 10 900 Fahrzeugen auf 7250 geschrumpft. Zwar waren erst etwa 10% des Streckennetzes elektrifiziert, doch auf diesem Netz erbrachten die elektrischen Loks bereits 22% der Kilometerleistungen. Nicht mehr der Wiederaufbau bestimmte die Zukunftspläne der Bahn, sondern die Erneuerung. Nach Aufbau und Ausbau galt es nun, in jenen Zeitabschnitt aufzubrechen, der zum einen weltweit die Grenzen des Wirtschaftswachstums heftig und hart spürbar machte, der zum anderen aber mit den immer schneller aufeinander folgenden Technologie-Sprüngen auch der guten alten Eisenbahn immer neue Möglichkeiten und Erkenntnisse brachte und bringt.

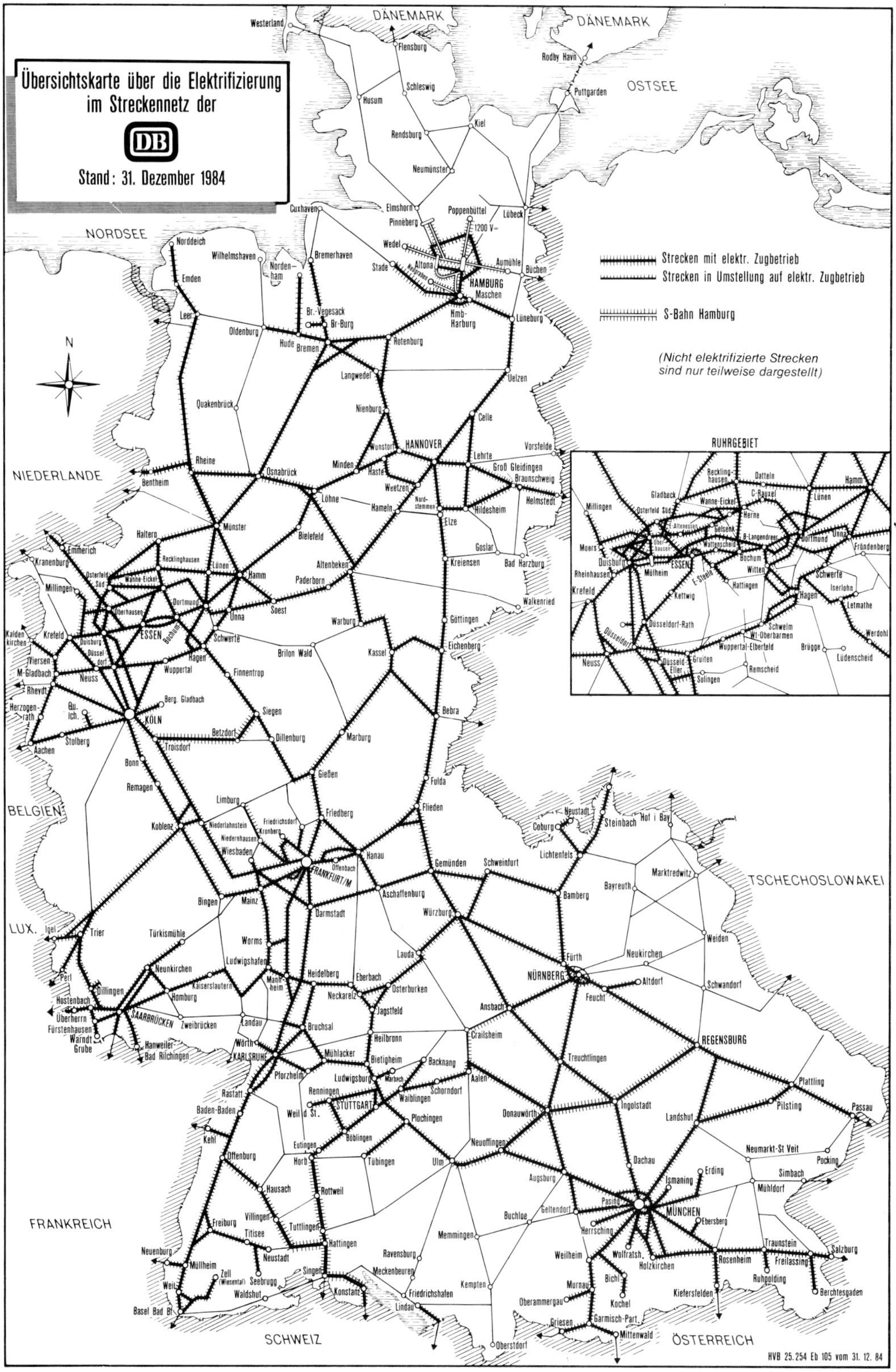
Übersichtskarte über die Elektrifizierung
im Streckennetz der
DB
Stand: 31. Dezember 1984
Strecken mit elektr. Zugbetrieb
Strecken in Umstellung auf elektr. Zugbetrieb
S-Bahn Hamburg
(Nicht elektrifizierte Strecken sind nur teilweise dargestellt)
RUHRGEBIET
DÄNEMARK
OSTSEE
NORDSEE
NIEDERLANDE
BELGIEN
LUX.
FRANKREICH
SCHWEIZ
ÖSTERREICH
TSCHECHOSLOWAKEI
N
HVB 25.254 Eb 105 vom 31. 12. 84

Bild 93: Bau eines neuen Eisenbahn-Tunnels durch den Loreley-Felsen wegen Umstellung auf den elektrischen Betrieb an der rechten Rheinstrecke zwischen Kaub und Rüdesheim Anfang 1961. Aus dem alten Tunnel dampft Lok 23 056.

Bild 94: Durch den alten Loreley-Tunnel – inzwischen elektrifiziert – kommt E 40 215; daneben der fertige neue Tunnel.

Die moderne DB nimmt Fahrt auf: Weichenstellungen zur »neuen Bahn« 1960–1985

Tempo 200: Der »Ultra-Rapid-Zug« rast ins Intercity-Zeitalter

»Erstaunlich rasch kletterte die Tachometer-Nadel auf die 200 km/h-Marke und hielt erst bei 205 inne. Spontaner Beifall der prominenten Gäste unterbrach die atemlose Stille, in der sie dem Zeiger des Tachometers bis zu der roten Markierung der Höchstgeschwindigkeit gefolgt waren . . . Manchen, der sich am Fenster seines Abteils der vorbeifliegenden Landschaft zugewendet hatte, ließ überhaupt erst der Hinweis, daß der Zug nun bereits mit 200 Stundenkilometern dahinbrause, auf die hohe Geschwindigkeit aufmerksam machen.« – Der Chronist des Jahres 1965 schilderte eine Premiere, die die Sensation der Internationalen Verkehrsausstellung in München war und damals als Markstein auf dem Weg zur »Eisenbahn der Zukunft« empfunden wurde: Am 26. Juni 1965 startete die Bundesbahn offiziell das Tempo-200-Zeitalter. Während der Ausstellung schickte sie täglich ihren »Ultra-Rapid-Zug« vom provisorischen Bahnsteig im Münchner Messegelände nach Augsburg Hauptbahnhof und wieder zurück. Sobald der Zug die Münchner Vororte verlassen hatte, beschleunigte er auf 200 km/h und meist noch ein paar Stundenkilometer mehr. In mehreren Wagen konnten die Mitreisenden auf großen Tachometern verfolgen, wie Europas schnellster Zug auf Touren kam – die Internationale Verkehrsausstellung hatte ihre – im übrigen fast täglich ausverkaufte – Sensation. Zwar war die 200er Marke in der Eisenbahngeschichte schon öfter erreicht worden, zwar hatten die Französischen Staatsbahnen sich bereits 1955 mit einem auf 331 km/h beschleunigten Reisezug das Blaue Band der Schiene geholt, aber der DB gereichte es zum Ruhm, das Rekordtempo fahrplanmäßig, wie alltäglich zu erreichen. Was das für eine Leistung war, mag eine eher vordergründige Erinnerung an die noch jüngere Eisenbahn-Geschichte belegen: Als Jahre später mit den Intercity-Zügen auf einigen Streckenabschnitten erstmals die fahrplanmäßige Höchstgeschwindigkeit von 200 km/h erreicht wurde, meldeten sich die Lokführer per Lautsprecher-Durchsage bei ihren Fahrgästen, um ihnen Kunde vom völlig neuen Bahn-Erlebnis zu geben . . .

Eines der meist fotografierten Motive auf der Münchner Verkehrsausstellung war die Lok des schnellen Zuges – die E 03. Schon wenig später war die mächtige Maschine mit dem abgerundeten »Gesicht«, die sich damit an die Kopfform der »Fliegenden Hamburger« der 30er Jahre anlehnte und die sich in den TEE-Farben Beige und Bordeauxrot vom damals üblichen Grün oder Blau der Elektroloks abhob, zum unverwechselbaren Kennzeichen des modernen DB-Schnellverkehrs geworden. Auf der fränkischen Rennstrecke zwischen Bamberg und Forchheim hatte die DB 1963 und 1964 die Premiere vom 26. Juni 1965 vorbereitet. Mit zwei eigens für die Schnellfahrten umgebauten Loks der Baureihe E 10.1 wurden die technischen Erkenntnisse gesammelt, die dann in der neuen Lok verwirklicht wurden. Den ersten vier Voraus-Exemplaren der E 03 folgte ab 1970 die Serie mit 145 Exemplaren der mittlerweile auf »103« umgetauften Type für den zum damaligen Zeitpunkt schon in der Planung befindlichen Intercity-Verkehr.

Drei Jahre vor dem so futuristisch klingenden »Ultra-Rapid-Zug« hatte es unter klangvollerem und traditionsreicherem Namen eine andere Premiere gegeben, die genauso ein Markstein für die zukünftige Eisenbahn sein sollte: Der »Rheingold« erhielt seinen neuen Wagenpark, der ihn wieder zur unumstrittenen Nummer 1 im DB-Angebot machte. Ganz bewußt knüpfte die Bahn an die alten »Rheingold-Traditionen« und präsentierte der Öffentlichkeit den hochmodernen Park klimatisierter Reisezugwagen, deren Blickfang der Aussichtswagen mit der rundum verglasten Dachkuppel war. Gut 15 Jahre lang sollte der amerikanischen Vorbildern nachempfundene »Dome Car« die Silhouette des Aushängeschildes der DB markieren. Zum Bedauern vieler Stammgäste wurde dieser Wagentyp, vom täglichen Einsatz arg strapaziert, ersatzlos ausgemustert: Die »Rheingold-Gegenwart« war eben doch anders als die Vergangenheit: Schöner Luxus, der den alten »Rheingold« populär machte, ist in der nüchterner und spitzer rechnenden Gegenwart einfach zu teuer. Ein Trost für Eisenbahn-Freunde, die die freie Aussicht genießen wollen: Nach wie vor unternimmt der auch schon aus den 30er Jahren stammende »Gläserne Zug« von München aus seine Ausflugsfahrten, und der »Rheingold«-Aussichtswagen rollt heute im Dienst eines Schweizer Touristik-Veranstalters.

Hinter der in Blau und Beige gehaltenen Außenhaut und den goldbedampften Fenstern verwirklichte die DB in Abteilwagen und Großraumwagen zum ersten Mal das Konzept modernen Reisekomforts, das ein knappes Jahrzehnt später im zunächst rein erstklassigen Intercity-Netz vervielfältigt wurde. »Der ›Rheingold‹ hat sich in all den Jahren seines Verkehrens einen guten Ruf bei den internationalen Fahrgästen erworben, zumal er den Willen der Eisenbahnen, fortschrittlich in ihrem Angebot zu sein, deutlich zum Ausdruck

Bild 95: Lange Jahre Aushängeschild der DB: Der »Dome Car« des Rheingold-Zuges.

Bild 96: Seit den Dreißiger Jahren beliebtes Fahrzeug für Ausflugsfahrten: Der »Gläserne Zug«.

bringt«, resümierte die »Bundesbahn« anläßlich der Premiere des Jahres 1962. Und weiter: »Die Eisenbahn trachtet im Wettbewerb danach, ihre Kräfte speziell dort einzusetzen, wo sie ihrem Wesen nach stark ist. Dazu gehört insbesondere, daß es ihr leicht gemacht ist, ihren Kunden reichlich Platz und Bewegungsfreiheit anzubieten. Dem Reisenden, der vom langen Sitzen müde ist, steht genügend Raum zur Verfügung, um sich davon zu erholen. Hier im Eisenbahnzug ist es möglich, ein eigenes Restaurant mitzuführen, in dem eine vollwertige Küche auch den individuellen Ansprüchen der Gäste gerecht zu werden vermag. Der neue ›Rheingold‹ ist ein Beweis dafür.« Dem ist zwei Jahrzehnte später nichts hinzuzufügen!

Nicht nur der neue Wagenpark macht den als F 9/10 fahrenden Zug, der neben seinem traditionellen Laufweg von Hoek van Holland nach Basel über Flügel- und Kurswagen auch Amsterdam, Dortmund, Frankfurt, München, Chur und Mailand einbezog, zum Spitzenangebot. Er war auch der erste Nachkriegs-Zug der DB, der wieder für eine Höchstgeschwindigkeit von 160 km/h zugelassen war. Aus dem Bestand der damals schon bewährten Schnellzugloks E 10 waren einige Maschinen für die höhere Geschwindigkeit zur E 10.12 umgebaut worden.

Schon zur »Rheingold«-Premiere hatte die Bundesbahn klar gemacht, daß die neue Komfortstufe im Fernschnellverkehr nicht auf ein Zugpaar beschränkt bleiben sollte. Bereits ein Jahr später wurden die Garnituren des »Rheinpfeil«, der schon die »Rheingold«-Kurswagen übernommen hatte, ebenfalls auf den neuen Wagenpark umgerüstet. Und 1965 begann auch für den damals zwischen Hamburg und München verkehrenden »Blauen Enzian« die moderne Zukunft. Alle drei Zugpaare wurden bei dieser Gelegenheit zu TEE-Zügen »ernannt«. Der »Blaue Enzian« wurde mit den ersten Exemplaren der E 03 bespannt. Gleichzeitig wurde der TEE »Helvetia« auf lokbespannte Garnituren mit dem neuen »Rheingold«-Wagenmaterial umgestellt; der Zug war so attraktiv geworden, daß das Platzangebot in den TEE-Dieseltriebzügen zu klein geworden war. Die Bahn wußte, weshalb sie die Investitionen für die neue Fahrzeuggeneration wagte. »Der moderne Wagenpark der neuen Trans-Europ-Expreß-Züge läßt einen weiteren Verkehrszuwachs erhoffen, wie er bisher beim ›Rheingold‹ und ›Rheinpfeil‹ zu beobachten war. Ohne daß die Fahrgäste von anderen Zügen abwanderten, stieg die Zahl der Reisenden in den vergangenen Jahren in diesen Zügen stetig an«, konstatierte die »Bundesbahn«.

Der Trend, im TEE-Verkehr von den Triebzügen der ersten Stunde auf Lok und Wagen umzusteigen, hielt bei der DB genauso wie bei ihren Nachbarn an. Die fortschreitende Elektrifizierung der Hauptstrecken im In- und Ausland begünstigte diese Entwicklung, denn die neuen Lok-Generationen waren ohne Mühe in der Lage, auch lange, sprich: schwere Züge so zügig zu fahren wie ihre dieselnden leichten Vorgänger.

Eine andere Entwicklung im Zusammenhang mit dem TEE-Verkehr nahm Mitte der 60er Jahre ihren Anfang: Die Bahnen boten verstärkt auch rein nationale Verbindungen als attraktive »Artikel« der Marke »TEE« an – ein Wandel im Verständnis machte sich breit: Nicht die Internationalität, nicht der grenzüberschreitende Laufweg macht einen Zug zum Trans-Europ-Expreß, sondern seine unverwechselbaren Qualitäten wie hohe Reisegeschwindigkeit, höchste Komfortstufe und reine Erstklassigkeit. In Ansätzen war damals bereits die Markenartikel-Philosophie zu erkennen, die in den Absatz-Strategien der Bahn der 80er Jahre konsequent weiter verfolgt wird.

Zum Winterfahrplan 1971/72 hieß es dann »Deutschland im 2-Stunden-Takt« – das erste Intercity-Netz der DB war aus der Taufe gehoben. Alle zwei Stunden verkehrten auf vier Linien schnelle komfortable 1.-Klasse-Züge mit den neuen klimatisierten Wagen. Das 3700 Kilometer lange Netz war in Dortmund, Köln, Hannover, Mannheim und Würzburg verknüpft und schuf Anschluß-Verbindungen von Intercity zu Intercity am selben Bahnsteig; auf diese Weise kamen direkt oder durch Umsteigen von Intercity zu Intercity zwischen 33 Städten der Bundesrepublik insgesamt 6000 Städteverbindungen zustande. Das neue Netz, in das die alten TEE-Züge im Takt des 2-Stunden-Rhythmus eingebunden werden konnten, war in der Welt ohne Beispiel. Nach mehr als drei Jahrzehnten knüpfte die Bahn an die Schnellverkehrs-Konzepte der Vorkriegszeit wieder an. Wobei Tempo 200 zunächst auf zwei kürzere Streckenabschnitte beschränkt blieb, und selbst Tempo 160 war noch nicht die Norm, weil die Gleise erst nach und nach dafür präpariert werden konnten.

Der Erfolg aber war unübersehbar. Bereits nach dem ersten Intercity-Jahr zählte die Bahn 48% mehr Fahrgäste, was bezogen auf die Reisenden-Zahlen im gesamten Fernverkehr eine Zunahme von 16% bedeutete. Schon nach wenigen Monaten zeigte sich, daß die Rheinstrecke, die 68% der gesamten Intercity-Kundschaft hatte, mit dem 2-Stunden-Takt nicht auskam: Zusätzliche IC-Züge sorgten zumindest in den Spitzenstunden schon für den 1-Stunden-Takt.

In einem zweiten Schritt baute die DB für die Hauptstrecken außerhalb des IC-Liniennetzes ab 1973 ein System von zweiklassigen D-Zügen auf, die als »DC« morgens, mittags und abends in mehreren IC-Bahnhöfen ähnlich gute Anschlüsse zum Top-Angebot herstellten wie die IC-Züge in den Knotenbahnhöfen untereinander. Im Laufe der 70er Jahre wurden die Anschlußverbindungen zum Intercity-System generell verbessert; dabei zeigte sich, daß die Verkehrsströme außerhalb der vier IC-Linien recht unterschiedlich strukturiert waren – ein einheitliches Taktsystem konnte da keine optimale Bedienung bringen.

Der Herbst des Jahres 1973 setzte Signale, die die Aufwärtsentwicklung auch im Intercity-Verkehr stoppen sollten: Die erste Ölkrise war da. Vier autofreie Sonntage bescherten der

Bild 97: Unverwechselbares Kennzeichen des modernen DB-Schnellverkehrs: Ellok der Reihe 103, hier vor einem IC-Zug.

Bahn zwar manchen zusätzlichen Fahrgast, und das aus Energiespar-Gründen angesetzte Tempolimit auf Autobahnen baute gerade im schnellen Intercity-Verkehr manchen Zeitvorteil der Bahn entscheidend aus, doch konnte die folgende Wirtschaftsflaute dies nicht aufwiegen. Das Wirtschaftswunder, das solange Wachstum über Wachstum gebracht hatte, wurde allenthalben von einem weniger beständigen Konjunkturalltag abgelöst. Entwicklungen, die sich gerade im Intercity-Verkehr, dem auf den Geschäftsreisenden zugeschnittenen Angebot, deutlich niederschlugen. So war bald abzusehen, daß in bestimmten Relationen in den verkehrsschwächeren Zeiten über Tag nicht genug Fahrgäste da waren, um die entsprechenden Züge wirtschaftlich fahren zu können. Während die Bahn im Spiel von Angebot und Nachfrage solche Leistungen gemeinhin ausfallen lassen kann, war das mit »schwachen« IC-Zügen nicht möglich: Hätte man sie kurzerhand gestrichen, wären die Pluspunkte des Systems dahingewesen – der Takt hätte nicht mehr funktioniert, Umsteige-Beziehungen in den Knotenbahnhöfen wären zerstört gewesen. Fahrplanmacher und Verkaufsexperten der Bahn erkannten, daß ihr so erfolgreich gestartetes System der Überarbeitung bedurfte.

Der Schritt, der nach einer Vor-Phase zwischen Köln und Hamburg im gesamten Intercity-Angebot gemacht wurde, war ein Schritt nach vorne: Das Konzept IC 79 mit dem einprägsamen und erfolgreichen Slogan »Jede Stunde – jede Klasse«. Schon nach kurzer Zeit ging die Rechnung auf: Das in seiner grundsätzlichen Struktur mit vier Linien unverändert gebliebene System bekam durch den Ein-Stunden-Takt und durch die Öffnung für die Fahrgäste der 2. Klasse den von der Bahn erhofften Zulauf. Bereits nach einem Jahr waren die neuen IC-Züge, bei denen seither die Wagen der 1. und der 2. Klasse in zwei, durch das Zugrestaurant getrennten Blöcken gefahren werden, nicht nur als Angebot, sondern auch von der Einnahmeseite her Spitze: IC-Züge fahren in »schwarzen Zahlen«, die im Vergleich zum ersten Intercity-System erheblich höheren Mehrkosten der Bahn wurden durch die deutlich gesteigerten Erträge wieder wett gemacht.

Die veränderte Markt-Situation stellte die Nachbarn der DB vor vergleichbare Probleme. Mehr und mehr zeigte sich, daß rein erstklassige Züge angesichts der Konkurrenz des Jets und des Autos wirtschaftlich kaum noch vertretbar waren. Der Trans-Europ-Expreß wurde damit zu einem Zug, der fast überall von der Entwicklung überholt wurde: Intercity heißt die Devise längst auch im grenzüberschreitenden Verkehr. Für eine Übergangszeit ließ die DB von 1979 an noch einige TEE-Züge fahren, die vor allem in den stark gefragten Relationen des Geschäftsreiseverkehrs ein zusätzliches Angebot geben sollten. Bald zeigte sich aber, daß auch die 1.-Klasse-Kundschaft die Vorzüge der »Jede-Stunde-Abfahrt« mehr schätzte als die außerhalb des festen Rhythmus verkehrenden TEE-Angebote.

Auch im internationalen Verkehr setzte sich die IC-Konzeption durch. So verkehrt eine ganze Reihe Intercity-Züge über die Endpunkte des Netzes hinaus beispielsweise bis nach Kopenhagen, Klagenfurt, Mailand und Paris. Innerhalb des Liniensystems sind sie voll in den Stundentakt eingebunden und gewinnen als umsteigefreie, komfortable Direktverbindungen ins Ausland an zusätzlicher Attraktivität. Folgerichtig haben sich Europas Bahnverwaltungen nach und nach darauf verständigt, auch die 1957 entstandenen klassischen TEE-Verbindungen weitgehend unter dem Markenzeichen »Intercity« zweiklassig, aber als hochwertiges Top-Angebot fahren zu lassen. Ein Beispiel aus der letzten Zeit ist der »Mediolanum«. Der seit 1957 von den Italienischen Staatsbahnen gefahrene TEE Mailand–München, der 1972 zu den Olympischen Spielen mit einer neuen, hochmodernen Wagengarnitur ausgerüstet worden war, läuft seit dem Sommerfahrplan 1984 als Intercity-Zug der Bundesbahn – nicht nur auf der traditionellen Route, sondern verlängert bis und ab Dortmund. Der neue »Mediolanum« hat neben seiner »alten« Aufgabe der Verkehrsbedienung zwischen Oberitalien und Bayern zusätzliche Reisende im Urlaubsverkehr zwischen den deutschen Ballungsgebieten und den Ferienorten von Tirol bis zum Gardasee gewonnen.

Wie bei der Ausgestaltung ihres TEE-Angebotes der 50er Jahre haben sich die europäischen Eisenbahnen auch im internationalen Intercity-Verkehr auf Komfort-Kriterien geeinigt. Das noch nicht voll erreichte Ziel ist, in allen Intercity-Zügen national wie international in beiden Wagenklassen ausschließlich klimatisierte Fahrzeuge der höchste Komfort-Stufe anzubieten. Bei der Bundesbahn läuft deshalb seit Anfang der 80er Jahre ein umfangreiches Beschaffungsprogramm für klimatisierte Großraumwagen der 2. Klasse (Bpmz). Die Planungen gehen dahin, noch vor dem Ende dieses Jahrzehnts im Intercity-Verkehr ausschließlich das moderne Wagenmaterial rollen zu lassen. Gemeinsam haben die europäischen Bahnen in den letzten Jahren für den Intercity-Verkehr auch einen einheitlichen klimatisierten Wagen der 1. Klasse geschaffen, der sich zwar äußerlich in den »Hausfarben« der Bahnen unterscheidet, ansonsten aber wie ein Ei dem anderen gleicht.

Dieses Fahrzeug ist ein prägnantes Beispiel für die Tätigkeit eines internationalen Unternehmens, das schon seit Mitte der 50er Jahre als gemeinsame Tochter von Europas Eisenbahnen wichtige Aufgaben bei der Anschaffung neuer Fahrzeuge hat: Die Eurofima – die Europäische Gesellschaft für die Finanzierung von Eisenbahnmaterial mit Sitz in Basel. Aus der Tätigkeit der Eurofima bekommt die Bahn Gelder für die Beschaffung neuen rollenden Materials. Langfristig soll diese europäische Bahnfirma erreichen, daß über die Grenzen hinweg einheitliche Fahrzeugtypen beschafft werden. Nicht um Einheit zu demonstrieren, sondern um Entwicklungskosten zu sparen und durch die größeren Stückzahlen bei der Industrie

bessere Konditionen heraushandeln zu können. Über die Eurofima haben die Bahnen nicht nur ihren modernen Reisezugwagen-Park ausgebaut, sondern vor allem zahlreiche Spezialgüterwagen für europäisch-internationale Aufgaben einkaufen können.
Die Strukturveränderungen im internationalen Reiseverkehr ließen bei der DB vom einstigen TEE-Netz nur noch jenen Zug übrig, der auch schon in der Vergangenheit immer wieder seine herausragende Rolle hatte – der »Rheingold«. Seit 1983 ist er das »Flaggschiff« der Bundesbahn. Als einziger verbliebener erstklassiger Zug bedient er weiterhin die Rhein-Route, jetzt von Amsterdam und nicht mehr von Hoek van Holland aus. Ein Flügelzug fährt vom Sommerfahrplan 1985 an die Strecke Stuttgart–München–Salzburg. Der »Rheingold« will dem Reiseerlebnis seine besonderen Reize verleihen. Das beginnt bei der gastronomischen Betreuung mit Service am Platz und führt hin bis zum Clubwagen, der als geselliger Treffpunkt gleichermaßen Bar und Bühne ist. Mal trifft man in diesem Wagen fröhliche rheinische Musikanten, die Heimat und Wein vorstellen, mal drückt einem das Käthchen von Heilbronn ein Säckchen Salz als besondere Freundschaftsgabe in die Hand, ein anderes Mal präsentieren sich die weltberühmten Städte an der Route des »Rheingold« – ein Erlebnis Bahnfahren, das in Sachen Kommunikation und Landschaft seinen eigenen Reise-Reiz hat.
Zum Sommerfahrplan 1985 möbelte die Bahn das seit sechs Jahren in den Grundzügen unveränderte IC-System auf. So erfuhr die Linienstruktur eine Veränderung: Statt der bisherigen vier Linien wurden fünf eingerichtet. In seiner Grund-Konzeption blieb das bewährte Netz bestehen, die veränderte Linienführung sollte vor allem zwei Dinge bewirken: Zum einen stärker an den tatsächlichen Verkehrsströmen orientierte Direktverbindungen, zum anderen eine gleichmäßigere Auslastung des rollenden Materials. Das wurde im wesentlichen mit der Reduzierung der vorher längsten Linie von Hamburg über Köln und Stuttgart nach München erreicht. Im Zusammenspiel mit der in Hannover startenden, übers Ruhrgebiet nach Süddeutschland führenden Route wurde ein neues System entwickelt, das den Langlauf aus Hamburg bereits in Frankfurt beendet und zugleich auf der nach wie vor besonders stark frequentierten Route zwischen den Wirtschaftsräumen Rhein-Ruhr einerseits und Rhein-Main bzw. Rhein-Neckar andererseits im Stundentakt drei Züge hintereinander anbietet. Eine wesentliche Neuerung ist die Einbeziehung des Rhein-Main-Flughafens in das deutsche Fernschnellverkehrssystem: Nachdem bereits in den Jahren zuvor vereinzelt Intercity-Züge außerhalb des Stundentaktes über den seit den 70er Jahren bestehenden unterirdischen Bahnhof Frankfurt-Flughafen geführt wurden, schließt IC 85 den Airport als »Systemhalt« im Zuge der Linie Dortmund–Köln–Frankfurt–Würzburg–München stündlich an das IC-Netz an.
Die umfangreichen Strecken-Ausbaumaßnahmen und die Linienumstrukturierungen, die die Haltezeiten der Intercity-Züge in den Knotenbahnhöfen um fast bis zu zehn Minuten verkürzten, haben die Reisegeschwindigkeit im IC-Netz deutlich angehoben: Statt durchschnittlich 100 km/h erreichen die Verbindungen des modernen DB-Spitzenangebotes 108 km/h, wobei auf vereinzelten Abschnitten – etwa auf den ausgebauten Strecken in der norddeutschen Tiefebene – Reisegeschwindigkeiten im Bereich um 140 km/h auch dann noch erzielt werden, wenn der Fahrplan ein oder zwei Zwischenstopps vorschreibt.
Der Erfolg des Paradepferdes Intercity veranlaßte die Bahn 1983, den »FernExpreß« als neue Zuggattung ins Leben zu rufen. Mit hochwertigem Wagenmaterial der Intercity-Generation verbinden seitdem FernExpreß-Züge die Ballungszentren der Bundesrepublik direkt mit den Feriengebieten Süddeutschlands und Österreichs. Mit FernExpreß werden über 200 deutsche und rund 40 österreichische Ferienbahnhöfe ohne Umsteigen erreicht. Neben dem Qualitätsstandard des rollenden Materials gehört ein umfangreiches Service-Paket – Zuginformation über Abteillautsprecher wie im Intercity, Gastronomie im Quick-Pick-Selbstbedienungsrestaurant, spezieller »Gepäck-Direkt«-Service – zu den Markenzeichen der FernExpreß-Züge. Im Zug »Königssee« läßt die DB ein »Kinderland« mitfahren, in dem kleine Reisende unter Aufsicht speziell geschulter Mitarbeiterinnen die lange Fahrt spielend oder turnend abkürzen können.
Für den modernen Reisezugverkehr brauchte die DB Lokomotiven über ihren Bestand hinaus. Während eine Lok der Reihe 103 mit einer geänderten Getriebeübersetzung Meß- und Versuchsfahrten mit 250 km/h absolvierte, wurde die neue Reihe 111 entwickelt. Dieser Maschine – es handelt sich um eine konstruktive Weiterentwicklung der bewährten 110, deren letztes Exemplar 1969 an die Bahn ausgeliefert wurde – sollten zwei unterschiedliche Aufgaben zukommen. Zum einen wird sie im Schnellzugdienst eingesetzt, zum anderen ist sie das »Zugpferd« im Wendezug-Betrieb der S-Bahn an Rhein und Ruhr. Den vorläufigen Abschluß der Lokomotiv-Entwicklung bildet die Reihe 120, von der die Bahn fünf Jahre lang fünf Prototypen testete, bevor die erste Serie bei der Industrie in Auftrag ging. Dank Mikroprozessor-Technologie und Drehstrom-Antrieb stellt die 120 einen Technologiesprung dar. Sie ist die erste Universallok, die für sämtliche Betriebsbilder geeignet ist, denn dank der neuen Technik kann sie das gesamte Zugförderungsprogramm vom schwersten Güterzug über den kurzen Nahverkehrszug bis zum 200 km/h schnellen Intercity übernehmen. Das ist ein gewichtiger betriebswirtschaftlicher Aspekt. Heute steht ein Teil des Lok-Parks zu bestimmten Tageszeiten nutzlos herum, weil es für ihn keine Züge gibt – nachts fahren keine S-Bahnen, tagsüber sind Güterzüge selten. Die Universallok wird nicht mehr stillstehen. Sie kann, wenn sie abends ihren letzten Nahverkehrszug gefahren hat, gleich den Nachtschnellzug übernehmen oder

Bild 98: Intercity auf der Rheintalstrecke bei Oberwesel.

Bild 100: Für den Schnellzugdienst und den Wendezug-Betrieb der S-Bahn an Rhein und Ruhr gleichermaßen einsetzbare Lokomotive der Reihe 111.

◁ Bild 99: »Kinderland« im FernExpreß-Zug – eine Service-Leistung der DB.

Bild 101: Die ersten Universallokomotiven der Reihe 120 werden ausgeliefert: Neue Pluspunkte der DB durch neue Technik.

Tabelle Reisezugwagen der DB

Verkehrs-bereich	Wagenbauart	Bauartbezeichnung	Baujahr	Eigentumsbestand 31. 12. 1984
Fernverkehr	Klimatisierte 1. Klasse-Abteil- und Großraumwagen	Avm, Apm	1962–78	497
	Klimatisierte 2. Klasse-Großraum-wagen der UIC-Einheitsbauart z	Bpm	ab 1979	391
	Schnellzugwagen der UIC-Einheitsbauart x	Am, ABm, Bm BDm	1954–84	4582
	Speisewagen	WR, AR, BRbu	1963–79	214
	Schlafwagen	WL	1959–75	166
	Liegewagen	Bcm, Bctm	1953–72	716
	Gesellschaftswagen	WG, WGS	1937–81	84
	Gepäckwagen	Dü, Dm	1960–84	407
	Autotransportwagen	DDm	1956–73	165
	Insgesamt			7222
Nah- und Bezirksverkehr	Städteschnellverkehrswagen	Ayl, AByl, Byl, BDyl	1953–55	668
	3achs. Personenzug-Umbauwagen	B3yg,	1955–58	20
	4achs. Personenzug-Umbauwagen	AByg, Byg, BDyg	1957–61	1297
	Nahverkehrswagen	ABn, Bn, BDnf	1960–82	5027
	S-Bahn-Wendezugwagen	ABx, Bx, Bxf	ab 1979	229
	Gepäckwagen	MDy	1950–84	269
	Ausstellungswagen	D (Ausst.)	1963–79	21
	Schmalspurwagen	K-Wagen	1913–65	17
	Insgesamt			7548
Insgesamt:				14770

Quelle: Jahresabschluß Fahrzeuge 1984 (Band II).

Bild 102: Auf dem Führerstand der Lok 120001 während der Rekordfahrt am 17. Oktober 1984.

vor einen Güterzug gespannt werden. Die Bahn rechnet sich aus, daß sie im Endeffekt dank günstiger Lok-Umläufe mit wesentlich weniger Triebfahrzeugen auskommen wird.

Die neue Technik, auf die im einzelnen in Teil III dieses Buches noch eingegangen wird, hat aber weitere Pluspunkte, wie sie bereits nach den drei Millionen Kilometern der Erprobung der fünf Voraus-Loks gezeigt hat. Da sämtliche elektromechanische Verschleißteile durch elektronische Bauteile ersetzt sind, sanken die Instandhaltungskosten auf die Hälfte des Aufwandes, der für die bisherigen Serienlokomotiven erforderlich ist.

Noch in der Gegenwart gehörte die Lok der Zukunft bereits zu den Rekordhaltern. Bei einer Präsentationsfahrt erzielte die 120001 am 17. Oktober 1984 stolze 265 km/h.

Mit der neuen Technik wird auch der »Intercity-Experimental« (ICE) ausgerüstet, dessen Prototyp im Frühjahr 1985 fertiggestellt wurde. Der Vorläufer einer kommenden Generation von Hochgeschwindigkeits-Triebzügen soll die neue Ära des Schienen-Schnellverkehrs einläuten, die Anfang der 90er Jahre beginnen wird (siehe Teil III).

Auf die Triebzug-Tradition der deutschen Eisenbahnen hatte sich die DB bereits besonnen, als sie das erste Intercity-Netz plante. 1974 stellte sie den Schnelltriebwagenzug der Reihe 403 in Dienst. Es handele sich dabei nicht um ein Fahrzeug schlechthin, sondern um ein Fahrzeug, das als Darstellung der Bahn für die Zukunft gelten könnte, erklärte der Erste Präsident der Bundesbahn, Dr. Wolfgang Vaerst, anläßlich der Jungfernfahrt – und war von dem neuen Zug so angetan, daß er ihm ganz poetisch den Namen »Gazelle« geben wollte, um Anmut und Schnelligkeit zu würdigen. Die drei Einheiten blieben aber bahntypisch nüchtern lediglich mit der Zahl ihrer Baureihe gekennzeichnet ... Mit einem Sitzplatzangebot von rund 160 Plätzen pendelte der 403 auf der am schwächsten ausgelasteten Intercity-Linie München–Bremen. Bis er im zweiklassigen IC-System mit seinem rein erstklassigen Angebot nicht mehr eingesetzt werden konnte. Nach einer Episode des Charterverkehrs verbinden die Einheiten seit 1983 in den Farben der Lufthansa als »Airport-Expreß« die Flughäfen Frankfurt und Düsseldorf.

Mit dem Zusammenwachsen der elektrischen Netze stießen an den Grenzen auch unterschiedliche Bahnstrom-Systeme aneinander – für die DB stellt sich das Problem im grenzüberschreitenden Verkehr mit Frankreich, Luxemburg, Belgien und den Niederlanden, die drei unterschiedliche Stromsysteme haben. Seit 1960 stellte die DB rund 40 Mehrfrequenz-Loks verschiedener Baureihen in Dienst, die am Schnittpunkt der Systeme einfach umschalten können.
Auch für den schweren Güterzugdienst wurde das bewährte Programm weiterentwickelt, um für Züge mit bis zu 2000 Tonnen Last und der angestrebten Höchstgeschwindigkeit von 120 km/h geeignete Triebfahrzeuge zu haben. Aus den bewährten Konstruktionselementen der Baureihen 103, 110/140 und 150 entstand die neue Reihe 151, von der 170 Exemplare gebaut wurden.

Tabelle Mehrfrequenzloks

Baureihe und Nr. alt	neu	Zahl	Baujahr	Bahnstromsysteme
E 320 01 11 21	182 001 011 021	3	1960	DB, SNCF/CFL
E 344 01 (Umbau E 244 21 u. 22)	183 001	1	1962	DB, SNCF/CFL
E 410 001 – 003 011 012	184 001 – 003 111 112	5	1966/67	DB, SNCF/CFL NS, SNCB
E 310 001 002 003 – 004	181 001 – 002 103 104	4		DB, SNCF/CFL
–	181 201 – 225	25	1974/75	DB, SNCF/CFL

Bild 103: Lufthansa-Airport-Expreß (ET 403) im Rheintal bei Oberwesel.

Bild 104: Bewährte Elektro-Lokomotiven älterer und neuerer Generationen im Bild: 120005, 151052, 111022, 194111 (v. l. n. r.). ▷

Tabelle Die modernen Elektroloks der 60er und 70er Jahre

Baureihe	Zugart	Vmax km/h	Achsfolge	Stundenleistung kW
103	IC- u. TEE-Züge	200	Co' Co'	7100
111	Schnellzüge	160	Bo' Bo'	3800
151	Schnellgüterzüge	120	Co' Co'	6000
110	Eilzüge	140	Bo' Bo'	3700

Mitte der 80er Jahre war der Bestand an elektrischen Lokomotiven auf über 2600 Maschinen angewachsen, die zusammen im Jahr 1984 rund 400 Millionen Kilometer zurücklegten – was einer durchschnittlichen Tageslaufleistung von 490 Kilometern entspricht. Die DB hat ihre Streckenelektrifizierungsprogramme im wesentlichen abschließen können; über 11 000 Streckenkilometer sind mit dem Fahrdraht überspannt. Mit der Elektrifizierung eines noch fehlenden Teilstücks der Strecke Stuttgart–Nürnberg bei Aalen und dem für 1986 geplanten Anschluß von Limburg/Lahn an das elektrische Netz wird die Elektrifizierung – abgesehen vom weiteren Ausbau der S-Bahnen und der Neubaustrecken – zunächst beendet sein. Damit sind gut 40% des Netzes für den elektrischen Betrieb ausgerüstet – es sind praktisch alle stark befahrenen Schienenwege: Denn auf diesem Netz erbringt die DB 86% aller Transportleistungen.

Gemessen an den stolzen Leistungsbilanzen der elektrischen Zugförderung scheinen die Dieselloks der DB auf den ersten Blick nur wie Mauerblümchen dazustehen. Doch der Eindruck täuscht: Auch wenn es die 3000 Dieselloks im Jahr 1984 »nur« auf knapp 175 Millionen Kilometer brachten und damit im Vergleich zur elektrischen Lok bescheidene Durchschnitts-Tagesleistungen von 204 Kilometern erreichten, erfüllen sie so doch wirtschaftlich ihre Ergänzungsfunktion im Sinne der Aufgabenteilung zwischen elektrischer und brennkraftgetriebener Zugförderung optimal.

Hohe Geschwindigkeiten und schwere Züge schraubten die Anforderungen an die Wege der Bahn immer höher. Nach und nach wurden Gleise und Weichen durch moderne, schwerere Konstruktionen für die starken Belastungen ausgetauscht. Während in der Vorkriegszeit die Schiene »S 49« mit einem Gewicht von 49,1 kg je Meter dominierte, entwickelte die DB von sich aus bereits stärkere Profile für Schienen und Weichen. Auf den Hauptstrecken liegt heute überwiegend die Schiene »S 54« (Metergewicht 54,4 kg), auf den Schnellfahrstrecken – Ende 1984 waren rund 350 Kilometer des Intercity-Netzes für Tempo 200 ausgebaut – bevorzugt die DB die Schienenbauart der europäischen Norm UIC 60 mit einem Gewicht von 60 Kilogramm je Meter.

Während die Erneuerung von Schienen, Schwellen und Schotter, dem Oberbau, bis in die 50er Jahre hinein vielfach kraftraubende Handarbeit war, wurden in den 60er Jahren Takt- und Fließbandverfahren entwickelt, die zum Bau mehrerer hochmoderner Schnellumbauzüge führten, bei denen teilweise sogar schon elektronische Steuersysteme eingebaut werden konnten. Im Prinzip funktioniert so ein gelber Lindwurm ganz einfach: An seiner Spitze nimmt er das alte

Bild 105: Hauptstreckengleis mit schwerer Schiene UIC 60 und Betonschwellen.

Oberbau-Material auf, in der Mitte bearbeitet er das Schotterbett, legt dann die Schwellen und montiert zum Schluß die Schienen drauf. Während der vordere Zugteil auf dem alten Gleis fährt, rollte der Schluß des Umbauzuges bereits auf dem neu verlegten Gleis.
Ein erster Rammschlag am 10. August 1973 in Laatzen bei Hannover war der Auftakt für die größte »Gleisbaumaßnahme« der Bundesbahn – das Startsignal zum Bau der Neubaustrecken. Das Problem der Bundesbahn ist, daß sie auf dem zum Großteil über 100 Jahre alten, längst nicht mehr ausreichenden Streckennetz ihre Systemvorteile nicht wirksam und attraktiv ausspielen kann. Hinzu kommt als Folge der politischen Verhältnisse nach dem Zweiten Weltkrieg, daß sich die im ungeteilten Deutschland hauptsächlich in Ost-West-Richtung verlaufenden Verkehrsströme auf die Nord-Süd-Richtung umgepolt haben. Deshalb müssen sich bis in die Gegenwart Personen- wie Güterzüge auf Gleisen durch die deutschen Mittelgebirgslandschaften quälen, die von ihren Erbauern für weitaus weniger wichtige Verkehrsaufgaben gedacht waren. Kapazitätsengpässe, zu geringe Geschwindigkeiten für Reisende und Güter – das sind Negativpunkte, die die Bahn beseitigen muß, um auf dem Verkehrsmarkt bestehen zu können. »Erstmals in diesem Jahrhundert beginnen wir mit dem Bau neuer, moderner Schienenwege und stellen damit die Weichen für die neue, moderne Eisenbahn der Zukunft«, hatte Präsident Vaerst in Laatzen erklärt.
Die Arbeiten konzentrierten sich auf die neuen Linien von Hannover nach Würzburg und von Mannheim nach Stuttgart – Ersatz für dicht befahrene kurvige Schienenstrecken durch die deutschen Mittelgebirgslandschaften. Nach einer mühseligen Vorbereitungsphase, in der die Bahn der umweltbewußt gewordenen Öffentlichkeit im allgemeinen und den vom Streckenbau betroffenen Bürgern im besonderen die Lebensnotwendigkeit der Neubaustrecken in oft mühevoller Argumentations-Arbeit erläutern mußte und in der die Schaffung des Planungsrechtes durch eine Unzahl von Prozessen verzögert, jedoch nicht verhindert wurde, konnte seit Anfang der 80er Jahre mit Hochdruck allenthalben gebaut werden. Ende 1984 waren drei Viertel beider Strecken im Bau, von dem gewaltigen Investitionsvolumen, das mit 15,5 Milliarden DM veranschlagt ist, waren Anfang 1985 etwa 3,7 Milliarden DM bereits ausgegeben. In den kommenden Jahren rechnet die Bahn mit jährlichen Baukosten in Größenordnungen von über zwei Milliarden DM.
Beide Strecken werden im ersten Abschnitt noch in diesem Jahrzehnt in Betrieb gehen und Anfang der 90er Jahre in ganzer Länge zur Verfügung stehen (Einzelheiten in Teil III dieses Buches). Ein rund 1100 Streckenkilometer betreffendes Ausbauprogramm zur Anhebung der Höchstgeschwindigkeit und zur Beseitigung von betrieblichen Engpässen – 1984 wurde ein gemeinsames Teilstück der Strecken Würzburg–Schweinfurt und Würzburg–Nürnberg dreigleisig ausgebaut, ein drittes Streckengleis bekommt auch die Verbindung Rothenburg/Wümme–Buchholz zwischen Hamburg und Bremen durchgehend, die schon vor dem Krieg viergleisige Strecke Hamm–Minden wurde in ihrem letzten Abschnitt zwischen Bad Oeynhausen und Minden mit einer neuen Weserbrücke wieder durchgehend viergleisig – war 1984 zu zwei Dritteln bereits fertiggestellt. Mit dem Sommerfahrplan 1985 steht in Mannheim die westliche Einführung der Riedbahn in den Mannheimer Hauptbahnhof zur Verfügung. Neben einer besseren Nahverkehrserschließung der westlichen Teile Mannheims bietet dieses kurze Stück Neubaustrecke vor allem im Fernverkehr betriebliche Entlastung: Züge aus Frankfurt in Richtung Karlsruhe oder Stuttgart – darunter die Intercity-Züge der Linie Hamburg–Basel – durchfahren Mannheim Hauptbahnhof ohne zeit- und kostenaufwendigen Fahrtrichtungswechsel. Das Ende des »Kopfmachens« in diesem IC-Knoten war einer der Anstöße für die Umstrukturierung des Intercity-Netzes.
Tempo 200 hat die Sicherung der Fahrt durch Signale gründlich revolutioniert: Die Abstände zwischen Vor- und Hauptsignalen sind nicht auf die hohe Geschwindigkeit ausgelegt; der Bremsweg der schnellen Züge ist länger. Um nicht mit Milliardenaufwand alle Strecken umzurüsten, führte die Bahn das System der Linienzugbeeinflussung ein: Dank elektronischer »Fernsicht« erfährt der Lokführer über ein besonderes Anzeigegerät, wie die Signale vor ihm stehen und ob Schranken an Bahnübergängen geschlossen sind. Das System errechnet blitzschnell aus dem zur Verfügung stehenden

freien Bremsweg die jeweils höchstzulässige Geschwindigkeit. Weiterentwickelte Formen der seit den ersten Schnellfahrten 1965 verwandten Linienzugbeeinflussung sollen auch künftige Geschwindigkeitsrekorde im Bereich von 300 km/h und darüber sichermachen.

Nicht nur dank des elektronischen »Auges« hat der Lokführer im modernen Eisenbahnzeitalter mehr Kontakt zur Außenwelt als seine Kollegen früherer Generationen: Dank des Zugbahnfunks, den die DB in den 70er Jahren nach und nach auf 15000 Kilometern wichtiger Strecken und in 9000 Lokomotiven einführte, kann er jederzeit zum Telefonhörer greifen und genauso auch von den Eisenbahnern in den Betriebsüberwachungsstellen angesprochen werden.

Die Signaltechnik selbst hat in der Zeit der Bundesbahn eine Modernisierung von Grund auf erfahren. Noch zu Reichsbahnzeiten war 1948 im Bahnhof Düsseldorf-Derendorf das erste Drucktasten-Stellwerk in Betrieb gegangen. Ein erstes Gleisbildstellwerk, das muskelfördernde Mechanik ablöste und zudem ein Sicherheitsfaktor war. Elektrisch gesteuert, konnten in dieser ersten Bauart alle Weichen und Signale per Knopfdruck gestellt werden. Und zwar nicht nur einzeln, sondern auch gebündelt in kompletten Fahrstraßen. Schon die erste Technik sorgte dafür, daß gleichzeitig die so gebildete freie Strecke automatisch gegen andere Zugfahrten gesichert war. Bis in die Gegenwart entstanden fast 1600 Drucktasten-Stellwerke, die zwar immer moderner wurden, letztlich aber auf der bewährten Relais-Technik basierten. In die neuen Stellwerk-Generationen zieht der Computer ein – die Mikroprozessor-Technik schafft neue Möglichkeiten.

Bild 106: Kontakt des Lokführers zur Außenwelt einst und heute: Führerstand einer Ellok vor rund 50 Jahren . . .

Bild 107: . . . und einer neuzeitlichen Diesellok mit Zugbahnfunk.

Bild 108: Formsignal auf Signalbrücke unterhalb Burg Katz bei St. Goarshausen auf der rechten Rheinstrecke.

Bild 109: Signalbrücke mit modernen Lichtsignalen auf der ersten Fernsteuerstrecke der DB zwischen Bebra und Cornberg. Fliegende Überholung eines Güterzuges durch Schnellzug mit Lok 01 1077; am Signal 5 leuchtet der Verzögerungsanzeiger auf.

Bild 110: Innenansicht des Gleisbildstellwerks Darmstadt Hbf.

Mit der neuen Stellwerkstechnik verschwanden allenthalben die alten Flügelsignale und wurden durch Lichtsignale ersetzt. Damit waren die Voraussetzungen für ein weiteres Stück rationeller Sicherheit geschaffen – den »Selbstblock«. Auf über 10000 Kilometern Strecke werden die Blockabschnitte zwischen den Hauptsignalen durch die fahrenden Züge vollautomatisch geschaltet. Wenn ein Zug in einen Blockabschnitt eingefahren ist, springt das Signal hinter ihm auf Rot und wechselt erst auf Grün, wenn der gesamte Abschnitt wieder frei ist.

Relaistechnik und später auch die Elektronik machten es der DB möglich, mehrere Stellwerke von einer Fernsteuerzentrale aus zu bedienen. Der Vorteil liegt auf der Hand: Auch längere Bahnstrecken können zentral bedient und überwacht werden. Im Jahr 1985 gab es rund 90 Fernsteuerzentralen, die Pläne gehen dahin, den Bestand von 2100 Drucktastenstellwerken auf 1160 moderne Anlagen zu reduzieren, die von 380 Fernsteuerzentralen aus bedient werden.

Bild 111: In einer modernen Fernsprechwählanlage der DB in Bebra; ein Prüfgerät und eine Leuchtlupe erleichtern die Kontrolle der Wähler und Relais.

Bild 112: Richtfunk-Sendeanlage der DB am Hohen Kelberg (Eifel), ein Bestandteil des internen Nachrichtennetzes.

Bild 113: Altes mechanisches Stellwerk.

Bild 114: Blick auf ein Bahnbetriebswerk in der Dampflok-Ära: Doppeldrehscheibe im Bw Hamburg-Altona mit Lokomotive Baureihe 38.

Bild 114a: Moderne Diesellokomotiven an der Zapfsäule im Bahnbetriebswerk.

Mit ausgeklügelten Systemen der »vorausschauenden Instandhaltung« sorgt die DB für die Betriebssicherheit ihres rollenden Materials. Wenn Loks und Wagen zum »TÜV« müssen, fahren sie in die Ausbesserungswerke der Bahn zur Revision. In modernen Fließbandverfahren werden die Fahrzeuge – und das ist weitaus mehr, als der TÜV macht – in ihre Bestandteile zerlegt, geprüft und erneuert. Wenn eine Lok die Untersuchung »U 4«, bzw. ein Reisezugwagen die »R 4« zur Halbzeit der erwarteten Lebensdauer – bei einer elektrischen Lok der Baureihe 103, die jährlich zwischen 300000 km und 360000 km zurücklegt, ist die »U 4« nach rund *22* Jahren fällig – hinter sich haben, sind sie äußerlich wie innerlich vom Lack auf der »Außenhaut« bis zur Technik der Laufwerke so gut in Schuß wie nagelneue Fahrzeuge, die die Montagehallen der Industrie verlassen.

Neben den Revisionen in den Ausbesserungswerken wird der gesamte Fahrzeugpark praktisch ständig in den rund 70 Bahnbetriebswerken kritisch untersucht. Beispielsweise ist bei der 103 alle 32000 km eine »Fristarbeit« im Betriebswerk fällig. Zwischen diesen etwa monatlichen Intervallen stehen alle paar Tage »Nachschauen« an. Die Reisezugwagen der Intercity-Generation müssen – bei jährlichen Laufleistungen von etwa 160000 km – einmal jeden Monat im Bahnbetriebswagenwerk auf den Prüfstand.

Bild 115: Elektrische Lokomotive auf einer Unterflur-Drehbank.

Bild 116: In der Waschanlage.

Auch die Fahrwege werden ständig kontrolliert. Nach wie vor sind die scharfen Augen der Streckenläufer unentbehrlich. Ein wesentlicher Sicherheitsfaktor ist aber der Ultraschall-Schienenprüfzug – eine 80 Meter lange Triebzugeinheit, die mit Tempo 50 jährlich nach einem festen Umlaufplan alle Hauptstrecken mindestens einmal kontrolliert: Von zwölf Prüfköpfen werden Ultraschallimpulse von weniger als 1 Millionstel Sekunde in die Schiene gesandt; schon die kleinste unsichtbare Unregelmäßigkeit wird bei dieser Prüfung erfaßt und in einem besonderen Registrierverfahren aufgezeichnet. Anhand dieser Unterlage ist es nach der Auswertung möglich, die defekte, bzw. gefährdete Stelle wiederzufinden. Zusätzliche Prüfungen auf allen Schnellfahrstrekken: Mit Intercity-Spitzentempo von 200 km/h ist regelmäßig seit Anfang der 80er Jahre ein besonderer Meßzug der Bundesbahn-Versuchsanstalt Minden unterwegs, der das Fahrverhalten bei Höchstgeschwindigkeit ermittelt und damit ständig die Qualität der Gleislage überprüft.

In den Bahnbetriebswerken steht auch die »Feuerwehr« der Bahn bereit – der »Einheitshilfsgerätewagen«, der im Falle eines Falles als »dringlicher Hilfszug« zu Unfallstellen eilt. Wichtigster Ausrüstungsgegenstand ist das ölhydraulische Aufgleisgerät, mit dessen Hilfe entgleiste Fahrzeuge häufig ohne Kranmitarbeit wieder auf die Schienen gestellt werden können.

Bild 117: Ultraschall-Schienenprüfgerät.

Bild 118: Moderner Schienenprüfzug der DB. Überwachung der Schnellfahr-Abschnitte.

Bild 119: Instandhaltung des Oberbaus.

Mitten in die Zeit, die das Tempo 200 zur fahrplanmäßigen Selbstverständlichkeit werden ließ, fiel ein Abschied. Der Abschied von der Dampflokomotive. Mit dem Ende des Winterfahrplans 1976/77 stellte die DB die letzten Maschinen der zu Ende gegangenen Ära außer Dienst. Am 14. und am 15. Mai 1977 standen sie noch einmal im Mittelpunkt: Zwischen Hannover, Duisburg und Osnabrück gaben drei Güterzug-Dampfloks der Reihen 042, 043 und 044 ihre Abschiedsvorstellungen vor zwei Sonderzügen. »Die Fahrten glichen rollenden Volksfesten«, berichtete die »Bundesbahn«. Aus ganz Mitteleuropa waren die Freunde der Dampflok angereist, um noch einmal dabei zu sein: »Mit Tempo 80 ging es über die Strecken, und wo sich auf den Bahnhöfen und sonst unterwegs winkende Menschen zeigten, wurde fröhlich gepfiffen. Den Lokführern sei hohes Lob nachgesagt: Mit Geduld und Verständnisbereitschaft ließen sie die dampfende Hauptdarstellerin posieren und agieren, so daß jeder mit Film und Ton auf seine Kosten kam.« Die Abschiedsfahrten waren dann aber doch nicht der allerletzte Auftritt von Dampfloks auf DB-Schienen. Im Jubiläumsjahr 1985 sollten einige liebevoll restaurierte Exemplare bei Sonderfahrten im fränkischen Raum zu neuem Leben erwachen – Attraktion zum runden Bahn-Geburtstag.

Bild 120: Mit Fahrten, die »rollenden Volksfesten« glichen, nahm die DB im Mai 1977 Abschied von der Dampflokomotive. Im Jubiläumsjahr 1985 sind die Dampfsonderfahrten der DB eine besondere Attraktion.

Bild 121: Rangierbahnhof Maschen von Süden gesehen; die große Halle in Bildmitte ist die Güterwagenausbesserung. (Freigabe Luftbildamt Hamburg, Luftbild-Nr. 1198/80).

Die Güterbahn: Die Schiene besinnt sich auf ihre Stärken

Ein girlandengeschmückter Container-Wagen rollte als erster über den Ablaufberg – 7. Juli 1977: Nach auf den Tag genau siebenjähriger Bauzeit ging in Maschen vor den südlichen Toren der Hansestadt Hamburg Europas größter und modernster Rangierbahnhof in Betrieb. Zum Auftakt großer Bahnhof für einen großen Bahnhof: Auf 280 Hektar Fläche entstand ein Gleisnetz von 375 Kilometern Länge mit über 1000 Weichen, 21 Brücken und 29 Hochbauten – davon allein sechs Stellwerke. Genaugenommen galt die Einweihung erst der ersten Hälfte des Rangierbahnhofes der Superlative – zunächst war nur das Nord-Süd-System in Betrieb; die Gegenrichtung folgte Anfang der 80er Jahre. Gewaltig die Kapazität des neuen Bahnhofs, der fünf völlig veraltete Anlagen in Hamburg überflüssig machte: Bis zu 11 000 Wagen können hier Tag für Tag »behandelt«, aus ankommenden Güterzügen in abfahrende Güterzüge rangiert werden. Die Kapazität der beiden Hauptablaufberge ist für eine Spitzenleistung von 320 Güterwagen in der Stunde ausgelegt – alle elf Sekunden kann ein Wagen vom »Berg« hinunter in das weitverzweigte System der Gleisharfen rollen!

Nicht die Größe macht Maschen zum herausragenden Ereignis in der jüngeren Geschichte des Schienengüterverkehrs, sondern die moderne Rangiertechnik, die in dieser Konsequenz und Vielseitigkeit nirgendwo zuvor verwirklicht worden war. In Maschen lenkt der Computer das Rangierge-

Bild 123: Weichenauftaugerät im Einsatz im Rangierbahnhof Maschen.

Bild 122: Güterwagen verschiedener Bauarten im Rangierbahnhof Maschen.

Bild 124: Der Hemmschuhleger in einem Güterbahnhof alter Bauart.

Bild 125: Die Balkengleisbremse unterhalb eines Ablaufberges als Bestandteil moderner Rangiertechnik.

Bild 126: In der letzten Etappe ist wieder der Mensch dabei: Rangierer beim Zusammenkuppeln der Schraubenkupplung zweier Güterwagen.

schäft. Über Datenvormeldenetze wird der Rechner bereits vor der Ankunft der Züge mit den Wagen-Daten gefüttert. Der Mensch muß nur noch die Kupplungen der Wagen lösen, dann übernimmt die Elektronik die Regie. Eine computergesteuerte Abdrücklokomotive schiebt den Zug über den Ablaufberg. Die Wagen trennen sich und finden über das ebenfalls computergesteuerte Weichensystem den Weg ins Richtungsgleis. Ein System modernster Gleisbremsen nimmt Schnelläufern die Fahrt, Förderanlagen geben zu langsamen Waggons mehr Schwung, ohne daß dafür eine Lokomotive notwendig wäre. Beides, Bremsen wie Schwung, sind wohlkalkuliert: Der Ablaufsteuerrechner mißt mit seinem Radar-Auge unterwegs immer wieder den einsamen Weg der Wagen durchs System und gibt blitzschnell rechnend exakte Anweisungen, wie stark die Rangiertechnik zupacken muß. Erst in der letzten Etappe ist der Mensch wieder dabei: Kupplungen und Bremsschläuche müssen verbunden werden, Bremsprobe, Papiere, Zuglokomotive und ab geht's. Seeverlader und Seegüterempfänger, das weitaus größte Kontingent der Güter-Bahnkunden im Großraum Hamburg, staunten über die Transportzeit-Verkürzungen zwischen Hamburg und seinem europäischen Hinterland, die der Rangierbahnhof der Superlative brachte – sie empfanden die Leistungssteigerung der Bundesbahn ganz und gar nicht hanseatisch unterkühlt als »sensationell«.

Maschen hatte Vorgänger und sollte Nachfolger bekommen. Schon unmittelbar nach dem Zweiten Weltkrieg war im Rangierbahnhof Gremberg bei Köln der Ablaufbetrieb mechanisiert worden, es gab schon Gleisbremsen und selbsttätige Weichensteuerungen, die allerdings noch nicht der Computer lenkte, sondern elektrische Relaistechnik. Im Rangierbahnhof Seelze wurde 1971 die erste vollautomatisch arbeitende prozeßrechnergesteuerte Ablaufanlage in Betrieb genommen. Dort waren auch zum ersten Mal neben Gleisbremsen, Beidrück-Einrichtungen installiert worden, die zu früh anhaltenden Wagen auf die Sprünge helfen. Mit der modernen Technik kamen auch die »Geisterloks«: Soweit nicht der Computer die Abdrückgeschwindigkeit am Berg regelt, macht dies der Bergmeister, der Chef am Ablaufberg, mit Funk-Fernsteuerung. Eine Technik, die seit 1962 erprobt wurde und sich mittlerweise bewährt hat (siehe auch Teil III).

Bild 127: Güterwagenausbesserung im Rangierbahnhof Maschen.

Bild 128: Ein Vorgänger des modernen Rangierbahnhofs Maschen war der Rangierbahnhof Gremberg bei Köln.

Die Modernisierung bestehender und der Bau neuer Rangierbahnhöfe mit hoher Kapazität und modernster Technik ist ein wichtiger Programmpunkt im Güterverkehr der Gegenwart geworden. Nachdem die Bahn in den Jahren der Hochkonjunktur alle Wagen voll zu tun hatte, geriet sie mit den sich langsamer drehenden Rädern der Wirtschaft immer stärker unter Wettbewerbsdruck. Um Leistungsfähigkeit und Preiswürdigkeit gegenüber der Straße und der Binnenschiffahrt zu stärken, begannen Mitte der 70er Jahre grundlegende Umstrukturierungen. Im Stückgutverkehr war es das »System 400«, das das Stückgutgeschäft auf die 400 Güterbahnhöfe konzentriert, die das stärkste Aufkommen haben. 1950 gab es noch 6000 Stückgutbahnhöfe, 1970 waren es noch 1000 gewesen. Die Konzentration bewirkte auch, daß die Zahl der Umladebahnhöfe für Stückgutsendungen auf unter 20 verringert werden konnte.

Konzentration des Güterverkehrs auf leistungsfähige Linien ist auch das Prinzip des Knotenpunktsystems, mit dem der Wagenladungsverkehr seit Mitte der 70er Jahre neu organisiert wurde. Im Zuge des neuen Systems schloß die Bahn seit 1975 rund 100 von damals 135 Rangierbahnhöfen und will nach Abschluß der Umorganisation mit nur noch 28 auskommen. Das Knotenpunktsystem sieht so aus: Kleinste Einheit ist der Satellit – einer von rund 4700 Bahnhöfen, Haltestellen oder Anschlußgleisen. Wobei die privaten Schienen mit die größte Rolle spielen: Etwa 15000 bundesdeutsche Firmen nutzen Gleisanschlüsse direkt bis in die Fabriken und Lagerhallen; rund 95% des gesamten Aufkommens im Wagenladungsverkehr starten privat oder kommen außerhalb des DB-Geländes an. Die Satelliten »umkreisen« ihren Knotenpunktbahnhof, zu dem Einzelwagen oder Wagengruppen gefahren werden. Derzeit gibt es bei der DB rund 300 solcher Sammelpunkte. Dann werden die Wagen in Zubringerzügen zum nächsten Rangierbahnhof befördert, von wo aus sie im Idealfall ohne weitere Zwischenaufenthalte bis zum Rangierbahnhof gefahren werden, dem der Knotenpunkt des Ziel-Satelliten zugeordnet ist. Denn das ist die Faustregel des Güterverkehrs auf der Schiene: Je seltener Wagen rangiert werden müssen, desto besser kann die Bahn ihre Systemvorteile ins Spiel bringen. Große Mengen Gut zwischen zwei Orten durchgehend zu transportieren – darin liegt ihre besondere Stärke.

Aus dieser Erkenntnis heraus schuf die DB zum Sommerfahrplan 1984 ein leistungsfähiges Nachtsprung-System für Wagenladungsverkehr und in gewissem Umfang auch Stückgut-Sendungen: InterCargo. 88 InterCargo-Züge verbinden die elf bedeutenden Wirtschaftszentren der Bundesrepublik im schnellen Nachtsprung miteinander. Was die Wirtschaft der Bahn bis 16.00 Uhr anvertraut, ist in aller Regel am nächsten Morgen spätestens zwischen 8.00 und 9.00 Uhr beim Empfänger zur Entladung bereit. Ein Spitzenangebot für den hart umkämpften Teilmarkt der eilbedürftigen hochwertigen Güter von Lebensmitteln bis zu Vorprodukten und Halbfertigwaren, bei dem die Bahn nach einer erfolgreich abgeschlossenen Anlaufphase die Nachtsprung-Beförderung sogar garantiert. In allen elf Wirtschaftszentren werden am Abend sämtliche eilige Güterwagenladungen gesammelt und von insgesamt 1200 Bahnhöfen aus in Zubringerzügen zu den InterCargo-Zugbildungsbahnhöfen des jeweiligen Wirtschaftsgebietes gefahren. Ab etwa 21.00 Uhr starten von dort aus die eigentlichen InterCargo-Züge, die in aller Regel bis um 5.00 Uhr morgens ihren Endbahnhof erreicht haben, von dem aus noch bis spätestens 9.00 Uhr die Feinverteilung zum Empfänger möglich ist. Mit dem neuen Angebot hat die DB eine bis dato fast eisern zu nennende Grundregel des Eisenbahnverkehrs umgestoßen: InterCargo-Güterzüge haben nachts auf allen Strecken Vorfahrt, sieht man einmal von den Intercity-Zügen ab, die um diese Zeit ohnehin rar sind.

In die Disposition von Wagen und Zügen ist der Computer eingeschaltet. Das neue elektronische Fahrzeug-Informations- und Vormeldesystem der DB (FIV), das erster Schritt eines umfassenden rechnerunterstützten Transportsteuersystems ist (vgl. hierzu Teil III), macht überhaupt erst die reibungslose schnelle Zusammenstellung der InterCargo-Züge in den Ausgangsbahnhöfen und ihre weitere Behandlung am Ziel möglich. Unterwegs erfahren die 88 Top-Güterzüge auch in der Laufüberwachung eine Sonderbehandlung. Wie die Intercity-Züge des Personenverkehrs wird ihre nächtliche Route zentral in der Intercity-Betriebsüberwachung in Mainz registriert.

In der ersten Phase hat das neue System noch einen Schönheitsfehler. Die Entfernung zwischen den Wirtschaftsräumen Hamburg und München ist im derzeitigen Schienennetz so groß, daß der Nachtsprung nur bei früheren Abfertigungs- und Abfahrtzeiten funktionieren kann. Erst wenn die Neubaustrecke Hannover–Würzburg Ende des Jahrzehnts in Betrieb gehen wird, wird die derzeit mit einem TEEM-Zugpaar bediente Relation voll ins System aufgenommen werden.

Mit InterCargo hat die Bahn auch ein neues Angebot im Stückgut-Bereich auf den Markt gebracht. Seit Herbst 1984 werden Sendungen ab 1000 Kilogramm als »Partiefracht« zwischen zunächst 26 Partiefrachtbahnhöfen mit InterCargo-Zügen befördert. In den Versand-Partiefrachtbahnhöfen werden die Sendungen zu kompletten Wagenladungen zusammengestellt und direkt zum Empfangs-Partiefrachtbahnhof befördert. Einschließlich des Vorlaufs und des Nachlaufs auf der Straße werden Beförderungszeiten von Haus zu Haus innerhalb höchstens 24 Stunden erzielt.

Auch im Kleingutbereich versucht die Bahn verstärkt, die hohen Geschwindigkeiten ihrer Züge als Trumpfkarte auszuspielen. Ende 1983 wurde der Intercity-Kurierdienst eingerichtet, der zunächst nur zwischen den 34 Intercity-System-Bahnhöfen angeboten, später aber auf sämtliche IC-Stationen ausgedehnt wurde und seit dem 1. April 1984 auch die meisten größeren Bahnhöfe in der Schweiz einbezieht. IC-Kuriergut wird in den Dienstabteilen der Zugbegleiter der Intercity-Züge befördert; bei Bedarf werden die Sendungen auch in den IC-Knotenbahnhöfen in den Anschluß-Zug umgeladen. Seit Ende 1984 bietet die DB mit privaten Straßenkurierdienstfirmen als Partner in den IC-Städten auch für den Kurierdienst den Haus-Haus-Service an.

Das Ziel, mit attraktiven Transport-Geschwindigkeiten Märkte zu erschließen, bestimmte auch eine Reform des über 100 Jahre alten Expreßgut-Verkehrs, der Anfang 1984 in einen »Termindienst« und den »Expreßdienst« aufgeteilt wurde. Zwischen rund 60 größeren Personenbahnhöfen bietet die Bahn mit dem »Termindienst« für eilige Stückgutsendungen garantierte Beförderungszeiten über Nacht. Hierbei wurde ein neues Tarif-System entwickelt, das lediglich nach Gewichtsklassen gestaffelte Pauschalpreise kennt, die Entfernung aber völlig außer acht läßt. Außerhalb dieser Relation zwischen den 60 großen Bahnhöfen übernimmt der »Expreßdienst« die klassischen Expreßgut-Aufgaben – mit einem beachtlichen Aufkommen: 1984 wurden knapp 27 Millionen Sendungen befördert.

Nachdem die Bahn in den Zeiten der Hochkonjunktur bemüht war, ihren Güterwagenbestand für die wachsenden Transportaufgaben aufzustocken, befindet sich der Fahrzeugpark seit den 70er Jahren in einem milliardenschweren Wandlungsprozeß. Die noch zu Reichsbahn-Zeiten begonnene, damals zögernde Spezialisierung weg von den Einheitswagen wurde zur erklärten »Modellpolitik« der modernen DB: Spezialisten für jede Transportaufgabe zu haben – das ist das Ziel. Ende 1984 bestand bereits annähernd die Hälfte des rund 262000 Fahrzeuge großen Güterwagenparks aus Wagen der Sonderbauarten. Spezialisierung bedeutet bei der Fahrzeug-Entwicklung zunächst einmal Anpassung des Güterwagens an das jeweilige Ladegut und Anpassung an die Art der Umschlagtechnik. Ganz gleich welche Ladung, Ziel ist es, dem Kunden in der Wirtschaft ein optimal zu nutzendes Fahrzeug zu bieten, das er rationell auslasten und zudem schnell und kostengünstig be- und entladen kann. So entstanden Selbstentladewagen unterschiedlichster Bauarten mit sehr differenzierter Technik für die Entladung, Schiebewandwagen zur Beladung mit palettiertem Gut direkt durch den Gabelstapler. Oder auch Spezialisten für den Autotransport: Vom Fließband des Herstellers geht es gleich rauf auf die modernen Doppelstockwagen, deren erste Generationen bereits in den 50er Jahren entstanden.

Gemeinsam ist den modernen Güterwagen-Generationen, daß die Fahrzeuge größer werden und mehr Ladungsgewicht verkraften. So wurde die Obergrenze der zulässigen Achslasten für zwei- und vierachsige Güterwagen von 20 auf 22,5 t angehoben. Parallel dazu läuft die Entwicklung hin zu immer mehr mehrachsigen Drehgestellwagen: Auf zwei- oder dreiachsigen Drehgestellen läßt sich vom Gewicht wie von der Masse her mehr transportieren als in den herkömmlichen Fahrzeugen mit zwei Lenkachsen.

Vier Beispiele dokumentieren, wie vielseitig der moderne Güterwagenpark geworden ist: Mit der Bauart Laaeks 553 erfuhr das Angebot an Autotransportwagen eine zeitgemäße Variante: Zwei zum »Pärchen« kurz gekuppelte Zweiachser ersetzen die bisherige dreiachsige Einheit. Der neue Typ verspricht weniger Wartungsaufwand, erfüllt Normen des internationalen Verkehrs und bietet verbesserte Ladungslängen. Ein Detail: Fahrzeuge mit Frontspoiler können auf ihn gefahrlos fürs tiefe Blech hinauffahren. – In der Reihe der Schiebewandwagen ist der Hbbikks-t 305 entstanden. Er bietet einen um einen Meter längeren Laderaum als sein Vorgänger und hat damit maximal 40 Paletten-Stellplätze und ist mit zweiteiligen schwenk- und verriegelbaren Trennwänden als Transportschutzeinrichtung ausgerüstet. – In der Reihe der Haubenwagen ist der neuentwickelte Sahimms 900 mit zwei dreiachsigen Drehgestellen das derzeit leistungsstärkste Fahrzeug. Er kann fünf Blechrollen (Coils) mit Gewichten zwischen 25 t und 45 t aufnehmen und sie regensicher und rutschfest transportieren. – Für den Kali- und Salzverkehr wurde ein gedeckter Drehgestellgüterwagen mit schlagartiger Selbstentladevorrichtung (Bauart Tals) entwickelt, dessen Wagenkasten aus Nirosta ist. Dieses Fahrzeug löst ein Problem, das in der Vergangenheit viel Kopfzerbrechen bereitet hatte: Das korrosive Gut greift Stahlbleche und Entlade-Mechanismen an und beeinträchtigt so schon nach kurzer Zeit die herkömmlichen Fahrzeuge. Der Nirosta-Wagen braucht nie einen Anstrich und kommt mit dünneren Wänden aus, weil seine Bleche keinen verstärkenden Rostzuschlag benötigen. Auch klassische, vielseitig verwendbare Fahrzeugtypen erfahren Neu-Auflagen: An die Stelle der alten zweiachsigen offenen Güterwagen der Regelbauart tritt mehr und mehr das vierachsige Fahrzeug der Bauart Eaos 106, das im übrigen – wie eine ganze Reihe der Neubauten – international standardisiert ist.

Obwohl die Bahn in den letzten Jahren über 20000 Güterwagen ausgemustert hat, stieg ihr Angebot an Ladekapazität: Weniger Wagen transportieren mehr Gut, mit weniger Aufwand also kann die DB so ihre Erträge steigern. Die modernen Güterwagen sind generell für Höchstgeschwindigkeiten von 100 km/h und mehr zugelassen – ein Schritt auf dem Weg, den Schienengüterverkehr generell zu beschleunigen, um im Wettbewerb besser die Systemvorteile ausspielen zu können. 1984 hob die DB im Rahmen eines Pilotbetriebes auf einigen Strekken die Höchstgeschwindigkeit für Güterzüge auf 90 km/h an, InterCargo-, TEEM- und Schnellgüterzüge verkehren vereinzelt bereits mit 115 km/h. Höhere Geschwindigkeit im Güterverkehr ist zum einen ein Rechenexempel mit dem Faktor Wirtschaftlichkeit, zum anderen aber auch eine Sicherheitsfrage: Ähnlich wie beim Intercity-Schnellverkehr

Bild 129: Neuentwickelter Haubenwagen der Reihe Sahimms 900.

reichen zumindest bei langen und schweren Güterzügen die Bremswege zwischen Vor- und Hauptsignal ab Tempo 120 nicht mehr zuverlässig aus. Mitte der 80er stellte die Bahn deshalb – gerade auch im Hinblick auf ihre Neubaustrecken-Projekte – Überlegungen an, Strecken und Loks für schnellfahrende Güterzüge ebenfalls mit Linienzugbeeinflussung auszustatten.

Zur Spezialisierung des Güterwagenparks steuert die Wirtschaft seit Jahrzehnten Geld und Ideen bei: Ein weißes P im weißen Rahmen kennzeichnet 50000 Fahrzeuge als Privatgüterwagen. Wie schon zu Reichsbahnzeiten hat auch die DB keinerlei Fahrzeuge für den Transport von flüssigen oder gasförmigen Stoffen beschafft. Dieses Transportgeschäft ist – soweit es keine Firmen-Fahrzeuge gibt – die Domäne der großen Vermietgesellschaften wie zum Beispiel der Vereinigten Tanklager- und Transportmittel GmbH – VTG – oder der Eisenbahn-Verkehrsmittel AG (EVA). Auf Initiative der Wirtschaft entstanden auch darüber hinaus Privatwagen in Sonderbauarten, die die Bahn selbst gar nicht hat oder erst Jahre später beschaffte.

Andererseits aber unterhält die Industrie auch in großen Stückzahlen solche Güterwagen, die sich lediglich durch die Aufschrift und das »P« von DB-Transportern unterscheiden. Ein besonders markantes Beispiel liefert der Erzverkehr von den Nordseehäfen Hamburg und Bremen zu den Hütten des Salzgitter-Konzerns in Peine und Salzgitter. In fahrplanmäßigen Ganzzügen aus 40 modernsten sechsachsigen Selbstentladewagen mit je 100 t Kapazität wird der Rohstoff für die Stahlkochtöpfe bis zu 80 km/h schnell von der Nordsee nach Niedersachsen transportiert. »Voll« werden diese Züge von zwei Loks der Reihe 151 in Doppeltraktion gezogen. Die Wagen sind Privatwagen von P+S. Denselben Typ setzt auch die DB im programmierten Massengutverkehr ein und stellt so Relationen zwischen den Seehäfen und den Industriegebieten oder beispielsweise auch zwischen dem Ruhrgebiet und der Saar her.

Bei den durchweg im geschlossenen Verband fahrenden Zügen hat die DB Wagen wie Lokomotiven mit der automatischen Mittelpufferkupplung versehen – jenem Bindeglied von Schienenfahrzeug zu Schienenfahrzeug, das technisch schon jahrzehntelang tauglich wäre, um das letzte bißchen Hand-

Bild 130: Weißes »P« im weißen Rahmen: Privatgüterwagen (Pfannenwagen) der Thyssen AG, beladen mit Flüssigeisen, im Bahnhof Oberhausen-West.

Bild 131: Entladung von Ganzzügen in einem Zementwerk in Karlstadt am Main.

Bild 132: 5000 Tonnen schwerer Erzzug der DB auf der Moselstrecke am Pünduricher Viadukt.

arbeit beim Rangieren, das Verbinden und Trennen der Wagen, rationell und modern zu machen. Gerade im Massengutverkehr hat die Mittelpufferkupplung bewiesen, daß sie auch extreme Zugaufgaben reibungslos und zuverlässig erfüllt. Im Prinzip sind sich Europas Bahnen seit langem darüber einig, daß diese Kupplungsart kommen muß. Bereits 1972 hatten sie sich auf eine gemeinsame Bauart verständigt, die auch harte Prüfungen überstanden hatte. Damals war die Einführung für die 80er Jahre geplant, wurde aber wieder verschoben. Der Grund: Die Umstellung, die nur dann einen Sinn hat, wenn nahezu der gesamte europäische Wagenpark kurzfristig das neue Kupplungssystem erhält – die alte und die neue Verbindungs-Technik sind nun einmal nicht kompatibel –, wird Millionensummen verschlingen. So blieb sie in den letzten Jahrzehnten auf Fahrzeuge und Verkehrssysteme beschränkt, die in der Vielfalt des Eisenbahnbetriebs ihre ganz eigene, nicht austauschbare Rolle haben – das begann bei den Fernschnelltriebzügen und den alten TEE-Einheiten und führt hin bis zu S- und U-Bahnen.

Neben Fahrzeugpark und Anlagen für den Kombinierten Ladungsverkehr, von dem noch in anderem Zusammenhang die Rede sein wird, verfügt die DB über Spezialistenteams und Fahrzeuge für Transportaufgaben, die sie nicht im Rahmen des alltäglichen Güterverkehrs abwickeln kann – für in Gewicht und Ausmaßen überdimensionierte Sendungen vom Transformator über Brücken, Generatoren bis hin zu Reaktor-Teilen. Seit 1969 sind Transporte mit Lademaß-Überschreitung, kurz Lü-Transporte genannt, praktisch europaweit Aufgaben der Einsatzgruppen Schwer- und Großraumtransporte in Schwerte/Ruhr und in Darmstadt. Während die Westfalen Schienen-Schwertransporte durchführen, sind die Hessen für dicke Brocken auf der Straße zuständig. In den letzten Jahren wurden leistungsfähige Fahrzeuge für solche Sonderaufgaben beschafft. Der »stärkste« Güterwagen der DB ist der Uaai 839, der auf 32 Achsen bis zu 450 t Gewicht transportieren kann. Für die Straße stehen Transporter des Typs LS 250 zur Verfügung – bullige Brummis mit zehn Achsen, von denen acht lenkbar sind. Lü-Transporte bedürfen nicht selten mona-

telanger Vorbereitung und sind häufig um hunderte Kilometer länger als der direkte Weg zwischen Start und Ziel. Denn nicht jede Strecke, jede Brücke kann die hohen Gewichte verkraften, Tunnelportale oder Bahnsteigdächer versperren manchen Weg. Und oft müssen Signale oder Masten vorübergehend flach gelegt werden, damit die gewichtigsten Güter der Bahn ihr Ziel erreichen können.
Bereits seit den 30er Jahren ist die Bahn im Güterverkehr auch auf der Straße präsent, denn schon zu Reichsbahnzeiten erkannte man, daß die Transportaufgaben nicht dort enden müssen, wo keine Schienen verlegt sind. Während der Güterkraftverkehr damals vorwiegend Abschirmfunktion gegenüber Wettbewerbern hatte, ist es für die moderne DB selbstverständlich, daß zu ihrem Dienstleistungsangebot neben der Schiene auch der Straßentransport überall dorthin gehört, wo es wirtschaftlich sinnvoll ist. Während die Reichsbahn zu Kriegsbeginn rund 3000 Lastwagen einsetzte, ist die DB als größtes Güterkraftverkehrsunternehmen in der Bundesrepublik konsequent den Weg der Partnerschaft gegangen: Für den Güterfernverkehr hat sie lediglich knapp 100 eigene Lastzüge, rund 4000 weitere fahren im Auftrag der DB und

Bild 133: Vollautomatische Entladung eines Großraum-Selbstentladewagens der Bauart Fals mittels elektromagnetischer Steuerung der Seitenklappen.

Bild 134: Sattelwagen für Erztransport Faals 150 mit dreiachsigen Drehgestellen und Mittelpufferkupplung für den Einsatz in geschlossenen Zügen bis zu 5000 t.

Bild 135: Das größte Güterkraftverkehrsunternehmen der Bundesrepublik – die DB – besitzt rund 100 eigene Lastzüge, 4000 weitere fahren »im Auftrag der DB«.

Tabelle Bestand an Güterwagen (nach Bauarten gegliedert)

	Wagenbauart	Kennzeichnung	Baujahr	Stückzahl
I.	Güterwagen mit geschlossenem Kastenaufbau			
	2achs. gedeckte Güterwagen der Regelbauart	G, Gb, Hbc	1953–71	58579
	2achs. Schiebewandwagen	Hbi	1966–83	14846
	2achs. Schiebedach-/Schiebewandwagen	Ti, Tbi	1957–75	9825
	2achs. Schiebedachwagen	T, Tc	1951–67	4710
	4achs. Schwenk- bzw. Rolldachwagen	Tae	1964–77	3682
	2achs. Fährbootwagen	Hf, Tcf	1953–65	343
	2achs. Kühlwagen	I, Ib, Ibb	1953–74	1040
II.	Güterwagen mit offenem Kastenaufbau und speziellen Ladegefäßen für Schüttgüter			
	2achs. offene Güterwagen der Regelbauart	E	1953–66	36053
	4achs. offene Güterwagen der Regelbauart	Ea	1978–84	6473
	2achs. Muldenkippwagen	F – z	1952–70	3807
	2achs. Kübelwagen	Fb – zz	1930–57	203
	2achs. Güterwagen mit regelbarer Schwerkraftentladung	Fc, Td	1955–81	32240
	4achs. Güterwagen mit regelbarer Schwerkraftentladung	Tadg	1972–84	963
	4- u. 6achs. Güterwagen mit schlagartiger Schwerkraftentladung	Fal, Faal, Tal	1954–83	11485
	2- u. 4achs. Staubbehälterwagen	Uc, Uac	1955–71	1837
III.	Güterwagen ohne Kastenaufbau			
	2achs. Flachwagen der Regelbauart	Kl, Kb, Us	1936–67	25738
	4achs. Flachwagen der Regelbauart	R, Re	1934–84	20705
	4achs. Flachwagen mit hohen Rungen und Niederbinde-Einrichtung	Sp	1978–84	1962
	6achs. Flachwagen	Sa	1942–84	1458
	6achs. Flachwagen mit Lademulden für Blechrollen	Sah	1969–77	3893
	4- u. 6achs. Güterwagen mit verschiebbaren Hauben und Lademulden für Blechrollen	Shi, Sahi	1972–84	1628
	3- u. 4achs. Güterwagen für den Kraftfahrzeug-Transport	Lae, Laa, Laae, Laad	1955–73	6417
	Tiefladewagen	Ui, Uai, Uaai	1957–78	268
IV.	Güterwagen für den kombinierten Ladungsverkehr			
	2achs. Tragwagen für Container- und Wechselbehälter	Lb, Laab, Kglp, Lbgj, Lgj	1954–81	6141
	4achs. Tragwagen für Container- und Wechselbehälter	Sgj	1968–84	4019
	4achs. Huckepack-Taschenwagen	Sd	1971–81	712
	zweigliedrige 4achs. Huckepack-Wippenwagen	Saad	1969–72	160
	8achs. Huckepack-Niederflurwagen »Rollende Landstraße«	Saad	1969–81	269
V.	Schmalspur-Güterwagen	F, H, L	1900–71	45
VI.	Güterzug-Gepäckwagen	Pwg	1942–58	141
	Quelle: Jahresabschluß Fahrzeuge '84 (Band II)	Zusammen (Stand 31. 12. 84):		259642

gehören in der Überzahl mittelständischen Unternehmern. Sie sind in der Genossenschaft der Güterkraftverkehrsunternehmer der Bundesbahn (GdB) zusammengeschlossen. An einem Tochterunternehmen der GdB ist die Bundesbahn seit 1979 zu 50% unmittelbar beteiligt: die Transa Transport- und Abfertigungsgemeinschaft-GmbH. Dank dieses Engagements kann die Bahn über die Brummis wie über eine eigene Spedition verfügen und je nach Transportaufgabe den Kunden aus der Wirtschaft Schienenleistungen ebenso wie Straßenleistungen andienen. Die Generalvertretungen und die Kraftverkehrsstellen der DB wurden in diesem Zusammenhang als bundesweit schlagkräftige Organisation für Akquisition und Auftragsabwicklung auch Transa-Repräsentaten.
Im Güternahverkehr beschreitet die Bahn ähnliche Wege wie im Fernverkehr: Knapp 70 eigenen Fahrzeugen stehen Verträge mit über 600 Unternehmern gegenüber, die zum Teil als »Bedarfsverträge« konzipiert sind: Mit einer jährlichen Transportleistung von rund 2,5 Millionen Tonnen ist dieses Bein des Güterkraftverkehrs der Bahn nicht so stark, daß alle Fahrzeuge rund um die Uhr ausgelastet wären.
Transportleistungen über das DB-Schienennetz hinaus buchstäblich weltweit bietet eine 100%ige Bahn-Tochter, deren Name rund um den Globus einen guten Klang hat: Die Spedition Schenker. Seit 1931 hält die Bahn die Anteile der Schenker & Co. GmbH, Berlin, nachdem die Reichsbahn das bereits 1872 von dem Schweizer Kaufmann Gottfried Schenker gegründete Unternehmen kaufte, um für das Aufgabengebiet des Sammelgutverkehrs eine tüchtige Tochter zu haben. Die Tochter wuchs über diese Aufgabe hinaus. Heute agiert der Speditionskonzern in über 100 Staaten und beschäftigt 11 000 Mitarbeiter. Allein in der Bundesrepublik erwirtschaftet das Unternehmen Verkehrsumsätze in Größenordnungen um zwei Milliarden DM im Jahr.

Dienstleister DB: Gemeinsam statt gegeneinander

Gegen Ende des Jahres 1984 verbannte die DB ein Ungetüm von den Straßen, das über Jahrzehnte als »rollendes Anschlußgleis« fernab von den Schienen liegende Fabriken mit ganzen Güterwagen versorgte – der Culemeyer-Straßenroller. Am 12. Oktober 1933 war zum ersten Mal ein Güterwagen auf den Straßenroller gestellt worden; die Idee des Ingenieurs Johann Culemeyer war bahnbrechend, denn nun konnten Wagenladungen auch zu Kunden ohne Gleisanschluß gebracht werden, ohne daß ein zeitraubender und kostspieliger Umlade-Vorgang notwendig war.
Bis in die 60er Jahre hinein war der Straßenroller, der im übrigen bei anderen Eisenbahnen auch 1985 noch eingesetzt wurde, praktisch ohne Konkurrenz. Dann begannen aber die neuen Transport-Techniken, ihn zu überholen, bis er schließlich als Relikt der Vergangenheit gewissermaßen in den Ruhestand geschickt wurde. Die neuen Techniken – das waren und sind die Techniken des Kombinierten Ladungsverkehrs. Nicht mehr der Güterwagen wird von der Schiene auf ein Straßenfahrzeug gestellt, sondern das Straßenfahrzeug auf den Spezialgüterwagen: Huckepack-Verkehr. Oder, die Variante, nur noch das Transportgefäß wechselt den fahrbaren Untersatz oder tauscht ihn gar gegen einen schwimmenden oder fliegenden aus: Container.
Der Siegeszug der Container-Transporttechnologie begann am 5. Mai 1966, als die »Fairland« als erstes amerikanisches Spezial-Containerschiff im Bremer Überseehafen am Schuppen 16 B festmachte. Die Verkehrsträger zu Lande standen vor einer Herausforderung, der sie zunächst mit Skepsis begegneten, ja, in Fachkreisen war seinerzeit sogar von

Bild 136: »Rollendes Anschlußgleis« fernab von der Schiene.

Bild 137: Güterzug im Rheintal bei Oberwesel.

Bild 138: Portalstapler – auch Van-Carrier genannt – werden hauptsächlich in den Seehäfen für die Containerverladung verwendet.

»Container-Hysterie« die Rede. Auch bei der Bahn gab es Experten, die die Nachrichten von der Container-Flut über den großen Teich eher zurückhaltend beurteilten. Gleichwohl hatte die DB bereits 1966 in der Öffentlichkeit klargemacht, daß sie sich durchaus für die Transportaufgaben mit den großen Stahlblech-Kisten gewachsen fühlte. Es bestanden bereits erste Pläne für Container-Terminals zum Umschlag im Binnenland, und vorausschauend wurden bereits sehr konkrete Vorschläge im Hinblick auf standardisierte europäische Container-Tragwagen unterbreitet. Von Anfang an war auch klar, daß die Bahn sich auf ihre Qualitäten und technischen Möglichkeiten in dem neuen, sich anbahnenden Transportgeschäft beschränken wollte. »Organisatorisch gesehen«, so war damals in der »Bundesbahn« nachzulesen, »fordert jede Form des kombinierten Verkehrs ein enges Zusammenwirken zwischen verschiedenen Verkehrsträgern.« Wie diese Kooperation aussehen sollte, dafür gab es verschiedene Denkmodelle – im Prinzip stand aber schon fest, daß sich Schiene und Straße zu kombinierter Gemeinsamkeit zusammenfinden mußten.

Allen Unkenrufen zum Trotz nahm die neue Transportform ihren Aufschwung. In den Seehäfen entstanden die ersten leistungsfähigen Container-Terminals, und im Binnenland stampfte die DB bis Anfang der 70er Jahre rund 50 Umschlag-Bahnhöfe aus dem Boden. Zwei Zahlen belegen die stürmische Aufwärtsentwicklung: 1967 förderte die Bundesbahn knapp 17500 Großcontainer, 1973 waren es über 460000. In Windeseile war der spezielle Wagenpark entwickelt worden, wurden Zugmaschinen und Containerchassis für den Straßenzustelldienst beschafft. Neben der Beförderung im nächtlichen Schnell- und Eilgüterzugnetz wurden die Container praktisch von Anfang an auch in eigenen Container-Schnellgüterzügen als zielreine Ganzzüge gefahren. 1969 gründete die Bahn als Tochtergesellschaft die Transfracht Deutsche Transportgesellschaft mbH, Frankfurt. Eine Firmengründung, die das sich wandelnde Bahn-Selbstverständnis zum Dienstleistungsunternehmen kennzeichnete: Die Transfracht übernimmt die komplette Abwicklung im Container-Transport vom Auftrag bis zur Auslieferung an den Empfänger. Das war vorher nicht so: Wer vor der Geburt dieser Tochter-

Bild 139: Bahnpolizeistreife im Container-Bahnhof Frankfurt (M)-Ost.

Bild 140: Container-Seitenstapler SL 10 im Einsatz im Container-Bahnhof Bochum-Langendreer.

gesellschaft einen Container benötigte, mußte sich um jeden einzelnen Schritt von der Gestellung der Stahlblechkiste bis zum Ende ihrer Reise selbst kümmern. Auf internationaler Ebene schlossen sich die europäischen Eisenbahnen zur »Intercontainer« zusammen, dem grenzüberschreitend tätigen Pendant der deutschen Bahntochter.
Der Siegeszug der Container ließ sich auch nicht durch die Wirtschaftsflauten bremsen, sondern stieg kontinuierlich an. So erreichte der Großcontainerverkehr der DB im Jahr 1984 ein Volumen von knapp acht Millionen Tonnen und damit abermals 10% mehr als im Vorjahr. Der Bestand an Tragwagen für Container und Wechselbehälter wurde kontinuierlich ausgebaut und umfaßt inzwischen mehr als 10000 Fahrzeuge. Im Hinblick auf den wachsenden Großcontainerverkehr kaufte die DB über 4000 vierachsige Container-Tragwagen. Über 70 Terminals, teils DB-eigene, teils Transfracht-Umschlagplätze, stehen für den schnellen Wechsel der Behälter von der Schiene auf die Straße und umgekehrt zur Verfügung.

Bild 141: Verladung von Wechselbehältern mit einem Portalkran auf Containertragwagen im Umschlagbahnhof Neu-Ulm.

Bild 142: Huckepack-Niederflurwagen »Rollende Landstraße« (Saadkms 690).

Mit dem Container-Siegeszug blühte auch der Huckepack-Verkehr als Variante des kombinierten Geschäftes auf. 1968 entstand auf Anregung des Bundesverkehrsministeriums die Kombiverkehr – Deutsche Gesellschaft für kombinierten Güterverkehr mbH & Co. KG, in der seitdem die Wettbewerber Schiene und Straße als Kommanditisten den Huckepack-Verkehr betreiben. Nachdem bereits die Reichsbahn Lkw-Anhänger im »Umsetzverkehr« aus dem Reichsgebiet nach Ostpreußen transportiert hatte, wurden die Huckepack-Techniken perfektioniert und erweitert: Neben der Beförderung von Sattelanhängern und Wechselbehältern kam schon 1969, als zwischen 17 Verladebahnhöfen im Bundesgebiet bereits 29 Huckepack-Schnellgüterzüge der Kombiverkehr fuhren, die »Rollende Landstraße« hinzu: Zwischen Köln und Ludwigsburg, bzw. Köln und Verona reisten erstmals komplette Lastzüge auf besonderen Niederflurwagen der Bauart Simmering-Graz-Pauker als Ganzzüge mit Reisegeschwindigkeiten, die auf der Straße selbst bei idealen Witterungs- und Verkehrsbedingungen nicht zu erreichen waren. In den 80er Jahren wurde mit dem Huckepack-Niederflurwagen vom Typ Saadkms 690 ein neues Fahrzeug für die »Rollende Landstraße« entwickelt, dessen Ladekapazität um rund 50% größer ist: Die Wagen sind erheblich länger – dank ihrer Drehgestelle mit extrem kleinen Rädern. Analog zur Entwicklung im Containerverkehr wird dieses Schiene-Straßen-Angebot europaweit von der Interunit koordiniert, die ebenfalls eine Tochter der europäischen Eisenbahnverwaltungen ist. Der Huckepack-Verkehr erreichte 1984 ein Transportvolumen von fast 7,4 Millionen Tonnen; er hatte sich im Vergleich zu 1983 mit der Wiederbelebung der Konjunktur um glatte 12% gesteigert.

Nachdem die beiden Spielarten des Kombinierten Ladungsverkehrs zunächst noch weitgehend ein Eigenleben geführt hatten, wuchs in den 70er Jahren nach und nach das »Grüne Netz« – der kombinierte Verkehr war seinerseits kombiniert worden. Über 150 Züge mit Lastwagen, Aufliegern, Wechselbehältern und Containern rollten als Schnellgüterzüge über weite Distanzen ohne zeitraubende Unterwegshalte- oder gar Rangier-Stopps im Nachtsprung. Zum Spitzenreiter entwikkelte sich das Zugpaar 52080/52081 zwischen Hamburg und München, das für eine Höchstgeschwindigkeit von 115 km/h zugelassen ist und die Distanz von der Elbe an die Isar bzw. umgekehrt in rund 10 Stunden überwindet. Die »Rollenden Landstraßen« ergänzt die Bahn in einigen Verbindungen um Liegewagen, in denen die Kapitäne der Landstraße unbesorgt ihrem Zielbahnhof entgegenschlummern können.

Nach dem erklärten Willen des Rates der Europäischen Verkehrsminister soll der Kombinierte Ladungsverkehr weiter ausgebaut werden – nicht nur, um den Bahnen Marktanteile im Güterverkehrsgeschäft zu sichern: Dahinter stehen auch handfeste volkswirtschaftliche Aspekte wie Energieeinsparung, Straßenentlastung und Umweltschutz. So errechnete das Bundesverkehrsministerium in einer Studie Anfang der 80er Jahre, daß der Container- und Huckepack-Verkehr bei einem Volumen von rund 18 Millionen Tonnen im Jahr mehr als eine Million Lkw-Fahrten überflüssig macht. Bezogen auf die Hauptverkehrsströme in der Bundesrepublik würde das bedeuten, daß der Straßenverkehr auf den hauptsächlich belasteten Nord-Süd-Autobahnen um bis zu 18% abnehmen könnte.

Bild 143: Partnerschaft zwischen Schiene und Straße: Autoreisezug vor der Abfahrt im Bahnhof Neu-Isenburg.

Eine stolze Zahl dokumentiert den Trend im Kombi-Geschäft: Am 26. Oktober 1984 verließ die dreimillionste Huckepack-Sendung den Umschlagbahnhof Köln-Eifeltor. Während sich die arbeitsteilige Partnerschaft zwischen Schiene und Straße bislang auf den Schienentransport beschränkte, wurde 1984 erstmals auch Gemeinsamkeit im Umschlaggeschäft begründet: Die Deutsche Umschlaggesellschaft Schiene–Straße, kurz DUSS genannt, in der Bundesbahn und Straßengüterverkehr zusammen engagiert sind, übernahm im August 1984 die Betriebsführung einer neuen leistungsfähigen Umschlaganlage in Freiburg. Zu den Aufgaben der Gesellschaft gehört es, Orte ausfindig zu machen, die als Umschlagplätze für Schiene und Straße gleichermaßen von Interesse sind. Im Rahmen eines Forschungsprojektes plant DUSS für den Wirtschaftsraum Düsseldorf/Neuss eine weitere Anlage, wobei es um Fragen der für Schiene und Straße gleichermaßen günstigen Anschlüsse ebenso geht wie um die betriebswirtschaftlich rationellste Abwicklung mit modernen Verladetechniken.

Ein ganz anderes Kapitel in der Partnerschaft zwischen Schiene und Straße ist das Auto-Reisezug-Angebot. Nach den Anfängen in den 50er Jahren entwickelte sich rasch ein dichtes Netz von Autoreisezugverbindungen mit innerdeutschen wie internationalen Verbindungen. Die ursprünglich angestrebte Verladung in Doppelstock-Gepäckwagen erwies sich schnell als zu aufwendig; wie beim Fahrzeug-Transport von den Automobilherstellern zu den Händlern setzte die Bahn Güterwagen ein. Schließlich entstanden bei der DB rund 300 Autotransportwagen mit Drehgestellen und Scheibenbremsen, die dank ihrer zugelassenen Höchstgeschwindigkeit von 160 km/h auch bei D-Zug-Tempo mithalten können.

Als das Wirtschaftswunder an Fahrt verlor, mußte die DB ihr Angebot Auto im Reisezug zurückschrauben. Immerhin blieben rund 100 Verbindungen, von denen etwa ein Drittel innerdeutsch ist und Berlin mit dem Verladebahnhof Berlin-Wannsee mit einschließt. Spitzenreiter ist der »Auto-Traum-Expreß«, der fast jede Nacht zwischen Hamburg, Hannover und Bremen einerseits sowie München pendelt. Vergleichbar gut genutzt sind die ebenfalls ganzjährig verkehrenden Züge »Christoforus-Expreß« als Tageszug zwischen Düsseldorf/Köln und München und der nächtliche »Hochrhein-Auto-Expreß« zwischen Norddeutschland und Lörrach. Das Gros der Autoreisezüge verkehrt lediglich saisonal im Festtags- und Ferienverkehr. Das trifft insbesondere auf die internationalen Züge zu, bei denen Langstrecken-Verbindungen nach Narbonne in Südfrankreich mit deutlichem Abstand das attraktivste Angebot sind. Mit einer flexiblen Preispolitik begann die Bahn 1983 mit Versuchen, die Auslastung der Autoreisezüge auch außerhalb der Spitzentage zu forcieren.

Gemeinsam mit dem Allgemeinen Deutschen Automobilclub startete die DB 1979 den »Weißblau-Expreß« an den »heißen« Wochenenden der sommerlichen Reisewellen. »Huckepack am Stau vorbei« hieß die Devise damals für einen Pendelverkehr mit Autozügen zwischen Ingolstadt und Raubling bei Rosenheim. Dem Urlauberverkehr auf der Straße wurde eine attraktive Möglichkeit geboten, das überlastete Straßennetz rund um München zu meiden. Es blieb bei diesem Versuch, bei dem die Bahn 1981 sogar ihren 50000. Fahrgast begrüßen konnte: Als der Autobahnausbau rund um München abgeschlossen war, verlor die Verbindung an Attraktivität.

Mit der Formulierung »Flüge in Höhe Null« ist griffig die Kooperation von Schiene und Luft beschrieben. Am 28. Mai 1982 startete der »Airport-Expreß« als gemeinsamer Versuch von DB und Lufthansa, den Kurzstrecken-Zubringerverkehr zum Frankfurter Flughafen auf die Schiene zu verlagern. Die im zweiklassigen Intercity-Verkehr nicht mehr verwendeten Triebzüge der Reihe 403 erhielten eine neue Inneneinrichtung, die der Ausstattung der Jets nachempfunden ist, und eine grau-gelbe Außenlackierung mit blauer Aufschrift in den Lufthansa-Hausfarben. Die viermal täglich zu den internationalen Haupt-Abflug- bzw. -Ankunftszeiten pendelnden Einheiten, die nur mit Flugschein benutzt werden können – auf die Schienen lockt die Lufthansa ihre Kundschaft mit einem deutlich attraktiveren Service-Angebot als auf den innerdeutschen Kurzstreckenflügen –, wurden schnell angenommen, so daß der Versuch des Charter-Zugverkehrs auf die Verbindung Düsseldorf Flughafen – Frankfurt Flughafen ausgedehnt wurde.

Seit 1978 hat die Bahn ihr eigenes Angebot durchgehender Züge zum internationalen Rhein-Main-Flughafen stetig ausgebaut. Zunächst verkehrten besonders gekennzeichnete Eilzug-Paare als »Zug zum Flug«, Anfang der 80er Jahre folgten

Bild 144: S-Bahn-Wendezug der S-Bahn Rhein-Ruhr bei Düsseldorf.

weitere Züge aus und in die Einzugsgebiete des Airports an Rhein und Ruhr. Schließlich wurden drei außerhalb des Stundentaktes fahrende Intercity-Zugpaare zwischen Frankfurt und Mainz über Frankfurt Flughafen geführt. Die neue Konzeption »IC '85« brachte die volle Einbeziehung des unterirdischen Flughafenbahnhofs in das IC-Netz. Neben Frankfurt ist auch Düsseldorfs Flughafen direkt mit der S-Bahn zu erreichen; die S-Bahn-Linie zum Flughafen Stuttgart ist in Bau, und der geplante Großflughafen München II soll ebenfalls S-Bahn-Anschluß bekommen.

Bahn zu Wasser: Verkehrsader Vogelfluglinie – Schiffahrt auf dem Schwaben-Meer

Der Ingenieur und Landvermesser Kröhnke aus dem holsteinischen Glückstadt sollte es nicht mehr erleben: 98 Jahre nach seiner Idee, zwischen Hamburg und Dänemark einen Verkehrsweg zu schaffen, der als kürzeste Verbindung dem Weg der Zugvögel folgen sollte, wurde am 14. Mai 1963 die Vogelfluglinie eingeweiht. Nach knapp fünfjähriger Bauzeit war das bis dahin größte Neubauprojekt der DB termingerecht fertig geworden; Skandinavien war um ein ganzes Stück näher an Mitteleuropa herangerückt. Nur noch 19 Kilometer lang ist seitdem der Sprung für Autos und Züge über die Ostsee vom deutschen Fährbahnhof Puttgarden auf der Insel Fehmarn hinüber ins dänische Rödby auf der Insel Lolland. Er dauert nur noch eine knappe Stunde. Daten, die die Vogelfluglinie in kurzer Zeit zu einer der wichtigsten europäischen Verkehrsadern machten. Über 70 Millionen Reisende folgten in gut zwei Jahrzehnten dem Weg der Zugvögel, mehr als zehn Millionen Pkw, über eine Million Lkw und über 200000 Omnibusse wählten die kürzeste Route nach oder von Norden über die Fährschiffe der Dänischen Staatsbahnen und der DB.

Der gemeinsame Fährverkehr hatte nach dem Zweiten Weltkrieg zunächst als Provisorium begonnen, weil die Route Hamburg–Flensburg–Nyborg–Korsör–Kopenhagen mit einer rund 25 Kilometer langen Fährlinie über den Großen Belt das steigende Verkehrsaufkommen zwischen Westeuropa und Skandinavien nicht mehr bewältigen konnte. In Großenbrode am nördlichen Ufer der Lübecker Bucht entstand auf dem Gelände eines ehemaligen Marineflugplatzes ein provisorischer Fährhafen, von dem aus das dänische Fährschiff »Danmark« ins 69 Kilometer entfernte Gedser übersetzte. In der Anfangsphase pendelte dieses Schiff im täglichen Wechsel auch zwischen Gedser und Warnemünde auf der Vorkriegsroute im Zuge der Linie Kopenhagen–Berlin. Die Bundesbahn hatte während der Bauarbeiten in Großenbrode bereits den Auftrag für ein eigenes Fährschiff gegeben, das am 17. Mai 1953 als »Deutschland« (II) in Dienst gestellt wurde. Nachdem zuvor wegen der begrenzten Fährkapazität nur Güterwagen und Straßenfahrzeuge übergesetzt worden

Bild 146: Hochbetrieb im Fährhafen Großenbrode-Kai am 14. Juli 1959. Im Vordergrund Lok 41 250 vom Bw Lübeck.

◁ Bild 145: Eisenbahn-Fährschiff Deutschland II im Hafen Großenbrode am 14. August 1955.

Bild 147: Rangierlok Reihe 260 bei der Güterwagenentladung vom Fährschiff »Theodor Heuss«.

Bild 148: Die Fehrmarnsundbrücke. Ihre Silhouette ist weithin sichtbar.

waren, war es nunmehr auch möglich, internationale Reisezüge auf dem kürzeren Wasserweg zwischen Skandinavien und Deutschland zu transportieren. Aus dem Provisorium wurde ein weiteres – der neue Bahnhof Großenbrode Kai; gleichzeitig baute die Bahn die Strecke von Lübeck nach Großenbrode aus. Damit stieg auch schnell das Verkehrsaufkommen, und die beiden Eisenbahn-Gesellschaften mußten weiter für Schiffsraum sorgen. Auf deutscher Seite kam als zweites neues DB-Fährschiff im November 1957 die »Theodor Heuss« hinzu, nachdem ein Jahr zuvor zum ersten Mal fast eine Million Fahrgäste auf der Fährlinie befördert worden waren. Das neue Schiff – die zunehmende Motorisierung wurde auch im Skandinavienverkehr immer deutlicher spürbar – erhielt ein eigenes Pkw-Deck.

Der ständig steigende Fahrzeug- und Reisendenstrom veranlaßte die beiden Bahnen dann, über die Idee des Ingenieurs Gustaf Kröhnke intensiver nachzudenken. Sie waren nicht die ersten, denn schon 1941 hatten Deutschland und Dänemark den Ausbau der späteren Trasse Puttgarden–Rödby vereinbart, und es war sogar mit dem Bau begonnen worden. 1958 folgte ein neuer Vertrag zwischen dem Königreich Dänemark und der Bundesrepublik Deutschland zum endgültigen Ausbau der Vogelfluglinie. Auf deutscher Seite mußte im Rahmen des 210-Millionen-Projekts die 18 Kilometer lange eingleisige Hauptstrecke von Großenbrode bis nach Puttgarden verlängert werden. Ein markanter Brückenschlag gab der neuen Strecke ihre weithin sichtbare Silhouette – die fast 1000 Meter lange kombinierte Eisenbahn- und Straßenbrücke zwischen dem schleswig-holsteinischen Festland und der Insel Fehmarn. In Puttgarden selbst entstanden ausgedehnte Bahnanlagen; der Fährbahnhof ist Start- und Zielpunkt zahlreicher Reisezugwagen oder Wagengruppen, die nicht auf die Schiffe

Tabelle DB-Schiffe auf der Vogelfluglinie

Name	im Dienst	Hersteller	Länge m	Gleiszahl	Geschw. kn	Maschinenleistung kW	BRT	Antrieb
Deutschland	1953	Howaldt-Werke Kiel	108,7	3	16	4900	3863	2 Propeller Diesel
Theodor Heuss	1957	Howaldt-Werke Kiel	135,9	3	18	4400	5583	2 Propeller 1 VSP dieselelektr.
Deutschland	1972	Nobiskrug Rendsburg	144,1	3	20,4	13600	6119	2 Propeller dieselelektr.

rollen. Dem Bahnhof kommt europäische Verteilerfunktion zu, denn nicht selten werden aus einem mit den Fährschiffen ankommenden Zug zwei oder auch drei Züge mit unterschiedlichen Laufwegen bis nach Italien, Frankreich, Belgien und den Niederlanden gebildet.
1972 wurde die »Deutschland« (II) gegen eine gleichnamige Nachfolgerin ausgetauscht. Sie war ebenfalls mit einem besonderen Autodeck und zusätzlichen Hängedecks über den drei Gleisen ausgestattet.
Auch die Tage der »Theodor Heuss« sind gezählt. Im Herbst 1984 unterzeichnete die DB einen Vertrag mit der Howaldtswerke Deutsche Werft AG über den Bau eines neuen Fährschiffs, das im Sommer 1986 in Dienst gestellt werden soll. Der Neubau wird mit 7000 Bruttoregistertonnen das größte Fährschiff auf der »Vogelfluglinie«: Auf dem Eisenbahndeck ist Platz für 13 Reisezugwagen, zwei mehr als auf der »Theodor Heuss«, und das Autodeck hat Abstellfläche für 156 Pkw, was eine Verdoppelung der Kapazität bedeutet.
Bis zu 35mal überqueren damit in der Hauptsaison zwei deutsche und zwei dänische Fährschiffe den Fehmarn-Belt in beiden Richtungen innerhalb von 24 Stunden. Für Spitzenverkehrszeiten im Sommer stellt die Dänische Staatsbahn häufig noch ein fünftes Schiff zur Verfügung.
Mit der Vogelfluglinie und dem Brückenschlag über den Fehmarn-Sund wurde eine Fährlinie vom Anfang dieses Jahrhunderts geschlossen – die Fähre über den Sund zur Insel Fehmarn, auch sie eine Eisenbahnfähre, die regelmäßig Schienenbusse und Güterwagen auf die als »Kornkammer« in Schleswig-Holstein geltende Insel brachte. Eines der dort eingesetzten Fährschiffe, die »Fehmarn-Sund«, wird heute noch von Puttgarden aus als Arbeitsschiff benutzt. Die beiden letzten Sund-Fähren verkaufte die Bahn 1965 nach Italien, die zweite »Deutschland« übernahm eine griechische Reederei, die ihr den Namen »Renetta« und den Heimathafen Piräus gab.
Bundesbahngleise bilden auch den Anschluß zur längsten Eisenbahnfährverbindung auf der Ostsee. Seit 1975 pendeln Güterwagen-Fähren der Firma Railship zwischen Lübeck-Travemünde und dem über 1000 Kilometer entfernten finnischen Hanko. Die Reederei hat einen eigenen vierachsigen Wagenpark und betreibt in Hanko einen Umspurbahnhof für den Verkehr nach Mitteleuropa – die finnische Eisenbahn hat wie in der Sowjetunion die Breitspur von 1524 Millimeter.
Nach entsprechenden Signalen aus der Sowjetunion ist bei Wirtschafts- und Verkehrspolitikern seit 1983 eine Eisenbahn-Fährverbindung zwischen Klaipeda, dem ehemals ostpreußischen Memel, und Lübeck, Kiel oder Flensburg im Gespräch. Unabhängig davon bauen Sowjetunion und DDR eine leistungsfähige Eisenbahnfährlinie zwischen Klaipeda und Mukran auf der Insel Rügen auf. Mit den Bauarbeiten wurde 1983 begonnen.
Eisenbahn und Eisenbahner zu Wasser auch auf dem Schwäbischen Meer. Seit 1960 betreiben die Bodensee-Schiffs-Betriebe der DB zwischen Lindau und Konstanz nur noch Sommer- und Ferienreiseverkehr und den Autofährdienst zwischen Friedrichshafen und dem schweizerischen Romanshorn.
Die Geschichte der Dampfschiffahrt auf dem Bodensee ist sogar elf Jahre älter als die der deutschen Eisenbahnen. Der Schiffsbetrieb wurde schon Mitte vorigen Jahrhunderts von den damaligen Länderbahnen in Baden und Württemberg

Bild 149: Hochbetrieb in Friedrichshafen am Bodensee damals . . .

übernommen und ging 1920 auf die Reichsbahn über. Zu diesem Zeitpunkt gab es sogar noch Güterwagen-Fährverkehr zwischen Friedrichshafen und Romanshorn sowie zwischen Lindau und Rorschach. Im Personenverkehr war der Liniendienst der Bodenseeschiffe bis in die 50er Jahre hinein ein wichtiges Nahverkehrsangebot; erst der Individualverkehr und die gut ausgebauten Straßen veranlaßten die DB, ihre Flotte nur noch auf Ausflugslinien einzusetzen.
Als die Reichsbahn die Bodenseeschiffahrt übernahm, verfügte sie über 20 Dampfschiffe, von denen das letzte 1963 verschrottet wurde. Die DB stellte als letztes von acht Diesel-Schiffen 1983 die »Friedrichshafen« in Dienst, die aus der ehemaligen Eisenbahn-Fähre »Rorschach« entstanden war. Das 16 Jahre alte Schiff erhielt einen völlig neuen modernen Aufbau und pendelt im Stundentakt zusammen mit dem Schweizer Fährschiff »Romanshorn« auf der 13 Kilometer langen Bodensee-Strecke zwischen der Bundesrepublik und der Schweiz.

Bild 150: . . . und die Bodenseeflotte heute.

Nahverkehr: DB = Der Bus + Die Bahn

Im olympischen Jahr 1972 erhielt sogar eine Premiere in Frankfurt am Main einen weiß-blauen Tupfer aus München: Am 14. März 1972 startete nach einem Abfahrauftrag des damaligen Bundesverkehrsministers Georg Leber – mit roter Mütze und Kelle ausgestattet – Frankfurts erster S-Bahnzug vom nagelneuen unterirdischen Flughafenbahnhof in die hessische Metropole. Der Zug, es war der ET 420 567-0, war für den besonderen Anlaß eigens aus der bayerischen Metropole an den Main gerollt... Es war kein Zufall, daß die Bayern beim Auftakt des S-Bahn-Zeitalters im Großraum Rhein-Main mitmischten. Nur wenige Wochen später, am 2. Mai 1972, hatten sie ihre eigene Premiere, zu der der weltberühmte Gerstensaft übrigens »standesgemäß« in Bierkrügen ausgeschenkt wurde, die das weiße »S« im grünen Kreis zierte!

Als dritte deutsche Millionenstadt nach Berlin und Hamburg hatte München in nur sechsjähriger Bauzeit ein 400 Kilometer langes S-Bahnnetz erhalten, dessen wichtigste Achse die Tunnelstrecke zwischen dem Hauptbahnhof und dem Ostbahnhof ist. Zahlreiche Verknüpfungen mit den ersten Münchner U-Bahn-Linien, gute Übergänge zur »Tram« und zum Stadtbus sorgten dafür, daß die Isar-Metropole rechtzeitig zu den Olympischen Spielen ein hochmodernes, leistungsfähiges Nahverkehrsnetz erhalten hatte.

Fast ein Jahrzehnt zuvor hatten Verkehrssachverständige im Auftrag der Bundesregierung in einem Gutachten ein Plädoyer für den öffentlichen Nahverkehr in den Ballungsgebieten gehalten. Es zeichnete sich in jenen Jahren immer deutlicher ab, daß die Innenstädte und ihre wichtigen Straßenverbindungen ins Umland im immer größer werdenden Chaos des Individualverkehrs zu ersticken drohten. Die Schlußfolgerungen, die damals gezogen wurden, lassen sich zwei Jahrzehnte später auf einen einfachen Nenner bringen. Die Verkehrsexperten hielten ein schienengebundenes Nahverkehrssystem für das Rückgrat der Verkehrsbedienung in den Großstadtregionen. Sie waren sich darüber im klaren, daß sämtliche Linien zu einem Netz zusammenwachsen müßten, das, gleich welcher Verkehrsträger die Linie betreibt, mit einem Fahrschein einheitlich benutzt werden kann. Und sie ließen auch keinen Zweifel an einer anderen Erwartung: Die Fahrpreise des öffentlichen Nahverkehrs würden nie Kostenpreise sein – moderner Nahverkehr, so wurde schon früh erkannt, kostet Milliarden, ist kein Geschäft, aber dennoch volkswirtschaftlich notwendig.

Für diesen theoretischen Denkansatz hatte die DB teils auf dem Papier, teils auch schon tatsächlich Antworten parat. In den Schubladen schlummerten bereits Konzepte, die beispielsweise attraktiven Nahverkehr »in starrem Fahrplan« im Ballungsgebiet Ruhr vorsahen oder in München ein Nahverkehrssystem der Schiene entworfen hatten, das bei einer maximalen Zugfolge von 90 Sekunden auf der unterirdischen »V-Bahn« in jeder Richtung über 40000 Menschen zwischen Hauptbahnhof und Ostbahnhof befördern sollte. Die V-Bahn, die Verbindungsbahn, wurde im Prinzip zur Stammstrecke

Bild 151: ET 420 in der S-Bahn-Station Frankfurt (M)-Flughafen.

des Münchner S-Bahn-Netzes. Auch die Frage einer Tarifreform war auf dem Tisch, wie ein Beitrag aus der »Bundesbahn« des Jahres 1964 zeigt: »Die gemeinsame Aufgabe von Städtischen Verkehrsbetrieben und Bundesbahn in München würde darin zum Ausdruck kommen, daß ein Umsteigefahrschein, der auf der Straßenbahn gelöst wurde, auch auf der Verbindungsbahn und den anderen Bundesbahnstrecken innerhalb des Stadtgebietes gilt und daß umgekehrt, ein Umsteigefahrschein, der auf einer der Bundesbahnhaltestellen des Stadtgebiets gelöst wurde, auch zum Umsteigen auf die Straßenbahn berechtigt.« Prinzipien, die später in den Verkehrsverbünden perfekt praktiziert werden konnten.
Die Nahverkehrsfachleute der DB waren sich im klaren darüber, daß sie für den attraktiven Nahverkehr im Ballungsgebiet ein eigenes Fahrzeug brauchten. Favorisiert wurde der ET 27, der mit einer niedrigen Fußbodenhöhe von nur 90 Zentimetern das schnelle Ein- und Aussteigen an allen Bahnsteigen erleichtern sollte. Anders als bei den S-Bahn-Systemen in Hamburg und Berlin hatte man seinerzeit noch überlegt, auf diese Weise auf besonders hohe, eigene S-Bahnsteige verzichten zu können. Ende der 60er Jahre war die DB aber zu der Erkenntnis gekommen, daß die neue Fahrzeuggeneration den in Berlin und Hamburg verwandten Typen viel ähnlicher sein mußte. Vom Herbst 1969 an bis Ende 1970 wurden drei Prototypen der Baureihe ET 420 ausgiebig getestet. Der Fußboden dieser Fahrzeuge liegt exakt einen Meter über der Schienenoberkante. Statt einer oder zwei Trittstufen hinab zu niedrigen Bahnsteigen hatte sich die DB entschlossen, im Interesse des raschen Fahrgastwechsels für den S-Bahn-Verkehr allenthalben Bahnsteige zu bauen, die den stufenlosen, möglichst den niveaugleichen Übergang von Fahrzeug zu Bahnsteig ermöglichen.
In einem anderen Punkt wich und weicht der ET 420 von der Hamburger und der Berliner S-Bahn ab: Er bekam von Anfang an – wie die Masse der Elektro-Triebfahrzeuge – Stromabnehmer und ist auf das gängige DB-Bahnstrom-System gepolt. Die Bundesbahn befand sich in einer ganz anderen Situation als die Reichsbahn, die noch in den 30er Jahren die Hamburger S-Bahn vom Oberleitungsbetrieb nach dem Berliner Vorbild auf die Gleichstrom-Versorgung durch die seitliche Stromschiene umzurüsten begonnen hatte, weil damit auf geplanten innerstädtischen Untergrund-Strecken mit geringeren Tunnel-Querschnitten Baukosten gespart werden konnten: Inzwischen war in sämtlichen Ballungsgebieten des S-Bahn-Verkehrs die Elektrifizierung so weit gewachsen, daß das neue schnelle Nahverkehrs-Mittel durchaus auch im Mischbetrieb auf Vorortstrecken unter dem Fahrdraht fahren konnte. Das Geld, das man dort für den Aufbau einer eigenen Versorgung sparen konnte, wog schwerer als die höheren Baukosten auf den Tunnelstrecken durch die Innenstädte.
Eine der ersten Weichen für den modernen Schienennahverkehr in den Ballungsgebieten wurde bereits 1965 gestellt. In jenem Jahr wurde der Hamburger Verkehrsverbund gegründet. Zum ersten Mal war ein richtungweisendes Konzept verwirklicht, von dem alle profitieren sollten – die einzelnen Verkehrsträger ebenso wie die Menschen im Ballungsgebiet. Im Verbund gibt es nur einen Fahrschein, sprich: ein Tarifsystem, für alle Verkehrsmittel, ein integriertes Liniennetz, bei dem Busse und Straßenbahnen häufig Zubringer-Funktion zu den Schienenschnellverkehrsverbindungen mit S- oder U-Bahn haben, und schließlich sorgsam aufeinander abgestimmte Fahrpläne.
Als das weiße S auch in den anderen Ballungszentren auftauchte, entstanden auch dort Verkehrsverbünde – zunächst in München, dann in Frankfurt und Stuttgart und als vorerst letzter der Verkehrsverbund Rhein-Ruhr. »Verbundfahren« ist ein Leistungsangebot, das gefragt ist. Ein Beispiel. In München stieg die jährliche Zahl der Bahnkunden im ersten S-Bahn-Jahrzehnt von 1972 bis 1982 von 45 Millionen auf 180 Millionen und hat sich damit vervierfacht. Parallel dazu sank in diesem Zeitraum die Zahl der Straßenverkehrsunfälle um rund 23%, es gab in der Landeshauptstadt München 36% weniger Verkehrstote. Da die Bürger scharenweise vom Auto auf die Bahn umstiegen, sank die Umweltbelastung durch Abgase um 25%.
Während sich in München ab 1966 Bagger und Bohrer den Weg durch die Innenstadt quer über den »Stachus«, den Marienplatz und sogar unter der Isar durch bahnten, erlebte Düsseldorf den Auftakt der S-Bahn Rhein-Ruhr. 1967 ging die Strecke zwischen der südlichen »Trabanten-Stadt« Düsseldorf-Garath und dem nordöstlich gelegenen Ratingen in Betrieb. Als S-Bahnen fuhren Wendezug-Einheiten aus Silberlingen, gezogen oder geschoben von einer E 41, die an ihrer Frontpartie das weiße S im grünen Feld zierte. 1968 war Baubeginn in Frankfurt, der erste Rammschlag in Stuttgart folgte 1971. Parallel dazu wurde die Erweiterung der Hamburger S-Bahn um eine entscheidende Linie betrieben. Zwischen Hamburg Hauptbahnhof und Hamburg-Altona entstand die Mitte der 70er Jahre in Betrieb gegangene City-S-Bahn, die unterirdisch wichtige Bereiche der Innenstadt an die Schiene anschloß. Unter der Binnen-Alster liegt der Haltepunkt »Jungfernstieg«, der zwischen der prächtigsten Straße der Hansestadt und ihrem Rathaus als Knotenpunkt von U- und S-Bahn zum Verkehrskreuz in der City wurde.
Während Hamburg damit über zwei Stammstrecken zwischen den beiden wichtigen Fernbahnhöfen verfügt, gingen auch in Frankfurt und in Stuttgart die Planungen dahin, die Linien aus der Region so wie in München in einem einzigen Tunnel zu bündeln. In der Main-Metropole mußte zeitweilig die Hauptbahnhofsfassade den S-Bahn-Bauern weichen; seit den 70er Jahren führte der Tunnel in die City und wurde Anfang der 80er Jahre noch weitergeführt bis zum vorläufigen Endhaltepunkt »Konstablerwache«. Im Endausbau ist vorgesehen, ähnlich wie in München, den S-Bahn-Tunnel unter dem Main

Bild 152: ET 472 der Hamburger S-Bahn im Bahnhof Hamburg Hbf.

hindurch – das Bauwerk war Mitte der 80er Jahre bereits fertiggestellt – bis zum Südbahnhof zu führen und die Stammstrecke dort mit dem bestehenden Bahnnetz zu verknüpfen. Auch in Stuttgart endet die unterirdische Strecke unter der City zunächst noch im Tunnel an der Haltestelle »Schwabstraße«. Die Bauarbeiten für die Verlängerung der Stammstrecke westwärts in Richtung auf Böblingen zu begannen an der »Gäubahn« in den 80er Jahren, im Tunnel selbst sollte noch im Jubiläumsjahr 1985 gestartet werden. Um den Betrieb auch in den Spitzenzeiten aufrechtzuerhalten, erlaubte sich die DB in Stuttgart gewissermaßen eine Anleihe bei den Modelleisenbahnern: In einer unterirdischen Wendeschleife fahren die am Endpunkt Schwabstraße ankommenden S-Bahn-Züge ohne Fahrtrichtungswechsel wieder zurück ins Netz; Berechnungen hatten ergeben, daß zumindest bei Langzügen aus drei ET-420-Einheiten und der dichten Zugfolge des Berufsverkehrs der sonst übliche Fahrtrichtungswechsel nicht in die Fahrpläne gepaßt hätte.
Während die S-Bahn-Systeme in München, Stuttgart und Frankfurt am Main wie schon die »alten« S-Bahnen monozentrisch auf einen einzigen Innenstadt-Kern ausgerichtet sind, steht die S-Bahn im Rhein-Ruhr-Raum vor einer ganz anderen Situation und auch vor ganz anderen Verkehrsaufgaben. In der polyzentrisch strukturierten Stadtlandschaft mußte die Bahn ein S-Bahnnetz aufbauen, das zahlreiche unterschiedliche Verkehrsströme zu bewältigen hat. Schwerpunkte kristallisierten sich einerseits im Raum Düsseldorf und andererseits im Herzen des Ruhrgebietes auf der Trasse Duisburg–Essen–Bochum–Dortmund heraus. Parallel dazu begann auch in Köln das S-Bahn-Zeitalter Mitte der 70er Jahre zunächst mit einer Linie, die in der zweiten Hälfte der 80er Jahre im Norden Anschluß an die Rhein-Ruhr-S-Bahn erhalten soll. Ein entsprechendes Tarif- und Leistungsangebot soll ein Verkehrsverbund Rhein-Sieg präsentieren, der für die zweite Hälfte der 80er Jahre anvisiert ist.
In den 70er Jahren zeigte sich, daß der nach München auch in Frankfurt und Stuttgart eingesetzte ET 420 die anders gearteten Verkehrsaufgaben an Rhein und Ruhr nicht optimal erfüllen konnte. Während in den monozentrisch strukturierten Ballungsgebieten zumindest in den Kernbereichen Fahrzeuge

gebraucht werden, die bei Haltestellen-Abständen häufig unter einem Kilometer mit hoher Anfahrbeschleunigung die vielen Stopps wieder wettmachen, sind die Entfernungen am Rhein und im Ruhrgebiet häufig größer. Während in München, Stuttgart, Frankfurt am Main und auch Hamburg die Fahrgäste im allgemeinen in »die« Stadt fahren, ist im Bereich des 1980 ins Leben gerufenen Verkehrsverbundes Rhein-Ruhr auch die Fahrt von Stadt zu Stadt eine häufige Verkehrsbeziehung. Der Weg der längsten S-Bahn-Linie der DB, der »S1« des Verkehrsverbundes Rhein-Ruhr, die seit Herbst 1983 auf 78 Kilometern die Städte Düsseldorf, Duisburg, Mülheim, Essen, Bochum und Dortmund miteinander verbindet, macht dies sehr deutlich. Deshalb entschied sich die Bahn, die Triebzugeinheiten der Reihe 420 abzuziehen und statt dessen lokbespannte S-Bahn-Züge im Wendebetrieb einzusetzen. Für diesen Verkehr war als Triebfahrzeug die Elektrolok der Reihe 111 ausersehen, und den Wagenpark stellen Großraum-Reisezugwagen, die Merkmale der 420er-Serie und der Silberlinge vereinigen und in punkto Komfort berücksichtigen, daß viele Fahrgäste mit der Rhein-Ruhr-S-Bahn weitere Strecken zurücklegen als in den monozentrischen Systemen. Zu den herausragenden S-Bahn-Baumaßnahmen gehört die 1978 begonnene »Ost-West-S-Bahn« von Hagen über Wuppertal, Düsseldorf und Neuss nach Mönchengladbach. Die 82 Kilometer lange Strecke soll 1990 in Betrieb gehen. Ein neuer Brückenschlag über den Rhein und der mehrjährige Umbau des Düsseldorfer Hauptbahnhofs, der Ende 1985 abgeschlossen sein soll, gehören zu den größten Bauvorhaben der DB in der jüngsten Vergangenheit.

Zu den größeren Ausbau-Maßnahmen, die in den 80er Jahren zu Ende gingen, zählte die Ergänzung der Hamburger S-Bahn um die die Elbe überbrückende Linie nach Harburg in die

Bild 153: S-Bahn-Station Hammerbrook an der Harburger S-Bahn.

südlichen Teile der Hansestadt. Auch der Ballungsraum, in dem die deutsche Eisenbahn vor 150 Jahren startete, bekommt eine S-Bahn. Noch im Jubiläumsjahr soll im Großraum Nürnberg–Fürth der S-Bahn-Betrieb beginnen, mit Wendezugeinheiten wie an Rhein und Ruhr.
Das S-Bahn-Netz umfaßt Mitte der 80er Jahre fast 1000 Kilometer, an Werktagen sind rund 4000 S-Bahn-Züge unterwegs. Mit jeder neuen Linie ist es der Bahn gelungen, weitere Fahrgäste zum Umsteigen vom Auto auf den Zug zu bewegen. Mit knapp 500 Millionen Fahrgästen bewältigen die S-Bahnen rund die Hälfte des gesamten Schienennahverkehrs der DB. Die Attraktivität der Systeme ist zum einen auf das konkurrenzlose Tempo zurückzuführen, denn mit durchschnittlichen Reisegeschwindigkeiten von 50 km/h sind die Züge in den Großstädten unschlagbar schnell. Um auch in den Verkehrsspitzen »Spitze« zu sein und große Menschenmassen schnell und reibungslos transportieren zu können, fährt die S-Bahn weitgehend auf eigenen Gleisen, sorgen computergesteuerte Informations- und Meldesysteme für exakte Betriebsabläufe auch bei Zugfolgen im Abstand weniger Sekunden; Rechner steuern die Zugzielanzeiger auf den Bahnsteigen, und die Ein- und Aussteigevorgänge der Reisenden werden videoüberwacht.
Doch selbst volle S-Bahn-Züge bringen der Bahn keinen Gewinn. Die Fahrgeldeinnahmen decken durchschnittlich nur die Hälfte der Kosten. Das hat einen einfachen Grund: Die höchste Leistungsfähigkeit ist nur in wenigen Stunden der »Rush-Hour« gefragt, der morgendlichen und abendlichen Verkehrsspitzen, oder bei Großveranstaltungen, wie Volksfesten oder Sport-Ereignissen. Für diese seltenen Gelegenheiten müssen Kapazitäten im Fahrzeugpark vorgehalten werden und großzügige Anlagen geschaffen sein, die die meiste Zeit nur zum Teil genutzt werden.
Der Kostendeckungsgrad liegt auch bei den gut funktionierenden Systemen in Hamburg, Stuttgart und München bei rund 50%. Wobei dies im Vergleich zum sonstigen Nahverkehr auf der Schiene ein hervorragendes Ergebnis ist: Durchschnittlich liegt der Kostendeckungsgrad des Nahverkehrs bei 30% der Aufwendungen, im flachen Land erreicht er kaum mehr als ein Viertel.
Nachdem die S-Bahnkonzeption bis in die Mitte der 80er Jahre hinein in den Grundzügen verwirklicht wurde, startete die Bahn 1984 den Versuch, auch außerhalb der Ballungsgebiete in den Verdichtungsräumen der Bundesrepublik mit einem neuen, attraktiven Schienennahverkehrsangebot den Trend zum Auto zu stoppen. In einem Modellversuch auf der Strecke Köln–Gummersbach, die nach dem Bau einer praktisch parallel verlaufenden Autobahn einen Großteil ihrer Fahrgäste verloren hatte, bastelte sie im Verein mit den kommunalen Verkehrsträgern ein neues Nahverkehrsangebot mit aufeinander abgestimmten Linien und Fahrzeiten, in dem Busse die Zubringer-Funktion zur Bahn übernehmen. Das Zugangebot wurde auf einen konsequenten Stundentakt, in den Berufsverkehrszeiten sogar auf eine 30minütige Zugfolge

Tabelle S-Bahnen der DB

Region	Betriebs-aufnahme	Anlagen Stand 1984				
		Linien	Netz-länge km	Stationen	Strom-System	1000 Fahrgäste je Werktag
Hamburg	1. 10. 1907 elektrisch ab 29. 1. 1908	9	148	69	1200 V =	450
Rhein-Ruhr	29. 9. 1967	4	192	75	15 kV ~	150
München	22. 5. 1972	8	375	135	15 kV ~	550
Frankfurt am Main	28. 5. 1978	8	320	104	15 kV ~	270
Stuttgart	1. 10. 1978	6	132	53	15 kV ~	210
Nürnberg	in Vorbereitung	(3)	(100)	(34)	15 kV ~	–

Tabelle Dieseltriebzüge für den Nah- und Bezirksverkehr

Baureihe alt	Baureihe neu	Bauart	Zahl der Züge	Baujahr	$V_{max.}$ km/h	Motorleistung kW
24.5	624	Bezirksverkehrs-VT	44	1960	120	2×330
–	614	Bezirksverkehrs-VT	42	1971	140	2×330
VT 95	795	Nebenbahn-Triebwagen	582	1951	90	110
VT 98	798	Nebenbahn-Triebwagen	330	1953	90	2×110
–	627.0	Nahverkehrs-Triebwagen	8	1974	120	276
–	627.1	Nahverkehrs-Triebwagen	5	1981	120	287
–	628.0	Nahverkehrs-Triebzug	12	1974	120	2×202
–	628.1	Nahverkehrs-Triebzug	3	1981	120	357

erweitert. Für diesen Versuch der »City-Bahn« modernisierte die DB Fahrzeuge der Silberlinge-Generation von Grund auf. Außen in den S-Bahn-Farben Orange und Grau gehalten, präsentiert der neue Nahverkehrszug sich seinen Fahrgästen mit Großraum-Abteilen in modernem Design; in beiden Wagenklassen wurden körpergerechte Einzelsitze installiert. Ein besonderer Clou: Zwei Getränkeautomaten spendieren Kühles und Heißes für durstige Kehlen.

Die Nahverkehrsidee »City-Bahn« ließe sich nach den Vorstellungen der DB in einer Reihe von dichtbevölkerten Regionen verwirklichen, für die eine S-Bahn zu teuer ist. Voraussetzung für einen attraktiven Nahverkehr im Takt ist aber ähnlich wie bei der S-Bahn, daß es gelingt, die Verkehrsströme zu bündeln: Auch die City-Bahn braucht die Rückgrat-Funktion des öffentlichen Nahverkehrs, um die Schere zwischen Aufwand und Erträgen nicht zu sehr klaffen zu lassen. Inbesondere rechnet sich die Bahn dort Erfolg aus, wo es gelingt, Fahrgäste aus dem sogenannten »dritten Bereich« – Einkaufsfahrten, Besuche, Besorgungen, Freizeitunternehmungen –, der heute außerhalb der Ballungsgebiete fast vollständig an Bussen und Bahnen vorbeirollt, zu gewinnen.

Bild 154: City-Bahn Nahverkehrszug neuer Konzeption im Einsatz auf der Strecke Köln–Gummersbach.

Bild 155: City-Bahn-Großraumabteil 2. Klasse: modernes Design und Einzelsitze.

Bild 156: Modernisierte Wagen der Silberlinge-Generation im City-Bahn-Einsatz.

Für den Nah- und Bezirksverkehr in den dünner besiedelten Gebieten entwickelte die DB den zweiteiligen Dieseltriebzug der Baureihe 628/928. Nachdem Prototypen bereits in den 70er Jahren als Nachfolger des Schienenbusses beschafft wurden, werden die modernen Einheiten neben reinen Nahverkehrsaufgaben auch im Eilzugdienst eingesetzt. Auf Dieseltriebzüge für Nebenstrecken setzte die Bahn bereits seit 1960. Damals wurden dreiteilige Triebzüge der Reihe 624 beschafft, denen ein Jahrzehnt später die Reihe 614 folgte.
Die Triebzüge der Reihe 628/928 sind für den Einmann-Betrieb geeignet. Der Lokführer kann die Aufgaben des Schaffners mitübernehmen – vom Fahrkartenverkauf, der in der Regel allerdings über Verkaufsautomaten abgewickelt wird, bis zur Überwachung der Türen, die er alle auf einmal per Knopfdruck schließen kann.
Rationalisierung und Wirtschaftlichkeit sind im ohnehin defizitären Nahverkehr, der in den ländlichen Zonen der Bundesrepublik kaum mehr als ein Viertel seiner Kosten hereinbringt, die bestimmenden Maximen. In den 70er Jahren erkannte die Bahn, daß der Schienennahverkehr in der »Fläche« keine Zukunft hatte. Auch Versuche, mit einem attraktiven Fahrplan-Angebot Kunden zurückzugewinnen, scheiterten – zumeist einfach daran, daß die Verkehrsströme über den Tag verteilt zu dünn tröpfelten und steigende Fahrgast-Zahlen in keinem Verhältnis zu den Mehrkosten standen. Im »flachen Land« mußte und muß die Bahn auf die Straße »umsteigen«, also eine Angebotsumstellung vornehmen. Der Bus erwies sich als das bessere, das bedarfsgerechtere Verkehrsmittel. Da er auf gut ausgebauten Straßen schnell und zuverlässig bis in die Zentren der Dörfer und Kleinstädte fahren kann und mit vielen Haltestellen die Anmarschwege kurz macht, ist er der Bahn auf ihren Trassen des vorigen Jahrhunderts mit seinem Leistungsangebot deutlich überlegen. Zudem ist er die wirtschaftlich sinnvolle Alternative von der Betriebskostenseite her. Sein Kilometerpreis beträgt nur ein Bruchteil der Zug-Kosten, sein Kraftstoffverbrauch macht in etwa nur ein Drittel dessen aus, was die Nahverkehrs-Triebzüge brauchen. »DB – das heißt eben nicht nur ›Die Bahn‹, sondern gleichermaßen auch ›Der Bus‹«, formulierte Anfang 1983 die Mitarbeiterzeitung »WIR«. Die Zahlen belegen dies deutlich: Das flächendeckende Busliniennetz umfaßt 140000 Kilometer, mit dem Bahnbus fahren jährlich rund eine Milliarde Menschen. Genauso viel wie im Schienennahverkehr. Der allerdings zu 70% auf den zusammen rund 1000 Kilometern langen S-Bahn-Strecken und auf weiteren 3000 Kilometern in den Ballungs- und Verdichtungsräumen. Ende 1984 betrieb die DB auf weiteren 19000 Kilometern ihres Streckennetzes Nahverkehr, der lediglich von etwa 300 Millionen Fahrgästen in Anspruch genommen wurde. Seit 1971 wurden die Busdienste von Bahn und Post schrittweise zusammengeführt und größtenteils bis Ende 1983 dem neugeschaffenen Unternehmensbereich Bahnbus bei der DB unterstellt. 18 regionale »Geschäftsbereiche Bahnbus« koordinieren in enger Abstimmung mit Kommunen und Kreisen das Nahverkehrsangebot auf der Straße, das anders als die Schiene in schwarzen Zahlen fährt. Die DB setzt 3500 eigene Busse ein, darunter auch für eine Übergangszeit die von der Bundespost übernommenen Fahrzeuge im typischen Gelb der Post, und läßt mit 8000 Privatbussen Linienverkehr »im Auftrag der DB« durchführen. Der Bahnbus fährt auch in fünf handelsrechtlich organisierten Regionalverkehrsgesellschaften, die ähnlich wie die Verkehrsverbünde komplette Netze mit einheitlichen Tarifen und abgestimmten Fahrplänen anbieten. In diesem Bereich ist die Bahn mit weiteren 1100 Bussen präsent.
Welch bedeutsame Rolle der Bahnbusverkehr in der Geschichte der DB bekommen hat, zeigen vergleichende Zahlen. 1949 gab es ganze 612 DB-Busse und fuhren 217 private Fahrzeuge im Auftrag der DB. 1980 standen 2155 DB-Bussen bereits 4455 private gegenüber...

Bild 157: Wirtschaftlich sinnvolle Alternative überall da, wo der Zug nicht hinkommt: der Bahnbus.

Wie ein Wirtschaftsunternehmen: Vom Abfertigungsdenken zur Absatzorientierung

Flotte Werbesprüche wie »Alle reden vom Wetter – wir nicht« oder »Güter gehören auf die Bahn« oder »Manchmal sieht man die Bahn vor lauter Bäumen nicht« markieren im letzten Vierteljahrhundert der Bahngeschichte den endgültigen Abschied der DB von den Traditionen, der Organisation und vor allem auch dem Selbstverständnis der Staats-Eisenbahn monopolistischer Prägung. Die Bahn ist, so steht's im Paragraphen 28 des Bundesbahngesetzes nachzulesen, »wie ein Wirtschaftsunternehmen mit dem Ziel bester Verkehrsbedienung nach kaufmännischen Grundsätzen« zu führen. Ein Auftrag des Eigentümers Bundesrepublik, der neben zahlreichen anderen Konsequenzen auch zur Folge hatte, daß die moderne Eisenbahn und ihre Mitarbeiter ihre Aufgabe in einem ganz anderen Licht sahen. Während zu königlich-preußischen Eisenbahnzeiten Reisende wie Güter in amtlich-korrekter Unpersönlichkeit »abgefertigt« wurden, ist die neue Bahn kundenbewußt geworden. Auf dem hart umkämpften Verkehrsmarkt will sie verlorenes Terrain wieder gutmachen und sich dem Bürger wie der Wirtschaft mit attraktiven Leistungen empfehlen – das neue Bahn-Selbstverständnis läuft darauf hinaus, sich selbst und die Angebote, die Bahn-Produkte, besser zu verkaufen. Auf ein Bild gebracht: dem steifen »Bahn-Beamten« in blitzender Uniform folgte der flexible Verkehrsfachmann im gedeckten Anzug.

Einen ersten Schritt zum modernen, markt- und verkaufsorientierten Verkehrsunternehmen machte die DB bereits 1968, als sie im gesamten Bundesgebiet 51 Generalvertretungen aufbaute. »Kundenbewußt« zu denken und zu handeln ist die Stärke der Generalvertreter und ihrer Kundenberater, die »vor Ort« in der von ihnen betreuten Region sichtbar und fühlbar machen, daß die DB sich vom bloßen Transporteur zum Dienstleister gewandelt hat. Früher brauchte die Wirtschaft meist mehrere Ansprechpartner im Unternehmen DB, um Fragen von der Einrichtung eines Gleisanschlusses über ein besonderes Tarifproblem bis hin zu logistischen Aufgabenstellungen zufriedenstellend beantwortet zu bekommen: Die Generalvertretungen wurden nun schnell zu einer Anlaufstelle für Industrie und Handel. Auch im Personenverkehr bewähren sich die Teams der Generalvertretungen als Berater der Dienst- und Geschäftsreisekunden. Darüber hinaus arrangieren sie bei Bedarf individuelle »Pakete« für die Klassenfahrt, den Kegler-Wochenendtrip wie für den Betriebsausflug und die Klubreise zum Fußballänderspiel beispielsweise. Auf Wunsch gibt es zu den Sonderfahrten ein komplettes Programm von der Unterhaltung unterwegs bis zum Ausflugsangebot am Reiseziel. Und darüber hinaus ist es ihre Aufgabe, mit Werbung, Öffentlichkeitsarbeit und Kundenpflege zu zeigen, daß die Bahn präsent ist – das beginnt mit der tatsächlichen Anwesenheit auf Regionalmessen oder Landesgartenschauen beispielsweise und führt über die Herstellung von Handzetteln zu DB-Sonderangeboten hin bis zu Gesprächsrunden mit Führungskräften der Wirtschaft.

Mit dem Sonderangebot »65 müßte man sein« läutete die Bahn Anfang 1968 die »Rosa Zeiten« ein. Zum ersten Mal wurde der Versuch gemacht, in einer verkehrsschwachen Jahreszeit freie Sitzplatzkapazitäten über besonders attraktive Preis-Nachlässe zusätzlich zu verkaufen. Immerhin brachte diese erste Aktion, die über sieben Millionen Reisende über 65 nutzten, einen Nettomehrerlös von 8,4 Millionen DM. Vor diesem Auftakt zu immer neuen Rabatt-Angeboten hatten die Ausführungsbestimmungen der Eisenbahn-Verkehrsordnung (EVO) geändert werden müssen, damit die Bahn mit schnellen Sonderangeboten ihre Plätze ähnlich füllen konnte wie ein Kaufmann seine Läger räumt. Den »Rosa Zeiten«, aus denen sich im Laufe der Jahre Vergünstigungen wie Senioren-, Junioren- und Familienpässe entwickelten, war eine umfangreiche Strukturanalyse des Schienenpersonenverkehrs vorausgegangen. »Die Bundesbahn ist heute auf diesem Gebiet soweit, echtes Marketing betreiben zu können, das über die Marktforschung Absatz-, Verkaufsförderungs- und Werbe-

Bild 158: Reise-Service im Bahnhof: Auf manchen Bahnhöfen verleiht die DB Fahrräder an Reisende, wie hier im Bahnhof Eberbach (Neckar).

pläne sowie deren Erfolgskontrolle alle Stationen moderner Absatzmethoden umfaßt. Einen Vergleich mit der Wirtschaft braucht die Bahn hier nicht zu scheuen«, stellte stolz der »Almanach 1971 der deutschen Eisenbahnen« fest. Bis in die Gegenwart sind die generellen Überlegungen, durch besondere Anreize eine bessere Auslastung der Kapazitäten zu erzielen, aktuell geblieben. Zur Signalfarbe »Rosa« gesellte sich Anfang der 80er Jahre als sympathieweckende Symbolfigur der rosarote Elefant. Das Ziel der jüngeren Sonderaktionen war nicht mehr nur das Bestreben, die Kapazitätsauslastung zu verbessern, sondern die gezielte Preispolitik versuchte, selbst zwei Reisenden oder ganzen Familien die Bahn zu Kosten schmackhaft zu machen, die sie für das Auto allemal ausgeben mußten.

Die mobile Gesellschaft in der zweiten Hälfte des 20. Jahrhunderts ist ausgesprochen reiselustig. Vom Tourismus profitiert die Bahn seit den ersten Turnus-Sonderzügen der Reiseveranstalter. Anfang der 80er Jahre stellte der Urlaubsreise-Konzern Touristik Union International seinen »TUI Ferien-Expreß« in Dienst. Für die Bahn-Pauschalreise steht seitdem eine hochmoderne Fahrzeug-Flotte an Privatwagen zur Verfügung, die in der Komfortstufe dem 1.-Klasse-Standard in TEE- und IC-Zügen vergleichbar ist. Vierplatz-Abteile, die nachts zu Vierliegen-Abteilen umgebaut werden, und für Kinder ein zusätzliches fünftes Bett haben, machen den »Ferien-Expreß« besonders familienfreundlich. Zum Service-Konzept mit Imbiß und Frühstück im Abteil gehört der Treff-Wagen anstelle eines herkömmlichen Speisewagens.

Bild 159: Hochmoderne Fahrzeugflotte mit Komfort: der TUI-Ferien-Expreß.

Diese TUI-Idee griff die Bahn übrigens im »Rheingold-Club« auf.
Neben diesem Teil des Touristikmarktes, in dem die DB lediglich als »Carrier« auftritt, hat sie eine eigene Bahn-Touristik entwickelt, die mit Ausflugs- oder Kurzurlaubs-Angeboten in einen Teilbereich des Touristik-Marktes geht.
Für Sonderverkehre entstanden besondere Fahrzeuge – etwa die »Rollende Weinstraße« oder moderne Gesellschaftswagen mit Einsatzmöglichkeiten vom Musik- und Tanzzug bis zur rollenden Konferenz. 1974 ging das Prunkstück dieser Flotte in Betrieb – der Wirtschafts- und Gesellschaftswagen 90 001. Der Vertreter der Intercity-Generation gehört immer wieder auch zu den Aushängeschildern der Bundesrepublik und beherbergt politische Prominenz wie gekrönte Häupter aus aller Welt. Ein »Kanzlerwagen«, anknüpfend an alte Salonwagentraditionen früherer Regierender ist er indes nicht – er steht wie jeder Gesellschaftswagen der DB jedermann zur Verfügung. Der kleine Unterschied: Er ist der einzige Wagen der DB, für den eine Art Luxus-Zuschlag gezahlt werden muß...
Der Verkauf der Bahnprodukte ist traditionell nicht auf die Bahnhöfe beschränkt. Der »externe Vertriebsweg« über Reisebüros war schon zu Reichsbahn-Zeiten aufgebaut. Die Deutsche Bundesbahn ist an der Deutschen Reisebüro GmbH, Berlin (DER) und am abr – amtlichen bayerischen reisebüro und am ältesten deutschen Reisebüro, der Reisebüro Rominger GmbH Württ. Reisebüro, Stuttgart, beteiligt. Die drei Firmen erwirtschaften als Verkaufsagenturen der DB, die Fahrkarten zu Originalpreisen abgeben, jährlich über eine Milliarde Mark des DB-Schienenumsatzes. Die Präsenz in den Reisebüros ist für die Bahn im Hinblick auf den Wettbewerb interessant: Der Kunde, der in den Bahnhof geht, um seine Fahrkarte zu kaufen, ist bereits entschlossen, mit der Bahn zu fahren. Ein Kunde aber, der ins Reisebüro geht, wo er die gesamte Palette der Verkehrsträger zur Auswahl hat, ist noch beeinflußbar. Über die DER-Organisation ist die DB in über 900 mittelständischen Reisebüro-Unternehmen mit der DER-Lizenz präsent. Im Interesse der Partnerschaft zwischen Reisebüros und Bahn hat sich die DB an der START Datentechnik für Reise und Touristik GmbH, Frankfurt, beteiligt. Über die Bildschirmterminals haben die privaten Verkaufsagenturen der Bahn einfachen und schnellen Zugriff auf die Leistungsangebote der DB – von der Auskunft über Tarife und Verbindungen über Reservierung von Plätzen bis hin zur Ausgabe von Fahrkarten über den angeschlossenen Drucker. Der Computer ermöglicht vor allem den unmittelbaren Zugriff zur elektronischen Platzbuchungsanlage der DB. Nachdem bereits ein 1971 installiertes Rechnersystem im Verbund mit Nachbarbahnen die Platzreservierung praktisch

Bild 160: So turbulent ging es 1939 auf dem Bahnhof Lichtenstein auf der Schwäbischen Alb zu. Von dort aus unternahmen die Skihasen ihre Skitouren. Abends ging es im Bummelzug wieder der Heimat entgegen.

Bild 161: Fahrt in die Ferien mit TEE-Standard: die Bahn profitiert vom Tourismus. ▷

DB
120 004-7

in allen internationalen Zügen zwischen Stockholm und Rom möglich machte, und DB-Terminals mit direkter Zugriffsmöglichkeit in London wie in Budapest angeschlossen werden konnten, wurde 1983 eine leistungsfähigere Anlage in Betrieb genommen, die den Reservierungsverbund der europäischen Bahnen noch ausbaute. Die tägliche Buchungsleistung der Anlage liegt an Spitzentagen bei bis zu 100000 Buchungen.

Das sich wandelnde Selbstverständnis der Bahn veränderte auch die Bahnhofs-Innenarchitekturen. Wo früher Schalterhallen je nach der Epoche ihres Baus monumental oder düster geraten waren, sieht die moderne DB ihre Bahnhöfe als Kaufhäuser der Bahnprodukte. Seit den 70er Jahren läuft ein umfangreiches Modernisierungsprogramm von Grund auf, das die umsatzstärksten 350 Fahrkartenausgaben von rund 2600 nach und nach zu modernen »DB-Reisezentren« umgestaltet. Wesentliches Merkmal: In zweckmäßig modernen Räumlichkeiten sind die unpersönlichen, gesprächshemmenden Schalter weitgehend zugunsten von Countern wie in den Reisebüros oder auf den Flughäfen verschwunden. Das Münchner Design-Center der DB – eine Institution, die ihre Existenz der modernen Unternehmensphilosophie verdankt – entwickelte eine Leitlinie von Farben, Schriften und Gestaltungsmitteln, die nach und nach den Bahn-Kaufhäusern ihr eigenes, unverwechselbares Aussehen geben sollen.

In den modernen Reisezentren gehören Fahrkartendrucker und Papp-Kärtchen der Vergangenheit an, denn seit 1977 fährt die Bahn »Mofa«. Hinter diesem Kürzel verbirgt sich der »Modernisierte Fahrausweisverkauf« mit Hilfe des Computers. Ende 1984 waren in 520 Fahrkartenausgaben der DB 1015 Datenstationen aufgestellt. Zu diesem System gehören auch 2700 Fahrkarten-Verkaufsautomaten für den Nahverkehr. Am 1. September 1984 wurde der Fahrausweisverkauf des Nahverkehrs bis 50 Kilometer weitgehend auf Automaten verlagert. In aller Regel schlucken die elektronischen Verkäufer alle Münzen und Zehn-Mark-Scheine und geben das Wechselgeld exakt heraus. 400 Automaten nehmen darüber hinaus auch Zwanzig-Mark-Scheine an; ihr Anteil soll noch vergrößert werden.

Mit dem New Look im Verkaufsgeschäft änderte sich auch allenthalben das Umfeld: So wandelte sich die Bahnhofs-Gastronomie vielerorts: Die Bahnhofsgaststätte alter Prägung hat ausgedient, die ungemütliche, muffige Wartesaal-Atmosphäre längst vergangener Zeiten paßt nicht mehr in die Gegenwart. Das betrifft nicht nur die Räumlichkeiten, sondern auch die gastronomischen Angebote. Die Service-Konzepte gehen in Richtung auf eine »Für-jeden-etwas-Gastronomie« vom Würstchenstand über die Bierkneipe und das Café bis zum Restaurant. In der gehobenen Gastronomie setzt die Bahn auf den guten Klang ihres Markenartikels Intercity. Die Intercity-Restaurants von der Bahntochtergesellschaft DSG geführt, sind bereits in elf Großstadtbahnhöfen gefragt. Mit dem Intercity-Verkehr ist in den Großstädten auch die Nachfrage nach Hotelbetten und Konferenzräumen in Bahnhofsnähe gestiegen. Auf diese Erkenntnis basiert die Intercity-Hotel-Konzeption. In Mannheim, Stuttgart und Ulm wurden Anfang der 80er Jahre die von der DSG betriebenen Intercity-Hotels nach umfangreichen Um- und Ausbauten so gestaltet,

Bild 162: Blick in eine moderne Schalterhalle: der Bahnhof als Kaufhaus der Bahnprodukte.

Tafel Die alten Pappkärtchen gehören der Vergangenheit an.

daß sie in punkto Ausstattung und Service es mit jedem gehobenen Mittelklassehotel aufnehmen können. Die Intercity-Hotel-Konzeption hat aber ein zweites Bein: Die Bahn ist eine Partnerschaft mit dem europäischen Hotelkonzern Novotel-Ibis eingegangen. Diese Hotelkette eröffnete 1984 ihre »Intercity-Hotels« Ibis in den Hauptbahnhöfen von Köln und Düsseldorf. Weitere Häuser folgen.

Einen Service besonderer Art bietet die Bank der Bahn – die Deutsche Verkehrs-Kreditbank AG. Die 100%ige Tochtergesellschaft der DB betreibt 51 Wechselstuben und neun Wechselstuben-Agenturen und steht in den Bahnhöfen auch dann zur Verfügung, wenn andere Kreditinstitute längst die Schalter zu haben. Eine ganz wesentliche weitere Dienstleistung der DVKB ist das schon in den 20er Jahren entwickelte Frachtstundungsverfahren. Gut 90% des gesamten Frachtaufkommens bei der DB werden jährlich über die Stundungskonten der Bank abgerechnet. Der Vorteil für regelmäßige Kunden: Sie müssen nicht jede einzelne Fracht bezahlen, sondern können dies weitgehend ihrer Bank überlassen, die sich im Zehn-Tage-Rhythmus entsprechende Rechnungen von der Bahn-Bank schicken läßt.

Dienst am Kunden ist auch der Hintergrund bei der Schaffung neuer Informations-Techniken in den Bahnhöfen. Ein Kapitel, das in der 150jährigen Geschichte der Eisenbahn noch vergleichsweise jung ist: Erst 1928 wurde im Bahnhof Berlin Zoologischer Garten die erste Lautsprecheranlage zur Unterrichtung der Fahrgäste über den Zugverkehr in Betrieb genommen. Im Jahr 1950 hatte im Kölner Hauptbahnhof ein neuer ferngesteuerter Fahrtrichtungsanzeiger Premiere. »Diese Neueinrichtung ermöglicht es, künftig von einer zentralen Befehlsstelle aus alle Fahrtrichtungsanzeiger, die über den großen Raum eines Bahnhofs verteilt sind, ferngesteuert zu bedienen«, hielt die »Bundesbahn« fest. Die Entwicklung der Zugzielanzeiger ging rasant weiter – hin zu den modernen Fallblatt-Anzeigern, die nicht einmal mehr von Menschenhand ferngesteuert, sondern durch den Computer bedient werden. In den S-Bahn-Netzen sind es sogar schon die Züge selbst, die dank spezieller Sensorik und Codierung die Zugzielanzeiger auf den Bahnsteigen stellen . . . Nach dem Vorbild der Flughafeninformationstafeln entstanden zunächst in München, Stuttgart und Saarbrücken vergleichbare Groß-Tafeln. 1979 folgte auf den Intercity-Systembahnhöfen als weiteres Orientierungs-Mittel die Einteilung der Bahnsteige in Abschnitte von A bis E, um den Reisenden bereits vor Ankunft des Zuges möglichst genau den Standort ihres Wagens oder Zugteiles anzukündigen. In den Jahren zuvor hatte man versucht, mit unterschiedlichen Farb-Markierungen an den Bahnsteigkanten eine entsprechende Information zu geben, doch wurde diese Kennzeichnung von den meisten Reisenden übersehen.

Ein weiteres wichtiges Informations-Medium der Bahn schloß im Jubiläumsjahr 1985 einen mehrjährigen Wandlungsprozeß ab: Das Kursbuch, gewissermaßen der Katalog der Bahnprodukte des Personenverkehrs, wurde vom herkömmlichen Bleisatz auf den computergesteuerten Lichtsatz umgestellt. Nach und nach haben die Fahrplan-Seiten ihr Gesicht, das praktisch seit dem ersten Reichsbahnkursbuch 1933 unverändert geblieben war, gewandelt. Die neue Satz-

Bild 163: Nach Vorbild der Flughafeninformationstafeln entstanden – wie hier in Stuttgart – moderne computergesteuerte Fallblatt-Anzeiger.

technik kann auf die Registerpunkte verzichten, die früher Leerräume in den Kursbuch-Spalten füllten. Damit werden die Tabellen lesbarer und leichter überschaubar. Während bei der alten Drucktechnik von jeder Kursbuchseite der »Stehsatz« in den Vertragsdruckereien der DB aufbewahrt und die Fahrplanänderungen mühselig in das Blei hineingearbeitet werden mußten, speichern nunmehr Rechner alle Kursbuchdaten. Und das ist eine ganze Menge: Auf jeder Kursbuchseite stehen mindestens 5000 Zahlen, die Gesamtausgabe bringt es auf rund 7,2 Millionen Ziffern – Zeichen, Linien, Anmerkungen gar nicht gerechnet.

Von Anfang an fuhr die Eisenbahn nach exakter Uhrzeit. Die Bahnhofsuhr, die nie vor- oder nachgeht, gehört zu den Zuverlässigkeiten der DB. Der heute weithin übliche 24-Stunden-Zählrhythmus wurde erst 1927 eingeführt. Die Reichsbahn hatte in Berlin in den 30er Jahren eine eigene »Zeitdienststelle«, die jeden Morgen von der Sternwarte Babelsberg die mitteleuropäische Zeit übernahm und als Zeitzeichen über das Diensttelegrafennetz an alle Bahndienststellen weiterreichte. Dort mußten die Uhren häufig noch mit der Hand nachgeregelt werden. Die DB »bezieht« ihre Zeit von der Atomuhr des Deutschen Hydrografischen Instituts in Hamburg. Von der Bahn-Uhrensteuerzentrale in Hamburg werden in einer ausgeklügelten »Hierarchie« rund 40000 Uhren exakt im Takt gehalten. Wobei die Bahn-Minute schon nach 58 Sekunden zumindest auf den Zifferblättern vollendet ist. Im Punkt Null macht der Sekundenzeiger eine 2-Sekunden-Pause, bis die nächste Minute springt – eine schalttechnische Notwendigkeit. Mit dem Vordringen der Digital-Uhren in den 70er Jahren hatte auch die DB Überlegungen angestellt, die gute, alte kreisrunde Uhr abzuschaffen. Es zeigte sich aber, daß Zeiger-Stellung und Zifferblatt auf den Bahnhöfen der bessere Kundenservice waren – man kann sie schon aus weiterer Entfernung erkennen als die digitalen Anzeiger.

In den 80er Jahren begann die Bahn in den Großstädten, die Standortvorteile ihrer Bahnhöfe besser auszuspielen. Private Pächter betreiben rund 3300 Service-Betriebe und erzielen Quadratmeter-Umsätze, die es mit jenen weltberühmter Einkaufsmeilen aufnehmen können. Mit der »Kaufhaus-Philosophie« wandelten sich auch die Läden vom Zeitungskiosk bis zum Delikatessen-Fachgeschäft. Hochwertige Markenartikel-Sortimente dominieren und locken nicht nur Reisende in die Großstadtbahnhöfe. Zu dem jüngeren Konzept zählen Absichten, auch Kulturangebote in die Bahnhöfe zu holen. Entsprechende Räumlichkeiten sind in aller Regel da – die vielerorts einst pompös eingerichteten »Fürstenzimmer« verstauben in ihrer alt gewordenen Pracht.

Die Vorstellungen vom Wirtschaftsunternehmen Bahn, das sich auf dem Verkehrsmarkt mit guten Leistungen zu guten Preisen verkaufen muß, führen seit den 70er Jahren auch zu grundlegenden Veränderungen in der unternehmerischen Struktur der DB. In der Zeit von 1971 bis 1976 wurden sechs Bundesbahndirektionen, nämlich Augsburg, Mainz, Kassel, Münster, Wuppertal und Regensburg aufgelöst und ihre Direktionsbezirke auf die verbliebenen zehn Direktionen verteilt. Gleichzeitig wurde in den Zeiten des steigenden Kostendrucks und der sinkenden Nachfrage angestrebt, den Verkauf der Bahnprodukte und die Planung sowie Steuerung der Transportvorgänge stärker und damit effektvoller zu koordinieren. Am 1. Februar 1970 wurde zunächst die Zentrale Verkaufsleitung (ZVL) gegründet, die die Bereiche Marktforschung, Absatzplanung und Verkaufsförderung von den Bundesbahndirektionen übernahm. Ein knappes Jahr später folgte die Zentrale Transportleitung (ZTL), die die Vielzahl der betrieblichen und bautechnischen Lenkungsstellen ablöste. Für die Bereiche Absatz und Produktion waren damit in einem ersten Schritt in sich geschlossene Organisationen geschaffen worden, neben denen die Zentralstelle für Betriebswirtschaft und Datenverarbeitung (ZfB) stand.

Mit der Neufassung des Bundesbahngesetzes im Jahre 1981 waren die Möglichkeiten für die Einführung einer konsequenten Ressortverfassung in der Führungsstruktur gegeben. Mit der Festlegung der Verantwortungsbereiche Absatz, Produktion, Technik, Steuerung und Planung, Personal und Soziales sowie Finanz und Recht strebt der seit 1982 amtierende Vorstand unter dem Vorsitz von Dr. Ing. Reiner Gohlke an, in allen Bereichen des Unternehmens vom Management bis in die Ebene der Dienststellen klare Verantwortungs- und Entscheidungsbereiche zu schaffen. Dazu sollen von den bisherigen fünf Unternehmensebenen – Hauptverwaltung, Zentrale Stellen, Bundesbahndirektionen, Ämter, Dienststellen – zwei von der Bildfläche verschwinden. 1984 wurden in einem ersten Schritt die rechtlichen Voraussetzungen geschaffen, die ZVL und die ZTL als »Zentralstellen« den jeweiligen Vorstands-Ressorts zuzuordnen. Neben ZTL und ZVL werden auch die Zentralstelle für den Werkstättendienst und das Werbeamt aufgelöst und den Zentralstellen Absatz, Produktion und Technik zugeordnet. Für die Zentralstelle für Betriebswirtschaft und Datenverarbeitung werden zwei neue Zentralstellen für die beiden unterschiedlichen Fachgebiete Datenverarbeitung und Rechnungswesen geschaffen. Das Bundesbahnsozialamt wird vergleichbar dem Ressort Personal und Soziales zugeordnet. Hauptverwaltung und Zentralstellen bilden künftig an den Standorten Frankfurt und Mainz die »Zentrale der DB«.

Am 1. Oktober 1984 begann im Bereich der Bundesbahndirektion Köln der Modellversuch »Neuorganisation der regionalen Leitungsebene«, der die Auflösung der Betriebs- und Maschinenämter sowie der Streckendezernate des Bau- und Betriebsdienstes zum Ziel hat. Die Aufgaben dieser Ebene sollen teils im Interesse der Dezentralisierung der Entscheidungskompetenzen auf die Dienststellen verlagert werden bzw. von den Direktionen übernommen werden. Im Rahmen dieses Modells wurden in der Kölner Direktion neben den Fachdezernaten im Direktionsbezirk verteilte Regionaldezernate errichtet. Nach dem Verständnis der neuen Organisation sind sie als Außenposten der Direktion tätig. Daß es sich nicht um eine Nachfolgeorganisation für die Ämter handelt, beweist die Kompetenz: Die Ämter handeln auf Weisung der Direktion, die Regionaldezernate handeln als Direktion »vor Ort«.

Zu den weiteren organisatorischen Umstrukturierungen, die letztlich zum Ziel haben, die Bundesbahn in ihrer Führungs- und Arbeitsstruktur so flexibel zu gestalten, daß sie auf wechselnde Markt-Anforderungen schneller reagieren kann, gehört ein neues Rollenverständnis für die beiden Bundesbahn-Zentralämter mit ihren Versuchsanstalten in Minden und München. Sie sollen fortan für die Bahn wie ein Ingenieurbüro bei eigener Kosten- und Erlösverantwortung tätig werden. Nach den sehr positiven Erfahrungen mit den Geschäftsbereichen Bahnbus und dem Geschäftsbereich der S-Bahn Hamburg ist weiterhin geplant, auch in den anderen Ballungsgebieten mit Verkehrsverbünden und S-Bahnen die Nahverkehrsaufgaben auf Direktionsebene in einer Produktabteilung zu bündeln.

Nach Einschätzung des Vorstandes zeigen sich die Erfolge der Ressortverfassung bereits im ersten vollen Jahr seiner Tätigkeit, im Jahr 1983. Trotz schwieriger Konjunkturlage hatte die Bahn zum erstenmal seit Jahren die Fahrt ins Defizit kräftig bremsen können. Die Verluste blieben um eine Milliarde Mark hinter den Befürchtungen im Plan zurück, und die Bahn hatte keine Neuverschuldung eingehen müssen.

Der positive Trend hielt auch 1984 an, und auch im Jubiläumsjahr sind die Eisenbahner optimistisch, wenngleich gestiegene Erträge ihnen immer wieder durch steigende Kosten zerrinnen. Immerhin – die Bahn, von den Politikern bereits als »Haushaltsrisiko« gescholten, hat auch am Vorabend ihres 150jährigen Geburtstages, dem 7. Dezember 1985, eine Zukunft. Vorstandschef Reiner Gohlke hatte es schon bei der Präsentation des Geschäftsberichtes 1983 so gesehen: »Auch die Bahn läßt sich bewegen.«

Kunde DB: Die Bahn als Auftraggeber

Vom Fahrausweisautomaten bis zum Fährschiff, vom Toilettenpapier bis zum Triebzug, Benzin wie Bremsen-Teile, Schienen, Schotter, Schwellen – das alles sind Beispiele für Produkte, die die Bahn einkaufen muß. Sie ist ein guter Kunde der Wirtschaft: Das jährliche Auftragsvolumen der DB lag in den 80er Jahren bei rund 10 Milliarden DM. Der Kunde Bahn ist damit ein volkswirtschaftlicher Faktor, der – so haben Fachleute errechnet – rund 160000 Arbeitsplätze in der Bundesrepublik sichern hilft. Zu den Lieferanten gehört nicht nur die Großindustrie: Einen Löwenanteil der von ihr benötigten Lieferungen und Leistungen bestellt die Bahn ganz bewußt bei mittelständischen Firmen.

Mit der Bahn ins Geschäft zu kommen, ist ganz einfach. Oberstes Prinzip bei der Auftragsvergabe ist der breit gestreute Wettbewerb, an dem sich jedes Unternehmen beteiligen kann, das sich die Erfüllung des Auftrages zutraut – die öffentliche Ausschreibung. Und wie bei solchen Verfahren üblich, bekommt in aller Regel derjenige Anbieter den Zuschlag, bei dem das Verhältnis von Preis und Leistung am besten stimmt. Schon die Reichsbahn war vor 50 Jahren angewiesen, bei ihren Bestellungen auch gesamtwirtschaftlich, volkswirtschaftlich zu denken. So wurden damals Aufträge bevorzugt an Firmen vergeben, die in strukturschwachen Gebieten mit hoher Arbeitslosigkeit ansässig waren. Das Bundesbahngesetz hat diesen Gedanken wieder aufgegriffen. So ist der DB vorgeschrieben, daß sie ihre Aufträge regional und sektoral streut. Größere Aufträge werden häufig in Lose aufgeteilt, um Monopolbildungen und Wettbewerbsbeschränkungen vorzubeugen.

Die Spielregeln für den Einkauf von Produkten und Diensten sind – wie bei allen öffentlich-rechtlichen Aufträgen – in den schon seit Mitte der 30er Jahre bestehenden »Verdingungsordnungen« festgelegt – der »Verdingungsordnung für Leistungen ausgenommen Bauleistungen« (VOL) und der »Verdingungsordnung für Bauleistungen« (VOB) für den Spezialbereich der Bauherren-Tätigkeit.

Großeinkäufer für die DB sind die Bundesbahn-Zentralämter in München und Minden, die zentral 80% des Vergabevolumens in ihren Händen halten. Die restlichen 20% verteilen sich dezentral auf regionale wie örtliche Stellen: Bauaufträge kann beispielsweise auch eine Direktion vergeben, und jeder Bahnhof hat einen gewissen Einkaufs-Spielraum. Wie schon zu Reichsbahn-Zeiten ist zwischen den Zentralämtern München und Minden – vor dem Krieg waren es die Reichsbahn-Zentralämter Berlin und München – genau abgestimmt, wer was zu besorgen hat. So kaufen die Bayern für den bundesweiten Bahn-Bedarf beispielsweise sämtliche Lokomotiven und alles, was – von der Signalanlage bis zur Datentechnik – mit Strom zu tun hat. Die Westfalen kauften bis in die 50er Jahre auch noch Loks ein – wurden aber dann von dieser

Aufgabe »befreit«: Sie beschafften nämlich Dampfloks... Des weiteren sorgen sie für das rollende Material hinter den Lokomotiven; die komplette Entwicklung und Beschaffung von Reisezugwagen liegt in Mindener Händen, genauso auch alles, was für den Schienenweg gebraucht wird.
Dezentralisiert kauft die Bahn ihren Energiebedarf ein, der immerhin rund ein Zehntel des gesamten Vergabe-Volumens ausmacht. Der jährliche Hunger nach Betriebsstoffen ist gewaltig. So werden rund eine halbe Million Tonnen Dieselkraftstoff eingekauft, so braucht die Bahn 30000 t schweres und etwa 100000 t leichtes Heizöl sowie 13000 t Benzin im Jahresdurchschnitt. Bis in die 70er Jahre hinein gab es auf den Energie-Rechnungen einen weiteren Posten: den für den Kohlebedarf. Als die Dampflok auch auf dem DB-Netz noch dominierte, brauchte die DB im Jahr fast 10 Millionen t Kohle. Obwohl die heimischen Energiequellen mitten zwischen den Bahngleisen liegen, wurde in den 50er Jahren viel Importkohle aus den USA verfeuert: Die heißen »Kochtöpfe« der Montanindustrie verschlangen die Kohle aus den Revieren an Ruhr und Saar in einem Umfang, daß für die DB nur der zusätzliche Einkauf in Übersee möglich war.
Ganz gleich, ob es sich um einen Großauftrag mit einer einmaligen Leistung handelt oder um Routineaufträge mit Serien-Produkten – die hohen Sicherheitsanforderungen des Bahnbetriebes machen die Bahn zu einem Kunden, der das bestellte Produkt besonders kritisch beäugt. Besondere Technische Lieferbedingungen (TL) stellen hohe Anforderungen an die Beschaffenheit der einzukaufenden Materialien. Prüfungs- und Versuchsämter überwachen die Qualitäten und erfüllen die ihnen übertragenen Forschungsaufträge. Wie ihre Vorgängerinnen auch schon hat die DB besonders geschulte Mitarbeiter, die nicht selten schon bei den Auftragnehmern in der Produktion oder auf Baustellen während der einzelnen Bauphasen sehr genau ermitteln, ob der Auftrag bis ins letzte

Bild 164: Die DB als Kunde der Bauindustrie: Hier »kaufte« die DB eine Brücke für eine Neubaustrecke.

Bild 165: Die Bahn gibt Konjunkturanstöße: Nicht nur Großunternehmen, sondern auch kleinere Firmen profitieren von der Auftragsvergabe – wie hier an einer Neubaustrecke.

Detail korrekt ausgeführt wird. Schon die Preußischen Staatsbahnen kannten diese »Abnahme«, die bei der DB vom Güteprüfdienst gemacht wird. Bei größeren Objekten wird nicht nur die laufende Herstellung überprüft, sondern es folgt auch eine Endabnahme. Spektakuläres Beispiel sind immer wieder Brücken-Abnahmen, wenn die Bahn ihre dicksten Brocken auf dem Bauwerk postiert. Was da nicht wackelt, hält auch im fahrplanmäßigen Betrieb. Entsprechend werden neue Fahrzeuge in den Ausbesserungswerken probegefahren, bevor sie ins Alltags-Geschäft entlassen werden.
Wie ernst die Bahn ihre Verpflichtung nimmt, nicht nur die Großen der Wirtschaft mit Auftragspolstern weich zu betten, zeigt sich besonders deutlich bei den Bau-Aufträgen. Etwa 80 bis 90% aller Bauarbeiten läßt die Bahn von mittelständischen, meist örtlichen Unternehmen ausführen. Selbst bei den Großprojekten wie den Neubaustrecken oder Bahnhofs-Neubauten, die zumeist Kapazitäten und Know-how von Großunternehmen brauchen, sind die »Kleinen« mit von der Partie. Teils direkt, in Arbeitsgemeinschaften, teils als Subunternehmer. So sind die Baustellen für die neuen Strecken auch ein Konjunkturanstoß der Bahn für Regionen, denen es nicht so gut geht: Mehr als jede zweite Mark, die die DB beispielsweise in den 80er Jahren für die neue Linie Hannover–Würzburg ausgab, floß auf die Konten der heimischen Bauwirtschaft. – Auch im Dienstleistungsbereich setzt die Bahn konsequent auf Partner aus dem Mittelstand – vom Reisebüro bis zum Bahn-Spediteur, vom privaten Linienbus buchstäblich »im Auftrag der DB« bis zum Güterfernverkehrs-Unternehmer.
Die Partnerschaft zwischen Bahn und Wirtschaft ist in eineinhalb Jahrhunderten Eisenbahn-Geschichte gewachsen. Prominentestes Beispiel ist naturgemäß die Lokomotivbau-Industrie. Eine ganze Reihe weiterer Industriezweige hat sich darauf spezialisiert, Zulieferer der Bahn zu sein. Ein unternehmerisches Wagnis, das nicht ohne Risiko ist. Denn in der jüngeren wie der älteren Geschichte der Bahn gibt es immer wieder Zeitabschnitte, in denen die Kassen so leer waren, daß die Auftragsvergabe drastisch eingeschränkt werden mußte. Beispielsweise konnte die Reichsbahn in der ersten Hälfte der 30er Jahre so gut wie nichts in neue Fahrzeuge investieren, beispielsweise war die Bahn in der Nachkriegszeit ein ausgesprochen schlechter Kunde, der erst durch Konjunkturprogramme wieder Mittel zum Einkaufen in größerem Stil bekam. Auch die DB der 80er Jahre kann nicht in volle Portemonnaies greifen. Trotz ihrer großen Investitionsvorhaben für die 90er Jahre ist sie Jahr für Jahr von ihrer wirtschaftlichen Situation abhängig und kann, auf einen Nenner gebracht, wie jedes Wirtschaftsunternehmen nur das ausgeben, was sie auch eingenommen hat. Erklärte Politik der DB ist es deshalb, Unternehmen mit einer ausschließlich eisenbahnspezifischen Produktpalette zum Aufbau weiterer »Beine« zur Absicherung in schlechten Zeiten zu raten.
Wirtschaft und Bahn sind in den eineinhalb Jahrhunderten gemeinsam leistungsfähig und modern geworden. So kann die Industrie Fähigkeiten und Fertigkeiten immer wieder im Exportgeschäft gewinnbringend einsetzen. So ist beispielsweise die Waggonbau-Industrie mit ihren hohen technologischen Standards weltweit präsent, dampften Lokomotiven »made in Germany« auf mehreren Kontinenten, sind moderne Steuer- und Regelungstechnik europaweit gefragt.
Auch die DB selbst hat sich eine internationale Tochter zugelegt – die Deutsche Eisenbahn-Consulting GmbH, Frankfurt. Die DEConsult, 1966 gegründet, exportiert Eisenbahn-Know-how in alle Welt. Die Palette der Tätigkeiten reicht von der verkehrsplanerischen Arbeit über Transportstudien bis hin zum Bau von Fahrzeugen oder kompletten neuen Strecken. In mehr als 50 Ländern rund um den Globus haben die Experten bereits gearbeitet, in arabischen Wüsten Gleise verlegt, in Millionenstädten S-Bahn-Systeme geplant und gebaut. Tätigkeit, die auch der Partnerschaft zwischen Bahn und Wirtschaft dient: Nicht selten erhalten nach der planenden Arbeit der DEConsult deutsche Fachfirmen den Auftrag zur Bauausführung. Damit wiederum erfüllt diese Tochter eine der Grundforderungen der Konzernpolitik der Bundesbahn: Sie hilft, eine gesunde, breitgefächerte Lieferindustrie zu erhalten. Unternehmensvielfalt im Lande macht es der Bahn möglich, im marktwirtschaftlichen Wettbewerb günstiger einkaufen zu können.

Die Reichsbahn in der DDR

Mit zwei Befehlen der Sowjetischen Militäradministration in den frühen Nachkriegsjahren wurden in der damaligen Sowjetischen Besatzungszone die Weichen für die eigenständige Eisenbahn-Entwicklung in der DDR gestellt. Im Juli 1945 entstand zunächst eine Deutsche Zentralverwaltung des Verkehrs in Berlin, der die Hauptverwaltung der alten Reichsbahn angegliedert war. Zwei Jahre später formierte sich als Vorstufe der heutigen DDR die »Deutsche Wirtschaftskommission für die Sowjetische Besatzungszone Deutschlands« – die DWK. In diesem Gremium entstand eine auch für die Bahn zuständige Hauptverwaltung Verkehr. Sie wurde nach einer Übergangszeit in die Generaldirektion Deutsche Reichsbahn umbenannt – der alte Name blieb also erhalten, es gab die Reichsbahn. Unter der vertrauten Bezeichnung brachte die Entwicklung der nächsten Jahrzehnte manche grundlegende Änderung in der Struktur; die politische Entwicklung, das veränderte Wirtschaftssystem und die Einbindung der DDR in den »Rat für gegenseitige Wirtschaftshilfe« (Comecon) trugen dazu auch bei.

Der Eisenbahn-Betrieb litt lange Zeit unter der konsequenten Demontage der sowjetischen Sieger. Auf ihren Befehl hin mußten die Eisenbahner praktisch auf allen Hauptstrecken das zweite Gleis demontieren, eine ganze Reihe als nicht wichtig eingestufter Nebenstrecken verschwand völlig. Nach westlichen Schätzungen wurden auf diese Weise rund 6000 Kilometer Gleis und 11 000 Weicheneinheiten nach Osten verbracht. Auch auf stark befahrenen Linien erlaubte die Militärverwaltung nicht den Wiederaufbau des Parallel-Gleises – ein Umstand, der jahrzehntelang den Bahnbetrieb in der DDR erschweren sollte.

Von der Demontage war auch das gesamte elektrifizierte Streckennetz betroffen, das im Bereich der Besatzungszone eine Länge von 500 Kilometern hatte. Erst ab 1952 gab die Sowjetunion Anlagen und die beschlagnahmten Lokomotiven zurück.

Zwangsläufig setzte die Reichsbahn in der DDR auf Dampfbetrieb. Ihr Problem war es dabei, daß sie von den Energiequellen Oberschlesiens wie Ruhr und Saar abgeschnitten war und die heizwertärmere Braunkohle verfeuern mußte, die zudem mit starkem Funkenflug für zusätzliche Probleme sorgte. Bis im Verbund der Comecon-Staaten wieder Steinkohle geliefert wurde, waren Eisenbahner auf Erfindungsgeist und Improvisationskunst angewiesen, um dieses spezielle Versorgungsproblem zu lösen.

In der Mitte der 50er Jahre beschloß die DDR, die Zugförderung auf Dieselbetrieb umzustellen. Nach ersten eigenen Entwicklungen wurden in den 60er und 70er Jahren Großdiesellоks sowjetischer Bauart beschafft. Die ohnehin nur zögernd angelaufene Streckenelektrifizierung wurde 1965 per Beschluß der Staatsführung gestoppt: Der Strukturwandel

Bild 166: Reisezug mit Doppelstockwagen und Diesellok Baureihe 118 auf dem Berliner Außenring.

Bild 167: Ellok der Baureihe 250.

Bild 168: Schnelltriebzug Baureihe 175 in der Bahnhofshalle Berlin Ostbahnhof vor der Abfahrt nach Leipzig.

sollte mit sowjetischen Loks und sowjetischem Öl der Verdieselung den Vortritt lassen. Es kam anders: Die Ölkrisen der 70er Jahre machten in der DDR einen Umdenkungsprozeß notwendig. Nach zehnjähriger Pause entwickelte die Reichsbahn neue Elektrifizierungsprogramme. Wie auch in der Bundesrepublik hatten sich die Verkehrsströme in der DDR ebenfalls in die Nord-Süd-Richtung gedreht. So standen zunächst die Strecken zwischen dem sächsischen Industriegebiet und dem Seehafen Rostock zur Elektrifizierung an. Gleichzeitig wanderten die Oberleitungsmasten auf Berlin zu. Im letzten Jahrzehnt wuchs der Anteil elektrifizierter Strecken auf rund 2100 Kilometer an und macht damit 15% des Reichsbahn-Netzes aus.

Zu den besonderen Kapiteln der deutschen Eisenbahn-Geschichte der Nachkriegszeit gehört die Berliner S-Bahn. Noch in den 40er Jahren wurde das weithin zerstörte Netz wieder geflickt. Von Demontagen verschont, gehörte die S-Bahn für lange Zeit zu den einzigen offenen Wegen zwischen Ost und West in der geteilten Stadt. Erst der Bau der Mauer im August 1961 unterbrach die Linien, die ungehindert die Sektorengrenzen überschritten hatten. Nur die alte Ost-West-Linie von Wannsee über Charlottenburg–Zoologischer Garten in das ehemalige Berlin-Mitte fuhr durch die Mauer bis zum Grenzkontrollpunkt Bahnhof Friedrichstraße. Im Westteil Berlins betrieb die Reichsbahn bis in die 80er Jahre ein immer kleiner werdendes Liniennetz, das zusehends verrottete und von den Berlinern nach dem Mauerbau immer

Bild 169: Schnelltriebzug der Reihe 175 bei der Ausfahrt aus einem Fährschiff.

Bild 170: Nostalgie unter Dampf: Schmalspurlokomotive Betriebsnummer 99 1606-5 beim Wasserfassen.

Bild 171: Glanz alter Zeiten: Schnellzuglokomotive Betriebsnummer 19 017, der ehemalige »Sachsenstolz«.

stärker boykottiert wurde. Die erklärte Politik des Berliner Senats war es ohnehin, ein Nahverkehrssystem anzubieten, das unabhängig war von der DDR-Reichsbahn, der die Nachkriegsgeschichte nun einmal die Betriebsrechte über den gesamten Eisenbahnbetrieb in Groß-Berlin ungeachtet der politischen Grenzziehungen zugesprochen hatte. Im Westen wurde der U-Bahn-Ausbau forciert, der Ring der Stadtautobahnen – oft parallel zu den rostigen S-Bahn-Gleisen – schloß sich und schuf Möglichkeiten für ein Schnellbus-System. In den 70er Jahren begann ein Umdenkungsprozeß mit dem Ziel, die S-Bahn zu neuem Leben zu erwecken. Die politischen Verhältnisse machten es äußerst schwierig, einen Weg zu finden. Als die Reichsbahn Ende 1983 nur das ein Rumpfstück der Ost-West-Verbindung unterhielt und auch daran nicht mehr interessiert war, gelangen vertragliche Vereinbarungen, die S-Bahn in die Regie West-Berlins zu übernehmen. Ab 9. Januar 1984 schmückt das Signet der (West-)Berliner Verkehrsgesellschaft (BVG) die übernommenen S-Bahn-Fahrzeuge aus der Vorkriegszeit. Nach und nach soll der Betrieb auf Teilstücken des alten Netzes wieder aufgenommen werden. Zwar sind Millioneninvestitionen für die Sanierung der Anlagen und Fahrzeuge notwendig, der Aufwand liegt aber nach Schätzungen von Verkehrsfachleuten unter den Kosten für die Verwirklichung weiterer U-Bahn-Strekken. Mit der Übernahme der S-Bahn durch die BVG ist sie auch ins Tarifsystem des Berliner Personennahverkehrs aufgenommen, Busse, U- und S-Bahnen können mit einem Fahrschein benutzt werden. Was in der geteilten Stadt zu einem Kuriosum führte: Wer am Fahrkartenautomaten im Bahnhof Friedrichstraße, also in Ost-Berlin, einen Schein für das BVG-Netz kaufte, erhielt nach der Umstellung die übliche Reichsbahn-Pappkarte der S-Bahn. Mit der aber durfte er nicht nur die S-Bahn in den Westen benutzen, sondern auch die den Grenzbahnhof ebenfalls berührende U-Bahnlinie und das weitere BVG-Streckennetz.

Im Ostteil Berlins wurde die S-Bahn weiter ausgebaut, auch in den anderen Ballungszentren und Bezirkshauptstädten der DDR folgten nach und nach Schnellverkehrssysteme.

Zu einem Dreh- und Angelpunkt im Nah- und Fernverkehr entwickelte sich der im Südosten gelegene DDR-Zentralflughafen Berlin-Schönefeld, der sowohl S-Bahn-Anschluß hat als auch D-Zug-Station der auf dem Berliner Außenring fahrenden Züge ist. Neben dem Ost-West-Verkehr DR/DB hat die Reichsbahn eine Reihe von internationalen Fernverbindungen in die sozialistischen Nachbarstaaten aufgebaut, fährt aber auch Expreßzüge nach Österreich und Skandinavien. Zwischen Berlin und den wichtigsten Bezirksstädten richtete sie 1977 besondere »Städte-Expreß«-Züge ein, die das Prinzip des Vorkriegs-Netzes schneller Triebwagen-Verbindungen in Tagesrandlagen nach Berlin wiederholen. Allerdings liegen die Reisegeschwindigkeiten selbst auf so berühmten Rennstrecken wie der Linie Berlin–Dresden noch weit unter 100 km/h – der Henschel-Wegmann-Zug, der hier einst mit Volldampf Rekorde fuhr, ist lange Vergangenheit.

Bild 172: Das moderne Verkehrsangebot: Städteexpreßzug.

Bild 173: Die derzeit modernste Ellok der Baureihe 212 vor einem Güterzug.

Die nichtbundeseigenen Eisenbahnen

Der Eisenbahnbetrieb entwickelte sich in den eineinhalb Jahrhunderten seiner Geschichte immer mehr von der Privatsache zur Staatsangelegenheit – gleichwohl ist bis in die Gegenwart hinein längst nicht jede Eisenbahn in der Bundesrepublik auch »Bundesbahn«.
Mitte der 80er Jahre betreiben noch immer 45 Bahnen, die nicht dem Bund gehören – die nichtbundeseigenen Eisenbahnen – auf fast 1000 Kilometern Schienennetz Personennahverkehr. Auf der Straße sind sogar 90 Unternehmen mit einem fast 60000 Kilometer langen Busliniennetz präsent. Auf überschaubaren Liniensystemen haben die – wie die Kürzelsprache der Eisenbahner sie nennt – »NE-Bahnen« häufig den Betrieb mit vergleichsweise bescheidenen Mitteln durchrationalisieren können und den Fahrzeugpark modernisiert. Kritiker halten solche Schritte der Anpassung an die aktuellen Verkehrsbedürfnisse und -gegebenheiten häufig der DB als leuchtendes Beispiel entgegen – und vergessen, daß ähnliche Investitionen beim Großunternehmen DB dann gleich in die Milliarden gehen.
Die NE-Bahnen erfüllen neben dem Nahverkehr wichtige Verteiler- und Zubringeraufgaben im Güterverkehr. Ihre Netze sind gewissermaßen Anschlußgleise für Regionen und Industriezentren, die außerhalb der DB-Strecken liegen. Für die Wirtschaft spielt es keine Rolle, ob ihre Wagenladungen von einer DB-Lok oder einer anderen Bahn abgeholt oder zugestellt werden. Durchgehende Tarife, einheitliche rechtliche Bestimmungen und das identische Bahnsystem schließen DB und NE-Bahnen zu einem Gesamtnetz zusammen. Ein Beispiel für die Zusammenarbeit sind die 45 Hafenbahnen in den deutschen See- und Binnenhäfen, die die Verbindung zwischen Wasserwegen und internationalen Schienensträngen herstellen. Zahlreiche Großunternehmen der Industrie

Bild 174: Moderner dieselhydraulischer Triebwagen für den Nahverkehr.

Bild 175: Moderner dieselelektrischer Triebwagenzug der Eisenbahn Altona–Kaltenkirchen–Neumünster für den Nahschnellverkehr.

Bild 176: Steinzug auf der Westfälischen Landeseisenbahn bei der Anfahrt über die Haarhöhe. Die Steigung 1:50 wird mit der Schiebelok bezwungen.

unterhalten eigene Werkbahnen mit ausgedehnten Gleisnetzen und Direktanschluß zur DB; insgesamt sind für diesen besonderen Güterverkehr 1000 Eisenbahnbetriebe tätig.
Das Streckennetz des öffentlichen NE-Verkehrs umfaßt noch rund 3000 Kilometer, hinzu kommen 15000 nicht öffentliche Anschlußbahnen und -gleise, 100 Seilschwebebahnen und etwa 275 Schlepplifte.
In den Jahren vor dem Zweiten Weltkrieg waren noch 20% des Eisenbahn-Netzes im Deutschen Reich nicht von der Reichsbahn betrieben. Davon zählten Strecken, die auch überregional Verkehrsbedeutung hatten. Wohl auch aus strategischen Gründen mußte die Reichsbahn in der Phase der Kriegsvorbereitung eine ganze Reihe dieser Bahnen übernehmen. Darunter auch Unternehmen wie die bekannte Lübeck-Büchener-Eisenbahn, die in ihrer Geschichte in punkto Fahrzeug-Entwicklung immer wieder Pionierarbeit leistete. Zu den markantesten Entwicklungen gehörten Doppelstockwagen für den Nahverkehr, die noch nach dem Krieg in Norddeutschland eingesetzt wurden und deren Konstruktionsidee bei der DDR-Reichsbahn ebenso aufgegriffen wurde wie bei den Französischen Staatsbahnen, die mit Doppelstockwagen

Bild 177: 5-Wagen-Doppelstock-Gliederzug des VEB Waggonbau Görlitz für den Nahschnellverkehr der Deutschen Reichsbahn.

in modernem Design beispielsweise schnellen Vorortverkehr im Großraum Paris betreiben.
Nach dem Krieg wurden die verbliebenen Nicht-Reichsbahn-Eisenbahnen in der DDR verstaatlicht und damit ebenfalls der Reichsbahn zugeführt. In der Bundesrepublik ließ die Konkurrenz der Straße manches Unternehmen verschwinden, oder es verschwanden zumindest Schienen und sonstige Bahnanlagen.
Ungeachtet der Schrumpfungsprozesse hat die Entwicklung der letzten Jahrzehnte aber eine völlig neue Art von nichtbundeseigenen Eisenbahnen hervorgebracht – die Museumsbahnen.

Bild 178: Die Bayerische Zugspitzbahn auf dem Weg zur Zugspitze im Bahnhof Eibsee im Jahre 1963.

Die Rechtsverhältnisse der deutschen Eisenbahnen

von Rudolf Eiermann

Die Entwicklungsgeschichte

Nach der Weimarer Reichsverfassung von 1919 wurde es Aufgabe des Reiches, die dem allgemeinen Verkehr dienenden Eisenbahnen in sein Eigentum zu übernehmen. Demzufolge gingen 1920 die Staatsbahnen der Länder auf das Reich über. Die so entstandene Reichsbahn wurde zunächst als Teil der Reichsverwaltung, 1924 kurzzeitig unter dem Namen »Unternehmen Deutsche Reichsbahn« und ab 11. Oktober 1924 unter Aufrechterhaltung des Eigentums des Reiches als »Deutsche Reichsbahn-Gesellschaft« betrieben. Diese, mit einer Aktiengesellschaft vergleichbare Gesellschaft besonderer Art war eine juristische Person des öffentlichen Rechts. Ihre rechtliche Selbständigkeit büßte sie jedoch bereits 1937 wieder ein. Die weiterhin bestehenden Privatbahnen blieben in ihrer Organisation damals und später 1945 rechtlich unberührt.

Nach dem Zusammenbruch 1945 nahmen Teilverwaltungen der Reichsbahn in den einzelnen Besatzungszonen den Eisenbahnbetrieb wieder auf. Seit Inkrafttreten des Grundgesetzes für die Bundesrepublik Deutschland werden die Bundeseisenbahnen in bundeseigener Verwaltung geführt. Das Bundesbahngesetz von 1951 bestimmt, daß das Bundeseisenbahnvermögen als nicht rechtsfähiges Sondervermögen des Bundes mit eigener Wirtschafts- und Rechnungsführung verwaltet wird. Für die Privatbahnen hat sich die Bezeichnung »Nichtbundeseigene Eisenbahnen« eingebürgert. Die im Bereich der Deutschen Demokratischen Republik vorhandenen Eisenbahnen sind als zentral geleitetes staatliches Verkehrsunternehmen in das Ministerium für Verkehrswesen eingegliedert. Sie führen den alten Namen »Deutsche Reichsbahn«.

Die Bahnen im öffentlichen Recht

In der Vergangenheit war die Entwicklung im technisch bestimmten Recht auf Bewährtem aufbauend vorsichtig voranschreitend. So kann die Eisenbahn-Bau- und Betriebsordnung, die 1967 erheblich gestrafft und modernisiert wurde, auf die Ahnenreihe der Bau- und Betriebsordnungen von 1928 und 1904, die Normen für den Bau und die Ausrüstung der Haupteisenbahnen Deutschlands sowie die Betriebsordnung für die Haupteisenbahnen Deutschlands von 1892 und noch frühere Betriebsordnungen zurückblicken. Dabei wurde 1967 vor allem das Recht der Bahnpolizei neu gefaßt.

Im Bereich des Gewerberechts hat das Bundesbahngesetz die traditionelle Freistellung der Eisenbahn von den Bestimmungen der Gewerbeordnung aufrechterhalten. Dies bedeutet aber nicht, daß die Bundesbahn in der Gestaltung der Tatbestände, die mit in der Gewerbeordnung geregelten Tatbeständen verglichen werden können, völlig freie Hand hätte. Sie hat vielmehr in eigener Verantwortung gleichwertige Regelungen zu treffen. Soweit Rechtsmaterien, die ursprünglich in der Gewerbeordnung geregelt waren, wegen ihrer allgemeinen Bedeutung in Bundesgesetzen verselbständigt worden sind, gelten diese unmittelbar für die Bundesbahn.

Das im preußischen Eisenbahnrecht entwickelte Rechtsinstitut der Planfeststellung bewies über alle staatsrechtlichen Veränderungen hinweg seine Fähigkeit zur Bewältigung von Konflikten beim Bau und der Änderung von Eisenbahnanlagen. Durch das Reichsbahngesetz von 1924 wurde die Planfeststellung für Eisenbahnanlagen im ganzen Reichsgebiet eingeführt. Das Bundesbahngesetz bestätigt das Planfeststellungsrecht für die Bundesbahnanlagen. Mit dem Verwaltungsverfahrensgesetz des Bundes von 1976 wurden für alle bundesrechtlichen Planfeststellungsverfahren einheitliche Verfahrensregeln eingeführt, sie sind auch für die Bundesbahn verbindlich.

Allerdings erwies sich das Planfeststellungsverfahren mit der zunehmenden Inanspruchnahme des Lebensraums bei großen Bauvorhaben als zu unbeweglich und aufwendig bei der Festlegung einer neuen Trasse oder eines neuen Standortes für Großbauvorhaben. In Übereinstimmung mit der im Raumordnungsgesetz des Bundes von 1965 festgelegten Pflicht der Behörden des Bundes und der Länder, ihre Planungen aufeinander und untereinander abzustimmen, führt die Deutsche Bundesbahn deshalb bei großen Vorhaben Raumordnungsverfahren mit den betroffenen Behörden und sonstigen öffentlichen Stellen durch. Da es dafür keine bundesrechtliche Verfahrensregelung gibt, gelten die unterschiedlichen Bestimmungen der Länder. Im allgemeinen wird das Raumordnungsverfahren durch eine Stellungnahme in Form eines Gutachtens der Raumordnungsbehörde des betroffenen Bundeslandes abgeschlossen. Sie ist zwar für den Planungsträger nicht verbindlich, hat aber als sachkundige Entscheidung erhebliches Gewicht. Das Planfeststellungsverfahren wird dadurch nicht entbehrlich.

Im Zuge eines allgemein gestiegenen Umweltbewußtseins wird jetzt auch von den Eisenbahnen verlangt, schädliche Umwelteinwirkungen durch Verkehrsgeräusche zu vermeiden, die nach dem Stand der Technik vermeidbar sind. Die Schienenfahrzeuge müssen so betrieben werden, daß vermeidbare Emissionen verhindert werden und unvermeidbare Emissionen auf ein Mindestmaß beschränkt bleiben. Beim Bau der neuen Strecken der Deutschen Bundesbahn sind darüber hinaus vielfältige gesetzliche Forderungen nach geringem Landverbrauch, Landschaftsschutz, Schutz der Lebensräume seltener Pflanzen und Tiere sowie nach mehr Schutz vor Lärm und Erschütterungen zu beachten.

Die Bahnen im Privatrecht

Die Eisenbahn schließt mit ihren Kunden von jeher privatrechtliche Beförderungsverträge. In dieser Hinsicht unterscheidet sie sich von einem anderen großen öffentlichen Unternehmen, der Post.
In der Anfangszeit der Eisenbahn unterlagen die Beförderungsverträge dem allgemeinen bürgerlichen Recht oder dem Handelsrecht. Dieses Recht war allerdings auf die besonderen Verhältnisse des neuen Verkehrsmittels nicht zugeschnitten, und so entwickelte sich bald ein besonderes Eisenbahnverkehrsrecht in Gestalt von »Betriebsreglements«.
1870 erging das »Betriebsreglement für die Eisenbahnen im Norddeutschen Bunde«, das nach der Errichtung des Deutschen Reichs als »Betriebs-Reglement für die Eisenbahnen Deutschlands« für alle deutschen Eisenbahnen in Kraft gesetzt wurde.
Es war zwingendes Recht; zusätzliche Bestimmungen einzelner Bahnen hatten daneben nur dann Gültigkeit, wenn sie in die Tarife aufgenommen waren, mit den Festlegungen des Reglements nicht im Widerspruch standen oder dem »Publikum« günstigere Bedingungen gewährten.
Damit hatten die Benutzer der deutschen Eisenbahnen bereits eine umfassende Regelung des »Verbraucherschutzes« erhalten, die damals einzigartig war und deren Inhalt auch heute noch als vorbildlich bezeichnet werden kann.
Aus dem Betriebsreglement entstand die »Eisenbahn-Verkehrsordnung«, die 1900 in Kraft trat.
Die heute geltende Eisenbahn-Verkehrsordnung (EVO) stammt von 1938. Sie hat im Laufe der Jahrzehnte zahlreiche Änderungen erlebt. Die letzte erfolgte zu dem Zweck, das Eisenbahntransportrecht stärker an die Verbraucherschutzvorschriften des Gesetzes zur Regelung des Rechts der Allgemeinen Geschäftsbedingungen von 1976 anzupassen.
Auch die geltende EVO ist gekennzeichnet durch Beförderungs- und Tarifpflicht, wobei die Tarife jedenfalls im Binnenverkehr der Genehmigung durch den Bundesverkehrsminister sowie der Veröffentlichung bedürfen. Jährliche Rahmengenehmigungen, Ausnahme- und Margentarife sowie – in begrenzten Fällen – Sonderabmachungen mit einzelnen Kunden sind Instrumente, die der Eisenbahn heute erlauben sollen, ein stärker auf den Markt ausgerichtetes kaufmännisches Verhalten zu zeigen und den Wettbewerb mit konkurrierenden Verkehrsmitteln zu bestehen. Eine Aufgabe für die Zukunft ist es, das Eisenbahntransportrecht zu durchforsten und die noch aus der Zeit des faktischen Verkehrsmonopols der Eisenbahnen stammenden detaillierten Vorschriften zu straffen, sie zu vereinfachen und damit insgesamt besser für die tagtägliche Anwendung in der Praxis zu gestalten.
Die Haftung der Eisenbahn für die Folgen von Betriebsunfällen hat immer eine besondere Rolle gespielt. In der Anfangszeit hielt man den Eisenbahnbetrieb für außerordentlich gefährlich für die Allgemeinheit. Noch heute, da die besondere Betriebssicherheit der Eisenbahn längst erwiesen ist, besteht die strenge Haftung. Nach dem Haftpflichtgesetz haftet die Eisenbahn für alle Schäden, die beim Eisenbahnbetrieb eintreten, ohne Rücksicht auf Verschulden.

Die Bahnen im internationalen Recht

Die geographische Lage Deutschlands und seine wirtschaftlichen Verflechtungen mit den Nachbarstaaten haben den deutschen Eisenbahnen schon früh eine Vielzahl internationaler Rechtsbeziehungen beschert.
Wichtigste Voraussetzung des durchgehenden internationalen Schienenverkehrs ist die gemeinsame Spurweite und die Verwendung einheitlicher Fahrzeuge. Beides ist im Staatsvertrag über die Technische Einheit im Eisenbahnwesen vom 15. Mai 1886 geregelt, dem nahezu alle europäischen Staaten beigetreten sind.
Das internationale Eisenbahntransportrecht nahm seinen Anfang mit dem Internationalen Übereinkommen über den Eisenbahnfrachtverkehr von 1890 und wurde 1928 durch das Internationale Übereinkommen über den Eisenbahn-Personen- und -Gepäckverkehr ergänzt. Nach mehreren Revisionen werden diese beiden Übereinkommen sowie das Zusatzübereinkommen über die Haftung der Eisenbahn für Tötung und Verletzung von Reisenden am 1. Mai 1985 durch das Übereinkommen über den internationalen Eisenbahnverkehr (COTIF) abgelöst.
Die Verknüpfung der Eisenbahnnetze und die Abwicklung des grenzüberschreitenden Verkehrs ist in zahlreichen Staatsverträgen und Vereinbarungen der Eisenbahnen geregelt.
Zunehmende Bedeutung gewinnt seit 1958 das Recht der europäischen Gemeinschaften für die Eisenbahnen der Mitgliedstaaten. Harmonisierung der Wettbewerbsbedingungen der Verkehrsträger, Abbau der gemeinwirtschaftlichen Pflichten und Herstellung des finanziellen Gleichgewichts der Eisenbahnen, Stärkung der kommerziellen Selbständigkeit

der Bahnen und Förderung ihrer Zusammenarbeit auf kommerziellem und technischem Gebiet, Abbau von administrativen Grenzhindernissen sind die wichtigsten Ziele des Europäischen Gemeinschaftsrechts.

Das deutsch-deutsche Eisenbahnrecht

Nach zwei Jahrzehnten ohne umfassende rechtliche Regelungen schufen zwei Abkommen Anfang der 70er Jahre die juristischen Grundlagen für den Eisenbahn-Verkehr zwischen der Deutschen Bundesbahn und der Deutschen Reichsbahn in der DDR, nämlich

- das »Abkommen zwischen der Regierung der Bundesrepublik Deutschland und der Regierung der Deutschen Demokratischen Republik über den Transitverkehr von zivilen Personen und Gütern zwischen der Bundesrepublik Deutschland und Berlin (West)« – das kurz genannte »Transitabkommen« –, und
- der »Vertrag über Fragen des Verkehrs zwischen der Bundesrepublik Deutschland und der Deutschen Demokratischen Republik« – der »Verkehrsvertrag«.

Das Transitabkommen trat am 3. Juni 1972 in Kraft, der Verkehrsvertrag am 17. Oktober 1972. Während die Vereinbarung für den Berlin-Verkehr den Schienenweg durch die DDR schneller und zuverlässiger machte und dabei die Grenzabwicklungen bei Reisezügen wie im Güterverkehr wesentlich vereinfachte, stellt das Papier zu den Verkehrsbeziehungen zwischen Bundesrepublik und DDR im wesentlichen klar, daß Bundesbahn und Reichsbahn mit gemeinsam berührenden Dingen nach jenen Bestimmungen verfahren, die auch sonst im grenzüberschreitenden Verkehr international gelten. Dazu wurde auch noch ein spezielles Eisenbahngrenzübereinkommen geschlossen.

Bild 178a: Geschäftsgebäude der Hauptverwaltung der Deutschen Bundesbahn in Frankfurt am Main.

Die Finanzen der Bahn

von Walter Ruscheweyh und Dietrich Henkel

Die Deutsche Reichsbahn bis zur Gründung der Deutschen Bundesbahn

Die Wirtschaftsführung der nach dem Ende des Ersten Weltkrieges geschaffenen Reichseisenbahnen bzw. der seit 1924 bestehenden Deutschen Reichsbahn-Gesellschaft war nicht nur durch die Notwendigkeit der Wiederherstellung der im Krieg stark in Mitleidenschaft gezogenen Anlagen- und Fahrzeugbestände von Anfang an großen Belastungen unterworfen. Ohne dafür staatliche Unterstützung zu erhalten, mußte die Reichsbahn darüber hinaus Reparationsverpflichtungen des Reiches in Höhe von insgesamt 5,6 Mrd. RM übernehmen. Obwohl aus der im Jahr 1930 vehement einsetzenden Weltwirtschaftskrise erhebliche Ertragseinbußen zu verkraften waren, führte sie bis 1936 auch 5 Mrd. RM Beförderungssteuer an die allgemeine Reichskasse ab. Für eine Bildung von Rücklagen für regelmäßige Investitionen zur Erneuerung der Bahn-Anlagen und des Fahrzeugparks war daher kein finanzieller Spielraum mehr vorhanden.

Zwar wies die Betriebsrechnung seit 1935 wieder Überschüsse aus, sie waren aber nicht groß genug, um damit die außerbetrieblichen Lasten der Reichsbahn voll abdecken zu können. Während das mit großem finanziellen Aufwand vorangetriebene Autobahnprogramm die Wettbewerber der Eisenbahn erheblich förderte, gab es keinerlei Neubauten zum Ersatz und zur Erweiterung des aus dem vergangenen Jahrhundert stammenden und damals schon nicht mehr in allen Bereichen zeitgemäßen Streckennetzes. Und die Beschaffung moderner Lokomotiven und Wagen blieb weit hinter dem Bedarf zurück.

Die erneute Unterwerfung der Bahn unter die Bedürfnisse der Kriegsführung im Zweiten Weltkrieg nahm die Vermögens-Substanz bis zur vollständigen Erschöpfung in Anspruch. Bemerkenswert sind daher auch unter diesem Blickwinkel die Leistungen der Eisenbahner in der Nachkriegszeit, als es ihnen trotz aller Widrigkeiten unter großen Mühen verhältnismäßig schnell gelang, den Verkehr wieder in Gang zu bringen.

Die Deutsche Bundesbahn von ihrer Gründung bis zur Gegenwart

Der Start der Deutschen Bundesbahn im Jahr 1949 war neben dem Mangel an Anlagensubstanz durch ein weiteres schwerwiegendes Problem gekennzeichnet. Der Staat hatte sie von Anfang an unzulänglich finanziell ausgestattet, und so war sie sogleich auf die Aufnahme von Fremdmitteln angewiesen. Die politische wie die gesamtwirtschaftliche Situation schlossen von vornherein aus, die finanzielle Gesundung über Einnahmen, also über den Preis, zu erreichen. Damit war dem fortschreitenden Substanzverlust, der sich vor allem im Mangel an Güterwagen, im überalterten Personen- und Güterwagenpark sowie in dem unzulänglich unterhaltenen Oberbau zeigte, nicht abzuhelfen.

Nach schweren Anfangsjahren, in denen die Bundesbahn trotz ihrer drängenden Forderungen vom Bund keinen Ausgleich für die besonderen Belastungen erhielt, konnten die Verkehrseinnahmen im Jahr 1955 endlich infolge des starken Konjunkturanstiegs um 8% gesteigert werden. Aber wie schon in den Jahren zuvor gingen weitere Verkehrsanteile an den Straßenverkehr verloren, der von dem gestiegenen Volumen relativ stärker als die DB profitierte. Zwar hatte die Wiederinstandsetzung des Anlagenbestandes inzwischen Fortschritte gemacht. Das konnte jedoch nicht darüber hinwegtäuschen, daß nur ein einmaliger großer Kapitaleinsatz über einen Zeitraum von mehreren Jahren die Überwindung der Kriegsfolgen und zugleich die Investitionen ermöglicht hätte, aus denen eine rationelle, wettbewerbsstarke und somit lukrative Bundesbahn auf der technologischen Höhe der Zeit entstanden wäre.

Nach einer starken Zunahme im Personenfernverkehr konnte das Ergebnis des Jahres 1960 mit nur noch − 13,9 Mio. DM nahezu ausgeglichen gestaltet werden. Auf der Aufwandsseite wirkten sich die Rationalisierungs- und Modernisierungsmaßnahmen der vergangenen Jahre positiv aus, von denen neben zahlreichen organisatorischen Änderungen vor allem der Strukturwandel in der gesamten Technik zu nennen ist.

Alles sprach damals dafür, daß die Zeiten für die weitere Gesundung der DB günstig waren. Entsprechend den Empfehlungen der vom Bundestag zur Begutachtung der Lage der DB eingesetzten »Brand-Kommission« erhöhte die DB ihre bis dahin stagnierenden Investitionen von ca. 2 Mrd. DM im Jahr 1957 kontinuierlich auf nahezu 3 Mrd. DM im Jahr 1963. Ziel dieser Anstrengungen blieb in erster Linie die weitere Umstellung des Betriebes auf modernere und rationellere Methoden.

Mit der »kleinen Verkehrsreform« im Jahr 1961 wurden im Allgemeinen Eisenbahngesetz und im Bundesbahngesetz eine Reihe von Änderungen vorgenommen. Die neuen gesetzli-

chen Regelungen reichten allerdings nicht aus, der DB Startbedingungen etwa bei den Wegekosten, den Versorgungslasten usw. zu gewähren, die denen der anderen Verkehrsträger vergleichbar wären.
Der Fehlbetrag des Jahres 1964 mit 970 Mio. DM ließ den damaligen Bundesminister für Verkehr in seinem Bericht zur Lage der DB von einem in kaum mehr vorstellbare Größen gestiegenen Defizit sprechen. Trotzdem zollte er der Leistung der Eisenbahner seinen tiefen Respekt, die dank ihrer unermüdlichen und vorbildlichen Einsatzbereitschaft aus völliger Zerstörung der gesamten Betriebsanlagen wieder ein technisch hochwertiges, pünktliches und sicheres Verkehrsunternehmen geschaffen hätten. Als Ursachen für die wirtschaftlichen Schwierigkeiten der DB wurden die dynamische Motorisierung auf der Straße genannt, weiter die sprunghaft gestiegene Lastwagenkapazität im gesamten EWG-Raum, der zügige Ausbau des Straßennetzes, strukturelle Umstellungen in den Grundstoffindustrien, deren Transportmengen im Vergleich zum gesamten Wirtschafts- und Transportvolumen rückläufig waren, sowie Einwirkungen der gemeinsamen Verkehrspolitik der EWG, die durch Förderung des Omnibus- und des Lastwagenverkehrs, aber auch der Rheinschiffahrt, die Konkurrenzlage der Eisenbahnen ständig verschlechterten. Der Bericht schloß mit der Forderung, bei den großen, in den Folgejahren notwendigen positiven Rationalisierungen müsse der Bund der Bundesbahn zur Seite stehen, um ihr Eigenkapital zu stärken, die Fremdverschuldung in angemessenen Grenzen zu halten und ihre Zinsbelastung zu mildern.
In dem Klima der damals einsetzenden intensiven verkehrspolitischen Diskussion entwickelte der Vorstand der DB Vorstellungen zur Verbesserung der wirtschaftlichen Lage der DB. Mit finanzieller Förderung durch den Bund wollte die DB ein umfangreiches Investitionspaket mit Rationalisierungs- und Modernisierungsplänen verwirklichen. Elektrifizierung, Verdieselung, Umstellung der Signaltechnik und Konzentration der Rangierbahnhöfe waren dabei ebenso vorgesehen wie der Aus- und Neubau der großen Magistralen. Eingestellt werden sollten Investitionen in Nebenbahnen und verkehrsschwache Hauptbahnen. Jedoch wurde dieser umfassende Katalog nicht verwirklicht. Statt dessen kam es zu einer weiteren Liberalisierung des Verkehrsmarktes.
Im Jahr 1967 zwang die negative Entwicklung bei allen Verkehrsträgern, also nicht nur bei der Deutschen Bundesbahn, zu Neubesinnung und Neuorientierung. Das »Verkehrspolitische Programm der Bundesregierung für die Jahre 1968 bis 1972« (Leber-Plan) stellte den wichtigen Versuch dar, eine verkehrspolitische Wende einzuleiten. Grundgedanke war, den Verkehrsbereich als Ganzes zu betrachten und damit gerade auch die Bedeutung der Schiene wieder sichtbar zu machen. Der Staat hatte erkannt, daß er sich bei seinen Investitionen in die Verkehrswege teuren Luxus geleistet hatte, der sich gesamtwirtschaftlich überhaupt nicht auszahlte.
Hinsichtlich der Frage der Harmonisierung der Wettbewerbsbedingungen zeichnete sich im Jahr 1970 eine konzeptionelle Wende ab. Nachdem die erfolgswirksamen Leistungen des Bundes zur Abgeltung gemeinwirtschaftlicher und betriebsfremder Lasten sowie zur Beseitigung von Wettbewerbsverzerrungen schon in den Jahren zuvor eine Verstärkung erfahren hatten, erhielten diese Abgeltungsleistungen durch die Verordnungen der Europäischen Wirtschaftsgemeinschaft 1191/69 und 1192/69, die ab 1. Januar 1971 gesetzliche Ausgleichsansprüche für die Bahnen der EG begründeten, eine bedeutsame Absicherung.
Vor dem Hintergrund der Regierungserklärung vom 18. Januar 1973, die erneut zum Ausdruck brachte, daß unser Verkehr ohne Eisenbahn nicht denkbar ist, die Bedeutung des Schienenverkehrs wieder zunehmen werde und daher die Lage der Deutschen Bundesbahn zu den volkswirtschaftlich geringsten Kosten zu stabilisieren sei, entwickelte der Vorstand der DB im Jahr 1973 eine »Neue Unternehmenskonzeption«. Aufbauend auf der Absicht des Bundes, im Jahr 1973 mit der Finanzierung der neuen Verkehrswege der DB zu beginnen, sollte die Stabilisierung der Unternehmensfinanzen in einem langfristigen Prozeß herbeigeführt werden, der der extrem hohen Lebensdauer der Anlagen der DB, der entsprechend langfristigen Bindung des eingesetzten Kapitals, der Personalintensität und den bestehenden Personalbindungen sowie dem hohen Zeitbedarf für die Realisierung der Investitionen Rechnung trägt.
Während nun in den folgenden Jahren die verkehrspolitische Diskussion weiterlief, ohne daß es zu einer grundlegenden Lösung der Problematik der DB kam, stieg das Defizit trotz Personalverminderung auf den besorgniserregend hohen Betrag von 4362 Mio. DM im Jahr 1975. Die Ursache dafür lag in dem unerwartet starken Rückgang der Konjunktur, an den sich die Eisenbahn aufgrund ihrer hohen Fixkostenbelastung, insbesondere aus der Vorhaltung ihres Wegenetzes und aufgrund der personalrechtlichen Bindungen, nur unzureichend anpassen kann. Die Analyse der für diese Entwicklung verantwortlichen Ursachen konnte auch zu diesem Zeitpunkt letztlich zu keinen neuen Erkenntnissen führen. Die Unternehmensleitung stellte fest: Es werden auf einem zu umfangreichen, weitverzweigten und an die erweiterte Infrastruktur von Straße und Binnenschiffahrt nicht angepaßten Netz zu viele unterschiedliche Produkte in zu großer Menge mit zu hohen Kosten angeboten und vielfach nur in geringem Umfang verkauft.
Aufbauend auf dieser Erkenntnis überreichte der Vorstand der DB dem Bundesminister für Verkehr am 22. Januar 1976 seine Konzeption für ein betriebswirtschaftlich optimales Netz. Dabei wurde das Netz aufgezeigt, für das der Vorstand unternehmerische Verantwortung unter betriebswirtschaftli-

chen Gesichtspunkten übernehmen konnte und wollte. Die Aufrechterhaltung des Restnetzes, bei dem es sich in erster Linie um gering ausgelastete Strecken in dünn besiedelten Teilen des Bundesgebiets handelte und das knapp 50% des bestehenden Gesamtnetzes ausmachte, sollte von der Übernahme der damit verbundenen finanziellen Lasten durch den Bund bzw. Länder und Gemeinden abhängen.

Die im Jahr 1977 neu beginnende Amtsperiode des Vorstandes der DB nahm der Bundesminister für Verkehr zum Anlaß, einen Leistungsauftrag zu erteilen, der nunmehr von seiten des Bundes das Ziel vorgab, die DB bis 1985 finanziell auf gesunde Füße zu stellen. Die an diesen Auftrag anknüpfenden Vorstellungen des Vorstandes zur Konsolidierung der DB sahen weitere, nun noch verstärkte Bemühungen in den bisher schon bearbeiteten Aktionsfeldern Ertragssteigerung, Konzentration und Investition, Rationalisierung sowie Organisation und Führungsstruktur vor.

Mit den Kabinettsbeschlüssen der Bundesregierung vom Jahr 1978 erfuhren die im Leistungsauftrag gemachten Vorgaben eine gewisse Konkretisierung. Außerdem wurden sie ergänzt durch weitere verkehrspolitische Vorgaben wie z. B. der Verpflichtung zur Berücksichtigung gesamt- und regionalwirtschaftlicher Kriterien bei der Bundesverkehrswegeplanung. Aus der Anzahl er Einzelfestlegungen sind die Beschlüsse hinsichtlich des Kombinierten Verkehrs, des Schienenpersonennahverkehrs, der der DB nunmehr als auferlegt galt, wie auch hinsichtlich einzelner Vorhaben des Streckenneubauprogramms hervorzuheben. Allerdings bildete dies alles noch kein umfassendes Sanierungsprogramm für die DB.

Trotz der also nach wie vor ungelösten Gesamtproblematik konnten in den Jahren 1979 und 1980 vorzeigbare Wirtschaftsergebnisse erzielt werden. Der Jahresfehlbetrag sank von 4611 Mio. DM 1978 bei deutlich gestiegenen Erträgen auf 3567 Mio. DM im Jahr 1979. Mit dem erneuten Rückgang der Konjunktur ab 1981 nahm die negative Entwicklung des Wirtschaftsergebnisses der DB aber wieder ihren Fortgang. Die im Vergleich zu ihren Wettbewerbern geringe Anpassungsfähigkeit der Kostenstruktur der Eisenbahn an konjunkturelle Abschwünge wirkte sich in einem Anstieg des Fehlbetrages des Jahres 1982 auf 4149 Mio. DM aus, obwohl der Personalbestand von 329000 in 1980 (1958: 512000) auf 317475 Dienstkräfte zurückgeführt wurde.

Die schwierige gesamtwirtschaftliche Lage im Jahr 1982 mit einem realen Rückgang des Bruttosozialprodukts um 1,2% brachte auch den Bundeshaushalt in eine äußerst angespannte Situation, die die Bundesregierung zu angestrengten Bemühungen zur Begrenzung des Ausgabevolumens veranlaßte. Vor diesem Hintergrund erfolgte am 12. Mai 1982 ein Wechsel im Vorstand der DB. Der für den Wechsel verantwortliche damalige Bundesverkehrsminister versäumte nicht, die bisherigen Rationalisierungserfolge der DB zu würdigen und ihr weiteren Flankenschutz, insbesondere den weiteren Abbau bestehender Wettbewerbsverzerrungen, zuzusagen.

Die im Jahr 1983 nur geringe Konjunkturbelebung verbesserte die Erträge nicht in dem erwarteten Umfang. Ihre Summe erreichte den Betrag von 27717 Mio. DM und die der Aufwendungen den von 30429 Mio. DM. Auf das Personal entfielen 1983 zwar immer noch ca. 66% der Gesamtaufwendungen, aber erstmals seit mehr als 20 Jahren lagen diese Aufwendungen unter dem Vorjahreswert (– 14 Mio. DM). Dieses Ergebnis konnte durch weitere Personalverminderungen (um knapp 4% auf 302872 Mitarbeiter) und einen maßvollen Tarifabschluß erreicht werden. Durch konsequente Beibehaltung des Sparkurses und rechtzeitige Gegensteuerungsmaßnahmen zur Begrenzung des Gesamtaufwandes gelang es, mit einem Fehlbetrag von 3,73 Mrd. DM ein gegenüber dem Jahr 1982 um 436 Mio. DM besseres Ergebnis zu erzielen und damit auch die Kreditaufnahme so einzuschränken, daß der Schuldenstand bei 35,6 Mrd. DM praktisch gleichblieb.

Die Leistungen des Bundes an die DB betrugen im Jahr 1983 insgesamt 13,7 Mrd. DM. Davon wurden 9,4 Mrd. DM erfolgswirksam gezahlt

a) zur Abgeltung gemeinwirtschaftlicher Verpflichtungen (EWG-VO 1191/69 und 1107/70), darunter für den Schienen-Personennahverkehr 3313 Mio. DM
b) für Wettbewerbsverzerrungen (EWG-VO 1192/69), darunter für überhöhte Versorgungslasten 3044 Mio. DM
c) als Eigentümerleistungen des Bundes (Entscheidung des Rates vom 20. Mai 1975), darunter Zinsen zur Bereinigung der Kapitalstruktur 1043 Mio. DM.

Zur Aufstockung des Eigenkapitals wurden 4,3 Mrd. DM erfolgsneutral gezahlt, darunter Investitionszuschüsse mit 3146 Mio. DM.

Als belastend für das Wirtschaftsergebnis fällt ins Gewicht, daß der Bund insbesondere für den Schienenpersonennahverkehr und für überhöhte Versorgungslasten den von der DB als erforderlich angesehenen Ausgleich nicht in vollem Umfang leistet.

Trotz der insgesamt hohen Bundesleistungen und des relativ erfreulichen Ergebnisses von 1983 bleibt die wirtschaftliche Lage der DB aber nach wie vor angespannt. Aufbauend auf einer eingehenden Analyse der gegenwärtigen Situation, die insbesondere dadurch zu charakterisieren ist, daß nach dem Zweiten Weltkrieg rd. 500000 km Straßen aus- und umgebaut wurden (davon 140000 km völlig neu) und die Anteile der Bahn infolge dieser Entwicklung im Güterverkehr bei nur noch etwa 32%, im Personenverkehr bei nur noch etwa 6,5% liegen und daß die DB schließlich auf nur 40% ihres Streckennetzes 86% ihrer Leistungen erbringt, entwickelte der neue Vorstand seine Zukunftsstrategien. Sie haben einmal tiefgreifende, am Bedarf orientierte Kapazitätsanpassungen bei Personal, Fahrzeugen und Anlagen zum Inhalt, zielen weiter auf

die Nutzung von Rationalisierungsreserven und sehen schließlich produktionstechnische und nachfragebezogene Maßnahmen mit dem Ziel vor, die Umsätze zu steigern.
Im Zusammenhang mit den Vorschlägen des Vorstandes zur Konsolidierung der DB, die in den Kabinettsbeschluß der Bundesregierung vom 23. November 1983 (sog. Leitlinien) eingeflossen sind, wurden für das Jahr 1990 konkret folgende strategische Ziele festgelegt:

- Steigerung der Arbeitsproduktivität um 40%,
- Senkung der Personalkosten um 30%,
- Senkung der Gesamtkosten um 25%.

Der angestrebte Innovationssprung ist durch gezielte Investitionen abzusichern, etwa 40 Mrd. DM bis zum Jahr 1990, darunter allein 14 Mrd. DM für Streckenneu- und -ausbau. Neben den im Kabinettsbeschluß vom 23. November 1983 vom Bund in Aussicht gestellten Mitteln ist die Erweiterung des unternehmerischen Handlungsspielraums für die DB zwingend geboten. Gleichzeitig müssen die Aufgaben und die politische Verantwortung des Staates einerseits von den Aufgaben und der unternehmerischen Verantwortung der Bahn andererseits eindeutig abgegrenzt werden. Insbesondere obliegt es dem Staat, für die Vorhaltung des Schienenweges wie bei Straße und Wasserstraße die Finanzverantwortung zu übernehmen.
Daß die Bahn dort, wo sie als Unternehmen handelt, auch Erfolg hat, zeigt die im Geschäftsbericht für das Jahr 1983

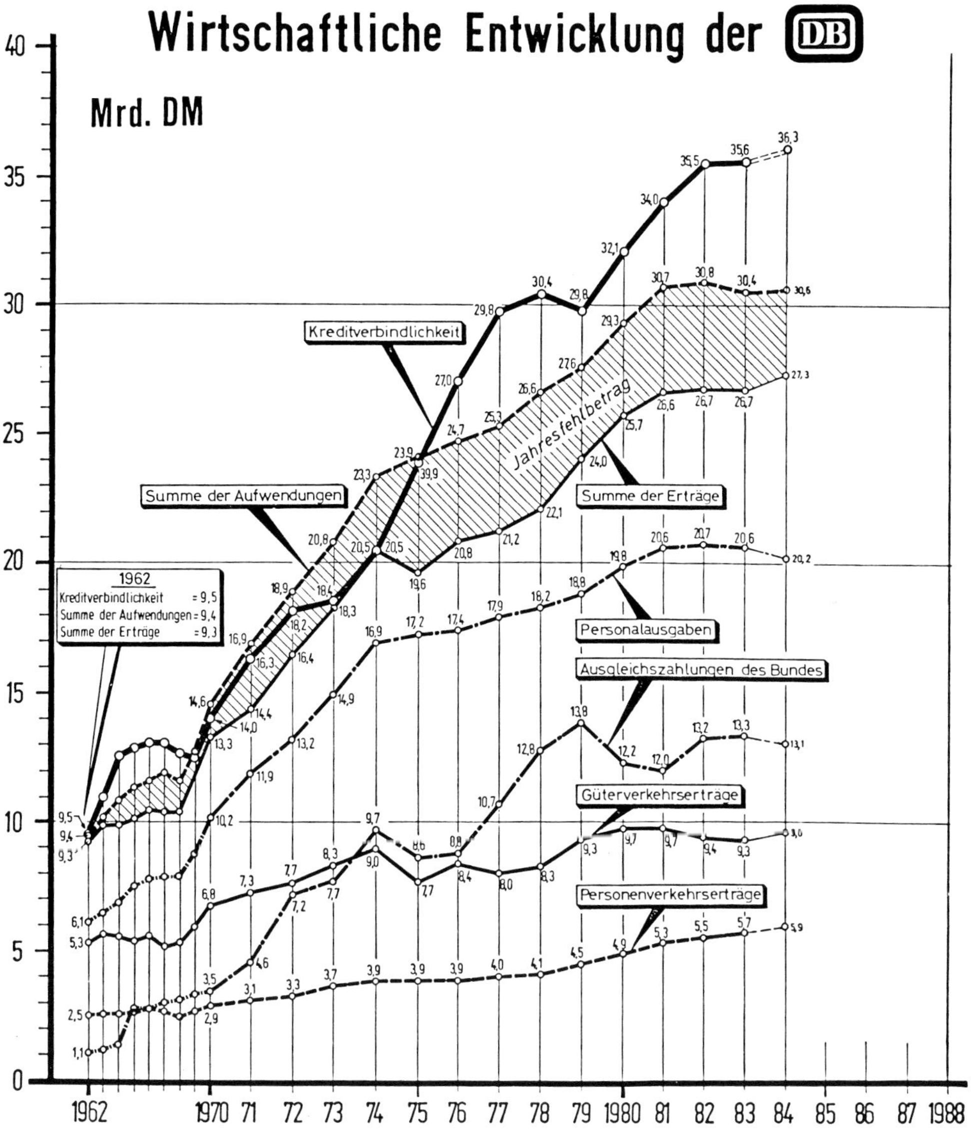

(wie auch schon in den Jahren zuvor) dargestellte Trennungsrechnung: Im Personenfernverkehr und im Güterverkehr, d. h. im eigenwirtschaftlichen Bereich, wurde 1983 – ohne Berücksichtigung einer vom Staat festzusetzenden Abgabe für die Benutzung des Fahrwegs – ein Überschuß von rd. 2,2 Mrd. DM erzielt. Dort, wo die Bahn gemeinwirtschaftliche Leistungen im staatlichen Auftrag anbietet, sind kostendekkende Preise jetzt und in Zukunft nicht zu erzielen: Im Personennahverkehr entstand ein Minus von 0,6 Mrd. DM – auch hier ohne Kosten für den Fahrweg. Schließlich entsteht, soweit die Bahn die staatliche Wegevorhaltungsaufgabe wahrnimmt, ein Verlust von über 5 Mrd. DM.
Die voraussichtliche Entwicklung des Wirtschaftsergebnisses 1984 zeigt einen gegenüber dem Jahr 1983 wiederum verringerten Fehlbetrag (statt 3,7 Mrd. jetzt 3,3 Mrd. DM), und auch der Wirtschaftsplan für 1985 weist bei einer erwarteten leichten Steigerung der Gesamterträge eine weitere Verminderung des Fehlbetrages auf 3,2 Mrd. DM aus. Diese Zielvorstellung wird insbesondere mit Hilfe einer konsequenten Fortführung der Personaleinsparungsstrategie verfolgt, die für 1990 einen geplanten Bestand von 232000 Dienstkräften vorsieht. Von 307245 Dienstkräften im Jahr 1983 wird der Bestand voraussichtlich auf 283500 Dienstkräfte im Jahr 1985 sinken.

In Übereinstimmung mit den Leitlinien des Bundes und der Unternehmensstrategie DB 1990 hat der Streckenausbau weiterhin hohe Priorität. Er soll daher mit Nachdruck durchgeführt werden, um den erwarteten Nutzen möglichst bald eintreten zu lassen. Zur Finanzierung der für das Jahr 1985 geplanten Investitionen in Sach- und Finanzanlagen im Wert von 5,9 Mrd. DM stehen im Rahmen der auf rd. 14 Mrd. DM plafondierten Bundesleistungen Mittel in Höhe von 3,8 Mrd. DM zur Verfügung. Neben den Baukostenzuschüssen Dritter mit 300 Mio. DM verbleibt zur Abdeckung des Investitionsbedarfs noch eine Finanzierungslücke von 1,8 Mrd. DM, die die DB am Kapitalmarkt decken muß. Eine Nettoneuverschuldung von knapp 2 Mrd. DM wird zu einem voraussichtlichen Schuldenstand in Höhe von 38,0 Mrd. DM zum Jahresende 1985 führen. Die Entwicklung der Verbindlichkeiten der DB und die Belastung ihres Wirtschaftsergebnisses mit Zinsaufwand geben also weiterhin zur Sorge Anlaß. Eine Verminderung der Fremdverschuldung der DB, z. B. durch die Auflage von Kapitalaufstockungsanleihen, deren Kapitaldienst der Bund übernähme, wie in einer im Jahr 1983 von dem langjährigen Mitglied des Verwaltungsrates der DB, Hermann Josef Abs, erstellten Expertise vorgeschlagen, bleibt deshalb zur Flankensicherung der von der Bundesbahn eingeschlagenen Geschäftsstrategie nach wie vor dringlich.

Das Personal der Bahn

von Siegfried Klippel

Strukturwandel, Modernisierung, Rationalisierung

Am Jahresende 1984 waren bei der Deutschen Bundesbahn 289 000 Mitarbeiter beschäftigt. Weitere 15 310 Mitarbeiter befanden sich zu diesem Zeitpunkt in der Ausbildung – als Auszubildende in einem der 14 gewerblich-technischen Ausbildungsberufe, in der Ausbildung zum Kaufmann im Eisenbahn- und Straßenverkehr, als Beamter im Vorbereitungsdienst, in einem Beschäftigungsverhältnis als Junggehilfe oder als Praktikant.

Bereits diese Zahlen zeigen, wie schwierig ein Vergleich der Deutschen Bundesbahn mit einem Unternehmen der Privatwirtschaft ist. Dies gilt auch für die Vielzahl von Tätigkeitsbereichen, Funktionen und Einzelaufgaben, die für den Verkauf und die Erstellung des Produktes »Verkehrsleistung« auszuführen sind. 114 verschiedene Berufe wurden in der Vergangenheit einmal ermittelt, die bei der Bahn vertreten sind. Verschiedentlich ist es überhaupt nicht möglich, Tätigkeiten bei der DB einem auch außerhalb der Eisenbahn ausgeübten Beruf zuzuordnen. Die genannte Zahl verdeutlicht aber zumindest das Spektrum, das – von den Mitarbeitern nicht ohne Stolz – so oft mit der Tätigkeit eines »Eisenbahners« umschrieben wird.

Dienstleistungsunternehmen arbeiten zwangsläufig personalintensiv. Dies gilt aufgrund der spezifischen Leistungsstruktur – die Produktion bundesweit mit einer starken Dezentralisierung auf der Ebene der Dienststellen des Außendienstes – in besonderem Maße für die Eisenbahn. Deshalb war es auch zur Senkung der Personalkosten wichtig, den technologischen Fortschritt zu nutzen und die Produktivität durch Rationalisierung und kontinuierliche Anpassung des Leistungsangebotes an den Markt zu verbessern. Eine allgemeine Straffung der Arbeitsorganisation, die verstärkte Automatisierung im Betriebsführungsbereich durch die Verwendung vollelektrischer Stellwerke mit einer Drucktasten-Relais-Technik (Dr-Stellwerke), moderne Rangier- und Lademethoden, Einsatz modernster Gleisbaumaschinen und nicht zuletzt auch die 1977 abgeschlossene Umstellung der Traktion von Dampf auf Diesel und Strom haben allein seit April 1958, als mit 516 115 Mitarbeitern der höchste Personalbestand in der Nachkriegszeit erreicht wurde, eine Verminderung des erforderlichen Personalbedarfs um über 45% bewirkt.

Dabei ist zu berücksichtigen, daß in dieser Zeit weitgehende soziale Verbesserungen der Arbeitsbedingungen – Urlaubsverbesserungen, die stufenweise Verkürzung der wöchentlichen Arbeitszeit auf derzeit 40 Stunden und Verbesserungen der für den Wechselschicht- und Fahrdienst geltenden Dienstdauervorschriften – eine erhebliche Zahl von Arbeitskräften zusätzlich gebunden haben. Wegen der unterschiedlichen politischen und geographischen Verhältnisse können die Angaben aus den Jahren 1937, 1940 und 1944 nur zur Vervollständigung nachgetragen werden, ohne daß sie miteinander vergleichbar sind:

	Gesamt-Personalbestand	Nachwuchskräfte
1937	694 191	12 866
1940	1 155 723	14 845
1944	1 525 240	18 260

Ein »fertiger Eisenbahner« ist auf dem Arbeitsmarkt nicht zu finden. Die intensive und spezifische innerbetriebliche Aus- und Fortbildung, die aus Gründen der Sicherheit und Zuverlässigkeit des Eisenbahnbetriebes vermittelt werden muß, ist nur dann rentabel, wenn sie auf eine Tätigkeit bei der DB für die gesamte Dauer des Berufslebens ausgerichtet ist. Das fachliche Know-how der Eisenbahner wird nicht zu Unrecht das wertvollste Kapital der DB genannt. Der Mitarbeiter, der in der Regel durch die Ausbildung und die berufliche Tätigkeit so spezialisiert ist, daß er kaum in der Lage wäre, auf dem Arbeitsmarkt einen seinen Erfahrungen und Fähigkeiten entsprechenden Arbeitsplatz zu finden, muß auf die Beschäftigung in einem Lebensberuf vertrauen können. Gerade im Hinblick auf die noch ausstehenden Etappen einer weiteren Bedarfsverminderung bis 1990 ist es wichtig zu wissen, daß die Verminderung des Personalbestandes um mehr als 200 000 Mitarbeiter seit 1958 – davon fast 120 000 Personen seit 1974 – ohne betriebsbedingte Entlassungen allein im Rahmen der normalen Abgänge erreicht werden konnte.

Daß die Mitarbeiter trotz dieses beispiellosen Anpassungsprozesses, trotz der starken konjunkturellen Schwankungen in der Wirtschaftsentwicklung der Bundesrepublik Deutschland, von denen die DB als Verkehrsunternehmen besonders abhängig ist, und trotz unterschiedlicher Entwicklungen in den regionalen Wirtschaftsräumen von einer sicheren Beschäftigung bei der DB ausgehen konnten und können, wird einen Außenstehenden auf den ersten Blick überraschen. Die Erklärung dafür liegt in der generellen Bereitschaft der Mitarbeiter zu weitgehender fachlicher und örtlicher Mobili-

tät, die für eine Tätigkeit bei der Eisenbahn seit jeher unverzichtbar war.
Die immer mehr steigenden Anforderungen an die Umsetzungs- und Versetzungsbereitschaft wurden durch umfassende Lohnsicherungs- und Sozialplanregelungen gemildert, die in den 60er und 70er Jahren bei der DB eingeführt wurden. Vorrangiges Ziel ist stets die gleichwertige Unterbringung des Mitarbeiters, der seinen Arbeitsplatz durch Rationalisierungsmaßnahmen verloren hat.
Von der Gesamtzahl der »Dienstkräfte« sind mehr als 170000 Mitarbeiter in der eigentlichen Betriebsführung (gegenüber knapp 320000 am 30. April 1958), etwa 90000 Mitarbeiter im Bereich der Vorhaltung der Anlagen und Fahrzeuge (gegenüber rund 160000 im Jahr 1958) und knapp 30000 Mitarbeiter im Verwaltungsbereich im weitesten Sinne, d. h. im inneren Dienst bei den zentralen Stellen, den Direktionen, Ämtern und Generalvertretungen eingesetzt. Wobei diese Stellen keineswegs nur »verwaltet«, sondern auch kommerziell, produktionstechnisch und technisch tätig sind.
Im Fahrdienst ist der Eisenbahner-Bestand besonders stark zurückgegangen. Auf den Führerständen der Loks verschwand – außer beim Fahren mit hohen Geschwindigkeiten – der zweite Mann, der bei der Dampflokomotive noch als Heizer unentbehrlich war. Zugleich wandelte sich das Berufsbild des Lokomotivführers. Die enge Beziehung zu dem Kollegen auf der Lok, aber auch zum Fahrzeug selbst ist entfallen. Wegen des erhöhten Umlaufs der modernen Lokomotiven werden Triebfahrzeuge und Personal über weite Entfernungen hinweg getrennt disponiert. In vielen Fällen wird der Lokomotivführer außerhalb seiner eigentlichen Dienststelle – dem Bahnbetriebswerk – an einem Bahnsteig oder auf einem Rangierbahnhof abgelöst. Im täglichen Alleindienst werden an seine Kenntnisse, sein technisches Verständnis und Reaktionsvermögen, vor allem an sein Verantwortungsbewußtsein für eine sichere und zuverlässige Betriebsabwicklung hohe Anforderungen gestellt.
Die Entwicklung der modernen Fahrzeuge hat auch im Werkstättenwesen zu einem grundlegenden Wandel geführt. Neue Techniken der Materialbearbeitung und des Schweißens, die Verarbeitung von Kunststoffen, die Verwendung modernster Maschinen erfordern weniger, aber hochspezialisierte Mitarbeiter. Die wachsende Bedeutung der Elektrotechnik bei den Triebfahrzeugen, aber auch bei den Reisezugwagen hat den Anteil elektrotechnischer Berufe – Stark- und Schwachstromelektriker und Elektroniker – erheblich anwachsen lassen. Im Bereich des Oberbaues sind durch eine fast vollständige Mechanisierung und Automatisierung die schweren körperlichen Arbeiten am Gleiskörper nahezu entfallen. Die Bedienung der komplizierten Oberbaumaschinen in einem industriellen Takt- und Fließbandverfahren erfordert gegenüber der Vergangenheit gleichfalls weniger, dafür aber fachlich äußerst qualifizierte Mitarbeiter.

Die Personalstruktur

Diese vorstehenden Beispiele zeigen, wie Strukturwandel, Modernisierung und Rationalisierung dazu geführt haben, daß im Gesamtbereich des Unternehmens einfache, personalintensive Tätigkeiten mehr und mehr verschwunden und an ihre Stelle Funktionen getreten sind, die den Einsatz spezialisierter und qualifizierter Fachkräfte erfordern.
Diese Entwicklung hat sich auch in der Personalstruktur der DB ausgewirkt. Die Deutsche Bundesbahn beschäftigt Beamte, Angestellte und Arbeiter. Die Einführung eines öffentlich-rechtlichen Amtsverhältnisses für die wenigen Führungskräfte der ersten und zweiten Leitungsebene des Unternehmens seit Dezember 1981 aufgrund einer Änderung des Bundesbahngesetzes kann in diesem Zusammenhang unberücksichtigt bleiben. Rund 173000 Personen (59,5%) sind Beamte, rund 110000 Personen (38%) stehen in einem Arbeitsverhältnis, mehr als 7000 sind Angestellte. Neben dem schmalen Bereich reiner Hoheitsverwaltung ist den Beamten durch Gesetz die besondere Sicherung der Daseinsvorsorge im Rahmen des § 4 Nr. 2 des Bundesbeamtengesetzes als Aufgabe zugewiesen. Ihr Anteil ist daher in den einzelnen Dienstzweigen unterschiedlich hoch. Er beträgt im Bereich der Vorhaltung nur rund 25% der dort Beschäftigten gegenüber rund 73% im Bereich der Betriebsführung.
Im Jahre 1937 wurde die 1924 geschaffene deutsche Reichsbahn-Gesellschaft wieder aufgelöst und die Reichsbahn der uneingeschränkten Hoheit des Deutschen Reiches unterstellt. Ihre Beamten wurden unmittelbare Reichsbeamte, für die die allgemeinen Beamtengesetze galten. Für die Bundesbahnbeamten gilt dementsprechend heute das Bundesbeamten-, für die Versorgungsempfänger das Bundesversorgungsgesetz. Einzelne beamtenrechtliche Sonderregelungen sind wie schon in den Reichsbahngesetzen von 1924 und 1930 auch im Bundesbahngesetz vom 13. Dezember 1951 enthalten. Allerdings wurden die Eisenbahnbeamten erst 1957 wieder voll in das Besoldungsrecht des Bundes einbezogen. Die durch das Bundesbahngesetz in §§ 22, 24 zugelassenen besoldungsrechtlichen Sonderregelungen wurden damit gegenstandslos.

Dienstzweige, Laufbahnen, Rechtsverhältnisse

Die zahlreichen Beamtentätigkeiten sind entsprechend den Vorbildungsvoraussetzungen einzelnen Laufbahngruppen zugeordnet, die wiederum unterteilt sind in Laufbahnen, Fachrichtungen und Fachabteilungen. Die Grundsätze für die Gestaltung von Laufbahnen haben sich im Laufe der Zeit

entwickelt; spezielle Rechtsvorschriften über die Vorbildung und die Laufbahnen der Beamten wurden auf der Grundlage des Deutschen Beamtengesetzes vom 26. Januar 1937 erlassen. Die Gestaltung der Laufbahnen war von jeher sowohl von der betrieblichen Eigenart der Eisenbahn als auch den besonderen personellen Erfordernissen bestimmt. So sind die Unterscheidung zwischen technischen und nichttechnischen Laufbahnen bis heute erhalten geblieben.
Auf die Laufbahnen des höheren Dienstes entfallen 1,1%, die des gehobenen Dienstes 12,8% der Beamten; dem mittleren Dienst gehören 72,2%, dem einfachen Dienst 13,9% der Beamten an. Durch einen Vergleich mit den Bestandszahlen vergangener Jahre wird deutlich, wie stark sich der Strukturwandel auch im Verhältnis der Laufbahngruppen zueinander ausgewirkt hat. Mit dem verstärkten Rückgang der einfacheren und manuellen Tätigkeiten hat sich das Anteilsverhältnis des einfachen und des mittleren Dienstes zueinander notwendigerweise verändert. Angehörige in Laufbahnen des einfachen Dienstes, beispielsweise die Gleiswarte, die früheren »Rottenführer«, und die Betriebswarte im Betriebs-, Verkehrs- und Verwaltungsdienst konnten infolge des veränderten Leistungsbildes in die Laufbahnen des mittleren Dienstes aufsteigen.
Gegenüber den genannten Laufbahnen ist die Laufbahnstruktur im gehobenen Dienst zwar weitgehend gleichgeblieben. Den qualitativ gestiegenen Anforderungen in der Laufbahn der Bundesbahninspektoren wurde jedoch 1979 im Zuge der Novellierung der Bundeslaufbahnverordnung durch die Neukonzeption einer Fachhochschulausbildung Rechnung getragen.
Als Betriebsverwaltung mißt die Deutsche Bundesbahn neben der an Schulen und Hochschulen vermittelten Vorbildung auch den in der beruflichen Tätigkeit erworbenen Kenntnissen seit jeher große Bedeutung bei. Die Laufbahnobergrenzen sind im Zuge der Entwicklung des Laufbahnrechts durchlässiger als früher. Dem tüchtigen Mitarbeiter steht bei der DB daher nach wie vor der Aufstieg in höhere Laufbahnen offen.

Entlohnung, Besoldung

Die Löhne und sonstigen Arbeitsbedingungen der Arbeiter der Deutschen Reichsbahn-Gesellschaft wurden zunächst durch den Lohntarifvertrag für die Reichsbahn-Arbeiter geregelt, der in der Zeit des Nationalsozialismus von der »Dienst- und Lohnordnung« abgelöst wurde.
Erst mit der stufenweisen Lockerung des Besatzungsrechts war wieder die Möglichkeit eröffnet, die Arbeitsbedingungen tarifvertraglich zu vereinbaren. Der 1949 mit der Gewerkschaft der Eisenbahner Deutschlands (GdED) abgeschlossene Lohntarifvertrag für die Arbeiter der DB (LTV) bildete den Grundstein für die weitere tarifliche Entwicklung.
Aufgrund einer ausdrücklichen Regelung im Bundesbahngesetz vollzogen sich die Lohnentwicklung sowie die Verbesserungen der Urlaubs- und Arbeitszeitregelungen bei der DB bislang im wesentlichen im Rahmen der allgemeinen Tarifbewegungen des übrigen öffentlichen Dienstes. Aufgrund der Tarifautonomie der DB konnten jedoch die eisenbahnspezifischen Tatbestände durch detaillierte, eigenständige Tarifregelungen berücksichtigt werden. Die Einführung der monatlichen Lohnzahlung im Jahre 1958, die Neuordnung des Lohnanspruchsrechts unter Bindung des Lohnanspruchs an die »ständige Beschäftigung« des Arbeiters 1968, die Einführung des Monatslohns anstelle eines Stunden- und Schichtenlohnsystems im Jahre 1970 sind wichtige Schritte in dieser Entwicklung. Durch spezielle Regelungen für die Rufbereitschaft, die Arbeit an Sonn- und Feiertagen, im Nacht- und Wechselschichtdienst wurde ein Ausgleich für die ungünstigen Arbeitsbedingungen geschaffen, denen eine Vielzahl von Mitarbeitern der DB unterworfen ist. Der Rationalisierungsprozeß und die technischen Umstellungen führten 1976 zur Neuordnung der Lohngruppeneinteilung.

Ausbildung und Fortbildung

Die Attraktivität und Qualität einer Dienstleistung werden entscheidend vom Können und der Einsatzbereitschaft des Mitarbeiters geprägt. Die innerbetriebliche Aus- und Fortbildung hat bei der DB wie bei ihren Vorgängerinnen jedoch auch deshalb besondere Bedeutung, weil es für die »eisenbahntypischen« Tätigkeitsfelder außerhalb des Unternehmens zumindestens keine abschließenden Ausbildungsgänge gibt. Nicht zuletzt die große Verantwortung des Betriebsbeamten, der auch im Alleindienst häufig von einem Augenblick zum anderen Entscheidungen von mitunter großer Tragweite treffen muß, setzt eine gründliche und sorgfältige Ausbildung voraus.
Das Ausbildungs- und Fortbildungssystem beruht in seinen Grundzügen auf langjährigen Erfahrungen aus der Praxis, wie sie etwa in der aus den 20er Jahren stammenden, 1940 neu herausgegebenen »Dienstvorschrift für das Unterrichtswesen« zusammengefaßt waren. Es wurden aber auch die vielfältigen Anregungen und neuen Erkenntnisse, die insbesondere im Lauf der Bildungsreform zu Beginn der 70er Jahre entwickelt wurden, aufgegriffen und für die praktische Ausbildung bei der DB umgesetzt.
Die Entwicklung der eigenen Berufsausbildung bei der Eisenbahn reicht bis in das Jahr 1879 zurück, als die Preußischen Staatsbahnen in ihren Werkstätten die Ausbildung von Hand-

Bild 178b: Praktischer Unterricht im Lehrstellwerk der Bundesbahn-Fachschule in Mainz.

Bild 178c: Auszubildende für Metallberufe.

werkslehrlingen als Nachwuchskräfte für den Lokomotivführer- und Wagenmeisterdienst, später auch für den Bereich der Instandhaltung aufnahmen. Für die theoretische Ausbildung wurden Werkberufsschulen eingerichtet, deren Aufgabe erst Anfang der 50er Jahre, als sich das gewerbliche Schulwesen der Länder entwickelt hatte, von den allgemeinen Berufsschulen übernommen wurde. Eisenbahnfachschulen, als Selbsthilfeeinrichtung der Eisenbahner im freiwilligen Bildungswesen geschaffen, erteilen auch in den Ausbildungen nach dem Berufsbildungsgesetz Zusatzunterricht und ergänzen dadurch das Bildungsangebot der Berufsschulen. Ab 1963 wurde die Ausbildung von Handwerks- auf Industrieberufe umgestellt. Aufgrund ihres Ausbildungsstandes können die bei der DB ausgebildeten Industrie-Facharbeiter auch in die Privatwirtschaft überwechseln, wo sie als gut qualifizierte Arbeitskräfte anerkannt sind. Allein in den rückliegenden 10 Jahren ab 1975 bis heute fanden mehr als 31 590 Jugendliche bei der DB einen Ausbildungsplatz für einen gewerblich-technischen Beruf.

Im Vorbereitungsdienst für eine Beamtenlaufbahn vermitteln die laufbahnübergreifende Grundausbildung und die darauf aufbauende Fachausbildung das berufliche Grundwissen. Der Mitarbeiter kann später mit wachsender Erfahrung alle Funktionen seiner Laufbahn erreichen und bei entsprechender Leistung bis in das jeweilige Spitzenamt aufsteigen. Die Struktur dieser Ausbildung läßt innerbetriebliche Mobilität zu und verbessert die beruflichen Chancen.

Bild 178d: Blick auf die Chiemgau-Klinik in Marquartstein.

Die Fürsorge

Die im Bahnbetrieb eingesetzten Mitarbeiter müssen körperlich tauglich sein. Die strengen Tauglichkeitsanforderungen beruhen auf den jahrzehntelangen Erfahrungen des bahnärztlichen Dienstes. Sie entsprachen stets den Sicherheitsanforderungen des Eisenbahnbetriebsdienstes nach dem jeweiligen Stand der Technik und der technischen Sicherung. Unter Auswertung neuer medizinischer Erkenntnisse werden sie ständig überprüft und fortentwickelt. Der Eisenbahnerberuf wird häufig als typisch männlicher Beruf angesehen. Tatsächlich haben Frauen schon früh Zugang zu den verschiedensten Tätigkeitsbereichen gefunden. Bis zu ihrer vollen beruflichen Anerkennung war es jedoch ein weiter Weg. Nur langsam konnten Vorurteile abgebaut werden. Dazu hat nicht unwesentlich der erfolgreiche Einsatz von Frauen in den beiden Weltkriegen auch in Aufgabenbereichen beigetragen, die sonst Männern vorbehalten waren. Bei der DB sind schon seit vielen Jahren in allen Funktionen des Unternehmens Männer und Frauen gleichberechtigt. Daß Frauen bei gleicher Arbeit den gleichen Lohn erhalten wie Männer, ist schon lange selbstverständlich. Soweit sie die Zugangsvoraussetzungen erfüllen, haben sie in ihrer beruflichen Entwicklung die gleichen Chancen wie Männer. Gesetzliche, betriebliche und Selbsthilfeeinrichtungen vielfältiger Art stehen den Eisenbahnern in Freizeit, im Urlaub und zur Erholung zur Verfügung.

Der Verhütung von Personalunfällen und Berufskrankheiten wurde wegen der besonderen Gefahren des Eisenbahnbetriebes schon immer große Aufmerksamkeit gewidmet. In den Eisenbahnwerkstätten werden bereits seit 1927 Sicherheitsingenieure eingesetzt. Durch Aufklärung, Sicherungseinrichtungen und besondere Schutzkleidung gelang es, die Unfallhäufigkeit erheblich zu senken und vor allem die Zahl der Unfälle mit tödlichem Ausgang stark zu vermindern.

Die Personalvertretung

Die innerbetriebliche Beteiligung der Beschäftigten an der Regelung der Dienst- und Arbeitsverhältnisse ist eine gesellschaftspolitische Forderung, die auch bei den Eisenbahnen bis in das vergangene Jahrhundert zurückreicht. Die nach dem Verfassungsauftrag der Weimarer Verfassung zu Beginn der 20er Jahre auch bei der Reichsbahn gebildeten Betriebs- und Beamtenräte wurden in der nationalsozialistischen Zeit zwar wieder aufgelöst. Nach dem Zusammenbruch 1945 ermöglichte das Kontrollratsgesetz Nr. 22 (Betriebsräte-Gesetz) vom 10. April 1946 aber erneut die Wahl von Vertretungen, in die auch die Beamten miteinbezogen waren. Das Personalvertretungsrecht wurde 1955 für den gesamten öffentlichen Dienst durch das »Personalvertretungsgesetz« neu geregelt. Dieses Gesetz war ausdrücklich auch auf die Belange der Beschäftigten in den Betriebsverwaltungen Bahn und Post zugeschnitten. Mit dem Bundespersonalvertretungsgesetz vom 15. März 1974 wurden die Mitwirkungs- und Mitbestimmungsrechte weiter ausgebaut. Bei den letzten regelmäßigen Personalratswahlen im Bereich der DB im Mai 1982 übertrugen wahlberechtigte Beamte, Angestellte und Arbeiter in mehr als 1500 Dienststellen rund 9500 Personalvertretern das ehrenamtliche Mandat, in einer dreijährigen Amtszeit ihre Interessen in den Dienststellen zu vertreten.

III. Die Zukunft der Bahn

von Dietmar Lübke

Die Legitimation der Bahn in der Bundesrepublik Deutschland

Die Lage der Bahn ist kritisch, die Eisenbahn steht zur Debatte. Umfang und Netzstruktur der Bahn sind seit über 50 Jahren nahezu unverändert geblieben. Abgesehen von 120 km S-Bahn wurden nach dem 2. Weltkrieg in der Bundesrepublik lediglich 13 km Eisenbahnstrecken neu gebaut, im gleichen Zeitraum dagegen 136000 km neue Straßen.
Erschwerend kommt hinzu, daß sich nach 1945 die Verkehrsströme aus der früher vorherrschenden Ost-West-Richtung in eine Nord-Süd-Richtung verlagert haben. Das verkehrsgeographisch ungünstige Netz der DB stellt somit eine besondere Herausforderung dar, das künftige Leistungsangebot der Bahn mit Hilfe moderner Technologien zu verbessern.
Vergleicht man die von den einzelnen Verkehrsmitteln ausgehenden Umweltbeeinträchtigungen miteinander, so stellt man fest, daß die Eisenbahn das umweltfreundlichste Transportsystem ist. Diese Auszeichnung verdankt die Bahn ihrer »Spurführung«.
Diese Systemeigenschaft bewirkt
- einen geringen Geländebedarf
- eine hohe Energieausbeute
- hohe Sicherheit
- geringe Schadstoffemissionen und
- eine niedrige Geräuschbelastung mit geringer Lästigkeit.

Die Deutsche Bundesbahn (DB) beansprucht für ihre Schienenwege rund 0,1 Millionen ha. Straßen und Wege bedecken dagegen etwa 1,1 Millionen ha, das sind 4,4% der gesamten Fläche der Bundesrepublik Deutschland.
Bei gleichen topografischen Gegebenheiten ist der Geländebedarf für Autobahnen pro Kilometer rund 3mal höher als für eine Neubaustrecke der DB. Unterstellt man im Fernverkehr gleiche Personen- und Gütertransportleistungen, so entspricht einer Neubaustreckenbreite von 13,7 m eine achtspurige Autobahn mit insgesamt 37,5 m Breite. Im Stadtverkehr benötigt der Pkw rund 13mal so viel Fläche wie die S-Bahn. Allein der ruhende Straßenverkehr beansprucht als Parkfläche etwa die Fläche des Schienennetzes der DB.
Am gesamten Endenergieverbrauch im Bundesgebiet von 245 Millionen Steinkohleeinheiten (SKE) ist der Verkehr mit rund 24% beteiligt. Absolut größter Verbraucher ist hier der Straßenverkehr mit ca. 87%; der Schienenverkehrsanteil von 4,0% ist dagegen recht bescheiden.

Bild 179: Moderne Triebfahrzeuge: Airport-Express, 103, 120, TGV (v. l. n. r.).

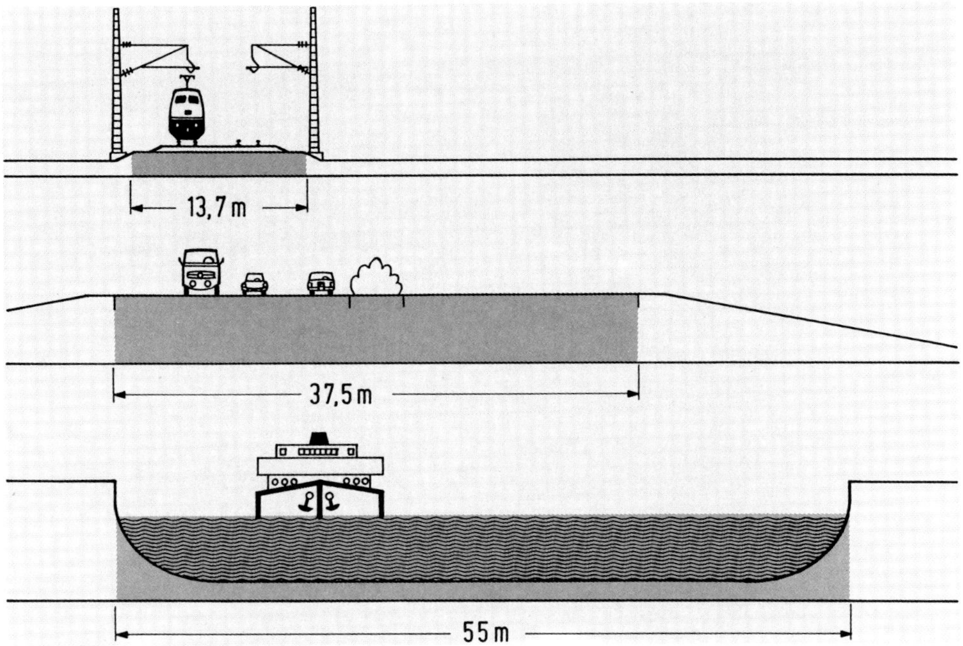

Bild 180: Platzbedarf Schienenverkehr/Straßenverkehr/Schiffsverkehr.

Der absolute Verbrauch der einzelnen Verkehrsträger an Traktionsenergie für sich allein ist allerdings wenig aussagekräftig. Er muß vielmehr im Verhältnis zu den jeweiligen Transportleistungen, d. h. als »spezifischer Primär-Energieverbrauch« gesehen werden. Danach ergibt sich für einen Auslastungsgrad von 60%, daß der Energieverbrauch der Eisenbahn im Vergleich zu Pkw und Flugzeug bei 1:4:8, im Güterverkehr im Verhältnis zu Lkw und Binnenschiff bei 1:3:1 liegt. Bemerkenswert ist, daß trotz Steigerung der Transportleistung um 25% der Primärenergieverbrauch der DB in den vergangenen 20 Jahren um 66% gesenkt werden konnte.

Der erforderliche Bahnstrom zur Bewältigung der Transportleistungen wird zu 95% aus heimischer und damit krisensicherer Energie, und zwar überwiegend aus Kohle und Wasser, gewonnen. Die Eisenbahn stellt insoweit bereits heute ein zukunftsorientiertes Transportmittel dar.

Die DB ist ein in hohem Maße sicherer Verkehrsträger. Vergleicht man die spezifischen Unfallraten des Straßen- und Schienenverkehrs bezogen auf 1 Milliarde Personen- und tkm miteinander, so ergibt sich folgendes Bild (jeweils Straße zu Schiene).

- Unfälle 31:1
- Verletzte 46:1
- Tote 6:1

jeweils zugunsten der Schiene.

Auch der Vergleich der Schadstoffemission fällt eindeutig zugunsten der Schiene aus. Durch Einstellung des Dampfbetriebes und ständig wachsenden Anteil der elektrischen Zugförderung – z. Z. erbringt die DB etwa 85% ihrer Verkehrsleistungen auf dem elektrifizierten Netz – entstehen bei den Eisenbahnen so gut wie keine Abgase, während bei dem ohnehin die Umwelt stark belastenden Straßenverkehr gerade dort extrem viel Luftschadstoffe anfallen, wo die meisten Menschen leben. Für die gleiche Verkehrsleistung erzeugen Straßenverkehrsfahrzeuge – je nach Schadstoffgruppe – bis zu 30mal größere Schadstoffmengen als Schienenverkehrsfahrzeuge.

Ein Vergleich der Lärmbelästigung – Vergleichsgröße ist der in 25 m Entfernung auftretende, auf 1 Stunde bezogene Mittelungspegel in dB(A) – von Schienenverkehr und Straßenverkehr bringt folgendes Ergebnis:

Der Güterverkehr auf der Straße verursacht einen um etwa 7 dB(A) höheren Schallpegel als der Güterfernverkehr auf der Schiene. Dabei wurde ein Güterzug von 700 m Länge mit einer Ladekapazität von ca. 1400 t mit entsprechend 113 Lkw mit einer durchschnittlichen Ladekapazität von 12,4 t bei einer Fahrgeschwindigkeit von jeweils 90 km/h verglichen; beim Fernreiseverkehr ergeben sich für die gleiche Anzahl beförderter Personen mit dem Pkw um 6,5–9,5 dB(A) höhere Schallpegel als beim Schienenverkehr. Darüber hinaus wurde durch wissenschaftliche Untersuchungen nachgewiesen, daß bei gleichem Mittelungspegel Schienenverkehrslärm erheblich weniger lästig wirkt als Straßenverkehrslärm. Die Lästigkeitsunterschiede liegen je nach Höhe des Schallpegels und nach Tageszeit zwischen 5 und mehr als 11 dB(A).

Für die Legitimation der Eisenbahn spricht auch ihre große beschäftigungspolitische Bedeutung.

Bild 181: Neu- und Ausbaustrecken im Bundesverkehrswegeplan '80.

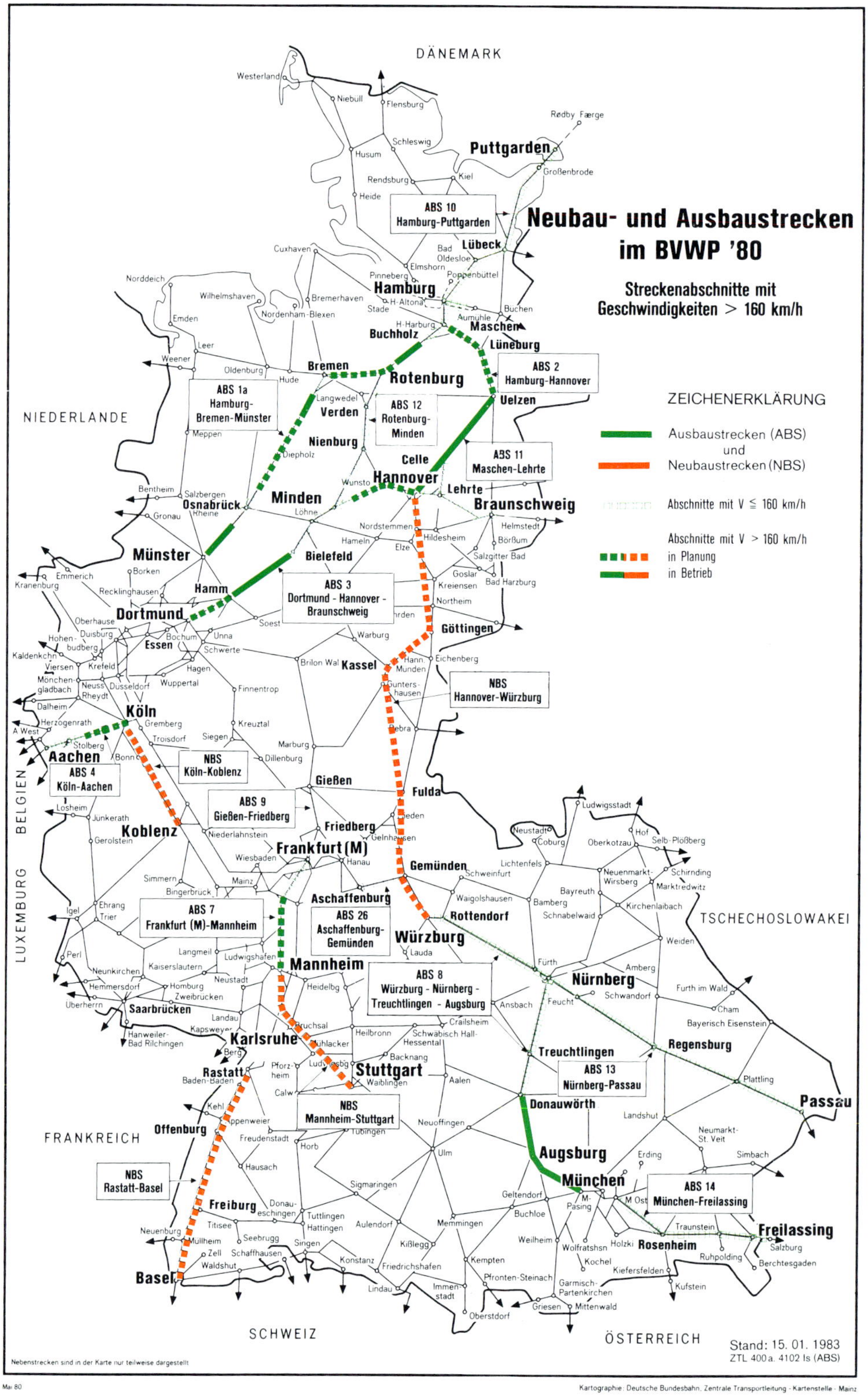

Neue Züge auf neuen Strecken

Neu- und Ausbaustrecken: Das Programm der DB

Zur Lösung ihrer Zukunftsaufgaben wird die Bahn neue Ideen und Initiativen entwickeln. Sie wird Akzente setzen, die deutlich machen werden, welch überragende Rolle eine moderne Bahn für Gesellschaft und Wirtschaft spielt. Nach außen hin sichtbares Zeichen hierfür sind das Neu- und Ausbauprogramm der DB und die Realisierung einer neuen Fahrzeuggeneration für Geschwindigkeiten von 250 km/h.
Das Ausbauprogramm für das Netz der DB sieht Neubaustrecken (NBS) von etwa 700 km Länge dort vor, wo durch Ausbau vorhandener Strecken eine gründliche Verbesserung der Verkehrsverhältnisse nicht erreicht werden kann. Darüber hinaus sind noch rund 2000 km Ausbaustrecken (ABS) vorgesehen. Das sind Hauptabfuhrstrecken, die dem technischen Standard der NBS angepaßt werden. Zur Steigerung der Streckenkapazität und zur Verbesserung der Betriebsqualität werden insbesondere Maßnahmen zum mehrgleisigen Ausbau von Streckenabschnitten, zur Anpassung der signaltechnischen Einrichtung in Schnellfahrabschnitten, Linienverbesserungen und Verbesserungen der Bahnstromversorgung durchgeführt.
Die Neubau- und Ausbaustrecken werden zusammen ein hochleistungsfähiges Kernnetz von Hauptmagistralen in der Bundesrepublik Deutschland ergeben, das den qualitativen und quantitativen Anforderungen der Zukunft gerecht werden wird.
Infolge der zentralen Lage der Bundesrepublik Deutschland in Europa können die Neubau- und Ausbaustrecken der DB nicht isoliert vom Ausbau der Infrastruktur der benachbarten europäischen Eisenbahnen betrachtet werden. Die Neubau- und Ausbaustrecken der DB sind daher zugleich auch ein wichtiger Bestandteil eines »europäischen Hochgeschwindigkeitsnetzes, wie es im Europäischen Infrastruktur-Leitplan« des Internationalen Eisenbahnverbandes (UIC) angestrebt wird.
In Frankreich weist der Korridor Paris–Südost das stärkste Verkehrsaufkommen sowohl im Personen- als auch im Güterverkehr aus. Die Überlegungen der französischen Staatsbahnen (SNCF) zur Anhebung der Streckenkapazität in dieser Relation haben daher zu der Entscheidung geführt, zwischen Paris und Lyon eine neue, 426 km lange Strecke für eine Höchstgeschwindigkeit von 300 km/h ausschließlich für den Personenverkehr zu bauen. Auf dieser Strecke verkehren heute planmäßig die bekannten TGV-Hochgeschwindigkeits-Triebzüge mit einer Geschwindigkeit von 260 km/h. Darüber hinaus ist eine weitere Hochgeschwindigkeitsstrecke von Paris in den Südwesten Frankreichs, die sog. »TGV-Atlantique«, im Bau. Sie verläuft zunächst von Paris bis Courtelain (131 km) und verzweigt sich dort in zwei Äste nach Milesse (205 km) bei Le Mans mit Anbindung nach Rennes und Nantes sowie nach Monts (223 km) mit Weiterführung nach Bordeaux. Die Strecke soll 1989 in Betrieb gehen.
Um einer dringend benötigten Leistungssteigerung der Strecke Rom–Florenz Rechnung zu tragen, haben die Italienischen Staatsbahnen (FS) eine völlig neue Strecke, die sog. »Direttissima« gebaut. Die 236 km lange Strecke beginnt in Settebagni und endet derzeit etwa 7 km vor Florenz. Sobald der Fahrzeugpark für die für eine Höchstgeschwindigkeit von 250 km/h ausgelegte Strecke zur Verfügung steht, wird die Fahrzeit von heute 3 Stunden auf 1 Stunde und 30 Minuten zurückgehen. Die FS verfolgt dabei bis zu einer Geschwindigkeit von 250 km/h den Einsatz von Triebkopfzügen; für lokomotivbespannte Züge wird die Höchstgeschwindigkeit 200 km/h betragen. Die neuen Fahrzeuggenerationen werden in Drehstromasynchrontechnik ausgeführt.
In Österreich laufen Überlegungen, durch Linienverbesserungen auf der Westbahn zwischen Wien und Salzburg und auf der Südbahn zwischen Wien und Graz/Villach Reisezeitverkürzungen von 90 bzw. 45 Minuten zu erreichen. Als Zielgeschwindigkeiten wurden dabei 200 bis 250 km/h zugrunde gelegt.
In der Schweiz soll das bestehende Streckennetz durch eine neue West-Ost-Haupttransversale (NHT) ergänzt werden. Diese Magistrale mit einem Verbindungsstück Olten–Basel soll sowohl dem Güter- als auch dem Personenverkehr dienen. Insgesamt soll das rund 5000 km umfassende schweizerische Eisenbahnnetz mit 200 km Neubaustrecken ergänzt und 45 km bestehende Strecken für hohe Geschwindigkeiten ausgebaut werden. Es besteht die Absicht, bis zur Jahrhundertwende eine erste Etappe Basel–Olten–Bern in Betrieb zu nehmen. Die neue NHT wird für eine Geschwindigkeit von 250 km/h trassiert, wobei zunächst an einen Betrieb mit 200 km/h gedacht ist. Der geplante Entwicklungsschritt wird sich auf die bereits in anderen Ländern erprobte weiterentwickelte Rad/Schiene-Technik abstützen.

Am 12. Juli 1984 wurde den Verkehrsministern der Bundesrepublik Deutschland, Belgiens und Frankreichs ein erster Bericht über eine mögliche Schnellbahnverbindung Paris–Brüssel–Köln vorgelegt. Nach den vorliegenden Ergebnissen könnte die 520 km lange Verbindung in 2 Stunden und 43 Minuten bei Anwendung des Rad/Schiene-Systems und in 1 Stunde und 49 Minuten bei Nutzung der Magnetschwebetechnik bewältigt werden. Die gegenwärtige fahrplanmäßige Istzeit beträgt 4 Stunden und 59 Minuten.

Im Jahr 1977 verabschiedete die Bundesregierung das sogenannte »Koordinierte Investitionsprogramm für die Bundesverkehrswege (KIP)«, das die bis 1985 vorgesehenen Investitionen enthält. Aus dem Neubau- und Ausbauprogramm der DB sind die beiden Neubaustrecken

- Hannover–Würzburg (327 km) und
- Mannheim–Stuttgart (99 km)

  mit rund 430 km Gesamtlänge sowie die Ausbaustrecken
- Hamburg–Bremen–Münster (275 km)
- Hamburg–Hannover (181 km)
- Dortmund–Hannover–Braunschweig (275 km)
- Gießen–Friedberg (32 km)
- Frankfurt/M–Mannheim (81 km) und
- Würzburg–Nürnberg–Augsburg (240 km)

mit rund 1100 km Gesamtlänge in das KIP aufgenommen worden. Die Realisierung dieser Ausbaustrecken ist so weit fortgeschritten, daß mit ihrer Fertigstellung 1986 zu rechnen ist. Die beiden Neubaustrecken Mannheim–Stuttgart und Hannover–Würzburg werden 1990/91 in Betrieb gehen. Die Realisierung weiterer Projekte mußte aus finanziellen Gründen zunächst verschoben werden. Ein Teil dieser zurückgestellten Vorhaben sowie zwischenzeitlich neu erkannte Maßnahmen haben inzwischen in die Fortschreibung des KIP, den Bundesverkehrswegeplan '80 (BVWP '80) Eingang gefunden

Der BVWP '80 beinhaltet vordringlich zu realisierende Neu- und Ausbauvorhaben (Stufe I) und weitere Planungen (Stufe II). Als neue Maßnahmen enthält die Stufe I den Abschnitt Rastatt–Offenburg der Neubau-/Ausbaustrecke Rastatt–Basel (170 km) sowie die Ausbaustrecken

- Hamburg–Puttgarden (151 km)
- Maschen–Lehrte (142 km), Teilabschnitt Maschen–Lüneburg
- Rotenburg–Minden (Westfalen) (111 km)
- Köln–Aachen (70 km)
- Aschaffenburg–Gemünden (Main) (32 km)
- Nürnberg–Passau (220 km) und
- München–Freilassing (148 km).

Damit ist in Stufe I des BVWP '80 der Bau von rund 500 km neuer Strecken und ca. 1850 km auszubauender Strecken geplant.

Stufe II des BVWP '80 enthält als weitere Maßnahmen die Realisierung der Neubaustrecken Köln–Koblenz und des Abschnittes Offenburg–Basel, der Neubaustrecke Rastatt–Basel sowie den Teilabschnitt Lüneburg–Lehrte der Ausbaustrecke Maschen–Lehrte.

Die konkrete Einzelplanung der Neubaustrecke Köln–Koblenz mußte vorläufig zurückgestellt werden. Die für 1985 vorgesehene Fortschreibung des BVWP wird zeigen, in welchem Rahmen die Planungen fortgeführt werden können. Sie enthält folgende aus Sicht der DB notwendige Neubau- und Ausbaumaßnahmen:

- Korridor Fulda–Mannheim
- Korridor Mannheim–Basel
- Korridor Stuttgart–München
- Korridor Münster–Mannheim
- Korridor Würzburg–München

  und
- Korridor Dortmund/Bielefeld–Kassel

Die Technik der Neubaustrecken

Die auf den Neubaustrecken zu fahrende Höchstgeschwindigkeit wird 250 km/h betragen. Die Streckentrassierung läßt aber in weiten Bereichen auch eine Geschwindigkeit von 300 km/h zu.

Die volle Integration der Neubaustrecken in das bestehende Netz und die Forderung nach Mischbetrieb mit neuen Hochgeschwindigkeitstriebzügen, lokomotivbespannten Reisezügen und schnellen Güterzügen bestimmen die Technik der Strecken.

Die maximale Neigung der im Bau befindlichen Strecken wird den in der Eisenbahn-Bau- und Betriebsordnung (EBO) festgesetzten Wert von 12,5‰ nicht überschreiten.

Der zur Anwendung kommende Regelkrümmungshalbmes-

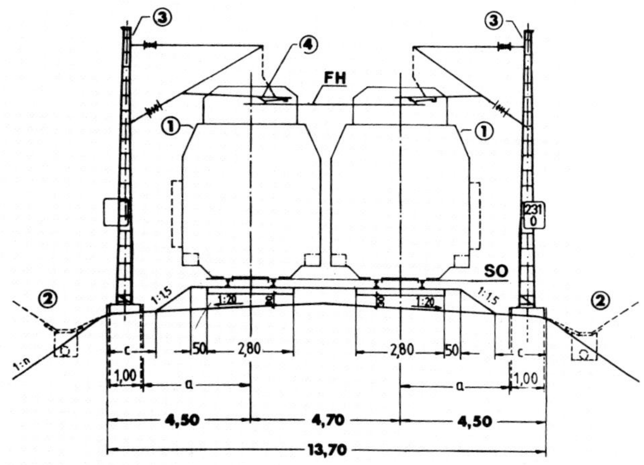

Bild 182: Streckenquerschnitt der Neubaustrecken.

ser beträgt 7000 m, der Mindesthalbmesser 5100 m. Dabei wurden als Geschwindigkeit der Güterzüge beim Regelhalbmesser 120 km/h, beim Mindesthalbmesser 80 km/h und die Summe aus Überhöhungsfehlbetrag ($ü_f$) und Überhöhungsüberschuß ($ü_ü$) mit 80 mm bzw. 130 mm zugrunde gelegt.
Der Gleisabstand ist mit 4,70 m um 70 cm größer als bei den meisten bestehenden Strecken. Hierfür waren in erster Linie aerodynamische Gründe maßgebend. Der Streckenquerschnitt der NBS ist im nebenstehenden Bild dargestellt.
Für die NBS werden die modernsten Signalanlagen Verwendung finden, die zum Einbauzeitpunkt zur Verfügung stehen. Basissystem ist die in der Praxis erprobte Linienzugbeeinflussung mit Führerstandssignalisierung in der Ausführung als LZB 80. Zugbahnfunk gehört selbstverständlich zum Ausstattungsstandard der Neu- und Ausbaustrecken.

Tafel
Technische Daten und Merkmale der Neubaustrecken

Trassierung	
– Mindesthalbmesser	7000 m
– Ausnahmewert	5100 m
– Größte Längsneigung	12,5‰
– Vertikaler Ausrundungshalbmesser	25000 m
– Maximale Überhöhung	150 mm
– Maximaler Überhöhungsfehlbetrag	80 mm
Streckenquerschnitt	
– Planumsbreite	13,70 m
– Gleisabstand	4,70 m
Oberbau	
– Gleisart freie Strecke	Schottergleis
– Gleisart Tunnel	Feste Fahrbahn/ Schottergleis
– Gleisart Brücken	Schottergleis
– Schienen	UIC 60
– Schwellen	Beton, Monobloc 2,60
– Bettungsstärke	30 cm
– Weichenbauform	2500–1:26,5
Streckenausrüstung, Energieversorgung	
– Signalsystem	LZB 80
– Stromsystem	15 kV 16⅔ Hz
– Unterwerksabstand	20 km
Kunstbauten	
– Tunnelquerschnitt	81 m^2
– Tunnelversperrungsmaß	0,13
– Brückenbreite	14,10 m

Die NBS werden wie das bestehende Netz mit Einphasenwechselstrom 15 kV 16⅔ Hz betrieben werden. Zum Einbau gelangt die Oberleitung Re 250, die eine störungsfreie Energieübertragung vom Fahrdraht auf den Stromabnehmer bei 250 km/h gewährleistet. Im Interesse einer größeren Betriebssicherheit werden keine Quertragwerke, sondern grundsätzlich Einzelstützpunkte realisiert.
Die Trassierungselemente ergeben bei den vorhandenen schwierigen topographischen Verhältnissen der Mittelgebirge einen hohen Anteil an Kunstbauten wie Tunnel oder Brücken. Die längste Brücke (Fulda-Talbrücke bei Niederaula) wird 1628 m lang sein. Die höchste Brücke ist die Rombach-Talbrücke mit 95 m über Grund. Zur Ausführung kommen Spannbetonbrücken.
Die Tunnelquerschnitte haben wegen der Verwendung des Erweiterten Regellichtraums und aus aerodynamischen Gründen eine Größe von 81 m^2. Entscheidende Bedeutung hat dieser Querschnitt für den Druckanstieg, die Druckwechselgeschwindigkeit in Abhängigkeit von der Fahrgeschwindigkeit und für die Druckdichtigkeit der Fahrzeuge.
Die Betriebsstellen der Neubaustrecke sind Betriebsbahnhöfe und Überleitstellen der freien Strecke, Verknüpfungsbahnhöfe und Abzweigstellen, die der Verflechtung der Neubaustrecken untereinander und der Verknüpfung mit dem vorhandenen Netz dienen.
Die Betriebsbahnhöfe der NBS dienen in erster Linie als Überholungsbahnhöfe der Überholung langsamer Züge durch schnelle Züge. Die Abstände der Überholungsbahnhöfe untereinander betragen etwa 20 km.
Die Überleitstellen dienen dem Gleiswechselbetrieb auf der freien Strecke. Etwa alle 7 km wird eine Überleitstelle vorhanden sein. Die Weichenverbindungen der Überleitstellen erlauben eine Überleitgeschwindigkeit von 130 km/h. Die Weichen erhalten bewegliche Herzstücke.

Hochgeschwindigkeitszug Intercity-Experimental (ICE): Gesamtkonzept

Die innovative Wirkung der neuen Strecken wird erst mit einem Angebotspaket »Neue Züge auf neuen Strecken« voll zu erreichen sein. Die materiellen und zeitlichen Zielvorstellungen für eine künftige Generation von Hochgeschwindigkeitszügen werden derzeit im Hochgeschwindigkeitstriebzug »Intercity-Experimental«, abgekürzt ICE, realisiert.
Mit dem ICE werden in erster Linie zwei Ziele verfolgt, nämlich eine
- Demonstration der Gestaltungsmöglichkeiten eines künftigen Hochgeschwindigkeitsverkehrs der 90er Jahre mit Geschwindigkeiten von 250 km/h und
- Systemerprobung im Zusammenspiel der Rad/Schiene-Komponenten Fahrzeug/Fahrweg/Betriebsleittechnik/Energietechnik mit Geschwindigkeiten bis zu 350 km/h.

Daraus können unmittelbar übertragbare Erkenntnisse für die künftige Generation von Hochgeschwindigkeitszügen gewonnen werden.
Die genannte Aufgabenstellung führte im Zuge einer Konzeptions- und Definitionsphase, in der eine Vielzahl von denkbaren Fahrzeugkonfigurationen nach system- und nutzwertanalytischen Methoden miteinander verglichen wurde, zur Wahl eines symmetrischen Triebkopfzuges.
Die erste Ausbaustufe des ICE sieht neben den beiden Triebköpfen (TK) und dem Meßwagen (M) vorerst einen sogenannten Demonstrationswagen (D 1) vor, der als Großraumwagen der gehobenen Komfortstufe ausgeführt wird. Ein weiterer dritter Mittelwagen (D 2) wird von der DB beigestellt.
Die Mittelwagen werden auf Einzeldrehgestellen laufen. Das Stromsystem des ICE ist für den Einsatz auf DB-Strecken zugeschnitten. Bei gleicher Grundkonzeption sind auch Mehrsystemfahrzeuge für den grenzüberschreitenden Verkehr möglich. Die wichtigsten technischen Daten des ICE sind in der folgenden *Tafel* zusammengefaßt.

Bild 183: Konzeption des Hochgeschwindigkeitszuges Intercity-Experimental (ICE).

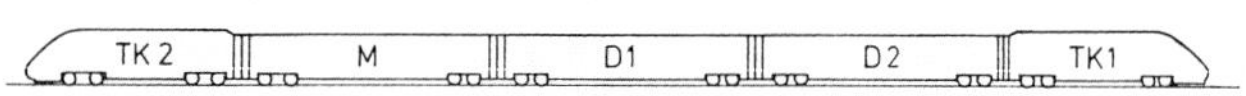

Konfiguration: TK 2 + M + D1 + D2 + TK1;

TK1/TK2 = Triebkopf
M = Meßwagen
D1 = Demonstrationswagen 1
Großraum 1. Klasse, 36 Sitzplätze
D2 = Demonstrationswagen 2
Großraum 1./2. Klasse, 24/27 Sitzplätze

Energieversorgung 15 kV, 16 2/3 Hz
Maximalleistung am Rad: 2 x 4,2 MW; Trafo-Dauerleistung 2 x 3,2 MVA
V_{max} = 350 km/h
Sitzplätze 87

Tafel Zusammenstellung der technischen Daten des ICE

Zugverband		
Konfiguration		
– Versuch	TK + M (+ D) + TK	
– Demonstration	TK + M + 2. D + TK	
Stromsystem	15 kV, 16⅔ Hz	
Fahrzeugbegrenzung	UIC 505	
Höchstgeschwindigkeit		
– Versuch		350 km/h
– Demonstration	max.	300 km/h
Zuglänge (Demonstrationseinsatz, 6 Mittelwagen)	ca.	187 m
Sitzplatzangebot (je nach Komfortstufe)		300–400
Kleinster befahrbarer Bogenhalbmesser (gekuppelt)		120 m
Triebkopf; Mechanteil		
Eigenmasse	ca.	77700 kg
Länge über Kupplungsebene		20530 mm
Wagenkastenbreite		3070 mm
Dachscheitelhöhe		3820/3650 mm
Drehpunktabstand der Laufwerke		11460 mm
Achsstand im Laufwerk		3000 mm
Raddurchmesser in Laufkreisebene		
– neu		1000
– abgenutzt		950 mm
Radsatzanordnung	Bo'Bo'	
Triebkopf; elektrische Ausrüstung		
Drehstromleistungsübertragung (Spannungszwischenkreis)		
Maximalleistung		
– Motoren		4200 kW
– Transformator		5120 kVA
– Stromrichter		7600 kVA
Dauerleistung		
– Motoren		2800 kW
– Transformator		3200 kVA
– Stromrichter		6500 kVA
Größte Anfahrzugkraft		135 kN
Mittelwagen		
Eigenmasse (Meßwagen bzw. Demonstrations-wagen 1./2. Klasse)	ca.	39300 bis 41400 kg
Wagenlänge über Kupplungsebene		24340 mm
Wagenkastenbreite in 1335–1800 mm ü. SO		2930 mm
Fußbodenhöhe ü. s0		1150 mm
Dachscheitelhöhe ü. s0		3650 mm
Drehpunktabstand der Laufwerke		17000 mm
Achsstand im Laufwerk		2800 mm
Raddurchmesser in Laufkreisebene		
– neu		920 mm
– abgenutzt		870 mm
Radsatzanordnung		2'2'

Technische Gestaltung

Der Triebzug ICE ist für die UIC-Fahrzeugbegrenzung bemessen. Dies bedeutet eine größte Fahrzeugbreite von 3070 mm für die Triebköpfe und 2930 mm für die Mittelwagen. Die Fahrzeugenden sind auf eine Breite von 2800 mm eingezogen.
Die Fahrzeughöhe ist für die Mittelwagen mit 3650 mm über Schienenoberkante (SO) festgelegt, um so einen Beitrag zur Verminderung des aerodynamischen Widerstandes zu leisten. Bei 1150 mm Fußbodenhöhe über SO und einer lichten Fahrgastraumhöhe von 2225 mm stellt diese Fahrzeughöhe unter Berücksichtigung der erforderlichen Bauhöhen für die Schall- und Wärmeisolation die unterste vertretbare Grenze für Wagen mit Einzeldrehgestellen dar.
Der Triebkopf ist zur Unterbringung der elektrischen Ausrüstung mit einer Höhe von 3820 mm ausgeführt. Am wagenseitigen Ende wird die Triebkopfhöhe auf 3650 mm abgesenkt, um den Anschluß an die Wagenkontur zu erhalten. Diese Absenkung erlaubt es, den Stromabnehmer und die elektrische Dachausrüstung teilweise im Windschatten der Triebkopfstirn aerodynamisch günstig anzuordnen.
Die einheitlich für eine statische Längskraft von 1500 kN in Pufferebene und eine vertikale Biegeeigenfrequenz von 10 Hz dimensionierten Fahrzeugzellen sind in Stahlbauweise für die Triebköpfe und in Aluminiumbauweise für die Mittelwagen ausgeführt. Die Fahrzeugenden – ausgenommen die Triebkopfstirnseiten sind für die Aufnahme einer Scharfenbergkupplung vorbereitet, die für 500 kN Zug-/Druckkraft ausgelegt ist und auch die Zugsammelschiene, die Druckluftleitungen sowie die Daten- und Signalleitungen selbsttätig kuppelt. Lediglich die Meßleitungen für die Versuchs- und Sicherheitsmeßtechnik und die 15 kV-Hochspannungsleitung werden unabhängig gekuppelt.
Zug- und Stoßeinrichtungen sind aus aerodynamischen Gründen an der Triebkopfstirnseite nicht vorhanden. Für einen evtl. Schleppbetrieb ist ein verdeckter Abschlepphaken eingebaut. Zur Aufnahme von Stoßkräften liegen hinter der deformierbaren Bugverkleidung ausreichend bemessene Stoßverzehrquerschnitte. Die Fronthaube, die die schwenkbare Abdeckhaube der Schleppkupplung trägt, ist aus glasfaserverstärktem Verbundwerkstoff gefertigt.
Die äußere Gestaltung, insbesondere der Triebköpfe, wird durch die aerodynamischen und aeroakustischen Forderungen bestimmt. Der für den ICE vorgesehene Geschwindigkeitsbereich erforderte umfangreiche theoretische und experimentelle Untersuchungen zur Aerodynamik mit dem Ziel der Verminderung des Fahrwiderstandes, des Energieverbrauchs, der aeroakustischen Störwirkungen und der Fahrzeugbeanspruchung bei Zugbegegnungen und Tunnelfahrt.
Für die Mittelwagen wird die Aluminium-Vollintegralbauweise angewandt. Die Schallisolierung wurde von vornherein in die Strukturbetrachtung einbezogen, um mit geringstem Aufwand die Lastenheftvorgaben für den Innenraumschallpegel einhalten zu können. Bei angestrebten 65 dB(A) werden Dämmwerte von etwa 55 dB für den Fußboden, 51 dB für die Seitenwand und 48 dB für das Dach erforderlich.
Die Fahrzeugstruktur berücksichtigt das sogenannte Multi-

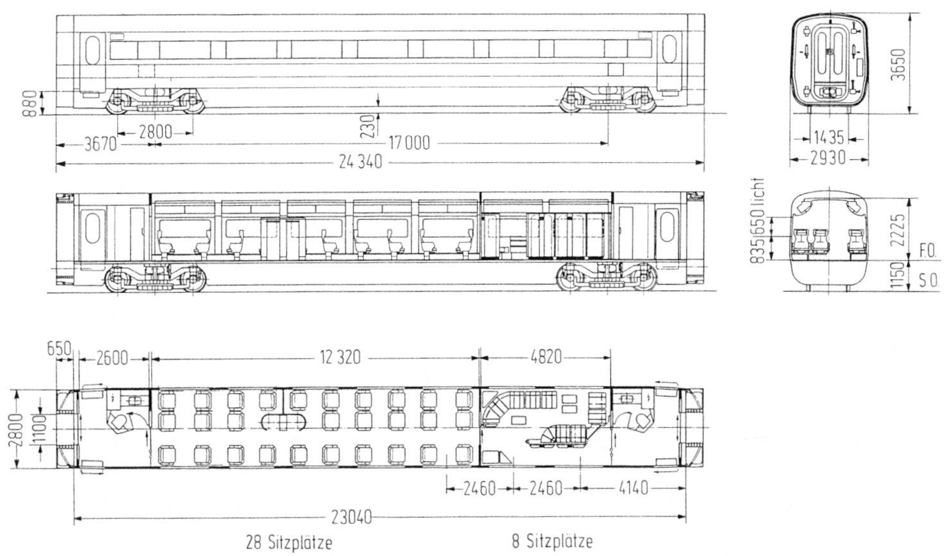

Bild 184: Triebzug ICE, Demonstrationswagen 1, Gesamtanordnung.

Bild 185: Triebzug ICE, Demonstrationswagen 1, 1. Klasse-Großraum.

klassenzellenkonzept, d. h. flexible austauschbare Innenausstattungselemente gestatten es, unterschiedliche Komfortstufen und Sitzanordnungen darzustellen und im Bedarfsfall rasch umzurüsten. Um bei variablem Sitzteiler nur wenige ungünstige Plätze mit eingeschränkten Sichtverhältnissen anzubieten, wurde ein lichtes Fenstermaß von 1800 mm Länge und 650 mm Höhe gewählt. Neben Reihenbestuhlungen mit der Anordnung 1 + 2 und 2 + 2 sind auch Sitzlandschaften, Kleingruppen und Abteillösungen sowie Clubraumanordnungen (»Lounge«) möglich.

Für den Demonstrationswagen D 1 ist eine Mischvariante aus Reihenbestuhlung, Kleingruppen, Einzelsitzen und Clubraum vorgesehen. Die Gesamtanordnung geht aus den *Bildern* hervor. Der Demonstrationswagen D 2 ist durch eine zentrale Anordnung der Naß- und Technikzellen, großzügige Eingangsraumgestaltung, Speisen- und Getränkedepot im Blockmittelteil, Multiklassenzellenkonzept und eine aufgelockerte Sitzanordnung gekennzeichnet. Im übrigen entspricht der Wagen den Konstruktionsmethoden des 1. Demonstrationswagens.

Die kurzgekuppelten Einzelfahrzeuge sind durch schalldichte und druckstabile Übergangseinrichtungen miteinander verbunden. Zur Dämpfung der Nick- und Schlingerbewegungen sind wartungsfreie hydraulische Koppelelemente zwischen den Teilfahrzeugen vorhanden. Der Aufbau des Fahrzeugübergangs geht aus dem Bild auf der nächsten Seite hervor. Die lichte Weite des Übergangs ist mit 1100 mm so bemessen, daß ein großzügiger Durchgang entsteht, der auch bei starkem Querversatz der Wagenstirnseiten z. B. beim Befahren von s-förmigen Gleisbogen erhalten bleibt.

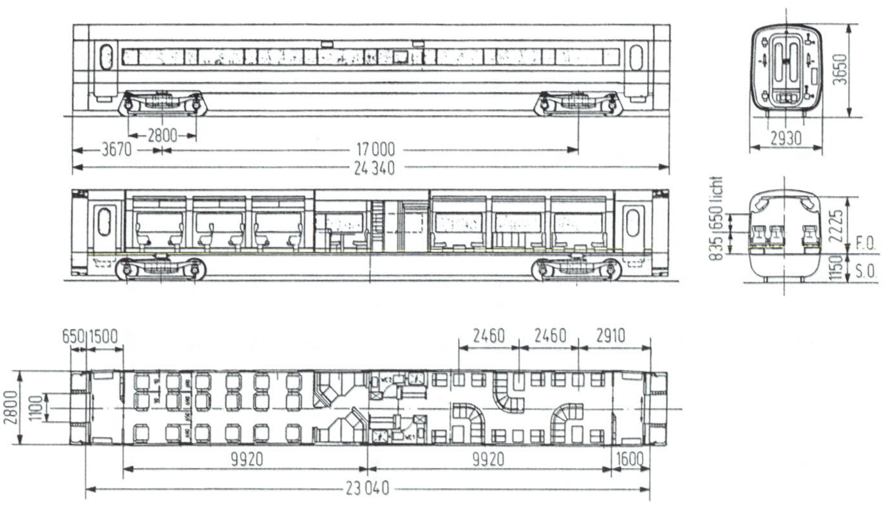

Bild 186: Triebzug ICE, Demonstrationswagen 2, Gesamtanordnung.

Bild 187: Triebzug ICE, druck- und schalldichter Wagenübergang.

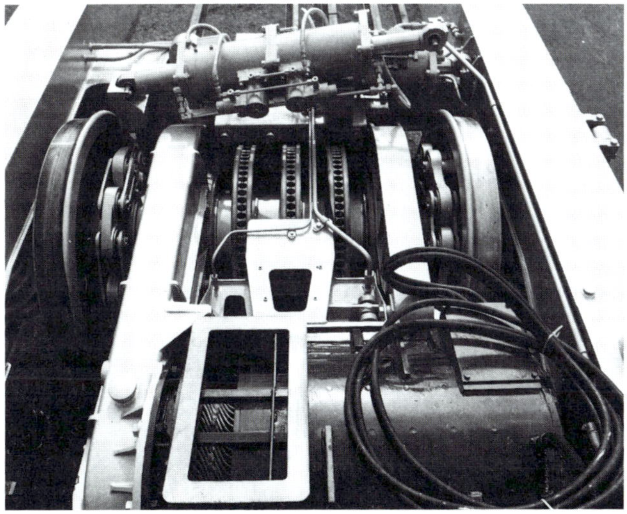

Bild 188: Triebzug ICE, Triebdrehgestell Bauart UmAn, Koppelelemente zur Ankoppelung der Antriebsmassen.

Das Triebdrehgestell des ICE baut auf dem sogenannten Prinzip der »umkoppelbaren Antriebsmassen – UmAn –« auf. Die bisher durchgeführten Versuche haben gezeigt, daß auf eine »aktive« Umkoppelung der Antriebsmasse zwischen Drehgestell und Wagenkasten zugunsten einer passiven Dämpferankoppelung an den Wagenkasten verzichtet werden kann, ohne daß beim Befahren kleiner Bogenhalbmesser höhere Zusatzkräfte als etwa 7 kN auftreten, die lauftechnisch als unbedenklich eingestuft werden können.

Das Triebdrehgestell zeichnet sich somit durch folgende Merkmale aus:

- geschweißte Kastenkonstruktion mit Kopfträgern
- Anlenkung über tiefliegende Zug-/Druckstange am Untergestell
- querliegende Asynchronfahrmotoren mit angeflanschtem Leichtmetallgetriebegehäuse und integrierter Bremshohlwelle mit drei Bremsscheiben
- rückwirkungsarme Drehmomentübertragung mit Kardanhohlwelle und Lenkerstangen
- Aufhängung des Fahrmotor-/Getriebeblocks am Fahrzeugkasten im Bereich der Drehgestellmitte. Abstützung am Drehgestellkopfträger über Vertikalpendel und passive Ankoppelung am Fahrzeugkasten mit querliegendem hydraulischen Dämpfer
- Radsatzführung durch einseitige Stangenlenker
- Primär- und Sekundärfederung mit Schraubenfedern und parallel angeordneten hydraulischen Dämpfern.

Im ICE werden zwei Laufdrehgestellvarianten erprobt. Der Meßwagen erhält ein weiterentwickeltes klassisches stahlgefedertes Drehgestell mit auf 2800 mm verlängertem Radstand und passiver Drehhemmung (Bauart MD 52-350). Die

Bild 189: Triebzug ICE, Laufdrehgestell MD 52-350 mit mechanischer Drehhemmung.

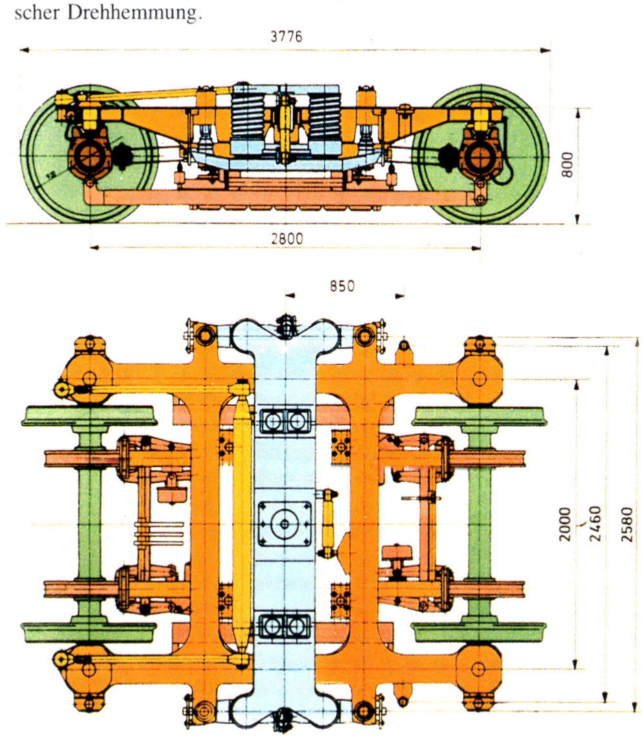

Demonstrationswagen erhalten ein neuartiges luftgefedertes Drehgestell mit ebenfalls 2800 mm Radstand ohne Drehhemmung und mit definiert elastischem Koppelrahmen zur Radsatzführung.
Die beiden Triebköpfe werden mit Drehstromleistungsübertragung mit Spannungszwischenkreis ausgerüstet. Im Gegensatz zur Drehstromlokomotive E 120 ist die Steuerung für ausgewählte Funktionsgruppen durch den Einsatz von Mikrocomputern weiterentwickelt worden und an ihren Schnittstellen so aufgebaut, daß der Anschluß eines Diagnosesystems möglich wird.
Entsprechend den hohen Anforderungen erhält der Triebzug ICE ein Bremssystem, bestehend aus Scheibenbremse, generatorischer Bremse und linearer Wirbelstrombremse, deren aufeinander abgestimmtes Zusammenwirken die elektronische Bremssteuerung mit Zug- und Wagensteuerrechner sowie dem Lichtleiterdatenbus als Übertragungsstrecke für Bremsbefehle und Fehlermeldungen sicherstellt. Die vollelektrisch gesteuerte Bremse ist UIC-kompatibel.
Für den Triebzug ICE wird ein neuer Stromabnehmer mit niedriger Bauhöhe entwickelt. Als Entwicklungsziele gelten:
- niedrige Bauhöhe für den abgesenkten Zustand
- Scherengestell aus GFK-Verbundwerkstoff mit Stromzuführung über eine innenliegende Kupferlitze
- integrierte Isolatoren in der Unterschere zur Vermeidung von Kriechströmen
- Tauschbarkeit mit vorhandenen neuzeitlichen Stromabnehmern.

Der Triebzug ICE erhält außerdem ein fahrzeuginternes Diagnosesystem, das Erkenntnisse für eine spätere Weiterentwicklung in Serienfahrzeugen liefern soll.
Mit dem Triebzug ICE wird dem Fahrgast ein audiovisuelles Fahrgastinformationssystem angeboten, das folgende Leistungsmerkmale aufweist:
- optische Anzeigen über Zuglauf, Zugnummer, Wagennummer, Platzreservierung, Ankunfts- und Anschlußzeiten, Serviceleistungen im Zug, Werbung;
- akustische Informationsmöglichkeiten mit Sprechstellen für das Zugpersonal, individuellen Lautsprechern am Platz, Wagenlautsprechern für Sammelinformationen;
- Kommunikation und Service mit Schaffnerrufanlage, Bildschirmtext, Bordtelefon;
- Unterhaltung, d. h. aktuelles Rundfunkprogramm, Musik über Tonträger, Tonbild-Unterhaltung als Video-Angebot für abgegrenzte Wagenbereiche.

Zur Durchführung sicherheitsrelevanter Messungen während der Hochtastphase in höhere Geschwindigkeiten, zur Erfassung der Zulassungsdaten und für die Abwicklung der jeweiligen Versuchsprogramme wird der Triebzug ICE mit der notwendigen meßtechnischen Ausrüstung ausgestattet, die im wesentlichen im Meßwagen, zum Teil aber auch in den beiden Triebköpfen untergebracht wird.

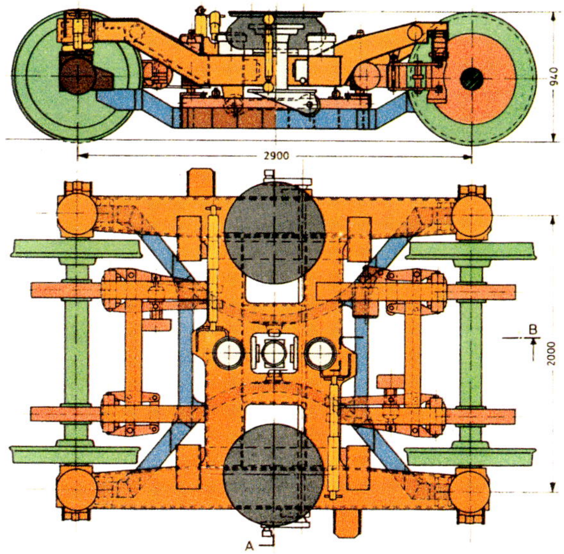

Bild 190: Triebzug ICE, Laufdrehgestell mit Koppelrahmen.

Hochgeschwindigkeitszüge HGZ

Der Triebzug ICE wird am 26. November 1985 im Rahmen der Veranstaltungen zur 150-Jahrfeier der deutschen Eisenbahnen der Öffentlichkeit vorgestellt werden. Die dann folgenden Versuchsfahrten werden bis Mitte 1986 auf der Schnellfahrstrecke Rheda–Oelde durchgeführt, bis anschließend für etwa 2 Jahre der südliche Abschnitt der Neubaustrecke Hannover–Würzburg für Versuche zur Verfügung steht.
Die Konzeption des ICE wird Grundlage für die Einsatzfahrzeuge der zukünftigen Hochgeschwindigkeitstriebzüge (HGZ) der DB sein. Die DB hat 1984 begonnen, die wesentlichen Leistungsdaten des HGZ zu fixieren, so daß das endgültige Lastenheft aufgestellt werden kann. Unter Berücksichtigung der rechtzeitigen Bereitstellung der ersten Triebzüge zum Inbetriebnahmezeitpunkt der beiden NBS Hannover–Würzburg und Mannheim–Stuttgart 1990/91 müssen die Fahrzeuge ab 1986/87 bestellt werden.
Das neue Angebot der Bahn wird in vielen Relationen eine Halbierung der Fahrzeiten gegenüber heute bringen. Nord- und Süddeutschland werden um 2 Stunden zusammenrücken, z. B.
- Hamburg–Würzburg künftig 2 Stunden 45 Minuten statt heute 5 Stunden 20 Minuten
- Frankfurt–Stuttgart künftig 1 Stunde 15 Minuten statt heute 2 Stunden 15 Minuten.

Bild 191: Triebzug ICE, Rohbauwagenkasten der Triebköpfe.

Bild 192: Hochgeschwindigkeitstriebzug Intercity Experimental (ICE).

Leitlinien für die Zukunft der Bahn und Unternehmensstrategie

Der Beschluß des Bundeskabinetts vom 23. November 1983

Die Notwendigkeit der Eisenbahn ist unbestritten; sie gilt als unverzichtbarer Bestandteil unseres Verkehrssystems. Die Bundesregierung hat dies mit der Verabschiedung der bahnpolitischen Zielsetzungen für die Zukunft der Bahn durch Beschluß des Bundeskabinetts am 23. November 1983 deutlich zum Ausdruck gebracht. Diese »Leitlinien« besagen:

1. Die Leistungen und Kapazitäten der Deutschen Bundesbahn sind aus gesamtstaatlichem Interesse den strukturellen Veränderungen in Wirtschaft und Verkehr anzupassen.
2. Die Bahn hat durch entsprechende Leistungsanpassung und Produktivitätssteigerungen in allen Bereichen dafür zu sorgen, daß sich die Deckungslücke, d. h. die Summe aus Bundesleistungen und Nettokreditaufnahme entscheidend verringert.
3. Der Bund steht nach wie vor zum Engagement der DB im öffentlichen Personennahverkehr mit der Vorgabe, daß er auf Dauer finanzierbar bleiben muß. Der Bau neuer S-Bahnen in Ballungsräumen setzt voraus, daß dem Bund und der DB dadurch keine neuen Folgekosten entstehen.
   Auch außerhalb der Ballungsräume bleibt die DB präsent. Sie betreibt weiterhin Nahverkehr auf der Schiene, mit dem Bus oder in einer Kombination von beiden. Dabei ist dem nachfragegerechteren und wirtschaftlicheren Verkehrsmittel der Vorrang zu geben.

Ziel der Verkehrspolitik ist es also, der Eisenbahn in der Bundesrepublik Deutschland mit vertretbaren Kosten den Rang zu erhalten, der eine wirtschaftliche Nutzung ihrer Anlagen auf Dauer gewährleistet.

Ein neues Unternehmensselbstverständnis der Bahn

Die Bahnprobleme sind in erster Linie Strukturprobleme. Die strukturellen Veränderungen erfordern Anpassungsmaßnahmen. Dazu hat die Deutsche Bundesbahn eine Unternehmensstrategie entwickelt, die von einem neuen Unternehmensselbstverständnis ausgeht:

- Die Bahn versteht sich als ein Dienstleistungsunternehmen im Eigentum des Bundes. Ihr Handeln und ihre Haltung sind auf den Kundennutzen ausgerichtet. Richtschnur ihres Handelns ist die Wirtschaftlichkeit. Dazu sind eine klare Abgrenzung der Verantwortlichkeiten, klare Ziele und Maßstäbe für eine Erfolgsmessung notwendig.
- Mit überlegenen Dienstleistungen auf dem Markt aufzutreten, kann nicht mehr bedeuten, sich nur auf den schienengebundenen Transport eines Gutes von A nach B zu beschränken, sondern muß heißen, vollständige Problemlösungen von A bis Z anzubieten; das bedeutet, den Transport um Fragen der Disposition, des Lagerns, der Kommissionierung, der Verpackung und des Standorts zu ergänzen, also logistische Gesamtpakete zu verkaufen. Dies bedarf eines entsprechenden Ausbaus der Bahnhöfe sowohl für die Güterverteilung als auch für den Personenverkehr.
- Die Kooperation mit dem Güterkraftverkehr und mit Speditionen soll gezielt ausgebaut werden.

Die Aufgabenbereiche der Bahn

Nach der bestehenden Rechtslage, aber auch nach den verschiedenartigen Transportleistungen läßt sich das Tätigkeitsspektrum der Bahn in drei Aufgabenbereiche einteilen:

- in einen staatlichen Aufgabenbereich,insbesondere zur Vor- und Unterhaltung des Schienenfahrwegs,
- in einen gemeinwirtschaftlichen Aufgabenbereich, in dem die Bahn Aufgaben der Daseinsvorsorge im Auftrag des Staates so wirtschaftlich wie möglich erfüllt und
- in einen eigenwirtschaftlichen Aufgabenbereich, in dem die Bahn im Wettbewerb zu anderen Verkehrsträgern wie ein Wirtschaftsunternehmen agieren und nach den gleichen Maßstäben gemessen wird.

Die Erneuerung, die Unterhaltung, der Ersatz und die Weiterentwicklung der Verkehrsanlagen nach dem jeweiligen Stand der Technik für die nicht schienengebundenen Verkehrsträger fallen in der Bundesrepublik Deutschland in den Bereich der staatlichen Aufgaben. Die DB dagegen hat sie nach der Rechtslage selbst zu tragen. Für die Wettbewerber der Bahn besteht also kein Vorhaltungs- und Auslastungsrisiko. Sie brauchen keine Verkehrswege lange vor ihrer Nutzung vorzufinanzieren. Fahrwegkosten sind bei der DB Fixkosten. Die

o. g. staatlichen Aufgaben sind daher von den übrigen Aufgaben der Bahn abzugrenzen.
Zum gemeinwirtschaftlichen Aufgabenbereich der Bahn gehören sämtliche Aktivitäten im Bereich des öffentlichen Personennahverkehrs. Politische Vorgaben und Auflagen bestimmen hier die Zielsetzungen. Es handelt sich um Transportleistungen, die ein privates Transportunternehmen ohne solche Vorgaben und Auflagen nicht oder nicht zu jedem Preis anbieten würde.
Zu den eigenwirtschaftlichen Aufgaben gehören alle Aktivitäten und Angebotsbereiche, in denen die Bahn freie Handlungsmöglichkeit hat. Sie stehen unter der Zielsetzung, daß die Eisenbahn hier unter gleichen Bedingungen den Wettbewerb mit anderen Transportunternehmen aufnehmen und bestehen kann. Hier müssen die Verkehrserträge durch Tarifeinnahmen die Aufwendungen decken.

Die Unternehmensstrategie »DB '90«

Vorrangig stehen demnach künftig zwei Aufgabenstellungen für die Bahn im Vordergrund:
- die Verbesserung des Verhältnisses zwischen Aufwand und Leistungen und
- die nachhaltige Stärkung der Marktposition.

Dementsprechend beinhaltet die »Unternehmensstrategie DB '90« bis 1990 folgende Zielsetzungen:
- eine Steigerung der Arbeitsproduktivität um 40 Prozent
- die Verringerung der Personalkosten um 30 Prozent und
- eine Reduzierung der Gesamtkosten um 25 Prozent.

Diese sehr anspruchsvollen Ziele basieren auf DB-internen Anstrengungen und auf einer externen Unterstützung durch den Bund.
Zum ersteren beabsichtigt die Bahn:
- verbesserte Angebote und marktfähige Produkte
- eine dementsprechende Absatzpolitik
- Produktivitätssteigerungen
- Kapazitätsanpassungen und
- zukunftsorientierte Investitionen zur Absicherung der Marktfähigkeit und der Produktivitätssteigerung.

Als externe Unterstützung werden erwartet:
- die Finanzierung des Streckenausbaus
- ein Beitrag zur Entschuldung der DB und
- flankierende politische Maßnahmen.

Einer der wichtigsten Schwerpunkte der Unternehmensstrategie DB '90 ist die bereits begonnene Neustrukturierung der Angebote der Bahn im Güter- und Personenverkehr. Sie ist Ausdruck des Bekenntnisses der Bahn zum Wettbewerb.

Bild 192a: Modernes Güterverkehrssystem: InterCargo.

Marktstrategien und Angebotsstrukturen der künftigen Bahn

Güterverkehr

Die Deutsche Bundesbahn wird künftig im Güterschienenverkehr alle Planungen auf eine wesentliche Steigerung der Schnelligkeit, der Pünktlichkeit und der Zuverlässigkeit ausrichten. Für die Schnelligkeit wird dabei neben der Höchstgeschwindigkeit insbesondere die Steigerung der Systemgeschwindigkeit des Güterverkehrs durch weniger Rangieren und Umladen, aber mehr direktes Fahren sowie mehr Haus-Haus-Verkehr ausschlaggebend sein. Im Zusammenhang mit der Realisierung des Neu- und Ausbauprogrammes der Deutschen Bundesbahn laufen Überlegungen, die Höchstgeschwindigkeit der Güterzüge von zunächst 120 km/h weiter zu steigern.

Etwa 95 Prozent der von der Bahn transportierten Güter werden über mindestens einen privaten Gleisanschluß abgewickelt. Die Bahn wird daher den Ausbau von Gleisanschlüssen auch in Zukunft weiter fördern und forcieren und dabei »schlüsselfertige« Gleisanschlüsse liefern, die logistische Integration der Gleisanschlüsse beschleunigen und damit die marktmäßige Gleisanschlußbedienung deutlich verbessern. Dieses Maßnahmebündel ist notwendig, da sich in den letzten Jahren verstärkt die Schnittpunkte der Transportketten als Schwachstellen erwiesen haben.

Der Verkaufsdienst der DB wird künftig noch näher am Kunden sein. Größter Wert wird dabei auf die Beratung zu logistischen Problemlösungen für den Kunden gelegt. Leistungen, die von der Bahn nicht angeboten werden, sind partnerschaftlich oder durch hinzugekaufte Drittleistungen verfügbar zu machen. Die DB wird direkter Marktpartner des Kunden sein.

Einen wesentlichen Teilbereich des künftigen Gütertransports sieht die Deutsche Bundesbahn in der fortentwickelten Form des kombinierten Ladungsverkehrs. Die Bahn wird sich daher konzentriert um seinen Ausbau bemühen und eine Verzahnung der verschiedenen, heute teilweise noch konkurrierenden Verkehrsträgersysteme zu einem Leistungssystem anstreben. Dazu zählen der Ausbau von Terminals, die Vereinigung von Terminals und Güterabfertigungen zu Güterverteilzentralen und Überlegungen, Güterzüge in Gemischtform mit Wagenladungen, Containern und Stückgut zu fahren.

Die Gestaltung und Durchführung des künftigen Güterverkehrs wird also von der DB als eigenwirtschaftliche Aufgabe verstanden.

Als Beispiel des Ausdrucks der künftigen wettbewerblichen Marktstrategie der Bahn und damit zugleich auch des Zukunftsanspruchs gilt die Einführung des Inter-Cargo-Systems zwischen 11 Wirtschaftszentren in der Bundesrepublik Deutschland. Es wird wesentlich zur Verbesserung eines Teilbereichs des Wagenladungsverkehrs in IC-Qualität beitragen.

Das Inter-Cargo-System wird sowohl von seiner produktionstechnischen Dimension als auch von seiner kommerziellen Bedeutung her aus der Palette der Angebote der Bahn im künftigen Güterverkehr deutlich herausragen. Das neue Angebot ist als Antwort der Bahn auf die Entwicklung der Anforderungen des Marktes zu sehen. Entscheidend für die Einführung ist die Tatsache, daß die DB künftig mit 290 Knotenbahnhöfen auskommen wird, von denen 28 zugleich Rangierbahnhöfe sein werden.

Die Bahn wird aus unternehmerischem Interesse auch vorhandene Marktpotentiale in der Fläche weiter ausschöpfen. Soweit der Schienengüterverkehr mangels Nachfrage eingeschränkt werden muß, sollen kundenbezogene alternative Bedienungsformen, ggf. in Zusammenarbeit mit anderen Verkehrsträgern, angeboten werden.

Als alternative Bedienungsform bietet sich insbesondere der Gütertransport in kombinierter Form als durchgehende Transportkette Schiene–Straße an. Bei schwachem Verkehrsaufkommen kann auch die reine Straßenbedienung die optimale Angebotsform sein.

Personenverkehr: Schienenpersonenfernverkehr

Die Gestaltung und Durchführung des Schienenpersonenfernverkehrs betrachtet die DB ebenfalls als eigenwirtschaftliche Aufgabe. Im Mittelpunkt der zukünftigen Angebotspolitik stehen hier kurz- bis mittelfristig

- die Verbesserung und Anpassung der Leistungen im IC-Verkehr
- die vollständige Realisierung des Produktes »Fern-Expreß«

– eine zielgruppen- und auslastungsorientierte Veränderung der Angebots- und Tarifstrukturen.

Auch im Personenfernverkehr wird die Bahn in Zukunft »Markenartikel« produzieren. Diese müssen unverwechselbar sein und einer stetigen Modellpflege unterworfen werden. Ein Beispiel hierfür ist die Einführung des Intercity-'85-Systems zum Sommerfahrplanwechsel 1985 als weiterentwickeltes IC '79-System.

Weitere Markenartikel werden folgen: die Bahn wird den TEE »Rheingold« als Flaggschiff weiter ausbauen. Beabsichtigt sind Fahrgastwagen mit viersitzigen Abteilen und audiovisuellen Kommunikationssystemen.

Die Autoreisezüge werden künftig ganzjährig angeboten werden. Voraussichtlich werden nicht mehr einzelne Sitzplätze sondern nur noch ganze Abteile, als »Verkauf eines Abteils mit Parkplatz« angeboten.

Auch im Liege- und Schlafwagenverkehr ist eine Neugestaltung der Angebote notwendig. Hier ist daran zu denken, »Hotelzimmer auf Rädern« zu schaffen.

Zur Angebotspolitik der 90er Jahre im Schienenpersonenfernverkehr wird auch die Vorstellung des neuen Hochgeschwindigkeitstriebzuges »Intercity-Experimental« im Herbst des Jahres 1985 beitragen. Wenn die daraus abgeleiteten Serientriebzüge ab 1990/91 zunächst beginnend auf den drei Linien

- Hamburg–Hannover–Kassel–Fulda–Würzburg–München
- Hamburg–Hannover–Kassel–Fulda–Frankfurt–Mannheim–Karlsruhe–Basel und
- Hannover–Frankfurt-Flughafen–Mannheim–Stuttgart

und dabei Hauf den bis dahin fertiggestellten Neu- und Ausbaustrecken planmäßig mit V = 250 km/h verkehren, wird die Bahn ihrem künftigen Systemgeschwindigkeitsanspruch, nämlich doppelt so schnell wie der Pkw und halb so schnell wie das Flugzeug zu sein, einen wesentlichen Schritt näher gekommen sein. Ergänzt um die spezifischen Vorteile, wie z. B. Raum, Komfort, Reisequalität oder Kommunikation wird das Bahnangebot dann Wettbewerbsvorteile aufweisen, die dem schnellen Schienenpersonenfernverkehr mit Reisegeschwindigkeiten von 180 km/h einen eigenen Markt sichern werden. Punkt-Punkt-Verbindungen werden dieses Angebot ergänzen.

Öffentlicher Personennahverkehr (ÖPNV)

Den öffentlichen Personennahverkehr (ÖPNV) rechnet die Bahn zu den gemeinwirtschaftlichen Aufgaben, die sie im Auftrag des Staates durchführt. Die zukünftigen Aktivitäten der Bahn konzentrieren sich hier in erster Linie auf

- ihre Präsenz auch in der Fläche durch den Einsatz des bestgeeignetsten Verkehrsmittels
- Stärkung des Regionalverkehrs
- Umstellung schwacher Schienenverkehre auf die Busbedienung
- vertretbaren Ausbau der S-Bahn-Systeme in Ballungszentren.

In gleicher Weise wie im Schienenpersonenfernverkehr wird die Deutsche Bundesbahn auch Maßnahmen zur Neugestaltung des öffentlichen Personennahverkehrs durchführen mit dem Ziel, bessere Angebote bei geringeren Kosten zu offerieren.

So dient der »City-Bahn«-Großversuch (siehe Teil II) der Entwicklung eines neuen Markenartikels im Schienenpersonennahverkehr (SPNV) mit S-Bahn-Kriterien.

Dem künftigen SPNV werden darüber hinaus auch der größere Teil der Bezirkseilzüge zuzuordnen sein.

Die S-Bahn hat heute ihren definierten Markt, nämlich die Ballungsräume Hamburg, München, Rhein-Main und Stuttgart, längerfristig sicherlich auch Rhein-Sieg. Hinzu kommen weitere verkehrsstarke Achsen in den Ballungsräumen Rhein-Ruhr und Nürnberg.

Die für den übrigen SPNV verbleibenden Märkte lassen sich wesentlich schwieriger definieren. Ein neuer Markenartikel sollte sich hier auf Bereiche konzentrieren, in denen der SPNV längerfristig eine größere Bedeutung behalten wird. Grundsätzlich wird dabei künftig an Einsatzgebiete mit mehreren zusammenhängenden Strecken zu denken sein, von denen der größte Teil eine Reisendenfrequenz von mindestens 3000 Reisendenkilometer pro Kilometer Betriebslänge aufweist.

Sind diese Kriterien erfüllt, so möchte die Bahn an die vorhandenen Märkte mit gebündelten Leistungspaketen und nicht mit einzelnen, nacheinander wirksam werdenden Verbesserungen herangehen. Marktstudien haben gezeigt, daß auch hier die wichtigsten Kriterien für die Benutzer Reisezeit, Taktverkehr und ein ausreichend dichtes Zugangebot sind.

Bild 193: Der TEE »Rheingold« als Markenartikel.

Zukunftsorientierte Bahntechnik

Insbesondere mit dem Vordringen in höhere Geschwindigkeitsbereiche erfordern die ökonomischen Aspekte des Schnellfahrens, und hier ganz besonders die Senkung des Energieverbrauchs und die Verschleißverringerung mehr denn je die Aufmerksamkeit der Eisenbahningenieure.

Senkung des Energieverbrauchs

Bekanntlich sind die Fahrwiderstände bei höheren Geschwindigkeiten und die notwendigen Zugkräfte zur Überwindung dieser Widerstände maßgeblich vom Quadrat der Fahrgeschwindigkeit abhängig. Dieser physikalische Zusammenhang gilt bei gegebener Fahrzeugkonfiguration auch für den Energiebedarf, wenn man eine vergleichbare Traktionstechnik hinsichtlich Leistungsfaktor und Wirkungsgrad sowie den Beharrungszustand betrachtet.

So würde sich für die Konfiguration des klassischen lokomotivbespannten Zuges z. B. in Form der Ellok BR 103 und IC-Wagen für insgesamt 400 Plätze bei einer Geschwindigkeitssteigerung von 200 auf 250 km/h ein Energiemehrbedarf von ca. 56 Prozent ergeben.

Der Übergang vom lokomotivbespannten Zug zum Triebkopfzug, z. B. in der für das ICE vorgesehenen Form, bringt aerodynamische Verbesserungen insbesondere durch

- glatte Oberflächen mit bündigen Fenstern und Fahrzeugübergangseinrichtungen
- optimale Fahrzeugbug- und -heckformen
- Wegfall der Lücken zwischen Lokomotive und Wagenzug
- Minimierung der Dachaufbauten nach Zahl und Größe
- vollverkleidete Fahrzeugunterseiten
- teilverkleidete Laufwerke (ca. 30–40 Prozent des Zugwiderstandes entstehen im Unterflurbereich!) und
- neuartige Stromabnehmer mit niedriger Bauhöhe (durch den Einsatz von Faserverbundwerkstoffen, Bauhöhe im abgesenkten Zustand ca. 250 mm gegenüber heute 500 mm).

Durch diese Maßnahmen kann der Energiebedarf des Triebkopfzuges mit gleicher Sitzplatzzahl gegenüber dem lokomotivbespannten Zug bei 250 km/h um 42 Prozent gesenkt werden.

Im Rahmen der Betriebserprobung der Ellok BR 120 konnte durch die Rückspeisung der Bremsenergie in das Fahrleitungsnetz eine Energieersparnis von rund 12 Prozent erzielt werden. Die für die Planungsstudie Paris–Frankfurt/Main durchgeführten Simulationsrechnungen ergaben ähnliche Werte, so daß ein Ansatz von mindestens 10 Prozent Energieeinsparung durch Einsatz der Nutzbremse als nicht unrealistisch erscheint.

Mit den Zahlenwerten des 3,07 m breiten Hochgeschwindigkeitstriebzugs ICE ergibt sich eine weitere Senkung des Energieverbrauches um rund 7%, so daß der relative Energieverbrauch des Triebkopfzuges bei 250 km/h 3% unter dem Bezugswert liegt! Anders ausgedrückt: mit dem heutigen Energiebedarf eines mit 200 km/h fahrenden lokomotivbespannten Zuges kann ein optimierter Triebkopfzug gleicher Platzkapazität bei 3,07 m Fahrzeugbreite mit ca. 260 km/h verkehren.

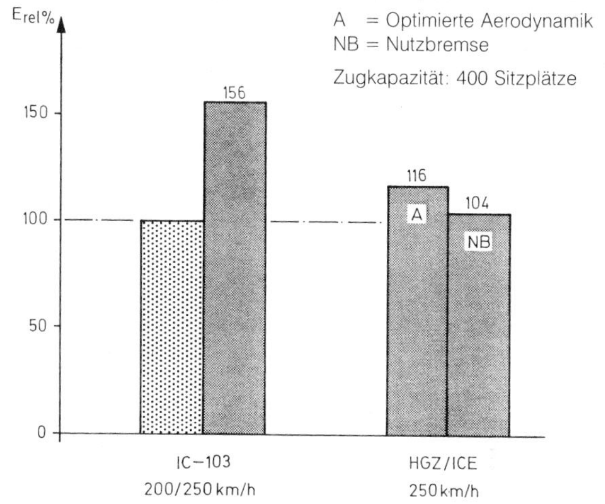

Bild 193a: Relative Energieverbrauchswerte schnellfahrender Züge.

Verschleißverringerung

Die von Fahrweg- und Fahrzeugingenieuren gleichermaßen gewünschte Formel, die den Zusammenhang zwischen Radsatzkraft, Laufwerksbauart, Gleisbeanspruchung und Unterhaltungsaufwand beschreibt, ist bis heute Wunschtraum geblieben. Quantitative Voraussagen über das Verschleißverhalten künftiger Schnellbahn-Systeme in Rad/Schiene-Technik sind daher nur sehr schwer möglich. Einige qualitative Ansätze sind jedoch erkennbar:

- Fahrkomfort und Fahrsicherheit können über längere Laufwege und Zeiträume (bis 600000 km Laufweite) durch verschleißangepaßte Radprofile gewahrt bleiben. Durch gezielte Werkstoffuntersuchungen können darüber hinaus niedrige spezifische Verschleißwerte erreicht werden (optimale Paarung Rad/Schiene).
- Die Fahrwegbeanspruchung kann durch geeignete Laufwerkskonstruktionen z. B. mit querweicher Ankoppelung mit niedrigem Kraftniveau in Querrichtung gemindert werden, so daß die Lagestabilität des Oberbaues über längere Zeit gewahrt bleibt.
- Die künftig hohe Auslastung der Neubau- und Ausbaustrecken mit nur kurzen Zugpausen für Unterhaltungsarbei-

ten am Oberbau hat zum weiteren Nachdenken über unterhaltungsarme – d. h. lagebeständige und verschleißarme – Oberbaukonstruktionen geführt. Dabei können Investitionsmehraufwendungen z. B. für feste Fahrbahnarten durch Unterhaltungseinsparungen kompensiert werden. Dies gilt besonders für den Oberbau in Tunnels und in engen Gleisbogen.

– Schließlich könnten mit einer modifizierten Unterhaltungsstrategie weitere Einsparungen an verschleißbedingten Kosten erreicht werden. Dies gilt sowohl für den Fahrzeugbereich, wo langfristig durch die Anwendung der Diagnosetechnik eine bedarfsorientierte Unterhaltung denkbar ist, wie auch für den Fahrwegbereich, wo derzeit die Einsparungsmöglichkeiten durch eine Einbeziehung der Fahrzeug-Reaktionsmessung und -bewertung in die Gleisbeurteilung untersucht werden.

Bild 194: Drehstromuniversallokomotive der Baureihe 120.

Fahrzeugtechnik: Triebfahrzeuge

Eisenbahnfahrzeuge müssen zum einen den Belangen einer immer häufiger wechselnden Nachfragestruktur im Transportbereich gerecht werden, zum anderen zeichnen sie sich durch eine sehr hohe Lebens- und Nutzungsdauer aus. Diesen Randbedingungen muß bei der Definition der Anforderungen an Schienenfahrzeuge, und hier besonders an die Triebfahrzeuge, technisch vorausschauend und auf wirtschaftliche Weise Rechnung getragen werden. Das bedeutet, daß künftig auch Triebfahrzeuge entwickelt und beschafft werden müssen, die universell einsetzbar, d. h. sowohl zur Beförderung schneller Reisezüge mit Geschwindigkeiten von 200 km/h als auch schwerer Güterzüge mit Geschwindigkeiten bis zu 120 km/h, evtl. sogar bis 140 km/h geeignet sind. Die Vorteile derartiger Universallokomotiven liegen in erster Linie in einer wirtschaftlicheren Fahrzeugdisposition, einem geringeren

Lokomotivbedarf sowie einer kostengünstigeren Ersatzteilvorhaltung und Instandhaltung.
Mit den in den letzten Jahren in der Halbleitertechnik erzielten Fortschritten ist es nunmehr gelungen, den Drehstromasynchronmotor als Antrieb für Triebfahrzeuge zu verwenden und damit universell einsetzbare Lokomotiven zu verwirklichen. Ausschlaggebend war dabei die Bereitstellung einer nicht pulsierenden Drehstromenergie mit kontinuierlich veränderbarer Frequenz und Spannung.
Der Drehstromasynchronmotor als Wandler von elektrischer in mechanische Energie ist einfach im Aufbau, betriebssicher und wegen der hohen Drehzahl auch wesentlich leichter und kleiner als vergleichbare 16⅔ Hz-Reihenschlußkommutatorfahrmotoren oder Mischstromfahrmotoren. Dank seiner Drehmoment/Drehzahl-Charakteristik können große Zugkräfte mit guter Reibwertausnutzung im Stillstand oder bei Anfahrten dauernd und ohne thermische Einschränkung aufgebracht werden.
Die Leistungselektronik ermöglicht es außerdem, bis zum Stillstand des Fahrzeuges mit hoher elektrischer Bremskraft zu bremsen und die Bremsenergie nutzbringend wieder in das Oberleitungsnetz zurückzuspeisen.
Versuche haben gezeigt, daß sich als bestgeeignetstes Wandlersystem bei 16⅔ Hz-Wechselstrombahnen der sogenannte Vierquadrantensteller anbietet.
Die neue Antriebstechnik ist in der Lokomotivbaureihe E 120 realisiert, von der bisher 5 Prototyplokomotiven beschafft wurden. Diese Lokomotiven wurden seit Juli 1980 einer sehr intensiven Erprobung in Plan- und Sonderverkehren durch die Bundesbahnversuchsanstalten unterzogen. Die Betriebsversuche haben gezeigt, daß die Lokomotive E 120 den Lastenheftanforderungen voll genügt. Sie kann das Betriebsprogramm der schweren sechsachsigen Güterzuglokomotive der Baureihe 151 ebenso erfüllen wie das der IC-Lokomotive der Baureihe 103. Besonders positiv tritt das Verhalten der Lokomotive E 120 am elektrischen Netz hervor. Rund 12 Prozent der aufgenommenen Energie können in das Oberleitungsnetz zurückgespeist werden. Messungen in der Schweiz bei der Bern–Lötschberg–Simplon–Bahn ergaben auf Rampenfahrten von 27 Promille sogar einen Energierückgewinn von rund 40 Prozent. Darüber hinaus ist der günstige Leistungsfaktor von $\lambda = 1$ über den gesamten Leistungsbereich erwähnenswert. Dadurch wird eine Reduzierung der Energieübertragungsverluste von etwa 20 Prozent erreicht.
Das Ergebnis der vor etwa 10 Jahren begonnenen Entwicklung ist die Konzeption einer neuen Lokomotivgeneration unter Anwendung der Drehstromtechnik. Die Baureihe 120, von der inzwischen eine 1. Serie bestellt wurde, wird die Elektrolokomotive der Zukunft für den Geschwindigkeitsbereich bis 200 km/h bei der DB sein. Eine Zusammenstellung der technischen Daten der Lokomotive enthält die nachstehende *Tafel*.

Auf mittlere Sicht werden bei den Traktionsstromrichtern neue Halbleiterbauelemente, sogenannte Abschaltthyristoren ihren Einzug halten. Bei diesen als GTO (= »Gate turn off«) bezeichneten Elementen handelt es sich um Thyristoren, die über die Steuerleitung nicht nur zugeschaltet, sondern auch mit einem Steuerimpuls entgegengesetzter Polarität abgeschaltet werden können. Dies bedeutet, daß ein äußerer Lastkreis zur Übernahme des Hauptstromes, also ein Kommutierungskreis nicht mehr erforderlich ist. Dadurch kann eine wesentliche Einsparung im Schaltungsaufwand erreicht werden.
Die Drehstromantriebstechnik bietet sich auch als Kraftübertragungsvariante für Brennkrafttriebfahrzeuge an. Das sehr günstige Anfahrverhalten macht diese Technik für häufiges Anfahren unter schwerer Last bei sehr geringen Geschwindigkeiten für den Rangierbetrieb besonders geeignet. Zur Zeit werden hierfür die Randbedingungen im Hinblick auf die sich abzeichnenden Änderungen im Produktionskonzept festge-

Tafel Technische Daten der Drehstromlokomotive Baureihe 120

Achsanordnung	Bo'Bo'
Spurweite	1435 mm
Oberleitungsspannung	15 kV
Stromart	1 ~ 16⅔ Hz
Motoren	4 Drehstrom-asynchronmotoren
Kraftübertragung	BBC-Gelenk-Kardan-Antrieb
Steuerung	stufenlos mit Umrichter
Elektrische Bremse	Netzbremse und Widerstandsbremse
Länge über Puffer	19200 mm
Drehzapfenabstand	10200 mm
Triebdrehgestellachsstand	2800 mm
Größte Höhe	3930 mm
Größte Breite	3000 mm
Treibraddurchmesser	1250 mm
Übersetzung	4,82:1
Dienstmasse	84 t
davon	
mechan. Teil	37 t
elektr. Ausrüstung	47 t
Reibungsmasse	84 t
Größte Achsfahrmasse	21 t
Nennleistung	5600 kW
Größte Anfahrzugkraft (10 min)	340 kN
Auslegungsgeschwindigkeit	160 km/h

legt. Wegen des sich Ende der 80er Jahre stellenden Erneuerungsbedarfs auf dem Gebiet der Rangierlokomotiven besteht mittelfristig die Notwendigkeit, eine geeignete Nachfolgebauart technisch in einem Lastenheft zu definieren und mit entsprechenden Hardware-Überlegungen zu beginnen.
Die positiven Erfahrungen mit funkferngesteuerten Abdrücklokomotiven der Baureihen 260 und 290 seit 1962 in verschiedenen Rangierbahnhöfen waren Anlaß, die Funkfernsteuerung auch für die Zugbildung im Güterzug- und Reisezugbereich einzusetzen. Im Gegensatz zu den funkferngesteuerten Abdrücklokomotiven wird bei Zugbildungslokomotiven der Führerstand der Lokomotiven nicht mehr ständig besetzt sein. Die Befehle werden an die Lokomotive mittels eines tragbaren Bediengerätes gegeben, das der Lokomotivrangierführer an einer Tragevorrichtung mit sich führt. Dadurch wird es möglich, Rangierabteilungen stets von der Spitze aus zu steuern, auch wenn sich die Lokomotive am anderen Ende der Wagengruppe befindet. Die ersten funkferngesteuerten Rangier- und Kleinlokomotiven für Zugbildungsaufgaben der DB stehen seit 1984 im Einsatz. Weitere Fahrzeuge werden im Laufe der kommenden Jahre hinzukommen.
Einschneidende Veränderungen im Bereich der Flächenbedienung und im Energiesektor führten zu einem Auftrag des Bundesministers für Verkehr (BMV) an die DB, für den Schienenpersonennahverkehr (SPNV) in der Fläche einen wirtschaftlichen Nahverkehrstriebwagen mit Dieselantrieb zu entwickeln, der die für den Bereich des SPNV der Fläche festgelegten Qualitätsmerkmale berücksichtigt. Das Ergebnis dieser Entwicklung ist der in Hauptteil II bereits kurz

Bild 195: Funkferngesteuerte Zugbildungslokomotive.

Bild 196: SPNV-Brennkrafttriebzug der Baureihe VT 628.1/ 928.1.

erwähnte Dieseltriebzug der Baureihe 628.1/928.1. Er ist eine Weiterentwicklung der Prototypen 628.0 mit Einmannbedienung. Wirtschaftliche Überlegungen führten für die 2teilige Einheit zu einer VT/VS-Version mit einem Triebwagen VT 628 mit Maschinenanlage und einem leichten Steuerwagen VS 928.
Die Fahrzeuge können aufgrund ihrer Leistung und Höchstgeschwindigkeit auch auf Hauptbahnen verkehren.
Um der Forderung der Einmannbedienung gerecht zu werden, ergibt sich eine Mehrzweckraumeinheit Führerraum – Einstieg – Gepäckraum. Der Einstieg ist unmittelbar hinter dem Führersitz angeordnet.
Die Stufenanordnung im Winkel von ca. 45° ermöglicht ein bequemes Ein- und Aussteigen. Die Außentür ist als Schwenkschiebetür ausgeführt. Die lichte Weite von 850 mm gestattet es, Rollstühle passieren zu lassen.
Als Antriebsmaschine findet ein wassergekühlter 12-Zylinder-Daimler-Benz-Motor Verwendung. Für die Kraftübertragung ist ein hydraulisches Zwei-Wandler-Getriebe der Firma Voith eingebaut.
Der H-förmige Rahmen der zweiachsigen Luftfeder-Drehgestelle ist als verwindungsweicher geschweißter Träger in Leichtbauweise ausgeführt. Die Fahrzeuge sind mit einer selbsttätigen lastabhängigen KE-Druckluftscheibenbremse mit Gleitschutz und Magnetschienenbremse ausgestattet.
Die Fahrzeuge sind mit den notwendigen Einrichtungen für eine Vielfachsteuerung ausgerüstet. Maximal sechs Fahrzeuge beliebiger Reihung können somit von einem Führertisch aus bedient werden.
Die Fahrzeuge sind mit Zugbahnfunk, induktiver Zugbeeinflussung Bauart I 60 und Lautsprecheranlage ausgestattet.
Verkehrliche und betriebliche Überlegungen lassen erkennen, daß es in vielen Bereichen des SPNV in der Fläche wirtschaftlicher ist, Straßenomnibusse einzusetzen. In bestimmten Regionen des Schienenpersonennahverkehrs kann jedoch der Triebzug VT 628.1 sowohl als kostengünstigere als auch attraktivere Alternative die veralteten Schienenomnibusse und lokbespannte Züge auf solchen Strecken ersetzen, die für eine Umstellung auf Busbedienung auch bei längerfristiger Betrachtung nicht in Frage kommen.
Eine Untersuchung über mögliche Einsatzgebiete dieser Fahrzeuge hat ergeben, daß sich zunächst 5 Regionen im Bundesgebiet für einen wirtschaftlichen und zweckmäßigen Einsatz der Dieseltriebzüge VT 628.1 anbieten. Der Bedarf liegt für diese 5 Bereiche bei ca. 120 Triebzügen.

Reisezugwagen

Der Schienenpersonen-, Gepäck- und Expreßgutverkehr ist mit einem Anteil von rund einem Drittel an den Gesamterträgen nach dem Güterverkehr der zweitgrößte Geschäftsbereich der DB. Bei der Verwirklichung des auch für den Schienenpersonenverkehr geltenden Unternehmensziels, zur Verbesserung des Wirtschaftsergebnisses die Erträge zu steigern und den Aufwand zu senken, fällt der zukünftigen Reisezugwagentechnik eine wichtige Rolle zu. Marktuntersuchungen haben gezeigt, daß Reisekomfort und Service im Zug neben hoher Reisegeschwindigkeit und häufigem Zugangebot zu den Grunderfordernissen eines kundengerechten Leistungsangebots gehören. Die Konzeption und Ausstattung der künftigen Reisezugwagengenerationen sind somit entscheidend für eine Ertragssteigerung des Schienenpersonenverkehrs.
Das neue Fernverkehrswagenkonzept sieht Fahrzeuge mit einer einheitlichen Konstruktion und einer gleichen technischen Grundausstattung vor, das Alternativen in der Grundriß- und Innenraumgestaltung ermöglicht. So wird beispielsweise wahlweise die 1. oder 2. Wagenklasse mit Abteil- oder Großraumausstattung möglich sein. Der große Vorteil dieser »Multiklassenzelle« wird darin liegen, daß eine laufende Anpassung an geänderte Kundenwünsche, wie z. B. Austausch der Wagenklasse, Modernisierung der Inneneinrichtung in wesentlich kürzeren Zeitabständen als bisher ohne Veränderung der Wagenkonstruktion problemlos möglich ist.
Der klassische Abteilwagen der 2. Klasse wird künftig folgende Merkmale aufweisen:
- Zusammenfassung von kleineren Sitzgruppen mit Abteilcharakter zu einer überschaubaren Einheit
- Abgrenzung dieser Sitzgruppen nicht mehr wie bisher durch geschlossene Abteilwände und -türen, sondern durch

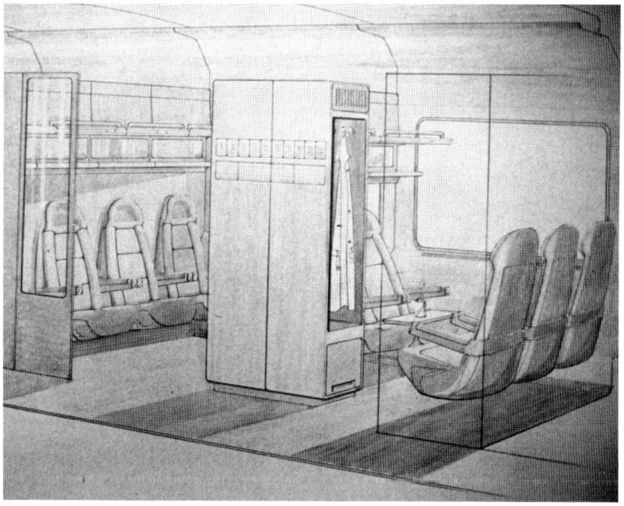

Bild 197: Neue Reisezugwagengeneration: Großraumwagen mit Abteilcharakter, 2. Klasse, mit seitlichen Serviceschränken für Garderobe, Gepäck, Wertfächer, Getränkeautomaten (Entwurf Design-Center DB).

Bild 198: Neue Reisezugwagengeneration: Großraumwagen mit Abteilcharakter, 2. Klasse, Innenansicht der Lounge (Clubraum), im Hintergrund die Bordküche (Entwurf Neumeister).

halbhohe Wandelemente und Serviceschränke für Garderobe, Gepäck, Wertfächer, Getränkeautomaten und ähnliches.

Die folgenden Bilder vermitteln einen Eindruck von den Gestaltungsmöglichkeiten der künftigen Reisezugwagengeneration für den Schienenpersonenfernverkehr.
Erste Vorstellungen über die künftigen Gestaltungsmöglichkeiten von Nahverkehrswagen sind in der seit Herbst 1984 auf der Strecke Köln–Gummersbach verkehrenden »City-Bahn« realisiert.

Güterwagen

Im Vordergrund der Entwicklung künftiger Güterwagen stehen absatzrelevante Kriterien. Randbedingungen sind dabei
- bei Wagen mit spezifisch schweren Lasten die Ausnutzung der auf bestimmten Strecken der DB zulässigen Radsatzlast von 22,5 Tonnen
- das Laderaumangebot bei Wagen für spezifisch leichte Güter
- Be- und Entladetechniken
- die Ladungssicherung und
- die zulässige Höchstgeschwindigkeit, auf Neubaustrecken zunächst bis zu 120 km/h.

Der derzeitige Güterwagenpark mit rund 262000 Einheiten wird künftig unter Beachtung dieser Kriterien weiterentwikkelt. Dabei wird der Trend weiter in Richtung Spezialwagen gehen.
Im Bereich der Güterwagen mit offenem Kastenaufbau und mit besonderen Ladegefäßen für Schüttgüter wird es allerdings in Zukunft notwendig sein, sowohl zweiachsige Güterwagen der Regelbauart Es als auch vierachsige Güterwagen der Regelbauart Eaos mit etwa doppelter Ladekapazität bei 14 Meter Länge vorzuhalten. Die Zweiachser werden zur Bedienung von Kunden mit begrenzten Lagermöglichkeiten oder mit Waggon-Kippanlagen benötigt. Der Vierachser wird in erster Linie in Ganzzügen mit kontinuierlichem Güterstrom eingesetzt werden. In Planung befindet sich eine Variante des Vierachsers mit Dach, der für den Transport von nässeempfindlichen oder vor dem Fahrtwind zu schützenden Gütern, die mittels Greifkran be- und entladen werden müssen, vorgesehen ist. In Frage kommt hier die Beförderung von Gips, Sand, Bims, Schlacke, Düngemittel aber auch hochwertigen Walzstahlprodukten.
Zum Transport von Massengütern wie Kohle, Koks oder Erz werden künftig vermehrt Wagen mit 85 Kubikmeter Laderaum und 65 Tonnen Nutzlast benötigt. Dies ermöglicht, die auf bestimmten DB-Strecken zulässige Radsatzlast von 22,5 Tonnen auszunutzen. Diese neuen leistungsfähigen Wagen werden mit mechanischer, hydraulischer oder mit magnetisch gesteuerter hydraulischer Klappenbetätigung ausgestattet. Diese Wagentype kann in der Ausführung mit Schwenkdach auch für den Transport von nässeempfindlichen Gütern, wie z. B. Kalk, eingesetzt werden.

Fahrwegtechnik: Oberbau

Seit den Anfängen der Eisenbahn werden vom Oberbau hohe Sicherheit, Zuverlässigkeit und große Wirtschaftlichkeit gefordert:
- Sicherheit gegen Entgleisen für die erforderliche Fahrgeschwindigkeit bei gutem Fahrkomfort
- Störungsfreiheit und ständige Verfügbarkeit sowie
- größte Liegedauer bei möglichst geringen Investitions- und Unterhaltungskosten.

Höchstgeschwindigkeiten im schnellen Reisezugverkehr auf den Neubaustrecken von 250 km/h und darüber und bis zu 120 km/h, in besonderen Fällen auch darüber, bei Radsatzlasten bis zu 22,5 Tonnen im Güterverkehr bilden in Zukunft die Beanspruchungsgrenzen für den Fahrweg.
Das seit 1970 bei der DB eingeführte schwere Schienenprofil UIC 60 wird auch in Zukunft diesen Beanspruchungen genügen können. Dies gilt auch für die neben Holzschwellen von der DB verstärkt beschafften Monobloc-Betonschwellen vom Typ B 70 mit einer Länge von 2,60 Meter sowie für die

inzwischen anwendungsreif entwickelte schotterlose Fahrbahn der Bauart »Rheda«.
Untrennbarer Bestandteil des Oberbaus sind die Weichen. Im Sommer 1981 wurden erstmals bei der DB Weichen auf Betonschwellen verlegt. Für Betonschwellenweichen gelten zum Teil wesentlich andere Auslegungskriterien als für Holzschwellenweichen. Fast jede Schwelle ist unterschiedlich ausgeführt: Schwellenlänge, Lage und Sorten der Rippenplatten variieren. Besondere Vorkehrungen zur Befestigung der Stellvorrichtung werden notwendig. Für eine einfache Weiche mit einem Radius im Zweiggleis von 1200 Meter sind z. B. 90 verschiedene Schwellen erforderlich. Die Fertigung von Betonschwellenweichen kann deshalb auch bei der Herstellung größerer Serien nur in beschränktem Umfang mechanisiert werden.
Das nachstehende Bild zeigt eine Betonschwellen-Versuchsweiche. Wenn sich die Weichenbauart in der Praxis bewährt, wird über die im Einsatz befindlichen Versuchsweichen hinaus eine Kleinserie folgen.
Im Bereich Oberbau wird nachdrücklich das Ziel verfolgt, durch Einsparungen in der Oberbauinstandhaltung zur Aufwandsminderung beizutragen. Dabei wird angestrebt, ein als Sicherheitskriterium, Komfortkriterium und Instandhaltungskriterium zur Planung von Instandhaltungsarbeiten dienendes System von Bewertungszahlen zu erarbeiten. Ein wesentlicher Schritt zu der dabei erforderlichen objektiveren Bewertung der Gleislage wurde inzwischen durch den Einsatz von Analysatoren in Gleismeßtriebzügen getan, die die geometrischen Meßgrößen verarbeiten und in Form von Wertziffern zur Beurteilung der Notwendigkeit von Instandhaltungsarbeiten ausgeben kann. Wünschenswert ist, die bisher weitestgehend an geometrischen Daten orientierte Gleisbeurteilung so weiterzuentwickeln, daß daraus direkt die tatsächlich zwischen Fahrzeug und Gleis auftretenden Beanspruchungen als

Bild 199:
Weiche auf Betonschwellen.

dem wichtigsten Kriterium für die Sicherheit abgeleitet werden können. Einen Beitrag hierzu soll das sogenannte Störgrößen/Reaktions-Verfahren sein.
Grundidee und Ziel dieser Methode ist es, unter Berücksichtigung des Zusammenhangs zwischen den in Geometrie-Meßschrieben erfaßten Fehlerstellen des Gleises, den tatsächlichen Gleislagefehlern und den dadurch hervorgerufenen Reaktionen in Fahrzeug und Gleis die Reserven des Oberbaus möglichst einheitlich und soweit auszunutzen, daß ohne Beeinträchtigung der Sicherheit, des Fahrkomforts und ohne Betriebserschwernisse durch eine unvorhergesehene Störstellenentwicklung bei den jeweils gegebenen Meß- und Auswertetechniken weitere Einsparungen in der Oberbauinstandhaltung erzielt werden können.

Mit der Fertigstellung der neuen Oberbaumeßwageneinheit (OMWE) Ende der 80er Jahre, die erstmals die geometrischen und die fahrdynamischen Meßgrößen gemeinsam und bei der Geschwindigkeit von 250 km/h zu messen gestattet, wird man diesem Ziel einen wichtigen Schritt näher kommen können.

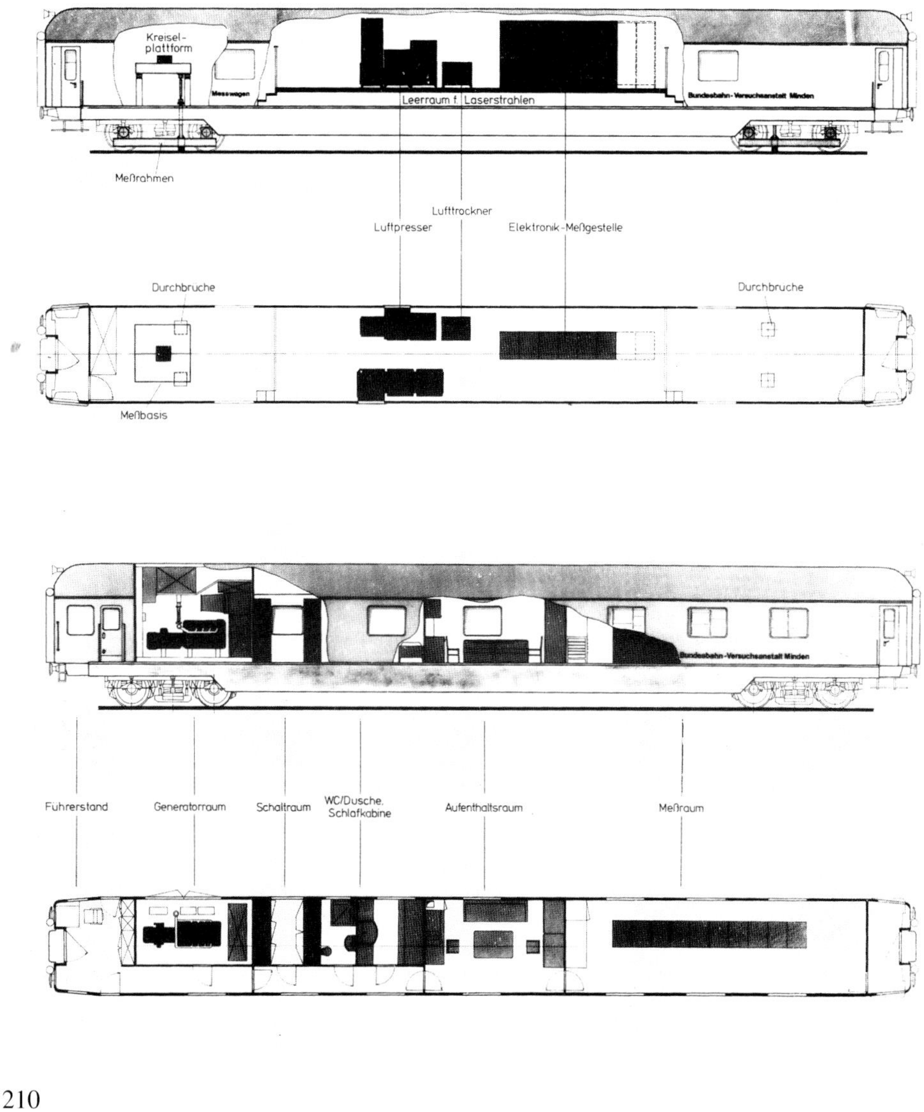

Bild 200: Oberbau-Meßwagen-Einheit (OMWE), Meß- und Versorgungsfahrzeug.

Bild 201: Die Mainbrücke der Neubaustrecke Hannover–Würzburg bei Gemünden. ▷

Brücken

Mit der Stahl- und Spannbetonbauweise stehen dem Eisenbahnbrückenbau der Zukunft für kleine und große Spannweiten zwei bewährte Bauweisen zur Verfügung. Rationelle Bauverfahren wie Vorschubbrüstung, Taktschieben und Freivorbau mit nahezu fabrikmäßiger Fertigung auf der Baustelle machen insbesondere die Spannbetonbauweise wirtschaftlich. Im Zuge der Neubaustrecke Hannover–Würzburg wird die größte Eisenbahnbrücke Europas in Spannbetonbauweise mit einer Spannweite in der Hauptöffnung von 135 Metern entstehen.

Für kleinere Spannweiten hat sich die moderne »Walzträger-in-Beton«-(WiB)-Bauweise als günstig erwiesen, bei der der Beton auch tragende Funktion übernimmt.

Als Brückenregelbauart setzte sich ab etwa 1970 bei der DB die Deckbrücke mit Schotterbett durch. Deckbrücke bedeutet, daß Schotterbett und Gleis über dem tragenden Querschnitt der Brücke liegen. Die Deckbrücke mit Schotterbett hat es ermöglicht, einheitliche Fahrbahnquerschnitte festzulegen.

Für Neubaustrecken ergeben sich aus den vorgesehenen Geschwindigkeiten bis zu 250 km/h und wegen der zum Teil sehr großen Längen der Brücken besondere Anforderungen an den Querschnitt:

- größere Gleisabstände für die Fahrzeuge
- größere Sicherheitsabstände für das Personal auf der Brücke
- zusätzliche Einrichtungen wie Oberleitungsmaste, Schaltschränke sind zu berücksichtigen
- der Gehweg muß so breit sein, daß fahrbare Kleingeräte eingesetzt werden können, um Unterhaltungsarbeiten ausführen zu können. Bei hohen Brücken soll der Gehweg darüber hinaus als Fahrbahn für Besichtigungswagen genutzt werden.

Als Regeln für das Konstruieren von Brücken wurden Ende der 60er Jahre von der DB sogenannte Richtzeichnungen geschaffen. Richtzeichnungen sind zeichnerische Darstellungen von konstruktiven Detaillösungen, die im modernen Eisenbahnbrückenbau erfolgreich ausgeführt wurden. Auch bei der Rahmenplanung für Neubaustreckenbrücken wird dieses Konzept konsequent angewendet. Für die beiden Neubaustrecken Hannover–Würzburg und Mannheim–Stuttgart sind Brücken mit einer Gesamtlänge von 42 Kilometer zu erstellen. Dabei wird die Rahmenplanung entscheidend zum Erscheinungsbild der Neubaustrecken beitragen. Es wird jedoch nicht die Einheitsbrücke angestrebt, sondern die in wichtigen technischen Grundsätzen vereinheitlichte Brücke.

Neue Tunnel für Neubaustrecken

Die Neubaustrecken der DB lassen sich – soweit sie im Mittelgebirge trassiert werden müssen – nicht ohne Tunnel bauen. Dabei kann die Linienführung auch den für den Tunnelbau ungünstigen Situationen, wie etwa hangparallele Lagen oder oberflächennahe Führungen nur selten ausweichen. Für derartige Situationen wurde die sogenannte »Neue Österreichische Tunnelbauweise« entwickelt. Sie wird als zweischaliger Ausbau ausgeführt, wobei die äußere Schale zunächst den anstehenden Fels sichert. Sie besteht aus einer eisenbewehrten Spritzbetonschicht, Gebirgsankern und, je nach Art des Gebirges, aus Ausbaubögen.
Nach Abklingen der Verformungen des Gebirges wird die Innenschale mit einer Mindeststärke von 30 Zentimetern hergestellt. Zwischen der nur schwach beanspruchten Innenschale und der Außenschale werden – soweit notwendig – eine Abdichtungsfolie und ein Dränagevlies eingebaut.
Die Neue Österreichische Tunnelbauweise erfordert aus arbeitstechnischen und maschinentechnischen Gründen wegen der Größe der aufzufahrenden Querschnitte eine Unterteilung in Kalottenvortrieb, Strossen- und Sohlausbruch. Der Strossenabbau folgt dem Kalottenvortrieb im Abstand von etwa 100 bis 150 Metern. Der Sohlenausbruch findet erst unmittelbar vor dem Betonieren der Sohle statt, um zu verhindern, daß der anstehende Fels zerstört wird.
Das Gestein wird abgesprengt. Nach dem Erhärten des aufgebrachten Spritzbetons werden die Felsanker eingebracht. Nachdem die Außenschale fertiggestellt ist, wird die Sohle eingebaut. Später folgen die Aufbringung des Dränagevlieses und der Abdichtungsfolien sowie das Betonieren des Innenringes.
Die Nutzquerschnitte der Neubaustreckentunnels betragen im geraden Gleis 81 Quadratmeter. In den Nachspannbereichen der Oberleitung werden Aufweitungen erforderlich. Der größere Tunnelquerschnitt gegenüber herkömmlichen Eisenbahntunnels resultiert aus dem Gleisabstand von 4,70 Metern, dem erweiterten Regellichtraum sowie aus freizuhaltenden Räumen für bautechnische und elektrotechnische Anlagen. Außerdem müssen die großen Tunnelquerschnitte den aerodynamischen Anforderungen insbesondere bei Zugbegegnungen mit hohen Geschwindigkeiten genügen. Die beiden folgenden Bilder zeigen eine Tunnelbaustelle auf der Neubaustrecke Hannover–Würzburg sowie das fertig betonierte Südportal des Einmalberg-Tunnels auf der gleichen Strecke.

◁ Bild 202: Neubaustrecken-Tunnelbaustelle.

Bild 203: Einmalbergtunnel, fertiggestelltes Südportal.

Energie- und Leistungsbedarf

Großen wirtschaftlichen Nutzen für die Bahn verspricht das Neubau- und Ausbaustreckenprogramm. Zur Berechnung des künftigen Energiebedarfs stehen der DB heute moderne EDV-Programme zur Verfügung. Aus dem Betriebsprogramm und über den Fahrweg läßt sich aus den Einzelergebnissen der Rechnungen auf den künftigen Energie- und Leistungsbedarf insgesamt schließen.
Die Planungen der DB sehen neben den Neubau- und Ausbaustrecken auch eine stufenweise Anhebung der Höchstgeschwindigkeiten im bestehenden Altnetz vor. Hieraus sind weitere Energiebedarfssteigerungen zu erwarten. Darüber hinaus führen die Modernisierung des Reisezugwagenparks, wie z. B. die Klimatisierung der neuen Reisezugwagengeneration für den Schienenpersonenfernverkehr zu weiterem Bedarf.
Um dem zukünftigen Energie- und Leistungsbedarf gerecht werden zu können, sind nicht nur neue Bahnstromleitungen zur Versorgung der Neubaustrecken, zum Anschluß neuer Kraftwerke und Stichleitungen für neue Unterwerke an Ausbaustrecken und für S-Bahnen erforderlich, sondern in bestimmten Abschnitten auch Leitungsumbauten für eine höhere Übertragungskapazität.
Bei den Bahnstromerzeugungsanlagen werden folgende Ziele angestrebt:

– bedarfsorientierte Standortwahl
– sinnvolle Typengröße unter Berücksichtigung der Reservevorhaltung und der Ausfallquote
– optimale Mischung von Grund-, Mittel- und Spitzenlast
– ausreichende Regelleistung
– günstige Einbindung ins vorhandene Netz
– Zuverlässigkeit der Energiedarbietung und nicht zuletzt
– bahnbetriebsgerechte Stromlieferverträge.

Die aufgezeigten Maßnahmen werden sicherstellen, daß auch in den kommenden Jahren bis hin zur Jahrtausendwende die von der elektrischen Zugförderung zu erbringenden Transportleistungen sich auf der Basis einer zuverlässigen, preiswerten und krisensicheren Energieversorgung abwickeln lassen.

Energieübertragung

An die künftige Energieübertragung der Neubaustrecken wird die Forderung gestellt, daß für Triebfahrzeuge Leistungen in der Größenordnung von rund 10 Megawatt übertragen werden müssen. Bei einer Geschwindigkeit von 250 km/h dürfen dabei keine Kontaktunterbrechungen zwischen Oberleitung und Stromabnehmer auftreten, die zu hohem Fahrdrahtverschleiß und zu Zugkraftunterbrechungen führen.
Die für Neubaustrecken vorgesehene Oberleitung der Bauart Re 250 wird diesen Anforderungen genügen. Sie kann im Neuzustand mit 720 Ampere und bei um 20 Prozent abgenutztem Fahrdraht mit rund 670 Ampere dauernd belastet werden. Der Fahrdrahtquerschnitt beträgt 120 mm^2, der Tragseilquerschnitt 70 mm^2.
Entscheidend für die Eignung der Oberleitung Re 250 für eine Höchstgeschwindigkeit von 250 km/h ist ihre gleichmäßige und geringe Elastizität. Zwischen Stützpunkt und Feldmitte dürfen nur geringe Elastizitätsunterschiede herrschen, damit der Stromabnehmer innerhalb einer Längsspannweite der Fahrdrahtlage ohne Lichtbogenbildung und Kontaktunterbrechungen folgen kann.
Die unter Berücksichtigung der oben genannten Parameter entwickelte Fahrleitung Re 250 zeigt bei Geschwindigkeiten von 250 km/h in der Elastizität, im Schwingungsverhalten und in bezug auf Kontaktstörungen ein sehr gutes Verhalten. Die Oberleitung der Bauart Re 250 wird daher künftig bei den Neubaustrecken angewendet. Das folgende Bild zeigt das Regelkettenwerk der Re 250 für die freie Strecke.

Bild 204: Oberleitung Bauart Re 250 auf freier Strecke.

Betriebsleittechnik: Einsatz elektronischer Bauelemente

Die Betriebsleittechnik der Eisenbahn steht vor einem Umbruch. Während in den vergangenen Jahrzehnten das Relais den technischen Standard bildete, ist die künftige technologische Entwicklung in der Steuerungs- und Regelungstechnik, insbesondere aber im Bereich der Informationsverarbeitung durch die Anwendung von elektronischen Bauelementen gekennzeichnet. Immer höher integrierte Schaltungen und Mikroprozessoren eröffnen künftig die Möglichkeit, sowohl Zugsteuerungs- und -sicherungsaufgaben als auch Aufgaben der Nachrichtentechnik rationell zu lösen.
Wegen der rasch fortschreitenden Entwicklung auf dem Gebiet der Elektronik lassen sich die Forderungen, daß Anlagen bis zu 40 Jahren und länger betrieben werden müssen, auf der Bauelementenebene nicht mehr lösen. An die Stelle des bisher praktizierten Vorgehens muß das Systemdenken treten. Damit kann erreicht werden, daß sich der technologische Fortschritt zwar auf die Komponenten und Einzelelemente auswirken kann, die Grundstruktur des Systems und die Schnittstellen aber über längere Zeiträume hinweg erhalten bleiben. Die Voraussetzung für ein derartiges Vorgehen ist durch die hohe Flexibilität der Mikroelektronik gegeben.
Bereits vor etwa 20 Jahren wurden in der Signaltechnik diskrete elektronische Bauelemente eingesetzt. Die hauptsächlichen Gründe für den Einsatz der Elektronik waren die wesentlich höheren Verarbeitungsgeschwindigkeiten im Vergleich zur Relaistechnik und die durch programmierbare Geräte sich bietende Möglichkeit, komplexe Aufgabenstellungen zu lösen. Schwerpunkte dieser Entwicklung waren die Linienzugbeeinflussung, die elektronische Fernsteuerung,

die elektronischen Gleisfreimeldeeinrichtungen, die Zugnummernmeldeanlagen, die Betriebssteuer- und Betriebsleitzentralen und die Einrichtungen zur automatischen Steuerung von Rangierbahnhöfen.

Elektronisches Stellwerk (ESTW)

Die stürmische Entwicklung im Bereich der Elektronik wird in erheblichem Maße auch die künftige Stellwerkstechnik der DB beeinflussen. Das elektronische Stellwerk (ESTW) verspricht dabei eine Reihe von Verbesserungen dem Relaisstellwerk gegenüber, die eine Entwicklung und Erprobung der neuen Stellwerkstechnologie interessant erscheinen lassen. So lassen sich die Kabelanlage, der Hochbau, die Stromversorgung und die Bedienungseinrichtung an die elektronische Schaltung optimal anpassen und damit in Zukunft raumsparender und kostengünstiger gestalten. Besondere Vorteile bietet das ESTW auch dadurch, daß die elektrophysikalisch begründete Begrenzung der Stellentfernung auf ca. 6,5 km bei Dr-Stellwerken durch Trennung der Informations- und Energieübertragung aufgehoben wird, die Größe der Stellwerksbereiche nur noch von der betrieblichen Aufgabenstellung abhängt und somit Fernsteuerungen entfallen.
Im elektronischen Stellwerk »errechnet« ein Mikroprozessor den richtigen Fahrweg des Zuges, steuert die richtige Weichenstellung, prüft die Belegung der Gleisabschnitte, sichert und verschließt die Fahrstraßen, bestimmt die dem Fahrweg entsprechende zulässige Höchstgeschwindigkeit und steuert den entsprechenden Fahrtbegriff am Signal an. Diese Ansteuerung geschieht über Glasfaserkabel. Lediglich die Weichenantriebe werden noch über Kupferkabel angeschaltet.
Eine bedeutende Innovationskomponente des ESTW stellt die Verwendung von Glasfaserkabeln dar. Die zur Ansteuerung eines Relais zu schwachen Steuerbefehle aus dem Mikrocomputer werden in Lichtimpulse umgewandelt und über Lichtwellenleiter zum Signal übertragen, wobei 36 verschiedene Signalbegriffe möglich sind. Erst am Signal selbst, also in unmittelbarer Nähe des Prozesses, schaltet ein opto-elektronischer Wandler den Strom für die Signallampen.
Die Funktionstüchtigkeit, die Sicherheit und die Zuverlässigkeit der jeweiligen Firmenbauform müssen in Test-ESTW nachgewiesen werden. Das erste Test-ESTW wird voraussichtlich noch Ende dieses Jahres in Murnau auf der Strecke München–Garmisch-Partenkirchen in Betrieb gehen. Weitere Anlagen in Overath, Essen–Kupferdreh, Detmold, Springe, Neufahrn (Niederbayern) und Dieburg werden folgen.
Zunächst werden die Stellwerke längere Zeit neben den bestehenden Anlagen mitlaufen. Intensive Erprobungsprogramme werden die Sicherheit und Zuverlässigkeit der ESTW nachweisen. Aus diesem Grund liegen die gewählten Einsatzorte auch außerhalb betrieblicher Schwerpunkte.

Rechnerunterstützte Zugüberwachung (RZü)

Zur Gewährleistung eines sicheren, pünktlichen und zuverlässigen Eisenbahnbetriebs ist es notwendig, alle Zugbewegungen kontinuierlich zu kontrollieren. Hierzu dient die sogenannte Zugüberwachung.
Ziel der Zugüberwachung ist es, mit Hilfe von Aufzeichnungen Konflikte bei Betriebsunregelmäßigkeiten zu erkennen, zu lösen oder vorausschauend zu verhindern.
Bei der RZü werden die Informationen über die jeweiligen Zugstandorte in den Stellwerks- und Streckenanlagen durch Mikrocomputer erfaßt und über Fernleitungen an die RZü-Zentrale übermittelt. Den Disponenten dienen zum Dialog in diesem Mensch-Technik-Verbundsystem großflächige Grafik- und alphanumerische Sichtgeräte mit Tastaturen. Die Zeit-Weg-Linien der Züge werden automatisch auf den Sichtgeräten dargestellt. Sie zeigen zeitgenau und deutlich das Geschehen im jeweiligen Überwachungsbereich. Sämtliche Informationen und Kommentare werden gleichzeitig auf Magnetband gespeichert und können jederzeit reproduziert und ausgewertet werden.

Zugsicherung

Noch in diesem Jahrzehnt soll der Einsatz der Linienzugbeeinflussung (LZB) auf über 1000 Kilometer ausgedehnt werden.
Für den Einsatz auf den zur Zeit im Bau befindlichen Neubau- und Ausbaustrecken der DB wird ein neues Fahrzeuggerät mit der Bezeichnung »LZB-Fahrzeuggerät 80« mit Mikroprozessoren entwickelt.
Kern des LZB 80-Gerätes ist eine dreikanalige zentrale Recheneinheit mit Schnittstellen zum Linienleiter, zur Indusi und zu den fahrzeuginternen Geräten. Neu in die Entwicklung aufgenommen wurden Schnittstellen zu einer Funkübertragung und zu einem punktförmigen Datenübertragungssystem mit einem höheren Informationsvolumen als das der Indusi.
Während heute noch am Ende einer mit LZB ausgerüsteten Strecke oder bei Ausfall des Linienleiters auf die Indusi zurückgeschaltet werden muß, wird im LZB-Fahrzeuggerät 80 eine zweite Überwachungsebene realisiert, die auf den Indusi-Informationen aufbaut, wie die Indusi aber nur für die Sicherung von Zugfahrten bis zu Geschwindigkeiten von 160 km/h zugelassen ist. Mit dieser zweiten Überwachungsebene wird eine kontinuierliche Bremswegüberwachung zwischen Vor- und Hauptsignal erreicht. Diese Ebene ist darüber hinaus so konzipiert, daß sie als eigenständige Einrichtung in Fahrzeuge eingebaut werden kann, die kein LZB-Gerät erhalten.

Fernmeldetechnik

Im Bereich des Fernmeldewesens ist noch zu keiner Zeit soviel Bewegung in diesem ohnehin an Innovationen reichen Sektor gewesen wie heute. In verwirrender Vielfalt entstehen neue Techniken und neue Verfahren. Die Gründe hierfür liegen einmal in der sich rasch fortentwickelnden Halbleitertechnik, zum anderen aber auch in dem reichhaltigen Angebot öffentlicher und privater Fernmeldenetze.
Das DB-interne Fernsprechnetz, das sogenannte Bahnselbstanschluß(Basa)-Netz wird im Laufe der nächsten 20 Jahre auf digitale Vermittlungs- und Übertragungstechnik umgestellt werden, da digitale Anlagen wirtschaftlicher als analoge Systeme arbeiten. Gleichzeitig kann damit der erste Schritt zur Integration aller Anwendungen der Telekommunikation in einem geschlossenen Nachrichtennetz getan werden. Die Entwicklung muß jedoch weiter beobachtet werden, da neue Verfahren zur Datenübermittlung, in erster Linie die optische Übertragung, mittels Glasfaser im Vormarsch sind, die aber derzeit noch nicht ausreichend beurteilt werden können. Die DB wird sich daher zunächst auf die Integration von Fernschreibnetz und Datennetz konzentrieren, die mittelfristig realisiert werden können.
In den vergangenen Jahren entstanden für
- Fernschreiben
- elektronische Platzbuchung
- integrierte Transportsteuerung
- Datenverbindungen des elektrotechnischen Dienstes
- integriertes Fahrplandatensystem und
- Fertigungssteuerung im Oberbau

bereits eigene Netze.
Inzwischen sind die Arbeiten an der Zusammenführung dieser Netze zu dem sogenannten »Betriebsdatennetz« der DB weit fortgeschritten. Es wird angestrebt, dieses Netz noch 1985 in der ersten Stufe für Anwender freizugeben.
Auch international haben sich die Eisenbahnen mit dem Datenübertragungssystem »Hermes« den Forderungen der Zukunft gestellt.

Informations- und Steuerungssysteme

Eine wesentliche Voraussetzung zur erfolgreichen Realisierung der neuen Marktstrategie im Güterverkehr ist die Schaffung eines auf den Möglichkeiten der elektronischen Datenverarbeitung aufbauenden Fahrzeuginformations- und Vormeldesystems (FIV).
Der Gütertransport bei den Eisenbahnen war in der Vergangenheit durch den systembedingten Mangel geprägt, so daß die einzelnen Sendungen unbegleitet befördert wurden und damit keine durchgehende Information über den jeweiligen Standort des Gutes möglich war.
Es ist deshalb das Ziel der Eisenbahnen, von dem unbegleiteten Transport zu einem datenbegleitenden Transport zu kommen.
Mit der Realisierung des FIV werden folgende Ziele verfolgt:
- Bereitstellung von exakten Informations- und Dokumentationsketten, die zur Koordination dem Transport vorauseilen
- Optimierung der Überwachung und Steuerung der Transportketten im Güterverkehr zwischen den Knotenpunktbereichen durch eine vorausschauende Planung
- Verbesserung der Transportqualität
- Rationellere Gestaltung der heute bestehenden Arbeitsverfahren
- Erhöhung der Produktivität des Gütertransports
- Schaffung der Grundlage für die Einführung datenverarbeitungstechnisch gestützter, in FIV integrierter Arbeitshilfen in örtliche Systeme mit den dadurch möglichen Rationalisierungsmaßnahmen und
- Anschluß an den datenverarbeitungstechnischen Informationsaustausch mit Kunden und ausländischen Bahnen.

Bild 205: Schematische Darstellung der Arbeitsweise im FIV.

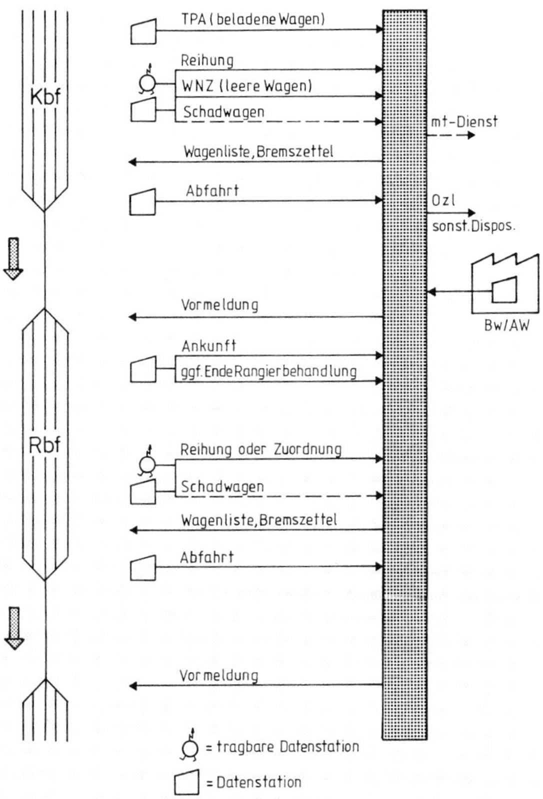

Die Bereitstellung leistungsfähiger Rechner und eine umfassende Netzoptimierung sowie die Akzeptanz bei den Anwendern waren schließlich ausschlaggebend, das System am 3. Juni 1984 DB-weit einzuführen. Seit April 1984 stehen die Rechner betriebsbereit in Frankfurt am Main zur Verfügung, so daß auch die Züge des Inter-Cargo-Angebotes mit dem FIV fahren können.
Im FIV werden datenverarbeitungsmäßig folgende Arbeitsverfahren unterstützt:

- Die Erstellung der Wagenliste und des Anhangs zur Wagenliste, des Bremszettels und eines Auszuges aus der Wagenliste, die dem Zug mitgegeben wird.

- Die automatische Vormeldung des Transportgutes an den nächsten Behandlungsbahnhof nach Abfahrt des Zuges auf dem Knotenpunkt- oder Rangierbahnhof.

- Das Erstellen der Wagenübergabenachweise sowie der Ersatz der EUROP-Zählungen auf den Grenzbahnhöfen.

- Das Erfassen der Schadwagen einschließlich ihrer Schäden.

- Das Erkennen des jeweiligen Standortes und der Sendungsdaten der nummernmäßig bekannten Güterwagen durch das System.

Die im FIV gespeicherten Daten stehen darüber hinaus auch den Zugleitungen, Oberzugleitungen, dem maschinentechnischen Dienst und dem Absatzbereich für Auskunftsmeldungen zur Verfügung. Grundlage des Systems ist eine zentrale Fahrzeugdatei, in der die unveränderlichen Fahrzeugdaten aller DB-Fahrzeuge und bei der DB eingestellte Privatwagen zusammengefaßt sind. Für die Fahrzeuge fremder Bahnen werden diese Daten beim Grenzeingang über eine Datenstation in das System eingegeben oder – falls vereinbart – im Wege des Datenaustausches dem FIV unmittelbar zugeführt.
Das FIV wird damit künftig die tragende Säule im Betriebsablauf des Gütertransports sein.
Für die DB als umfassendes Transportunternehmen ist eine zeitgerechte und kostengerechte Transportabwicklung von ausschlaggebender Bedeutung. Dabei wird die Einbeziehung des Kunden die absolute Priorität haben. Dieses »Transport-Informations-System (TIS)« sieht die Entwicklung einzelner Informationssysteme für
- Logistik
- Fakturierung/Abfertigung
- Container
- Leerwagen
- Zugförderung und
- Wagentechnik/Werkstätten

vor. Die jeweiligen Informationssysteme werden über Informationsschnittstellen miteinander verbunden werden, jedoch keine funktionellen Abhängigkeiten aufweisen. Das TIS hat die Aufgabe, transportrelevante Informationen für die oben genannten Informationssysteme fachdienstübergreifend bereitzustellen, das Betriebsgeschehen zwischen den Knotenpunktbereichen zu dokumentieren und fortzuschreiben und den Standort von Zügen und Güterwagen im Knotenpunktbereich DB-weit zeitnah festzustellen.
Der verstärkte Einsatz von Informations- und Steuerungssystemen ist ein wesentlicher Bestandteil der zukunftsorientierten Unternehmensstrategie der Deutschen Bundesbahn.

Bereitstellung der zukunftsorientierten Bahntechnologie

Für die wirtschaftlich optimale Bereitstellung zukunftsorientierter Bahntechnologien sind die beiden Bundesbahn-Zentralämter in Minden/Westfalen und München verantwortlich. Ihre Funktionen sind auch für die Zukunft der DB unverzichtbar. Die DB selbst muß als Auftraggeber die Anforderungen an die Technologien beschreiben, sie muß die Entwicklungsergebnisse beurteilen und die Güte der eingekauften Materialien und Leistungen prüfen können. Die DB muß der Industrie und den Hochschulen, die für die Bahn Forschung und Entwicklung betreiben, Hinweise über die Bewährung der Produkte im Betriebseinsatz geben, und sie muß selbst dafür sorgen, daß auch die langlebigen Produktionsmittel den jeweiligen Marktbedürfnissen rechtzeitig angepaßt werden.
Diese Funktionen erfordern technischen Sachverstand, der wegen des fachübergreifenden Systemcharakters der Eisenbahntechnik an einer Stelle, den Bundesbahn-Zentralämtern, zusammengefaßt ist. Durch diese Konzentration des Fachwissens wird verhindert, daß die geschilderte Aufgabenstellung parallel, unkoordiniert und zum Schaden der DB von verschiedenen Stellen wahrgenommen wird.
Bei der Lösung von Problemen, die besondere eisenbahntechnische und eisenbahnbetriebliche Kenntnisse erfordern, muß die Eisenbahn auch selbst Versuche durchführen können. Dabei gilt es einerseits, konstruktive Berechnungen durch Experimente abzusichern, die Qualität der von der Industrie entwickelten Produkte zu prüfen und andererseits Erkenntnisse für die Aufstellung oder Verbesserung theoretischer Überlegungen zu gewinnen. Diese Aufgaben werden vornehmlich von den beiden Bundesbahn-Versuchsanstalten in Minden/Westfalen und München wahrgenommen, die den Bundesbahn-Zentralämtern zugeordnet sind.

Unkonventionelle Bahnsysteme

Entwicklungslinien

Trotz des genialen, universell einsetzbaren Rades beschäftigen sich Wissenschaftler und Ingenieure mit der Frage, ob es auch andere Lösungen für spurgeführte Verkehrssysteme gibt.

So werden in der Bundesrepublik Deutschland im Rahmen eines umfassenden Forschungsprogrammes des Bundesministers für Forschung und Technologie neben der Weiterentwicklung des konventionellen Rad/Schiene-Systems, auch die Neuentwicklung eines Schnellverkehrssystems mit berührungsfreier Fahrtechnik gefördert, wobei bisher vier unterschiedliche Schwebeverfahren betrachtet wurden:

- die Luftkissentechnik
- die permanentmagnetische Schwebetechnik
- die elektrodynamische Schwebetechnik (EDS) und
- die elektromagnetische Schwebetechnik (EMS).

Theoretische Untersuchungen, praktische Prüfstandsversuche und Tests mit Versuchsfahrzeugen haben rasch gezeigt, daß die permanentmagnetische Schwebetechnik und die Luftkissentechnik für den Einsatz als Schnellbahnen weniger geeignet sind. Die weiteren Forschungs- und Entwicklungsarbeiten konzentrierten sich somit auf das elektro-magnetische und das elektrodynamische Schwebeverfahren und dazu geeignete Antriebssysteme in Linearmotortechnik.

Im weiteren Verlauf der Arbeiten wurden die Voraussetzungen und Entscheidungsgrundlagen für einen Systemvergleich zwischen den beiden konkurrierenden Schwebeprinzipien geschaffen. Auf der Grundlage anwendungsnaher Fahrzeugentwürfe konnte 1977 ein Systementscheid durchgeführt werden. Dabei schied das elektrodynamische Schwebeverfahren für die weitere Entwicklung aus. Die Weiterentwicklung konzentriert sich in der Bundesrepublik Deutschland seitdem auf das elektromagnetische Schwebeprinzip.

Das elektromagnetische Trag- und Führsystem

Aufgabe des elektromagnetischen Trag- und Führsystems ist es, in allen Betriebszuständen ein berührungsfreies Tragen und Schweben der Fahrzeuge sicherzustellen. Hierzu wurde das folgende technische Konzept realisiert.

Der Fahrzeugkasten des Magnetschwebefahrzeuges wird von Schwebegestellen getragen, an denen die Elektromagnete über passive Federlemente montiert sind. Jeweils vier Tragmagnete und vier Führmagnete auf jeder Schwebegestellseite tragen das Fahrzeug. Passive Feder-Dämpfereinheiten, niveaugeregelte Luftfedern und ein hydraulisches Stabilisierungssystem zwischen Fahrzeugzelle und Schwebegestell kompensieren die Rollbewegungen des Fahrzeuges. Im Falle des derzeit in der Erprobung befindlichen Magnetschwebefahrzeuges Transrapid 06 (TR 06) kommen acht Schwebegestelle mit insgesamt 64 Magneten zur Anwendung.

Im abgesetzten Zustand, also auch bei Halt im Bahnhof, stützt sich das Fahrzeug auf insgesamt 16 Tragkufen ab, die federnd mit dem Schwebegestell verbunden sind. Eine gleiche Anzahl Führkufen sorgt beim Notabsetzen für eine sichere Seitenführung.

Die folgende *Tafel* zeigt einige wesentliche Kenndaten des elektromagnetischen Trag- und Führsystems TR 06.

Die Energie wird induktiv und somit berührungsfrei durch sogenannte Lineargeneratoren auf das Fahrzeug übertragen, deren Wicklungen in den Polschuhen der Tragmagneten eingelegt sind und die die Bewegungsenergie des Fahrzeuges in die entsprechende Spannung und Leistung umsetzen.

Die Elektromagnete werden von vier unabhängigen 440 V-Bordnetzkreisen versorgt, die sich auf ebenso viele Nickel-Cadmium-Batterieeinheiten abstützen.

Tafel Die wesentlichsten Kenndaten des elektromagnetischen Trag- und Führsystems TR 06

Anzahl der Längsfluß-Tragmagnete pro Sektion	32
Anzahl der Querfluß-Führmagnete pro Sektion	28
Einzelmagnetmasse für das Tragen	330 kg
Einzelmagnetmasse für das Führen	270 kg
Mechanischer Schwebespalt	8 mm
Versorgungsspannung	440 V
Magnetstrom, Nennbetrieb	ca. 30 A
maximal	80 A
Mittlerer Energiebedarf	1 kW/t
Abfederungsfrequenz	
Magnetschwebegestell	7 Hz
Schwebegestell/Kabine	0,8 Hz
Gesamtmasse des elektromagnetischen Trag- und Führsystems	32 t/Sekt.

Bild 206: Magnetschwebefahrzeug TR 06 auf der Transrapid-Versuchsanlage Emsland (TVE).

Bild 207: Elektromagnetisches Trag- und Führkonzept mit einzeln gefederten Magneten. ▷

Bild 208: Querschnitt durch das Magnetschwebefahrzeug Transrapid 06.

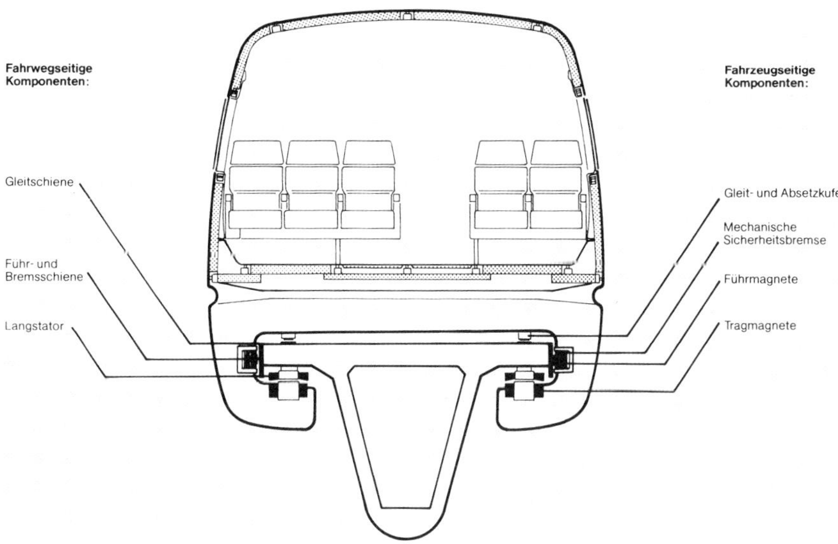

Der Antrieb

Als Antrieb für das derzeit in Erprobung befindliche elektromagnetische Schwebesystem wurde der synchrone Langstatorantrieb gewählt. Bei diesem Antrieb werden die aktiven Elemente in die Strecke eingebaut. Dadurch wird ein sehr niedriges Fahrzeuggewicht erreicht. Der stromführende Stator des Langstator-Linearmotors wird längs der gesamten Strecke verlegt.
Aufbau und Funktion des Langstator-Linearmotors gleichen denen einer rotierenden Synchronmaschine. Senkrecht zum elektrischen Feld der Längsflußtragmagnete sind die dreiphasigen Leiterschleifen montiert. Beim Stromdurchfluß entsteht eine senkrecht dazu gerichtete Vortriebskraft.
Die maximale Motorspannung beträgt 4250 V je Phase. Der Motorstrom und die Motorfrequenz können Werte von 1200 A bzw. 215 Hz erreichen. Die abwechselnde Speisung der Langstatorabschnitte im sogenannten Bocksprungverfahren erfolgt durch zwei Wechselrichtergruppen im Unterwerk, so daß bei Fahrt des Fahrzeuges von einem in den anderen Abschnitt der volle Strom und damit die volle Vortriebskraft bereitgestellt werden können.
Das Fahrzeug wird im normalen Betrieb elektrisch gebremst. Dabei fließt die elektrische Energie des generatorisch arbeitenden Antriebs über Wechselrichter in einen Zwischenkeis zurück, wo sie von Bremswiderständen in Wärme umgesetzt wird.

Magnetschwebefahrzeug

Durch den Bau des Magnetschwebe-Versuchsfahrzeuges Transrapid 06 soll der Nachweis erbracht werden, daß auf der Basis des elektromagnetischen Schwebeprinzips ein attraktives und wirtschaftliches Verkehrsmittel für den Personenschnellverkehr zu verwirklichen ist. Die maßgeblichen Auslegungskriterien des TR 06 sind eine Höchstgeschwindigkeit von 400 km/h und eine Beförderungskapazität von 200 Passagieren.
Das Fahrzeug TR 06 besteht aus zwei identisch aufgebauten Sektionen, die mechanisch miteinander gekuppelt sind. Pro Sektion stützt sich ein Wagenkasten auf 4 Schwebegestellen ab, die untereinander gelenkig verbunden und mit dem Wagenkasten über ein Sekundärfedersystem mechanisch gekoppelt sind. Das Fahrzeug hat eine Gesamtlänge von 54 Metern.
Bei einer Geschwindigkeit von 400 km/h wird die Antriebsleistung von 5 Megawatt maßgeblich durch den aerodynamischen Widerstand bestimmt. Bei 300 km/h sinkt die Antriebsleistung auf 2,5 Megawatt ab.
Die Fahrzeugzelle besteht aus Sandwichplatten, wobei zunächst ein Leichtmetallgerippe gebaut wurde, in das die einzelnen vorgeformten Sandwichplatten eingepaßt wurden. Die Sandwichbauweise ermöglicht eine glatte Fahrzeugaußenhaut mit guten aerodynamischen Eigenschaften.

Bild 209: Magnetschwebefahrzeug Transrapid 06.

Fahrwegtechnik

Die Anforderungen an den Fahrweg von Magnetschwebesystemen unterscheiden sich wesentlich von denen herkömmlicher Verkehrssysteme. Eine zweckmäßige und optimierte Fahrwegkonstruktion ist auch Voraussetzung für die Durchsetzbarkeit eines neuen Transportsystems.
Für Magnetschwebebahnen kommen sowohl Beton- als auch Stahlfahrwege in Betracht. Nach dem derzeitigen Stand der Betonfahrwegtechnik können Spannbetonkastenträger die gestellten Anforderungen am besten erfüllen. Sie besitzen eine große Biegesteifigkeit gegenüber senkrechten und waagrechten Belastungen sowie eine große Torsionssteifigkeit.
Zur Montage der fahrwegausrüstung werden mobile Vorrichtungen, sogenannte Verlegezüge, eingesetzt, um die geforderten Toleranzanforderungen von 1 mm zu erfüllen. Dem Betontragwerk können somit Rohbautoleranzen von ± 20 mm zugestanden werden.
Die bisher entwickelte Betonfahrbahn wird zunächst auf der Transrapid-Versuchsanlage im Emsland (TVE) eingebaut. Sie muß dort ihre Bewährungsprobe bestehen. Die dabei gewonnenen Kenntnisse werden der Konstruktion des Doppelspurfahrweges zugute kommen, wie er für künftige Betriebsstrecken erforderlich werden wird.
Eine praktikable Alternative zum Betonfahrweg stellt die Stahlfahrbahn dar. Als Bauform bietet sich hier der sogenannte Zweifeldträger mit doppelter Feldweitenlänge von 2 × 24 Meter an, der ein ausgewogenes Verhältnis zwischen Spannungs- und Steifigkeitsausnutzung des Stahlträgers ermöglicht. Gleichzeitig ergeben sich günstige Verhältnisse hinsichtlich der Lasten, Durchbiegungen und Temperatureinflüsse.
Für den Hauptträger kommt ein dreieckförmiger Querschnitt in Betracht, der in sich stabil ist und zur Sicherstellung der Torsionssteifigkeit keine Querschotte benötigt.
Auch Weichen lassen sich in Stahlbauweise ausbilden. Dabei wird ein geeignet ausgebildeter, den gesamten Weichenbereich durchlaufender Stahlträger an seiner Auflagestelle von der Spannungsneutralen in Geradeausstellung elastisch in die Abbiegestellung gebogen. Die mechanischen Stellantriebe greifen jeweils an den Unterstützungspunkten des Trägers an, der an diesen Stellen durch Auflagerrahmen gestützt wird. Die Verstellzeit einer Weiche beträgt rund 20 Sekunden.

Bild 210: Betonfahrweg der Transrapid Versuchsanlage Emsland TVE.

Betriebsleittechnik

Die Betriebsleittechnik der Magnetbahn umfaßt die Teilsysteme Betriebsabwicklung und Ortung.
Die Betriebsabwicklung überwacht als übergeordnetes System die vorgegebenen Zeitdaten des Fahrplans. Die Fahrwegsteuerung ist für das Einstellen, Sichern und Auflösen von Fahrstraßen verantwortlich. Die Fahrzeugsteuerung sichert die Zugbewegungen innerhalb der betreffenden Strekken und steuert die Fahrzeuggeschwindigkeit. Das Subsystem Übertragung sorgt für den Informationsaustausch zwischen Fahrzeug und Streckeneinrichtungen. Als Lösungen bieten sich Lichtsignale, kodierte Gleisstromkreise, Linienleiter und Funk an.
Das Teilsystem Ortung ermittelt die Position der Fahrzeuge auf der Strecke. Gleiskreise, Achszähleinrichtungen, Linienleiterkreuzungen, wie sie aus der Rad/Schiene-Technik bekannt sind, und – im Falle der Magnetbahn – Auszählen von Langstatornuten sind mögliche Lösungen.
Erheblichen Einfluß auf die Fahrzeugsteuerung haben die Besonderheiten des elektromagnetischen Trag- und Führsystems. So kann sich beim Langstatorantrieb technisch bedingt immer nur ein Fahrzeug in jedem Unterwerksabschnitt aufhalten. Somit müssen die Funktionen der Fahrzeugsteuerung jedem dieser Abschnitte zugeordnet werden.

Die Transrapid-Versuchsanlage im Emsland (TVE)

Nach über einem Jahrzehnt der Tests auf Prüfständen und der Erprobungen auf firmeninternen Versuchsstrecken kann die deutsche Magnetbahn TRANSRAPID nunmehr im Emsland ihre Anwendungsreife nachweisen. Das nachstehende Bild gibt einen Überblick über die Streckenführung der TVE.

Der Fahrweg der TVE ist so ausgelegt, daß das Versuchsfahrzeug auf einem geraden Abschnitt auf rund 1000 Meter Länge seine Höchstgeschwindigkeit von 400 km/h erreichen kann.

Die beiden Umkehrschleifen haben einen Radius von nur 1690 m bzw. 1000 m und eine Kurvenüberhöhung von 12 Grad. In einem hügeligen Abschnitt müssen Steigungen bis 35‰ bewältigt werden.

Erprobt werden Beton- und Stahlfahrbahnen. Die häufigste Stützenhöhe beträgt 5 m, die übliche Feldweite 25 m. Die Weichen sind als Biegeweiche ausgeführt. Diese Konstruktion erlaubt im Abbiegezweig Geschwindigkeiten bis 200 km/h.

Neben Versuchsstrecke und Versuchsfahrzeug gehören zur TRANSRAPID-Versuchsanlage Emsland noch ein Versuchszentrum und ein hochentwickeltes Informatiksystem.

Das Informatiksystem hat drei Hauptaufgaben:
- Die Sicherung des Fahrbetriebes
- Die Steuerung und Überwachung des Betriebsablaufes
- Erfassung, Speicherung, Wiedergabe und Teilauswertung der Versuchs-Meßdaten und der allgemeinen Betriebsdaten.

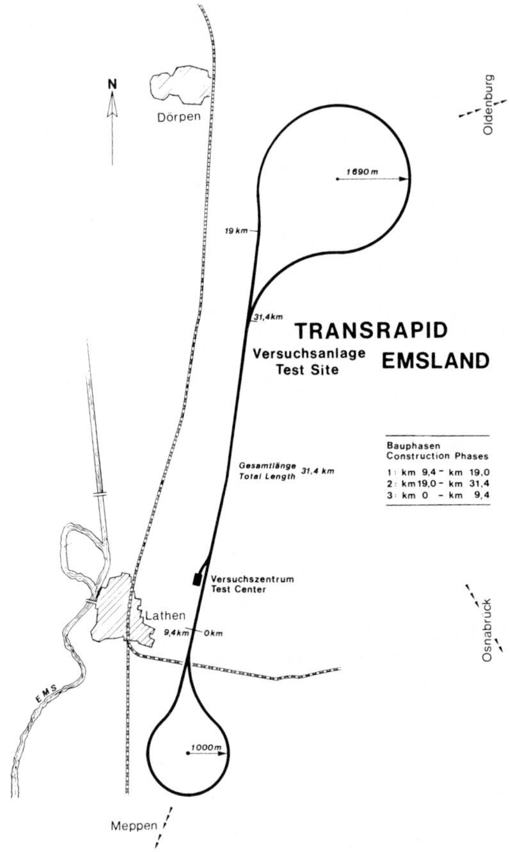

Bild 211: Streckenführung der Transrapid Versuchsanlage Emsland TVE.

Einsatzfelder und -chancen der Magnetbahn

Nach den Vorstellungen der mit der Entwicklung der Magnetschwebetechnik befaßten Stellen bieten sich für die Magnetbahn vornehmlich zwei Einsatzfelder an:
- als Verkehrsmittel für Personen und leichte Güter mit Geschwindigkeiten bis zu 300 km/h zwischen Ballungsräumen oder als Flughafenanbinder mit Entfernungen zwischen 50 und 150 km und
- als überlagertes, kontinentales Schnellverkehrssystem mit Geschwindigkeiten bis zu 400 km/h, wobei die Magnetschwebebahn und ein fortentwickeltes Rad/Schiene-System sich in der Lösung der anstehenden Verkehrsaufgaben ergänzen sollen.

Die DB hat seit Beginn der Magnetbahnentwicklung die Option erhoben, im Falle der Einführung der Betreiber des Magnetbahnsystems zu sein. Konsequenterweise wird die DB gemeinsam mit der Deutschen Lufthansa AG und der Industrieanlagen-Betriebsgesellschaft (IABG) im Rahmen der Versuchs- und Planungsgesellschaft für Magnetbahnsysteme mbH (MVP) die Erprobung der Magnetbahn vornehmen und Aussagen zur Anwendungsreife dieses Systems erarbeiten. Es erscheint dabei durchaus denkbar, daß die Magnetbahn, falls sie ihre Eignung als kommerziell nutzbares Transportsystem nachgewiesen hat, eine Ergänzung des Hochgeschwindigkeitsangebots der DB auf ausgewählten Relationen darstellt. Magnetbahnsystem und Rad/Schiene-System müssen nicht von vornherein aus einer Konkurrenzsituation heraus betrachtet werden. Zuvor müssen aber die Großversuche auf der TVE Auskunft darüber geben, wie groß der Energieverbrauch der Magnetbahn tatsächlich ist, wie die Verknüpfungsstellen zum Rad/Schiene-System, zum Individualverkehr oder zum Luftverkehr zu gestalten sind, welches Mindestverkehrsaufkommen für einen wirtschaftlichen Betrieb erforderlich ist, ob und inwieweit ein Transport von Gütern möglich ist, wie das Aufwand/Nutzen-Verhältnis aussieht und ob die Magnetbahn und ihre Trassen von der Öffentlichkeit angenommen werden.

Rad/Schiene-Forschung

Um der Eisenbahn der Zukunft den ihr zukommenden Platz im Gesamtverkehrssystem zu sichern, sind langfristig wirkende Maßnahmen erforderlich. Neben strukturellen und organisatorischen Verbesserungen sind gezielte Forschungs- und Entwicklungsanstrengungen für die Bahn von morgen notwendig. Insofern begrüßt es die Deutsche Bundesbahn, daß der Bundesminister für Forschung und Technologie (BMFT) in Abstimmung mit dem Bundesminister für Verkehr (BMV) seit Anfang der 70er Jahre im Rahmen des Forschungsprogrammes »Bahntechnik« nicht nur die Magnetschwebetechnik sondern auch Untersuchungen zu einer fortentwickelten Rad/Schiene-Technik fördert. Nach nunmehr 15 Jahren intensiver Grundlagen- und Komponentenforschung steht heute ein Erkenntnispotential zur Verfügung, das einen Technologiesprung in der Rad/Schiene-Technik näher rücken läßt.
Das Gesamtforschungsprogramm umfaßt drei sich gegenseitig ergänzende Teilbereiche

- das Technologieprogramm
- Projekte und
- Studien.

Technologieprogramm

Im Technologieprogramm werden Arbeiten zu technisch/wissenschaftlichen Grundlagen und zu Komponentenentwicklungen des Rad/Schiene-Systems durchgeführt.
Die Vorgehensweise im Technologieprogramm ist durch drei aufeinander abgestimmte Schritte gekennzeichnet:

- theoretische Arbeiten
- Labor- und Prüfstandsuntersuchungen sowie
- Streckenfahrversuche unter praxisnahen Bedingungen.

Fahrzeugbereich

Forschungsschwerpunkte im Fahrzeugbereich des Technologieprogrammes sind der Leichtbau von Komponenten und Fahrzeugen, die Entwicklung innovativer Komponenten für jetzige und künftige Anwendungsfälle, die Fortentwicklung aerodynamischer Auslegungsrichtlinien bezüglich Zugbegegnungen, Tunnelfahrten oder der inneren Luftführung bei Triebfahrzeugen sowie die optimale Gestaltung von Fahrzeugen in bezug auf Fertigungstechnik und Einsatzzweck.
Im Mittelpunkt stehen derzeit die Entwicklung und Erprobung neuartiger Laufwerke für künftige Schienenfahrzeuge.
In konsequenter Nutzung luft- und raumfahrterprobter Technologien entsteht zur Zeit im Technologieprogramm ein Hochleistungsdrehgestell mit einem Drehgestellrahmen aus Faserverbundwerkstoff, das sowohl im Personenfernverkehr mit Fahrgeschwindigkeiten bis zu 300 km/h als auch im Personennahverkehr einen wirtschaftlichen und umweltfreundlichen Einsatz verspricht.
Nach intensiven Prüfstandsvorerprobungen und anschließender Streckenertüchtigung bei der DB ist vorgesehen, den Faserverbundwerkstoff-Drehgestell-Rahmen im Verbund mit ebenfalls neu entwickelten schlupfgeregelten Radsätzen in der zweiten Versuchsphase des Hochgeschwindigkeitszuges ICE zu testen.
Beim schlupfgeregelten Radsatz handelt es sich – in Abkehr von der konventionellen Starrachse – um eine Radsatzbauart, bei der die beiden Räder einer Achse durch eine regelbare Magnetpulverkupplung derart miteinander gekoppelt werden, daß unter Berücksichtigung der jeweiligen äußeren Streckenbedingungen ein stabiler und verschleißarmer Fahrzeuglauf erreicht werden soll.

Zielsetzung dieser Entwicklung ist bei Verwendung der heute üblichen Verschleißprofile und Verzicht auf zusätzliche Stabilisierungshilfen sowie – bezogen auf heutige konventionelle Lösungen –

- die Erweiterung des wirtschaftlich nutzbaren Geschwindigkeitsbereich bis mindestens 350 km/h
- die Reduktion der Beanspruchung des Oberbaus in der Geraden und in Gleisbogen
- die Verringerung der Geräuschentwicklung bei Fahrt durch enge Gleisbogen und
- die weitere Verringerung des Radreifenverschleißes.

Bei Versuchen auf dem Rollprüfstand in München-Freimann konnte der stabile Fahrzeuglauf, der bei einer der untersuchten Radsatzaufhängungen mit starren Achsen noch unter 100 km/h lag, durch Umschalten auf die Betriebsart »schlupfgeregelter Radsatz« auf 503 km/h erhöht werden bei gleichzeitig wesentlich verbesserter Eigendämpfung.

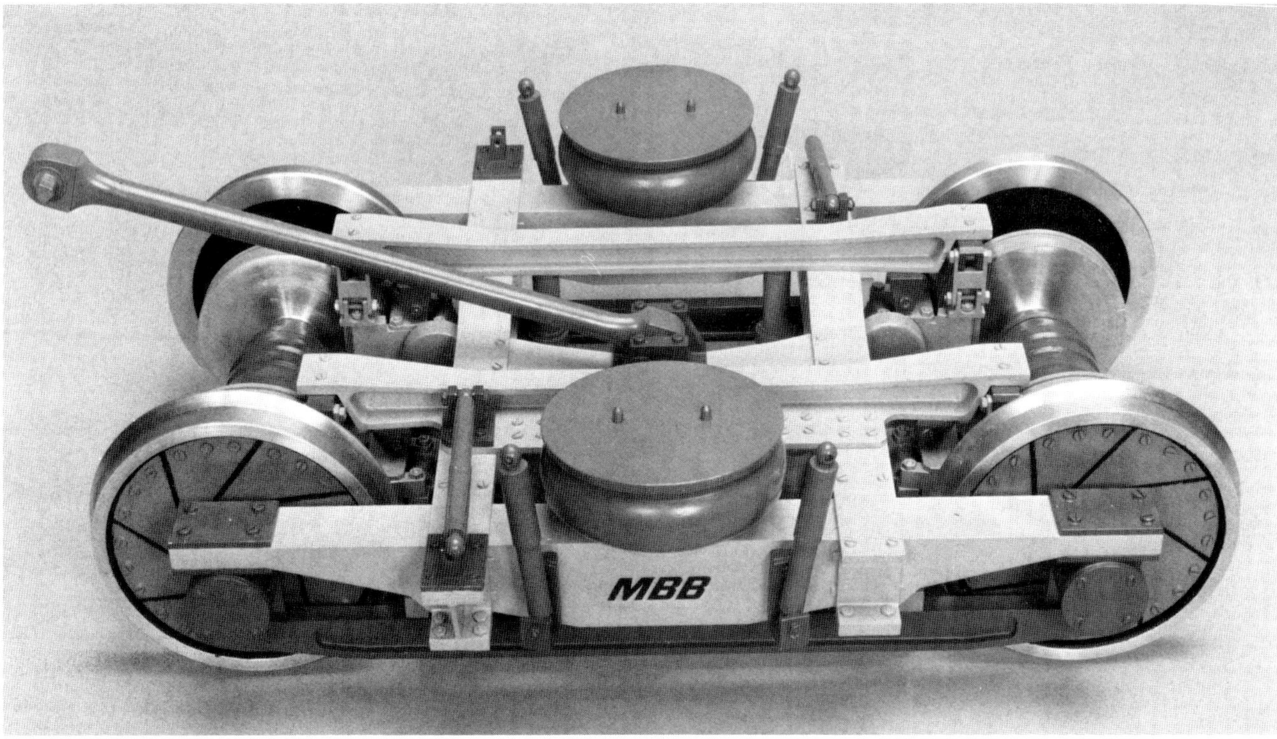

Bild 212: Faserverbundwerkstoff-Drehgestell für 350 km/h.

Bild 213: Schlupfgeregelter Radsatz für Hochleistungsdrehgestelle.

In der Rad/Schiene-Technik finden wir heute im wesentlichen zwei Radbauformen vor. Zum einen das klassische Speichenrad mit Laufkranz und zum anderen das Scheibenrad mit Radreifenfolge oder als Vollrad.
Diesen Radformen ist eine hohe radiale Steifigkeit gemeinsam. Dies hat zur Folge, daß Unebenheiten der Schienenfahrfläche, die auf das Rad einwirken, ohne wesentliche Dämpfung über die Achsen auf den Wagenkasten weitergegeben werden. Daraus resultiert eine hohe dynamische Belastung der Laufwerke und des Wagenkastens sowie als Reaktion eine erhöhte Beanspruchung des Oberbaus.
Abhilfe schaffen soll hier ein elastischer Hochleistungsradsatz, bei dem durch die Formgebung der Radscheibe in radialer Richtung eine Elastizität entsteht, die im Mittel etwa den fünfzigfachen Wert erreicht, der sonst bei herkömmlichen Eisenbahnrädern gemessen wird
Die stark s-förmige Radschüssel wird aus Blechronden nach dem Kaltformfließdrücken hergestellt. Das Verfahren gestattet es, das Material dort zu häufen, wo hohe Beanspruchungen auftreten und da zu mindern, wo geringere Beanspruchungen erwartet werden. Damit kann ein Radkörper gleicher Festigkeit speziell für die gewünschte Anwendung als Eisenbahnrad realisiert werden.

Die große Übertragungskapazität und Störsicherheit von Lichtleitfasern in Verbindung mit der hohen Verarbeitungsdichte moderner Kleinrechner eröffnet hier neue Möglichkeiten für Triebfahrzeugsteuerungen. Weitere Vorteile dieser Technologie sind
- die Einsparung von Kupfer durch Ersatz durch Glas
- Einsparungen am Einbaugewicht und die
- Verbesserung der Wartungs- und Reparaturfreundlichkeit durch integrierbare Diagnosesysteme.

Bei der Verwendung von Lichtleitfasern als Datenbus treten bei der Informationsübertragung keinerlei Probleme hinsichtlich der elektromagnetischen Beeinflussung auf, deren Beherrschung bei konventioneller Technik zunehmend Schwierigkeiten bereitet. Eine eingehende Erprobung dieser neuen Steuerungstechnologie wird im Hochgeschwindigkeitszug Intercity-Experimental stattfinden.

Bild 214: Elastischer Hochleistungsradsatz (links) im Vergleich zu einem Standardradsatz der Bauart 80.

Fahrwegbereich

Forschungsschwerpunkte im Fahrwegbereich des Technologieprogrammes sind theoretische und experimentelle Untersuchungen für ein weiterentwickeltes Fahrwegsystem sowie Funktionsnachweise und Zeitverhalten alternativer Oberbaukonstruktionen.
Ziel der Untersuchungen ist die Erarbeitung eines Bewertungssystems für neuartige und klassische Oberbauformen, das Aussagen zur Optimierung von Fahrzeug und Gleis, Voraussagen über die Art der Beanspruchung, Reaktion und Lageveränderung des Oberbaues sowie über die Reaktion im Kontaktbereich Rad/Schiene gestattet. Sicherheit, Komfort und Verschleiß sind dabei die wesentlichsten Bewertungskriterien.
Die Untersuchungen schließen auch Streckenversuche ein, deren Ziel es ist, verschiedene schotterlose Oberbauarten, sogenannte »Feste Fahrbahnen«, unter hoher Betriebsbelastung zu erproben.
Als Versuchsstrecke bot sich auf der Bahnlinie München–Treuchtlingen im Gleis Dachau–Karlsfeld ein 1,7 Kilometer langer Abschnitt an. Von den sechs verschiedenen bisher erprobten Fahrbahnvarianten hat sich die Oberbauform »Rheda« als geeignet erwiesen.

Bild 215: Oberbauversuchsabschnitt Dachau–Karlsfeld.

Zusammenwirken von Fahrzeug und Fahrweg (ZFF)

Forschungsschwerpunkte im Bereich ZFF des Technologieprogrammes sind die Erarbeitung physikalischer Grundlagen des Zusammenwirkens von Fahrzeug und Fahrweg, das Bereitstellen von Rechenprogrammen für die Auslegung adäquater Komponenten und begleitende Arbeiten zur Auslegung, zum Bau und zur Erprobung von Laufwerkskomponenten. Im Vordergrund stehen dabei die Erweiterung der Erkenntnisse zur Kontaktphysik zwischen Rad und Schiene, insbesondere die Reibwertabhängigkeit von Geschwindigkeit und Schlupf sowie die Verschleißphysik, die Weiterentwicklung und Vervollständigung der Methoden für rechnergestützte Fahrzeugentwürfe, der Einsatz des Rollprüfstandes zur Lösung physikalischer Fragen und zur Datengewinnung sowie die Zusammenfassung theoretischer Erkenntnisse zum Verhalten des Fahrwegs in Auslegungsprogrammen für Fahrzeuge.
Im Rahmen umfangreicher theoretischer Untersuchungen wurden verschiedene Möglichkeiten aktiver Laufwerksstabilisierungen verglichen und bewertet. Als am aussichtsreichsten erwies sich die sogenannte »Aktive Drehhemmung«. Sie ist durch querliegende, kraftgeregelte Stellglieder zwischen Wagenkasten und Drehgestellrahmen gekennzeichnet.
Eine erste Hardware-Erprobung der aktiven Drehhemmung ist auf dem Rollprüfstand in einem Versuchsdrehgestell sowie im Versuchsfahrzeug »1« (FFD-Wagen) durchgeführt worden. Hierbei konnte auf dem Rollprüfstand die Funktionstüchtigkeit der aktiven Drehhemmung unter lauftechnisch relevanten Betriebsbedingungen bei Fahrgeschwindigkeiten bis über 500 km/h nachgewiesen werden.

Betriebsleittechnik

Forschungsschwerpunkte im Bereich Betriebsleittechnik des Technologieprogrammes sind der Einsatz neuer elektronischer Technologien in der Signal- und Fernmeldetechnik und die Automatisierung der Betriebsführung. Im Mittelpunkt der Arbeiten stehen derzeit Untersuchungen zur Fahrwegsteuerung und -sicherung, zur Ortung und Freimeldung sowie zur Fahrzeugsteuerung und -sicherung.
Hauptbestandteil der bisherigen Fahrwegsicherung ist das Relaisstellwerk, das vor allem im Hinblick auf die Verarbeitungsgeschwindigkeit bis zur Grenze des technisch möglichen ausgelastet ist.
Komplexe Steuerfunktionen, wie sie in einem komfortablen

Betriebsleitsystem von der Fahrwegsteuerung verlangt werden, lassen sich in der Praxis mit Relaisschaltungen nicht mehr realisieren. In Zukunft werden Mikrocomputersysteme die Verarbeitung durchführen. Bei der Realisierung dieser Technik wird insbesondere die Trennung von steuernden und sichernden Funktionen angestrebt.
Durch die Fahrwegsteuerung werden entweder auf Anforderung der Betriebsführung oder bei Bedarf durch die Fahrzeugsteuerung fahrplanmäßiger Züge die Fahrwegabschnitte ohne Sicherheitsverantwortung eingestellt, die Fahrwegsicherung trennt beim Herannahen eines Zuges die Fahrwegsteuerung vom Prozeß ab. Die Fahrwegsicherung verschließt auf Anstoß durch das Fahrzeug den augenblicklich eingestellten Zustand der Weichen und prüft den Flankenschutz. Von ihr werden keine Fahrwegelemente eingestellt. Die Sicherung eines Abschnitts wird aufgehoben, wenn der Zug über die letzte Weiche des Abschnitts gefahrten ist. Hierzu sind entsprechende Gleisfreimeldeeinrichtungen notwendig.
Die Informatiosübertragung von der Zentrale zur Peripherie wird mit neuartigen Mitteln wie z. B. Lichtleitern geschehen und damit von der Energieversorgung der Weichen und Signale entkoppelt werden. Damit läßt sich eine beliebig große Stellenentfernung verwirklichen.
Die Technologiearbeiten im Rad/Schiene-Forschungsprogramm setzen sich auch mit Fragen der Fahrzeugortung und mit der Informationsübertragung auseinander.
Zur Lösung werden unterschiedliche Medien und Systeme vorgeschlagen. Untersucht wurden bisher Funkgeräte für 40 und 60 GHz und ein Funk-LZB-Versuchssystem an der Strecke Augsburg–Donauwörth zur Datenübertragung mit unterschiedlichen Modulationsverfahren und Übertragungsgeschwindigkeiten und aktiven Balisen und Ortungseinrichtungen. Die Versuche führten zur experimentellen Bestätigung der Eignung von Millimeter-Wellenfunk für die Informationsübertragung und Ortung und zur Erarbeitung eines Konzepts für Informations- und Ortungssysteme. Nach Abwägung der Vor- und Nachteile unterschiedlicher Übertragungsmedien und Frequenzbereiche unter Einbeziehung umfangreicher Funkübertragungsmessungen erwies sich ein Linienfunksystem mit 40 GHz als geeignetste Lösung. Die Vorteile eines solchen Systems liegen in der Oberbaufreiheit, hoher Übertragungsqualität und großer Leistungsfähigkeit.

Bild 216: Versuchsfahrzeug »1« (FFD-Wagen) für Hochgeschwindigkeitsversuche.

Energietechnik und Umweltfragen

Forschungsschwerpunkt im Bereich Energietechnik ist die Energieübertragung auf das Triebfahrzeug mit den Arbeitsthemen optimale Gestaltung von Fahrleitungen und Stromabnehmer/Oberleitungs-Dynamik.
Während die Wellenbewegungen der Oberleitung bei den heute üblichen Fahrgeschwindigkeiten noch eine ausreichende Stromabnahme ermöglichen, treten bei höheren Geschwindigkeiten Kontaktprobleme auf. Bei der Oberleitungsgestaltung für hohe Fahrgeschwindigkeiten stellt deshalb eine längs des Fahrdrahtes möglichst unveränderliche Elastizität eine wichtige Voraussetzung für den sicheren Lauf des Stromabnehmers am Fahrdraht dar. Im Forschungsschwerpunkt Energietechnik des Technologieprogrammes wurde hierfür ein rechnerisches Instrumentarium zur Ermittlung des statischen Verhaltens von Oberleitungen geschaffen.
Im Bereich der Umweltforschung steht die Reduktion der Schallemission des Schienenverkehrs im Vordergrund. Arbeitsthemen sind hier die Erarbeitung der physikalischen Grundlagen zur Lärmentstehung, konstruktive Maßnahmen zur Verringerung der Schallentstehung und -abstrahlung, Riffeluntersuchungen und die Geräuschdämmung im Fahrzeug.

Bild 217: Rollprüfstand München-Freimann, Versuche zur Optimierung von gummigefederten Rädern des S-Bahntriebzugs ET 472/473.

Projekte

Ergänzend zu den Forschungs- und Entwicklungsaktivitäten im Technologieprogramm werden Versuchseinrichtungen und Erprobungsträger benötigt, die über die technisch/physikalischen Experimente im Labor hinausgehen. Dabei ist eine Zusammenfassung der abgesicherten theoretischen Erkenntnisse in Komponenten, Teilsystemen und Systemen vorgesehen, die abschließende Untersuchungen zum Zusammenwirken der Elemente ermöglichen und Anwendungsentscheidungen vorbereiten.
Bisher werden im Rad/Schiene-Forschungsprogramm des BMFT folgende Projekte gefördert:
- der Rollprüfstand in München-Freimann
- der Hochgeschwindigkeitszug Intercity-Experimental, über den bereits berichtet wurde und
- die Versuchsstrecke Rheine–Spelle–Freren, deren Realisierung aus finanziellen Gründen allerdings zurückgestellt werden mußte.

Mit dem Bau des Rollprüfstandes wurde die Möglichkeit geschaffen, das Laufverhalten von Einzelradsätzen, Drehgestellen und kompletten Fahrzeugen sowie den Einfluß von Einzelkomponenten wie Federungen, Dämpfungen, Massenverteilungen auf das Laufverhalten zu untersuchen.
Diese Versuche haben gezeigt, daß die theoretisch vorausgesagten Effekte für die Lauftechnik auf dem Rollprüfstand bestätigt werden konnten.

Systemuntersuchungen

Die Forschungs- und Entwicklungsarbeiten des Rad/Schiene-Forschungsprogrammes werden durch Systemuntersuchungen begleitet. Dabei sollen Einsatzfelder für fortentwickelte Rad/Schiene-Systeme aufgezeigt, beschrieben, gegen andere Transportsysteme abgegrenzt und damit Grundlagen für mögliche spätere Anwendungsfälle geschaffen werden.
Zu interessanten Ergebnissen kam bisher die »Rad/Schiene-Planungsstudie Paris–Frankfurt«. Die Planungsstudie wird als Kooperationsprojekt gemeinsam mit Frankreich durchgeführt. Dabei werden auf der Basis eines Investitions- und Betriebskostenvergleichs alternative Schnellfahrtechnologien für die Relation Paris–Metz–Saarbrücken–Frankfurt/Main betrachtet. Der inzwischen abgeschlossene Investitionsvergleich für einen artreinen Personenverkehr, bei dem von französischer Seite das TGV-System, von deutscher Seite das Magnetbahnsystem und ein weiterentwickeltes Rad/Schiene-System auf der Basis des ICE eingebracht worden sind, ergab folgende mittlere Investitionen je Doppel-Kilometer:
- Rad/Schiene-System (300 km/h) rd. 7,5 Mio DM
- Magnetbahn (400 km/h) rd. 11,5 Mio DM

Der Betriebskostenvergleich für die Relation Frankfurt/Main–Paris wird derzeit durchgeführt.

Optionen für die Zukunft

Wenn auch die Eisenbahn zu ihrem 150. Geburtstag in der Bundesrepublik Deutschland eine krisenhafte Phase zu überstehen hat, so wird sie längerfristig in einem integrierten Gesamtverkehrssystem wieder stärker gefragt sein. Diese positive Perspektive gilt es, durch rechtzeitig vorbereitete, moderne und leistungsfähige Technologien zu nutzen. Forschung und Entwicklung tragen mit dazu bei, die Voraussetzungen hierfür zu schaffen und die ebenso notwendigen unternehmerischen, wirtschaftlichen und politischen Absichten zu ergänzen. Die geniale Erfindung des Systems Rad/Schiene besitzt noch erhebliche Entwicklungspotentiale.
Die bisherigen Forschungs- und Entwicklungsprojekte haben beachtliche Ergebnisse gebracht und weltweit Anerkennung gefunden. Es besteht die begründete Aussicht, daß für die notwendigen strukturellen Umorientierung im Bahnsektor entscheidende Beiträge geleistet werden können.
Die Eisenbahn bildete in der Vergangenheit das Rückgrat des Verkehrswesens; die Rolle der Bahn von morgen ist unter den gesamtwirtschaftlichen, gesellschaftspolitischen, raumordnerischen, umwelt- und energiebewußten Randbedingungen neu zu bestimmen. Die Zukunft heißt:

Verbesserung der Marktsituation der Bahn durch energiesparende, verschleißarme und wenig instandhaltungsbedürftige sowie umweltfreundliche Transportmittel.

Die große Eisenbahn als Vorbild der kleinen

von Bernhard Stein

Schon wenige Monate nach der Jungfernfahrt des ersten Dampfzuges in Deutschland von Nürnberg nach Fürth im Jahre 1835 wurden Spielzeugmodelle mit Schwungradantrieb nach dem Vorbild dieser Eisenbahn angeboten. Das erste schienengebundene Modelleisenbahnsystem ließ allerdings noch ein halbes Jahrhundert auf sich warten und wurde erstmals auf der Leipziger Messe im Jahre 1891 vorgestellt. Die Züge waren zunächst aus Weißblech gefertigt, und die Lokomotiven wurden mit Uhrwerksmotoren angetrieben. Noch hatten die Modelle nur wenig Ähnlichkeit mit irgendwelchen Vorbildern.

Die ersten elektrischen Modelleisenbahnen brachte derselbe Hersteller um die Jahrhundertwende auf den Markt. Diese sogenannten »Starkstrombahnen« waren allerdings nicht ganz ungefährlich; sie wurden mit dem seinerzeit üblichen 110-Volt-Gleichstrom aus dem Hausnetz betrieben. Zwar wurde die Stromstärke durch zwischengeschaltete Kohlenfadenlampen in den Steuergeräten reduziert, doch die an den Schienen anliegende Spannung konnte immer noch Spitzenwerte von 80 Volt erreichen. Die aus gelötetem Feinblech solid verarbeiteten Modelle aus jener Zeit zählen heute bei Sammlern zu den besonders begehrten Raritäten.

Die Spielzeug- und die Modelleisenbahnen erlebten einen weltweiten Siegeszug; auch andere Firmen begannen in Deutschland, England und den USA mit der Bahn-Produktion im kleinen Maß. Der harte Wettbewerb zwang zu immer ausgereifteren Systemen und vorbildgetreueren Modellen. Der Käuferkreis beschränkte sich damals auf eine Minderheit der gehobenen Einkommensgruppen, da die maßstäblich großen Modelle noch recht teuer waren und die Gleisanlagen viel Wohnraum in Anspruch nahmen. Diese Situation änderte sich grundlegend erst Mitte der 30er Jahre, als kleinere, mit ungefährlichem Schwachstrom betriebene Motoren zur Verfügung standen und die 00-Spur (16,5 mm) als Vorläuferin der heutigen Modelleisenbahn-Nenngröße H0 (Nachbildungsmaßstab 1:87) eingeführt werden konnte. Die H0-Spur hat sich weltweit rasch durchgesetzt; etwa 80% aller Modelleisenbahnbesitzer haben sich auf diese Nenngröße festgelegt. Aber auch die in jüngster Zeit entwickelten noch kleineren Modelleisenbahnen der Nenngrößen N und Z (Nachbildungsmaßstab 1:160 bzw. 1:220) stießen vor allem dort auf Interesse, wo beengte Wohnraumverhältnisse dem Aufbau einer Modelleisenbahnanlage in den herkömmlichen Größen entgegen gestanden hatten.

Bild 218: Vorbild oder Modell? Der Modellbahn-TEE fährt die Geislinger Steige talwärts.

Mit der Einführung leicht formbarer Kunststoffe bei gleichzeitig stetig zunehmender Präzision der maschinellen Fertigungsverfahren gelang es schließlich, auch bei den Serienmodellen einen kaum noch zu überbietenden Qualitätsstandard zu erreichen. Die Modelleisenbahnen moderner Prägung sind bis in alle Einzelheiten fein detailliert ihren großen Originalen nachgebildet und können außerdem auch dank der großen Nachfrage verhältnismäßig preisgünstig angeboten werden. Denn das Spiel mit der Modelleisenbahn zählt heute mit zu den beliebtesten Freizeitbeschäftigungen von Millionen Menschen in aller Welt. Darüber hinaus gibt es viele leidenschaftliche Sammler von Eisenbahnmodellen. Mehr als 60 Firmen stellen Modelleisenbahnen und Zubehör in größeren Serien her. Weltweit dürften es mehr als 12000 Modelleisenbahnfahrzeuge sein, die in rund zwei Dutzend verschiedenen Spurweiten und Nachbildungsmaßstäben angeboten werden.

Modelleisenbahnland Nummer eins ist die Bundesrepublik Deutschland noch vor den anderen »klassischen« Modelleisenbahnländern Schweiz, Österreich und USA. Die großen Hersteller in der Bundesrepublik Deutschland produzieren heute qualitativ hochwertige Modelleisenbahnen in Großserie und decken zusammen nahezu die Hälfte des Weltmarktbedarfs. Auf dem Zubehörsektor sind die bekannten deutschen Marken am Weltmarkt führend. Gut 60% der Gesamtproduktion der genannten Firmen bleiben jedoch im Land, denn in rund 5,5 Millionen bundesdeutschen Haushaltungen findet sich eine Modelleisenbahn. Der Jahresumsatz der Branche lag 1983 weit über einer halben Milliarde DM.

Die Psychologen sagen, daß die Grundidee zum Modelleisenbahnhobby vorwiegend aus dem Wunschdenken resultiert, die technische Faszination der »großen« Eisenbahn in die eigenen vier Wände zu holen. Wenn das stimmt, dann gibt es wohl kaum eine aufrichtigere Liebeserklärung der Bevölkerung an die Eisenbahn ihres Landes als das maßstabgetreue Spiegelbild und die Nachahmung im kleinen.

Bild 219: Ein Stück Eisenbahngeschichte im Modell! Ein vorbildtreu nachgebautes Bahnbetriebswerk als Versorgungsbasis für Dampflokomotiven in der Nenngröße H0.

Bild 220: Vision und Rückblick im Modell: Adler und ICE spiegeln auch in der Modelleisenbahn Vergangenheit und Zukunft wieder. Fast ebenso alt wie die deutsche Eisenbahngeschichte ist auch die Geschichte der Miniaturlokomotiven.

1985 – das Jahr der Eisenbahn

Die neue Bahn

»Die neue Bahn« – das ist der Slogan, mit dem die Deutsche Bundesbahn durch das Jubiläumsjahr »150 Jahre deutsche Eisenbahnen« fährt. Vom 7. Dezember 1984 bis zum 7. Dezember 1985 – das ist der eigentliche Bahn-»Geburtstag«, an dem vor 150 Jahren der »Adler« zum ersten Mal zwischen Nürnberg und Fürth dampfte – wird sich die DB in einer Vielzahl von Veranstaltungen, Ausstellungen, Schauen als modernes, leistungsfähiges Verkehrsmittel präsentieren, ohne das auch in Zukunft nichts läuft.

Der Bogen des Jubiläumsjahres ist rund gespannt: Am Anfang stand die Wiedereröffnung des Nürnberger Verkehrsmuseums, Schlußakkorde sind die ersten Hochgeschwindigkeitsfahrten des Intercity-Experimental, des Triebwagens für den Schnellverkehr der 90er Jahre, auf den Neubau- und Ausbaustrecken und die Fertigstellung der U-Bahn-Linie von Nürnberg nach Fürth, die die beiden Städte auf der historischen Trasse des »Adler« mit einem hochmodernen Schienennahverkehrsfahrzeug verbindet.

Das Motto »Die neue Bahn« macht klar, daß nicht die museale Nostalgie den Fahrplan zum runden Bahngeburtstag bestimmen wird, sondern der Blick auf das Heute und auf das Morgen. Die Bahn hat Anspruch auf Zukunft. Das dokumentiert sie im Jubiläumsjahr auf vielfältige Weise mit aktuellen Beispielen.

Die Jubiläums-Ausstellung: Eisenbahn erleben und anfassen

Vom 15. Mai bis zum 18. August 1985 findet in Nürnberg eine große Jubiläumsausstellung statt, die vermutlich hunderttausende Besucher in die fränkische Metropole locken wird. Während die eigens zu diesem Zweck gegründete »Eisenbahnjahr Ausstellungsgesellschaft« (EJA) – eine Tochter der Stadt Nürnberg und der Nürnberger Messe- und Ausstellungsgesellschaft – neben der historischen Entwicklung der Eisenbahn aus der Vor- und Frühgeschichte bis ins 20. Jahrhundert auch Themenschwerpunkte wie »Kulturgeschichte des Reisens mit der Eisenbahn« oder »Mensch und Maschine« aufgreift, will die DB in ihrer Leistungsschau die moderne, die neue Bahn präsentieren.

In einer großen Fabrikhalle des ehemaligen Eisenwerks Tafel im Industriegebiet nahe des Bahnhofs Nürnberg Ost gliedert sich die Selbstdarstellung der DB in fünf Kernbereiche und zwei ergänzende Blöcke:
- Bahn und Bürger
- Personenverkehr
- Güterverkehr
- Produktion und Technik
- Zukunftsperspektiven
- Der Eisenbahner
- Moderne Bautechnik

Sieben Kapitel, in denen die gesamte moderne Bundesbahn vorgestellt werden kann – nicht etwa nur für Fachleute, sondern für jedermann, der sich für die Eisenbahn interessiert.

Unter dem Thema »Bahn und Bürger« wird die DB ihre volkswirtschaftliche Bedeutung herausarbeiten – und dabei sicherlich manchen Bahnkunden staunen lassen, welche Rolle die Bahn in der Wirtschaft als Auftraggeber und damit auch für die Sicherung von Arbeitsplätzen spielt.

Auch die aktuelle Umweltschutz-Problematik gehört in diesen Bereich; Stichworte für die Schau sind u. a. Flächenbedarf, Verkehrslärm, Luftverschmutzung, Energiebedarf.

Der Kernbereich »Personenverkehr« wird ganz aktuell das Intercity-Konzept »IC '85« vorstellen, aber auch DB-Markenartikel wie das Flaggschiff »TEE Rheingold« und die »FernExpreß«-Züge mit ihren Direktverbindungen in die Urlaubsgebiete präsentieren. Die Bahn wird hier auch darstellen, daß sie das Wort »Service« groß schreibt – angefangen von den Betreuern im »neuen« Intercity über die Platzreservierung bis hin zu Parkplätzen am oder sogar im Bahnhof.

Ergänzend dazu stellt der Kernbereich »Zukunftsperspektiven«, in dem das Neubau- und Ausbaustreckenprogramm der DB eine bedeutende Rolle spielt, ein Modell des Hochgeschwindigkeitszuges Intercity-Experimental (ICE) vor. Ein komplett eingerichtetes Abteil in Originalgröße mit neuartigen Kommunikationsmöglichkeiten wird den Ausstellungsbesuchern eindrucksvoll das Erlebnis Bahnfahren von morgen vorführen.

Bei der Gestaltung des Schau-Schwerpunktes »Güterverkehr« haben sich die konzipierenden Eisenbahner überlegt, daß sie einen Bereich vorzustellen haben, der für den Normalverbraucher meist hinter den Kulissen liegt. So wird hier nicht nur die gesamte Leistungspalette vom IC-Kurierdienst bis

InterCargo präsentiert und dargestellt, wie die Bahn sich der Wirtschaft auch in Kooperation mit Tochtergesellschaften und dritten Unternehmen empfiehlt, sondern es wird versucht, die Welt des Güterverkehrs transparenter zu machen. Die Besucher bekommen die computerunterstützte Güterwagen-Disposition und -Laufüberwachung am Terminal vorgeführt, sie erhalten auch Einblicke in die besonderen Be- und Entlade-Techniken moderner Spezialgüterwagen.
Hinter die Kulissen führt auch die Abteilung »Produktion und Technik«. Von der Fahrplangestaltung bis zur Überwachung einer Zugfahrt reicht das Themenangebot. Ausstellungsstücke sind beispielsweise ein kompletter Führerstand einer elektrischen Lokomotive mit Fahrsimulator, eine Originalweiche, Signale. Hier können die Besucher selbst Knöpfchen drücken, schalten und stellen – Bahn zum Anfassen.
Dieses Motto steht auch über der Fahrzeugschau im Freigelände, der umfassenden Palette der modernen Bahn: ein Intercity-Zug mit fünf Wagen, Schlaf-, Liege-, Autoreisezug-, Gesellschaftswagen, das komplette Nahverkehrsangebot von der S-Bahn bis zum modernen Bus. Ebensowenig fehlt das Programm der modernen Güterwagen, der Spezialisten für jede Transportaufgabe, und außerdem führt die Bahn ihren leistungsfähigen Lokomotivpark vor. Bahn zum Anfassen und zum Zuhören: Überall werden Eisenbahner Einzelheiten erklären und auf wißbegierige Fragen antworten.
Außerdem haben die Ausstellungsbesucher Gelegenheit, den Alltagsbetrieb der Eisenbahn vor Ort kennenzulernen. Unter dem Stichwort »Erlebte Eisenbahn« können auf der Schau Besuchsfahrten gebucht werden. Beispielsweise in den Containerbahnhof Nürnberg, ins Ausbesserungswerk und in ein großes Stellwerk. Ein weiteres »Erlebnis«-Ziel ist der Rangierbahnhof Nürnberg: Die gewaltige, um die Jahrhundertwende erbaute Anlage, derzeit in einer Umbauphase der Erneuerung von Grund auf, liefert »live« die Rangiertechniken von einst und auch schon die modernsten mikroprozessorgesteuerten Möglichkeiten von heute – Eisenbahngeschichte und Zukunftsperspektive im Detail.

Jubiläumsparade: Live-Show der Zug-Nummern

An drei Wochenenden im Spätsommer wird ein Nürnberger Bahnhof zur Bühne: Jubiläumsparade der Bahn. Eine Art Live-Show mit Loks und Zügen. Die »Choreografie« hat rund 70 verschiedene Vorführungspunkte zum Thema 150 Jahre Eisenbahn einst, jetzt und morgen.
Von Steh- und Sitzplätzen auf Tribünen können 14000 bis 15000 Zuschauer die unterhaltsame, fröhliche Präsentation der Bahn miterleben. Einzelheiten stehen wie vor jeder guten Show noch unter Verschluß. Verraten sei nur, daß das »Star«-Aufgebot aus 120 Fahrzeugtypen aller Bahn-Epochen besteht; aneinandergereiht bringt es dieses Angebot an Zugnummern im wahrsten Sinne des Wortes auf einen vier Kilometer langen Lindwurm!

Die Eisenbahn im »Aufbruch ins Industrie-Zeitalter«

In der Ausstellung »Aufbruch ins Industriezeitalter«, die sich mit der Wirtschafts- und Sozialgeschichte Bayerns in der Zeit von 1750 bis 1850 beschäftigt, wird auch eines der wichtigsten Kapitel des bayerischen Eisenbahnwesens aufgeblättert: Die Errichtung der ersten größeren Eisenbahnverbindung in Bayern, der Strecke München–Augsburg. Mehr als 6000 Arbeiter waren von 1837–40 mit diesem Bau beschäftigt. Die Lokomotiven mußten in England bestellt werden, da es in Bayern noch an dem notwendigen technischen Wissen, den Ingenieuren und den großen Werkstätten fehlte. Ein Modell des ersten Zuges fährt in der Ausstellung.
Landarbeiter, Arbeiter und kleine Handwerker nahmen die Eisenbahn als neues Fortbewegungsmittel begeistert auf. Leben, Arbeiten und Schicksal dieser »kleinen Leute« wird dem Besucher der Ausstellung in vielen Beispielen nähergebracht.
Die Ausstellung wird vom Haus der Bayerischen Geschichte in der Kunsthalle in Augsburg (Imhofstr. 7, neben dem Kongreßgebäude) veranstaltet und ist täglich vom 26. April bis 28. Juli 1985 geöffnet.

Eisenbahn – neu im Deutschen Museum

Im Jubiläumsjahr 1985 präsentiert das Deutsche Museum zwei Ausstellungen zum Thema Eisenbahn:
Am 8. Mai öffnete die neugestaltete und erweiterte Eisenbahnhalle wieder ihre Tore für den Besucher. Neu dazugekommen sind weitere Meilensteine der Lokomotivgeschichte sowie Magnetschwebebahnen, Baulokomotiven, Gleisbau und vieles mehr.
Vom 13. Juni bis 5. Oktober ist die Ausstellung »Die Fahrkarte – Symbol der Überwindung von Raum und Grenzen« zu sehen, die in Zusammenarbeit mit der Deutschen Bundesbahn entstanden ist. Sie lädt ein zu Traumreisen mit Postkutsche, Eisenbahn und Luftschiffen in alle Länder der Welt.

Literaturverzeichnis

Hauptteil I

Alberty, Der Übergang zum Staatsbahnsystem in Preußen, Jena 1911

Aubin, Zorn (Hrsg.), Handbuch der deutschen Wirtschafts- und Sozialgeschichte. Bd. 2 Das 19. und 20. Jahrhundert, Stuttgart 1976

Baltzer, Kolonial- und Kleinbahnen, 2 Bde., Leipzig 1920, Nachdruck Mainz 1982

Becher, Die Leipzig–Dresdner Eisenbahn-Compagnie, Berlin-Ost 1981

Beckh, Deutschlands erste Eisenbahn Nürnberg–Fürth. Ein Werk von Tatkraft und Gemeinsinn, Nürnberg 1935

Benzenberg, Joachimsthaler (Hrsg.), 100 Jahre elektrische Eisenbahn 1879–1979, Starnberg 1979

Born (Hrsg.), Pioniere des Eisenbahnwesens, Darmstadt 1961

Bösselmann, Die Entwicklung des deutschen Aktienwesens im 19. Jahrhundert, Berlin 1939

Brandt, Schlaf- und Speisewagen der Eisenbahn, Stuttgart 1968

Eichholz, Junker und Bourgeoisie vor 1848 in der preußischen Eisenbahngeschichte, Berlin-Ost 1962

Eicholtz, Bewegung unter den preußischen Eisenbahnbauarbeitern im Vormärz, in: Beiträge zur deutschen Wirtschafts- und Sozialgeschichte des 18. und 19. Jahrhunderts, Bd. 10, Berlin-Ost 1962, S. 251–287

Fremdling, Eisenbahnen und deutsches Wirtschaftswachstum 1840–1879, Dortmund 1975

Friedell, Kulturgeschichte der Neuzeit, München 1979

Glaser, Maschinenwelt und Alltagsleben. Industriekultur in Deutschland, Frankfurt 1981

Glaser/Neudecker: Die deutsche Eisenbahn Bilder aus ihrer Geschichte, München 1984

Glaser, Von deutscher Eisenbahn, München 1984

Gottwaldt, Geschichte der deutschen Einheits-Lokomotiven, Stuttgart 1978

Gottwaldt, 100 Jahre deutsche Elektro-Lokomotiven, Stuttgart 1979

Hagen, Die erste deutsche Eisenbahn mit Dampfbetrieb zwischen Nürnberg und Fürth, Nürnberg 1885

Henderson, Die Rolle Preußens bei der wirtschaftlichen Einigung Deutschlands, in: Preußen – Beiträge zu einer politischen Kultur, hrsg. v. Manfred Schlenke, Reinbek 1981, S. 197–220

Hobsbawn, Industrie und Empire. Britische Wirtschaftsgeschichte seit 1750, Frankfurt 1974

Hoppstädter, Die Entstehung der Saarländischen Eisenbahnen, Saarbrücken 1961

Hundert Jahre deutsche Eisenbahn. Jubiläumsschrift zum hundertjährigen Bestehen der deutschen Eisenbahnen, Berlin 1938

Husung, Eisenbahnarbeiter im Vormärz: Arbeitsformen und Konfliktmuster, in: Arbeiter in Deutschland. Studien zur Lebensweise der Arbeiterschaft im Zeitalter der Industrialisierung, hrsg. v. Dieter Langewiesche, Klaus Schönhoven, Paderborn 1981, S. 209–220

Jens, Zehn Pfennig bis Endstation. Der öffentliche Personennahverkehr in Geschichte und Gegenwart, in: Walter Jens, Republikanische Reden, Frankfurt 1979, S. 183–200

Kech, Geschichte der deutschen Eisenbahnpolitik, Leipzig 1911

Klee, Preußische Eisenbahngeschichte, Stuttgart 1982

Kocka, Unternehmer in der deutschen Industrialisierung, Göttingen 1975

Kuntzemüller, Die badischen Eisenbahnen, Freiburg und Heidelberg 1940

Lechner, Die Privat-Eisenbahnen in Bayern, München und Berlin 1920

Leiskow, Spekulation und öffentliche Meinung in der ersten Hälfte des 19. Jahrhunderts, Jena 1930

Lichtenstein, Mit der Reichsbahn in den Tod, Köln 1985

Liebl, Die Privateisenbahn München–Augsburg (1835–1844). Entstehung, Bau und Betrieb, München 1982

Linnenkampf, Die Gründerzeit 1835–1918, München 1976

Lutz, Der Bau der bayerischen Eisenbahnen rechts des Rheins, München und Leipzig 1883

Mahr, Eisenbahnen in der deutschen Dichtung. Der Wandel eines literarischen Motivs im 19. Jahrhundert, München 1982

Marggraff, Die Kgl. Bayerischen Staatseisenbahnen in geschichtlicher und statistischer Beziehung, München 1894. Nachdruck Stuttgart 1982

Mayer, Geschichte und Geographie der deutschen Eisenbahnen, 2 Bde., Berlin 1891

Messerschmidt, Taschenbuch Deutsche Lokomotivfabriken, Stuttgart 1977

Minaty (Hrsg.), Die Eisenbahn. Gedichte, Prosa, Bilder, Frankfurt 1984

Mottak, Wirtschaftsgeschichte Deutschlands, Bd. 2, Berlin-Ost 1972

Mück, Deutschlands erste Eisenbahn mit Dampfkraft, Diss. Würzburg 1968

Mühl, Die Großherzoglich Badischen Staatseisenbahnen, Stuttgart 1981

Nock, Der große Atlas der Eisenbahnen, München 1980

Ostendorf, Eisenbahnknotenpunkt Ruhrgebiet, Stuttgart 1979

Popp, Gründung und Verwaltung der ersten deutschen Eisenbahn, der Ludwigsbahn. Eine rechtsgeschichtliche Betrachtung. Diss. Erlangen 1943

Pöls (Hrsg.), Deutsche Sozialgeschichte 1815–1870, München 1979

Ringsdorf, Der Eisenbahnbau südlich Nürnbergs 1841–1849, Nürnberg 1978

Ruser, Die Reichsbahn als Reparationsobjekt, Freiburg 1981
Schadendorf, Das Jahrhundert der Eisenbahn, München 1965
Schivelbusch, Geschichte der Eisenbahnreise. Zur Industrialisierung von Raum und Zeit im 19. Jahrhundert, München 1977
Schnabel, Deutsche Geschichte im 19. Jahrhundert, Bd. 3 Erfahrungswissenschaften und Technik, Freiburg 1954
Schultz, Die volkswirtschaftliche Bedeutung der Eisenbahnen. Eine Studie zur Systemfrage, Jena 1922
Steitz, Die Entstehung der Köln–Mindener Eisenbahngesellschaft, Köln 1974
Störiko, Geschichte der deutschen Waggonindustrie und ihrer Verbände von 1877 bis 1977, Frankfurt 1977
Temming, Geschichte der Eisenbahn, Braunschweig 1976
Wagenblass, Der Eisenbahnbau und das Wachstum der deutschen Eisen- und Maschinenbauindustrie 1835–1860, Stuttgart 1973
Walz, Erlebnis Eisenbahn, Stuttgart 1977
Weigelt, Bayerische Eisenbahnen. Vom Saumpfad zum Intercity, Stuttgart 1982
Wortmann, Eisenbahnbauarbeiter im Vormärz. Sozialgeschichtliche Untersuchung der Bauarbeiter der Köln–Mindener Eisenbahn in Minden–Ravensberg 1844–1847, Köln 1972

Hauptteil II

Almanach 1971 der deutschen Eisenbahnen, Darmstadt, 1971
Autorenkollektiv, Handbuch der Dieseltriebfahrzeuge der Deutschen Bundesbahn, Frankfurt am Main, 1963, 1966, 1975
Behrendt, Längst kein Lückenbüßer mehr – Die »Gummieisenbahn«. Bus und Lkw im Angebot der DB, JdE 33 (1982), S. 128–133
Binnewies, Wandel in der Zugförderung bei den Eisenbahnen in Deutschland, ZEV-GA 101 (1977), S. 31–42
Bitter, Henning, Weiss, Sander, Handbuch der elektrischen Triebfahrzeuge der Deutschen Bundesbahn, Frankfurt am Main, 1959
Blum, Die elektronische Platzbuchungsanlage der Deutschen Bundesbahn, DB 51 (1975), S. 701–706
Bretschneider, Die Baureihe V 200.0, Freiburg, 1981
Busch, Die Geburtsstunde der Deutschen Bundesbahn, DB 25 (1951), S. 727–729
Busch, Die Reichsbahn drei Jahre nach Kriegsende, DR 22 (1948), S. 5–8
Diesel-Traktion bei der DB heute, DB 47 (1972), Sonderheft Nr. 3/4
Dietrich, Die »Weisse Flotte« der DB auf dem Bodensee – Dampfschiffe werden durch Dieselmotorschiffe ersetzt, DB 38 (1964), S. 502–506
Dorpmüller, Die Reichsbahn als Käufer, DR 5 (1929), S. 265–272
Eichinger/Finger, Das Dienstrecht der Mitarbeiter der Deutschen Bundesbahn, Frankfurt a. M., 1972
Eisenbahnen und Eisenbahner, Dokumentarische Enzyklopädie in 6 Bänden, Frankfurt am Main, 1968–1974
Endmann, Anforderungen an einen modernen Bahnhof und seine Umgebung, DB 60 (1984), S. 457–461
Ernst, Rheingold – Luxuszug durch fünf Jahrzehnte, Düsseldorf, 1977
Fahrzeugpark für den Reiseverkehr heute und morgen, DB 46 (1972), S. 383–445
Fakiner, Der moderne Personenbahnhof in Technik und Betriebsweise, Mainz und Heidelberg, 1959
Firner, Der Autoreisezugverkehr – ein attraktiver Angebotsbereich der DB, DB 55 (1979), S. 15–20
Fischer, Die Entwicklung des internationalen Reiseverkehrs in Deutschland seit 1945, DR 23 (1949), S. 96–108
Flemming, Fünf Jahre Wiederaufbau im Zugförderungsdienst der DB, JdE 1 (1950), S. 101–111
Flemming, Die Fortentwicklung der Dampflokomotive bei der Deutschen Bundesbahn seit 1945, DB 25 (1951), S. 354–366
Flemming, Die Schiffsbetriebe der Deutschen Bundesbahn, ZEV-GA 85 (1961), S. 286–295
Frerk, Rationalisierung ohne Ende? Die Fahrzeugunterhaltung in den Ausbesserungswerken der DB, JdE 27 (1976), S. 90–97
Fricke, Die innerdeutsche Grenze und ihre Auswirkungen auf den Schienenverkehr, Landsberg–Pürgen, 1980
Frohne u. a., Der Weg zum TEE, DB 31 (1957), S. 538–610
Fuchs, Die Schnelltriebwagen der Deutschen Reichsbahngesellschaft, DR 9 (1933), S. 7–16
Gaebler, Brennkrafttriebfahrzeuge der Deutschen Bundesbahn heute und morgen, DB 31 (1957), S. 474–485
Glatte, Diesellokomotiven deutscher Eisenbahnen, Düsseldorf, 1980
Gohlke, DB ein Jahr unter neuer Führung. Erfahrungen – Erkenntnisse – Folgerungen, DB 59 (1983), S. 283–287
Gottwaldt, Deutsche Reichsbahn 1935, Stuttgart, 1975
Gottwaldt, Deutsche Kriegslokomotiven, Stuttgart, 1973
Gottwaldt, Deutsche Eisenbahnen im Zweiten Weltkrieg – Rüstung, Krieg und Eisenbahn 1939–1945, Stuttgart, 1983
Graßmann, 25 Jahre danach. Wiederaufbau und Modernisierung der Eisenbahnen in der Bundesrepublik Deutschland, DB 44 (1970), S. 205–213
Griebl/Wenzel, Geschichte der deutschen Kriegslokomotiven, Wien, 1971
Gröben, Taschenbuch der Eisenbahngesetze, Darmstadt, 1984
Haase, Die Trennungsrechnung der DB als Basis für ein neues Eisenbahnverständnis, DB 59 (1983), S. 311–315
Haselmann/Waldinger, Die neue Absatzorganisation: Ein Instrument zur Stärkung der Absatzfunktion der Deutschen Bundesbahn, DB 60 (1984), S. 657–660
Hauff, Gegenwärtige Lage und Zukunftsperspektiven der DB vor dem Hintergrund verkehrspolitischer Entwicklungen, DB 58 (1982), S. 5–8
Haustein, Das Werden der Großdeutschen Reichsbahn im Rahmen des Großdeutschen Reichs, DR 18 (1942), S. 76–88, S. 114–125
Haustein, Internationales Eisenbahnrecht, Frankfurt am Main, 1956
Haustein, Die Eisenbahnen im Deutschen Öffentlichen Recht, Frankfurt am Main, 1960
Haustein/Stumpf, Hundert Jahre deutsche Eisenbahner, Leipzig, 1935
Hilberg, Sonderzüge nach Auschwitz, Mainz, 1981
Huber, Die Entwicklung des zivilen Personenverkehrs nach der Kapitulation, DR 22 (1948), S. 41–46

Hundert Jahre Eisenbahn Direktion Hamburg, Hamburg, 1984
Hundert Jahre Eisenbahnfinanzwesen, in: Hundert Jahre deutsche Eisenbahnen, Jubiläumsschrift zum hundertjährigen Bestehen der deutschen Eisenbahnen, S. 423ff., Berlin, 1938
Jarbot/Bergmann, Der Güteprüfdienst der Deutschen Bundesbahn, DB 57 (1981), S. 1011–1014
Joachimsthaler, Die elektrischen Einheitslokomotiven der Deutschen Bundesbahn, Frankfurt am Main, 1962, 1965, 1976
Kirsche, Bahnland DDR, Berlin, 1981
Kittel, Die Deutsche Reichsbahn-Gesellschaft in ihren Beziehungen zum öffentlichen Recht, DR 9 (1933), S. 27–31
Klein, Neue Dimensionen der Zusammenarbeit Spedition – Bahn, DB 60 (1984), S. 817–819
Kloidt, Die »Rollende Landstraße« – ein verbessertes Angebot im Huckepackverkehr, DB 56 (1980), S. 781–784
Köhle, Herbstverkehr-Schlachten der Eisenbahn, DR 14 (1938), S. 524–532
Kramer, Entwicklung des Verkehrswesens in der DDR, Berlin, 1978
Kubinsky, Bahnhöfe Europas. Ihre Geschichte, Kunst und Technik, Stuttgart, 1969
Kübler/Holst, Fahrzeuginformations- und Vormeldesystem FIV – ein realisierbarer Schritt in Richtung »Bahn der Zukunft«, DB 60 (1984), S. 427–431
Lehmann/Pflug, Der Fahrzeugpark der Deutschen Bundesbahn und neue, von der Industrie entwickelte Schienenfahrzeuge, Berlin, 1955
Maedel, Die deutschen Dampflokomotiven gestern und heute, Berlin, 1963, 1965
Maedel, Giganten der Schiene, Stuttgart, 1962
Mayer, Die Deutsche Reichsbahn im Vereinigten Wirtschaftsgebiet, Köln und Stade, 1949
Mayer, Zur staatsrechtlichen Lage der Reichsbahn in den Westzonen, DR 22 (1948), S. 36–41
Merensky, Von der Deutschen Reichsbahn zur Deutschen Bundesbahn, DB 25 (1951), S. 793–811
Molle, Leistungsverbesserung und Rationalisierung im Technischen Wagendienst der Deutschen Bundesbahn, DB 56 (1980), S. 601–609
Montada, Regionale Nebenbahnen – Beispiel rationeller und kundenspezifischer Technik und Betriebsweise, JdE 33 (1982), S. 36–41
Oeftering, Die Deutsche Bundesbahn – ein großer Auftraggeber der Deutschen Wirtschaft, DB 34 (1960), S. 1173–1183
Ottmann, Zur geschichtlichen Entwicklung der Rechts- und Organisationsformen der deutschen Eisenbahnen, JdE 15 (1964), S. 117–122
Pällmann, Der öffentliche Personennahverkehr der DB – eine Zwischenbilanz, DB 58 (1982), S. 819–820
Pällmann, Auf dem Weg zur Organisationsform für die Bahn von morgen, DB 60 (1984), S. 641–643
Piekalkiewicz, Die Deutsche Reichsbahn im Zweiten Weltkrieg, Stuttgart, 1984
Pottgießer, Die Deutsche Reichsbahn im Ostfeldzug, Neckargemünd, 1960
Pottgießer, Hauptsignale gestern und heute, Mainz, 1980
Preiser, Reichsbahn und Omnibusbetrieb, DR 15 (1939), S. 316–318
Quellmalz, Die Baureihe 05, Freiburg, 1978
Recker, Wiederaufbau der Reichsbahnanlagen im Vereinigten Wirtschaftsgebiet, DR 23 (1949), S. 150–154
Roßberg, Geschichte der Eisenbahn, Künzelsau, 1977
Roßberg, Grenze über deutschen Schienen, Freiburg, 1980
Roth, Die Deutsche Bundesbahn als Auftraggeber, DB 24 (1950), S. 260–266
Ruscheweyh, Das »Defizit« der Deutschen Bundesbahn, DB 56 (1980), S. 669–674
Rückel, IC-Intercity – Zwei-Stunden-Takt auf der Schiene, DB 45 (1971), S. 825–830
Schiffsbetriebe der Deutschen Reichsbahn, DR 4 (1928), S. 678–681
Schönefeld, Knotenpunktsystem – Bilanz der Produktionsplanung, DB 56 (1980), S. 611–620
Schönefeld, Die Bahnhöfe der DB für den Güterverkehr, DB 58 (1982), S. 665–671
Schroeter, 75 Jahre Reisezugwagenentwicklung, ZEV-GA 106 (1982), S. 146–156
Sommerlatte/Moormann, Leitfaden für den Verkehrsdienst, Berlin 1929, 1931, 1936, 1943
Spieth, Die Signale der deutschen Eisenbahnen, Düsseldorf, 1974
Staisch, Die elektrische S-Bahn in Hamburg, Hamburg, 1959
Stelter, Der moderne Wagenpark der Deutschen Bundesbahn, ZEV-GA 94 (1970), S. 151–178
Stertkamp, Der Bahnbus, das zweite Bein der DB im öffentlichen Personennahverkehr, DB 59 (1983), S. 227–229
Stieler, Bessere Wirtschaftlichkeit durch Spezialgüterwagen, ZEV-GA 103 (1979), S. 222–226
Stieler, Der Technische Güterwagendienst beim Bundesbahn-Zentralamt Minden, DB 58 (1982), S. 515–521
Stockklausner/Weinstötter, 25 Jahre deutsche Einheitslokomotive, Nürnberg, 1950
Stoffels, Lokomotivbau und Dampftechnik, Basel/Stuttgart, 1976
Stoffels, Die Straßen-Schienen-Omnibusse der Deutschen Bundesbahn, Karlsruhe, 1980
Strobel, Die Straße – eine notwendige Ergänzung der Schiene, JdE 29 (1978), S. 52–58, Darmstadt, 1978
Stuke, Der Güterkraftverkehr der DB – eine Ergänzung des Schienenverkehrs, DB 45 (1971), S. 982–984
Taschinger, Die technische Entwicklung der mehrteiligen Schnelltriebzüge und ihre Bewährung im Betriebseinsatz, DB 30 (1956), S. 268–291
Timm/Brettschneider, EPA 80 – Ein neues Platzreservierungssystem der Deutschen Bundesbahn, DB 60 (1984), S. 263–267
Troche, Instandhaltungsfreundliche Fahrzeuge, JdE 33 (1982), S. 120–127
Uebelacker, Die Position der Eisenbahn im Güterverkehrsmarkt, DB 51 (1975), S. 617–619
Vaerst, Größte Einsparung, größtes Defizit, DB 51 (1975), S. 755–759
Vogelfluglinie, zur Eröffnung herausgegeben von der Deutschen Bundesbahn und den Dänischen Staatsbahnen, Darmstadt, 1963
Volk, Der Aufbau der Gesellschaft »Reichsautobahnen«, Leipzig, 1935

Voss, Techniken des Kombinierten Verkehrs, JdE 29 (1978), S. 93–101
Walz/Waitz, Verkehrsmärkte der Bahn – Ein Kompendium des Güterverkehrs, Darmstadt, 1972
Wehner, LZB, FSZ, MOFA, ZBF... Symbole für einen rentablen Fortschritt, JdE 31 (1980), S. 103–108
Wehner, Vom Relais zum Mikrocomputer in der Nachrichtentechnik, JdE 33 (1982), S. 50–58
Welz, Zum Ende der Dampflokomotivzeit bei der Deutschen Bundesbahn, ZEV-GA 101 (1977), S. 439–445
Wendt, Obst- und Gemüsebeförderung bei der Reichsbahn, DR 14 (1938), S. 931–940
Wenzel/Stockklausner, Lokomotiven ziehen in den Krieg, Band 1–3, Wien, 1977–1980
Wolff, Die Privatbahnen in der Bundesrepublik Deutschland, Freiburg, 1984
Ziel, Räder müssen rollen, Stuttgart, 1974
Ziller, Entwicklung des Güterzugverkehrs bei der Deutschen Bundesbahn, DB 34 (1957), S. 502–514

Hauptteil III

Aberle, Deutsche Bundesbahn – unverzichtbar, aber auch zu jedem Preis? JdE 33 (1982), S. 22–24
Abs, Belastungen, wie sie die Bahn heute hat, kann kein Unternehmen tragen, JdE 34 (1983), S. 18–21
Althammer, Brauchen wir Versuchsanstalten? JdE 33 (1982), S. 158–166
Althammer, Planung, Bau und Betrieb des Rollprüfstandes für das Rad/Schiene-Forschungsprogramm, ZEV-GA (1977), H. 8/9
Althammer, Die Rad/Schiene-Versuchsstrecke Rheine-Freren, ETR 28 (1979), S. 243
Autorenkollektiv, Die Eisenbahntechnik – Entwicklung und Ausblick, Darmstadt, 1982
Becker, Möglichkeiten und Grenzen der Trennungsrechnung, JdE 34 (1983), S. 26–31
Berger, Die Forderungen des Kunden an ein modernes Verkehrssystem, JdE 29 (1978), S. 48–50
v. Bermuth, Elektromagnetische Schwebetechnik – unkonventionelle Schnellbahnsysteme, JdE 29 (1978), S. 28–34
Bethge/Seifert, Meßtechnische Möglichkeiten der DB zur Erprobung von Fahrleitungssystemen für 250 km/h, ETR 25 (1976), H. 3
Binnewies, Das Rad/Schiene-System auf dem »Prüfstand«, JdE 29 (1978), S. 36–40
Binnewies, Welche Fahrzeuge will der Kunde?, JdE 34 (1983), S.80–88
Binnewies, Neue Konzepte der Deutschen Bundesbahn, ZEV-GA 107 (1983), S. 163–168
Blind, Neubaustrecke und Umwelt, ETR 31 (1982), S. 889–900
Breimeier, Möglichkeiten und Grenzen des schnellen Schienen-Personen-Fernverkehrs in der Bundesrepublik Deutschland, ETR 31 (1982), S. 669–677
Brettmann, Optimal-wirtschaftliche Geschwindigkeit spurgebundener Fahrzeuge, ETR 24 (1975), S. 26–34
Eitlhuber, Transrapid Versuchsanlage Emsland (TVE), ZEV-GA 105 (1981), S. 202–204
Finke/Frenzel, Bahntechnologische Forschung und Entwicklung, JdE 29 (1978), S. 18–26
Frenzel/Baur, Ziele und Schwerpunkte staatlicher Förderung von Forschung und technologischer Entwicklung für Bahnsysteme, ZEV-GA 105 (1981), S. 194–197
Fröhlich, Die Anforderungen an den Fahrweg bei hohen Geschwindigkeiten, JdE 29 (1978), S. 102–109
Gaebel, Die Bundesverkehrswegeplanung aus der Sicht der DB, DB 53 (1977), S. 781 bis 786
Glatzel/Keppel, Vergleichende Betrachtung über Neubaustrecken in Europa und Japan, ETR 28 (1979), S. 737–746
Glatzel, Infrastrukturparameter der Neubaustrecken, DB 55 (1979), S. 785–790
Glatzel/Flemming, Bautechnische Aspekte der Betriebsstellen an Neubaustrecken, DB 56 (1980), S. 465–470
Gohlke, Die Bahn der Zukunft auf neuen Wegen, JdE 34 (1983), S. 9–11
Goltzein/Meisinger/Miller, Anwendung des »magnetischen Rades« in Hochgeschwindigkeitsmagnetschwebebahnen, ZEV-GA 103 (1979), S. 227–232
Güthlein/Körber, Von der Idee der Drehstromantriebstechnik bis zur Lokomotivbaureihe 120, EB (1982), S. 126–131
Harbinson, Die Vertiefung des Europäischen Infrastruktur-Leitplans, ETR 30 (1981), S. 865–869
Hauck, Geräuschmessungen an schnellfahrenden Eisenbahnzügen und Erprobung von Schallschutzmaßnahmen, ETR 26 (1977), H. 7/8
Heinrich/Polifka, Inbetriebnahme der Transrapid Versuchsanlage Emsland, ETR 32 (1983), S. 795–800
Hilliges/Mölzer/Raschbichler/Zineck, Der Fahrweg der Transrapid Versuchsanlage Emsland (TVE), ZEV-GA 105 (1981), S. 205–215
Hochbruck, Rheine-Spelle-Freren, Versuchsstrecke zur Erforschung des Leistungsvermögens der Rad/Schiene-Technik, EB 78 (1980), S. 329–337
Koch, Neubaustrecken und Ausbaustrecken im Aufwand, DB-Report 83, S. 59–60
Kracke, Fortschritt erfordert Forschung – Ist die Eisenbahn ein zukunftsträchtiges Verkehrssystem?, ETR 20 (1971), S. 391–395
Kracke, Welche Verkehrssysteme brauchen wir heute und morgen?, JdE 29 (1978), S. 42–46
Kurz, Auf dem Weg zum Zug von morgen – das Rad/Schiene-Versuchs- und Demonstrationsfahrzeug, DB 57 (1981), S. 627–630
Linkerhägner, Neubau und Ausbau – Wege zur Leistungssteigerung, JdE 34 (1983), S. 70–75
Lübke, Die Konzeption des Rad/Schiene-Versuchs- und Demonstrationsfahrzeugs für die Rad/Schiene-Forschung, EB 80 (1982), H. 5
Lübke, Perspektiven der Rad/Schiene-Forschung; Institut für Verkehrswesen, Eisenbahnbau und -betrieb der Universität Hannover, Auszug aus wissenschaftlicher Arbeit Nr. 19
Lübke, Rad/Schiene-Technik und neue Technologien, JdE 34 (1983), S. 60–68

Lübke, Intercity-Experimental – ein Beitrag der Rad/Schiene-Forschung zum künftigen Schnellverkehr auf der Schiene, ZEV-GA 108 (1984), S. 255–261
Lübke/Mittermeier/Pfäffl/Zöllner, Ein Rollprüfstand zur Erforschung der Rad/Schiene-Technik, ZEV-GA 100 (1976), S. 295–305
Lüers, Informatik – Sicherheitssystem, ZEV-GA 105 (1981), S. 233–235
Molle, Entwicklungstendenzen in der Reisezugtechnik der Deutschen Bundesbahn, ETR 30 (1984), S. 33–42
Molle, Die Typenvielfalt der Wagen – notwendig und wirtschaftlich?, JdE 33 (1982), S. 108–118
Molle/Schrader, Neuerungen im Reisezugwagenangebot der DB für den Schienenpersonenfernverkehr, DB 59 (1983), S. 305–310
Münchschwander, Informations- und Steuerungssysteme im Konzept der DB, JdE 34 (1983), S. 46–51
Naue, Schwere Lasten, hohes Tempo – immer ist der Oberbau die Basis, JdE 34 (1983), S. 76–78
Pällmann, Der Bundesbahnverlust – ein Rechenfehler?, IV 35 (1983), S. 100–107
Pällmann, Strategien und Ziele – Vorgaben und Ergebnisse, JdE 34 (1983), S. 32–34
Pintag, 10 Jahre BMFT-geförderte Forschung für Rad/Schiene-Systeme, ETR 32 (1983), S. 433–437
Rahn, Ohne Rad/Schiene-Forschung sind wir nicht wettbewerbsfähig, JdE 33 (1982), S. 16–21
Rahn, Die gute und wirtschaftliche Bahn ist auch eine Frage der Technik, JdE 34 (1983), S. 52–58
Rappenglück, Fahrzeugtechnik für den Hochgeschwindigkeits-Personenverkehr, ETR 29 (1980), S. 525–536
Redecker, Leistungsfähige und wirtschaftliche Produktion, JdE 31 (1980), S. 56–63
Rogg, Übersicht über die Entwicklung der Magnetbahn in der Bundesrepublik Deutschland, ZEV-GA 105 (1981), S. 198–201
Schneider, Die Schiene rehabilitieren – Prognosen ausländischer Bahnen für ihren Schienenschnellverkehr, DB 51 (1975), S. 645–651
Schwärzler/Borchert/Steinmetz/Koerv/Dreimann, TRANSRAPID 06 – Fahrzeugkonzept, ZEV-GA 105 (1981), S. 216–224
Siebke, Brückenschlag für die Eisenbahn der Zukunft, JdE 33 (1982), S. 76–78
Siebke, Brücken für Hochgeschwindigkeiten, DB 60 (1984), S. 421–426
Spöhrer, Die Drehstromantriebstechnik – ein Weg zur universell einsetzbaren elektrischen Lokomotive, JdE 33 (1982), S. 94–97
Spöhrer, Lokbespannte oder Triebzüge?, ETR 32 (1983), S. 245–250
Wackers, Das Versuchszentrum der Transrapid Versuchsanlage Emsland, ZEV-GA 105 (1981), S. 236–239
Weber, Der Bundesverkehrswegeplan 80, DB 56 (1980), S. 9–16
Wehner, Die Telekommunikation der Zukunft, DB 60 (1984), S. 257–262
Wehner, Elektronisches Stellwerk der Deutschen Bundesbahn, S + D 75 (1983), S. 104–107
Wehner/Suwe, Elektronik in der Signaltechnik, DB-Report 82, S. 81–89
Werner/Glatzel, Die Verbesserung des Netzes der Deutschen Bundesbahn durch Neu- und Ausbaustrecken, ETR 29 (1980), S. 813–826
Wiedemann, Pünktlich und schnell, zuverlässig und wirtschaftlich – die Produktion ist gefordert, JdE 34 (1983), S. 42–45
Woelber, Bundesverkehrswegeplan '80: Die Schiene holt auf, JdE 31 (1980), S. 30–36
Zettl, Neue Güterwagen-Entwicklungen, ETR 32 (1983), S. 327–334

Verzeichnis der verkürzt zitierten Periodika:

DB	Die Bundesbahn, Darmstadt
DB-Report	Darmstadt
DR	Die Reichsbahn, Berlin, Köln
EB	Elektrische Bahnen, München
ETR	Eisenbahntechnische Rundschau, Darmstadt
IV	Internationales Verkehrswesen, Frankfurt am Main
JdE	Jahrbuch des Eisenbahnwesens, Darmstadt
S + D	Signal und Draht, Darmstadt
ZEV-GA	Zeitschrift für Eisenbahnwesen und Verkehrstechnik – Glasers Annalen, Berlin

Bildquellenverzeichnis:

BBC Brown, Boveri & Cie: 204
BDE Bundesverband Deutscher Eisenbahnen: 174, 175, 176
Deutsches Museum München: 11
DSG Deutsche Schlafwagen- und Speisewagengesellschaft: 73
ELV Verlagsarchiv: 67, 71, 81, 178
Gebr. FALLER Werksfoto (Anlagebau und Aufn. Bernhard Stein): 219
Keystone Pressedienst: 12, 33
Hans-Joachim Kirsche: 166, 167, 168, 169, 170, 171, 172, 173, 177
Konsortium Magnetbahn Transrapid: 207, 208, 209, 210, 211
Krauss-Maffei: 86
Eberhard Krummheuer: 120
Krupp Industrietechnik: 216
Linke-Hofmann-Busch: 187
Wilhelm Lönneker: 17
MÄRKLIN & Cie Werksfoto (Anlagebau und Aufn. Bernhard Stein): 218, 220
Messerschmitt-Bölkow-Blohm: 185, 212, 213
MVP Versuchs- und Planungsgesellschaft für Magnetbahnsysteme: 206
Neumeister-Design: 198
Sammlung Dipl.-Ing. Heinrich Roßmüller: 46, 47, 48
Schwäbische Hüttenwerke: 214
Stadtarchiv Dortmund: 16, 22
Herbert Walchshöfer: 58
Thyssen Henschel: 188
alle übrigen Abbildungen: DB-Archive.

Die Eisenbahn-Epochenjahre von 1835 bis 1985

Anhang in der Luxus-Ausgabe des offiziellen Jubiläumsbandes der DB
150 Jahre Deutsche Eisenbahnen

Bild 221: Mit einem Kanonenschuß begann am 7. Dezember 1835 das Zeitalter der Eisenbahnen in Deutschland. Es war der Startschuß für die erste Fahrt der Bahnlinie Nürnberg–Fürth. Auf dem Adler, der von Stephenson erbauten Lokomotive, stand in Frack und Zylinder der Lokomotivführer William Wilson, hinter ihm Heizer Hyronimus. In der Gruppe rechts stehend (v. l. n. r.): Regierungspräsident von Stichaner, Denis, Scharrer, Platner, Bürgermeister Binder, Bürgermeister von Bäumen.

Bild 222: Erinnerungsblatt bleibendes Denkmal deutscher Beharrlichkeit Bey Eröffnung der Ludwigs-Eisenbahn zwischen Nürnberg und Fürth am 7. Dezember 1835 den patriotischen Unternehmern geweiht.

Bild 223: Einladungskarte für die Festlichkeiten zum 25jährigen Bestehen der ersten deutschen Eisenbahn im Jahre 1860 mit Darstellung eines der damals verkehrenden Züge.

Bild 224: Erinnerungsblatt an das 50jährige Jubiläum der ersten deutschen Eisenbahn im Jahre 1885 mit Darstellung der führenden Männer und des Erbauers der Ludwigs-Eisenbahn.

Locomotive des Ingenieurs Cugnot 1770.

Spottbild auf die erste Eisenbahn.

Amerikanischer Eisenbahnzug 1831.

Zur Feier des 50jährigen Jubiläums der ersten deutschen Dampfeisenbahn von Nürnberg nach Fü

George Stephenson's erste Locomotive „Rakete" 1825.

Der Zusammenstoß. Spottbild.

Nürnberg-Fürther Eisenbahnzug 1835 (Stephenson's Locomotive).

Originalzeichnung von C. Daumerlang.

Bild 225: Zeichnung von C. Daumerlang zur 50-Jahr-Feier der ersten deutschen Eisenbahn, deren Zug unten rechts während der Fahrt gezeigt ist. In Bildmitte ist der zum Jubiläum festlich geschmückte Nürnberger Bahnhof mit dem damals errichteten Denkmal zu Ehren von Johannes Scharrer zu sehen, einem der Initiatoren und erstem hauptamtlichen Direktor der Ludwigs-Eisenbahn-Gesellschaft. Links oben ist der erste Straßendampfwagen der Welt zu sehen, erbaut vom französischen Ingenieur und Artillerieoffizier Nicolas Joseph Cugnot im Jahre 1769. Rechts oben befindet sich auf dem Bild die Lokomotive »Locomotion« von George Stephenson, mit welcher im Jahre 1825 die erste öffentliche Eisenbahn der Welt mit Maschinenkraft zwischen Stockton und Darlington eröffnet wurde. Links unten im Bild ist ein Zug aus dem Jahre 1831 in Nordamerika dargestellt. An den äußeren Bildrändern in der Mitte sind zeitgenössische Spottbilder auf die Eisenbahn wiedergegeben, links ein Zug mit Nachschubhilfe der Fahrgäste und rechts eine rechtwinklige Kreuzung mit vier sich nähernden Zügen kurz vor dem Zusammenstoß.

Bild 226: Das Jubiläumsjahr 1935 mit Ausstellung in Nürnberg vom 14. Juli bis 13. Oktober 1935: Ausstellungshalle mit Turm und Eingang.

Bild 227: Ausstellungshallen mit dem Nachbau des ersten deutschen Eisenbahnzuges, welcher damals auf einem Rundkurs im Ausstellungsgelände für die Besucher in Betrieb war. Rechts im Bild ist der Bahnsteig mit Halle für die Fahrgäste des historischen Zuges zu sehen.

Bild 228: Der für das Jubiläum 1935 neu angefertigte Zug der ersten deutschen Eisenbahn in der damaligen Ausstellung.

Bild 229: Eingang der Ausstellung Hundert Jahre Deutsche Eisenbahnen. Am Turm sind die Wappen von 27 deutschen Städten gezeigt, in welchen sich damals Reichsbahndirektionen befanden. Vor dem Ausstellungseingang steht ein selbstfahrender Straßenroller für die Zustellung von Güterwagen an Kunden ohne Anschlußgleis. Dieser Roller besitzt eine hydraulische Kippeinrichtung zur raschen Entleerung der Güterwagen durch deren Stirnwandklappe für Schüttgüter, also ein fahrbarer Wagenkipper.

Bild 230: Blick über die Ausstellung im Freigelände mit Gleisanlagen und im Hintergrund Bahndienstfahrzeuge, u. a. ein schwerer 75-t-Dampfkran mit Schienenlaufwerk.

Bild 231: Alte und neue Gleisbauarten im Vergleich.

Bild 232: Organisationsgrafik der Deutschen Reichsbahn 1935 mit Angabe der damals vorhandenen Dienststellen.

Bild 233: Deutsches Eisenbahnnetz im Jubiläumsjahr 1935.

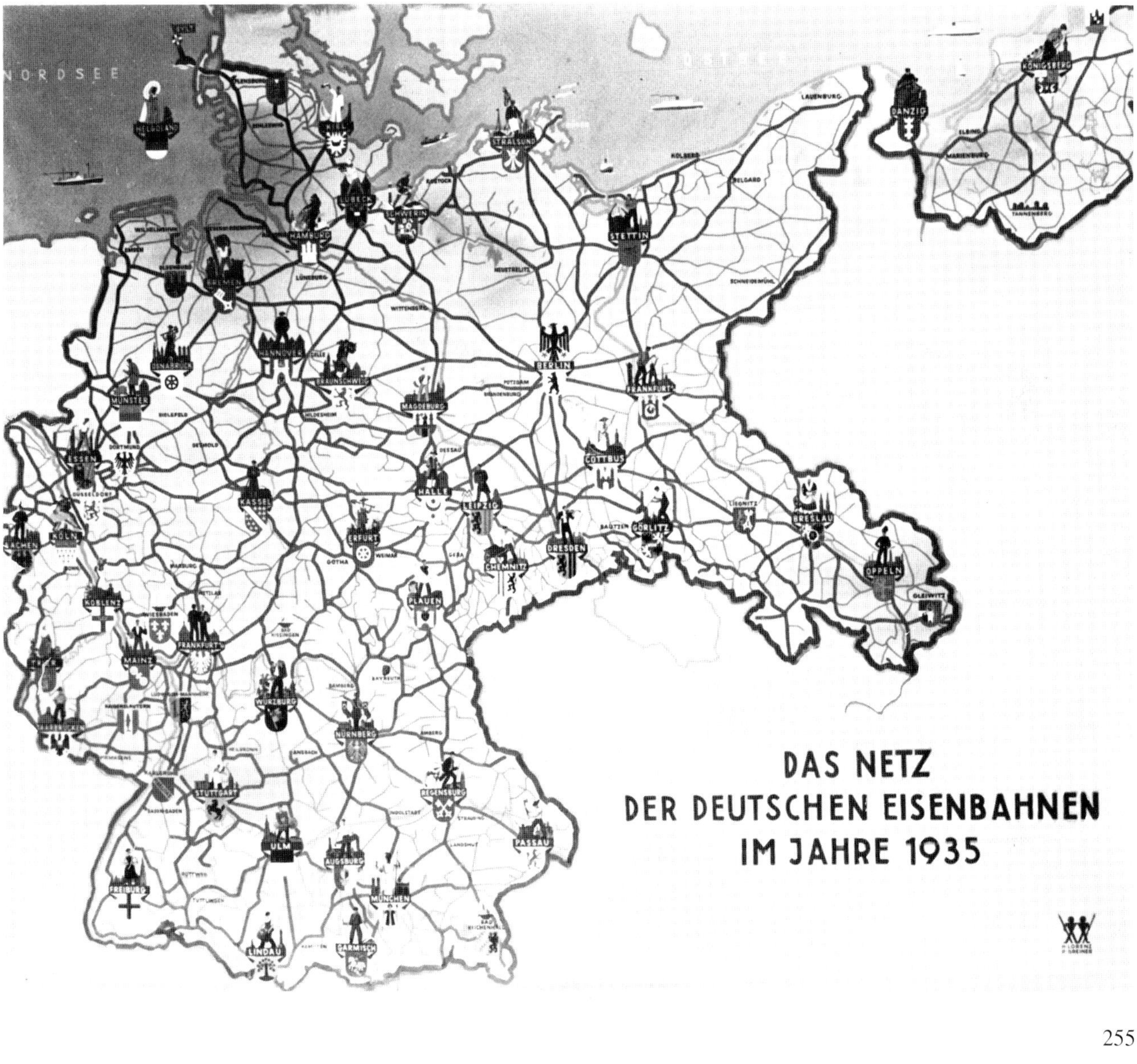

Bild 234: Schnellverkehrsstrecken der Reichsbahn für 160 km/h im Jahre 1935.

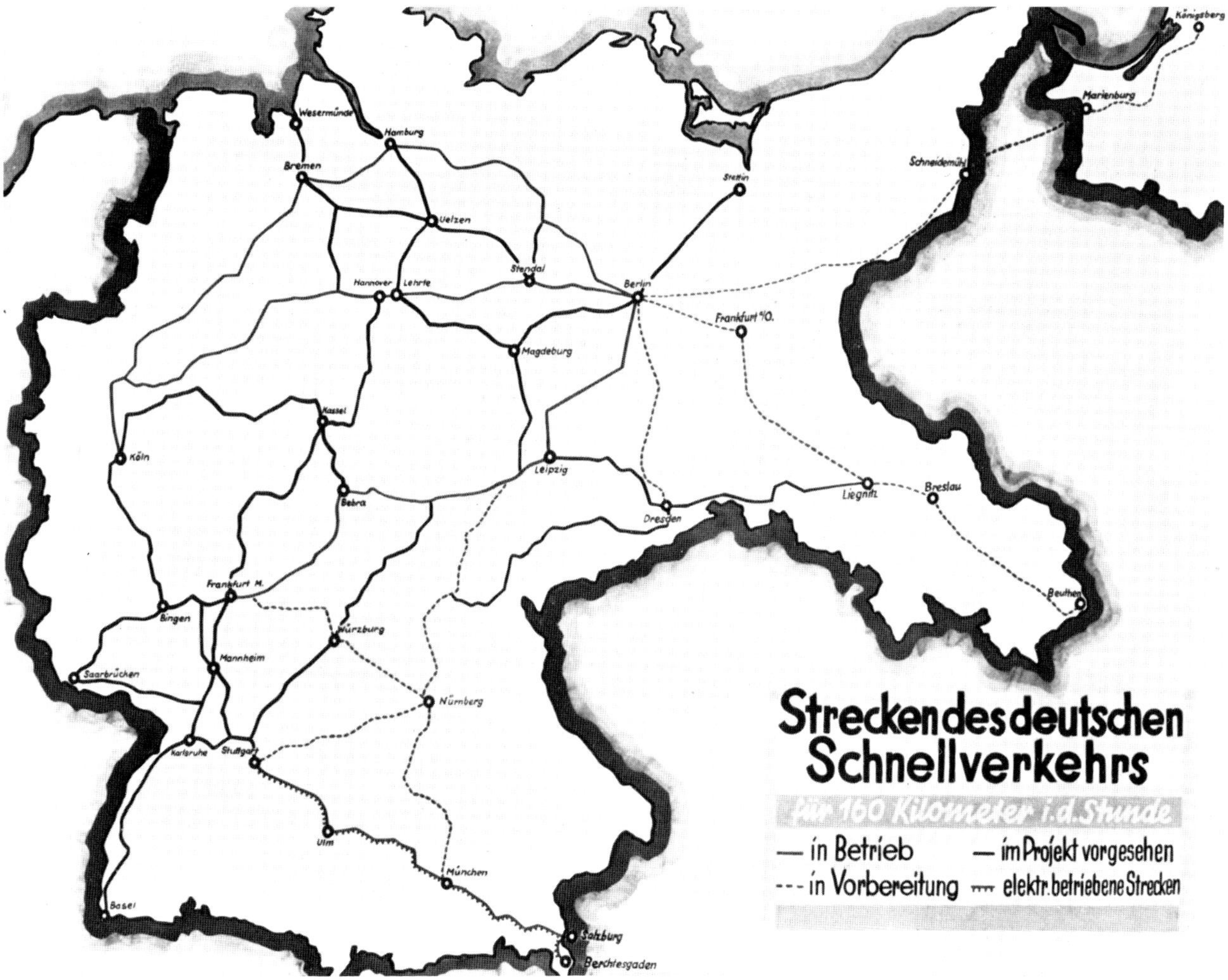

Bild 235: Entwicklung der Reisegeschwindigkeiten deutscher Schnellzüge in wichtigen Verbindungen von Berlin aus.

Bild 236: Zugbeeinflussungssysteme und Ausrüstungsstand von Reichsbahnstrecken 1935.

Bild 237: Vorführgleise in der Ausstellung für Zugsicherungssysteme und Mitfahrgelegenheit auf Triebfahrzeugen für Besucher; Bildmitte: Schnellzuglokomotive 01 146 und Nebenbahndieseltriebwagen 135 008.

Bild 238: Erster deutscher Eisenbahnzug auf der Fahrt durch die Ausstellung, links sind Exponate des Signalwesens sichtbar, rechts in der Halle verschiedene Motorkleinlokomotiven für den Rangierdienst, darunter rechts vorn die Lok Kb 4758 mit Schwelkoks-Gasgenerator und Ottomotor für Gasbetrieb.

Bild 239: Blick in die Ausstellungshalle auf die Dampflokomotiven; links Schnellzuglokomotive 02 101 (ex 04 001) mit 25 atü Kesseldruck, anschließend Tenderlokomotiven der Baureihen 71.0,89.0,64 und 86; rechts Stromlinien-Schnellzugtenderlokomotive 61 001 für 175 km/h Höchstgeschwindigkeit.

Bild 240: Das imposante Laufwerk der 02 101.

Bild 241, 242: Schnellzuglokomotive 02 101 mit 25 atü Kesseldruck und 140 km/h Höchstgeschwindigkeit, Baujahr 1932 (Krupp).

Bild 243: Im Jahre 1935 wurde von den Firmen Henschel & Sohn und Wegmann & Co in Kassel ein leichter Stromlinien-Schnellzug für 175 km/h Höchstgeschwindigkeit gebaut. Dieser mit Scharfenberg-Mittelpufferkupplungen und Scheibenbremsen ausgerüstete Zug bildete eine geschlossene Einheit und bestand aus 4 Wagen mit abgerundeten Enden an den Spitzen- bzw. Schlußwagen und einer verkleideten Tenderlokomotive mit der Betriebs-Nr. 61 001.

Bild 244: Henschel-Wegmann-Schnellzug mit Lokomotive 61 001.

Bild 245: Elektro-Schnelltriebwagen elT 1900 für 160 km/h (später ET 11 01).

Bild 246: Aussichtstriebwagen elT 1998 für 120 km/h (später ET 91 01).

Bild 247: Elektrolokomotiven moderner Bauart der Reichsbahn.
Links Schnellzuglokomotive E 18 02.
Rechts Personenzuglokomotive E 44 040.

Bild 248: Tiefladewagen mit 10 Achsen für 140 t Ladegewicht (Köln 12961).

Bild 249: Kombinierter Ladungsverkehr 1935: Straßenfahrbare Ladeschwinge zum Übersetzen von Behältern auf Güterwagen bzw. Lastkraftwagen.

Bild 250: Das »fahrbare Anschlußgleis« in verschiedenen Ausführungen. Rechts selbstfahrender Straßenroller mit Wagenkipper; Mitte ausziehbarer Straßenroller mit Eigenantrieb; links zweiteiliger Straßenroller mit Zugmaschine; ganz links Güterwagen auf fahrbarem Absetzgleis.

Bild 251–256: Erinnerungsmedaillen zum Jubiläum »100 Jahre Deutsche Eisenbahnen«.

7. DEZ. 1935
JUBILÄUMSFEIER
NÜRNBERG
EYERMANN

DEUTSCHLANDS ERSTE EISENBAHN
1835
1935

ERÖFFNUNG DER ERSTEN DEUTSCHEN
EISENBAHN
7. DEZEMBER
1835
NÜRNBERG-FÜRTH

PAUL DENIS · JOH. SCHARRER · Gg. PLATNER
ERBAUER UND FÖRDERER DER LUDWIGS-EISENBAHN
K. GOETZ
1935

Bild 257: Fahrzeugparade in Nürnberg Rangierbahnhof am 8. Dezember 1935 zum Jubiläum »100 Jahre Deutsche Eisenbahnen«. Schnellzuglokomotive Bauart Crampton »Die Pfalz« (Maffei 1853) mit dem Salonwagen des Fürsten Otto von Bismarck.

Bild 258: Personenzug mit Tenderlokomotive 71 002.

Bild 259: FD-Zug mit Schnellzuglokomotive 05 001.

Bild 260: Stromlinien-Schnellzuglokomotive 05 001 (Borsig 1934).

Bild 261: Güterzug mit Lokomotive E 93 03 und Bierwagen.

Bild 262: Personenkraftwagen auf Schienen als Inspektionsfahrzeug.

Bild 263: Lastkraftwagen der Reichsbahn mit Holzgasgenerator.

Bild 264: Lastkraftwagen der Reichsbahn mit Hochdruck-Dampfantrieb, Ölfeuerung und geschlossenem Wasserkreislauf.

Bild 265: Reichsbahn-Straßenroller beladen mit 39,5 t schwerem Zylinder einer Papiermaschine von 4 m Durchmesser.

ADLER

Bild 266: Die erste Eisenbahn, die 1835 zum Schrecken unserer Vorfahren über die Schienen donnerte, machte 1960 einen Ausflug von Nürnberg nach Kalchreuth. Es war eine Generalprobe für die große Gala-Schau, die die Bundesbahn im Dezember 1960 zum 125jährigen Jubiläum veranstaltete.

Bild 267: Am 7. Dezember 1960 hatten sich trotz strömenden Regens Zehntausende von Nürnbergern eingefunden, um die Abfahrt am Nürnberger Plärrer um 9 Uhr vormittags zu erleben.

Bild 268: Auf der historischen Trasse von 1835 zwischen dem Plärrer in Nürnberg und Fürth lag 1960 die Straßenbahn zwischen den beiden Städten, auf deren Gleis der historische erste deutsche Eisenbahnzug 1960 fuhr. Vor der Abfahrt in Nürnberg.

Bild 269: Die Abfahrt.

Bild 270: Auf der Fahrt nach Fürth.

Bild 271: Der erste deutsche Eisenbahnzug in Nürnberg Hbf.

Bild 272: Ausfahrt des »Adler« mit seinem Zug aus Nürnberg Hbf.

Bild 273: Auf dem Führerstand der Lokomotive »Adler« auf der DB-Strecke Nürnberg–Fürth.

Bild 274: DB-Präsident Hans Geitmann bei seiner Ansprache vor einer der beiden letzten für die DB gebauten Schnellzug-Dampflokomotiven Baureihe 10 im Rahmen der Fahrzeugausstellung in Nürnberg Hbf.

Bild 275, 276: Die Eisenbahn-Fahrzeugausstellung in Nürnberg Hbf wird mit Festansprachen eröffnet. – Moderne Lokomotiven und Triebwagen der Deutschen Bundesbahn.

Bild 277: Erster Präsident der DB Prof. Heinz Maria Oeftering auf seinem Rundgang durch die DB-Fahrzeugausstellung in Nürnberg Hbf.

Bild 278: Im Speisewagen des Trans-Europ-Expreß Diesel-Schnelltriebzuges VT 11 (später VT 601).

Bild 279: Im Führerraum des Trans-Europ-Expreß Diesel-Schnelltriebzuges VT 11 der DB.

ADLER

Bild 280: Auftakt zum Jubiläumsjahr 1985: Die Bahn auf Geburtstagstour.
Im Januar 1985 startete in Nürnberg der Ausstellungszug »Die neue Bahn«, der bis zum 18. August 1985 in der gesamten Bundesrepublik 160 Städte besucht. Zum Auftakt gab es eine Menge Prominenz und optische Höhepunkte wie diesen: Neben dem Ausstellungszug dampfte der historische »Adler« mit seinen farbenfrohen Wagen ins Nachbargleis.

Bild 281: Der Star des Jubiläums: ICE.
In Nürnberg, wo vom 15. Mai 1985 bis zum 18. August 1985 die große Jubiläumsausstellung stattfindet, stehen sich 150 Jahre Eisenbahn unmittelbar gegenüber: Mit dem Hochgeschwindigkeitszug (ICE) will die Bundesbahn ins nächste Jahrtausend fahren, mit dem »Adler« begann die deutsche Eisenbahngeschichte.

Bild 282: Ansicht der »Großen Leistungsschau der Deutschen Bundesbahn« in Nürnberg 1985 im Modell.

Bild 283/284: Jubiläums-Ausstellung 1985 mit vielen Attraktionen: 30 Originalfahrzeuge in Nürnberg. Einem modernen Bahnhof nachempfunden ist ein Teil des Freigeländes in der Ausstellung »150 Jahre Deutsche Eisenbahnen«, die in Nürnberg zu besichtigen ist. Unter dem Leitsatz »Die neue Bahn« sind Informations- und Demonstrationsschwerpunkte geschaffen. Im Freigelände erwartet die Besucher ein repräsentativer Querschnitt durch den modernen Fahrzeugpark der DB auf einer Gleislänge von ca. 1 km.

Bildquellenverzeichnis Anhang:

Keystone: 266, 267
Dr. Scharrer: 225
Stadt Nürnberg: 280
übrige Abbildungen Anhang: DB-Archiv.

Einige Abbildungen stammen aus Filmen der Deutschen Reichsbahn und ließen zum Teil keine optimale Wiedergabe zu.

1835·1985

150
JAHRE
DEUTSCHE
EISENBAHNEN